APP

开发与应用

法律实务指引

李佳洋　陈彦希◎著

法律出版社
LAW PRESS·CHINA

目　录
Contents

第二部分　数据法律实务

第三部分 广告法律实务

第四部分 知识产权法律实务

第五部分　互联网信息内容法律实务

第六部分　刑事法律实务

绪　论
Introduction

　　工业和信息化部在《移动智能终端应用软件预置和分发管理暂行规定》将"移动智能终端应用软件"的英文缩写定为"APP",并将其定义为包括移动智能终端预置应用软件,以及互联网信息服务提供者提供的可以通过网站、应用商店等移动应用分发平台下载、安装、升级的应用软件。

　　国内移动应用分发平台主要是提供安卓应用下载的各种平台以及 IOS 应用下载平台 App Store。在中国,根据腾讯发布的《2019 移动 APP 洞察报告》,安卓月活跃用户规模高达 73,788.8 万。2019 年,全球 APP 下载量高达 2040 亿次,全球应用商店用户支出 1200 亿美元,用户平均每天在移动设备上花费的时间为 3.7 小时,也因为移动应用程序创造性地改变了人类工作生活的方式,给相关企业创造了巨大的利润。对于企业而言,根据 APP ANNIE 发布的《移动市场报告(2020)》,将移动平台作为核心业务的企业 IPO 估值高于平均估值的 825%。

　　截至 2020 年 3 月,我国网民规模 9.04 亿,使用手机上网比例高达 99.3%,截至 2019 年 12 月,我国国内市场上检测到的 APP 数量为 367 万款,其中本土第三方应用商店数量为 217 万款,苹果商店(中国区)数量超过 150 万款。[1]

　　APP 影响了现代人们的生产和生活方式,带来了商业的巨大繁荣,但近年来,屡屡发生大面积的数据泄露事件,根据 Verizon 发布的《2019 年度数据泄露调查报告》,60% 以上的黑客行为通过网络应用程序发生。APP 已逐渐成为个人信息泄露和网络犯罪的重灾区。

　　随着 2018 年 5 月 25 日欧盟正式实施《一般数据保护条例》(General Data Protection Regulation,GDPR),全球有数十个国家和地区都开始或修订各自与个人信息保护相关的立法。APP 与用户的密切交互也使其成为政府重要规范对象,自工

---

〔1〕　参见中国互联网络信息中心,第 45 次《中国互联网络发展状况统计报告》,2020 年 4 月。

业和信息化部 2019 年 10 月 31 日印发《关于开展 APP 侵害用户权益专项整治工作的通知》以来,APP 在架数量从 2018 年至 2019 年 12 月锐减 85 万款。[1]

APP 不仅关乎其用户的生活安宁,还关乎国家安全。美国时间 2020 年 8 月 7 日,《华尔街日报》报道称,一家与美国国防和情报界有联系的美国小公司,已经将其软件植入超过 500 款移动程序中,使其能够追踪全球数亿用户的位置数据。《中国日报》驻欧盟分社社长陈卫华对此事也评论道:"美国 APP 监控着全世界。"

与此同时,APP 已经成为我国对外文化输出的主要途径,如 TikTok、WeChat,但 TikTok、WeChat 在美国相继出现与被禁有关的话题,2020 年 9 月 3 日,印度又宣布全国商店下架 118 款中国开发的移动引用产品,其采用的理由大都包括"来自中国的 APP 侵犯了公民的数据安全和隐私,影响社会公共秩序,并且对收集的数据进行汇编、挖掘和分析,危害国家安全和国防安全"。APP 本身合规与否对于最终结果存在一定影响。

本书希望通过对 APP 开发过程、涉及的个人信息处理、广告变现、内容合规以及运营刑事风险中涉及的法律问题进行梳理与阐述,抛砖引玉,供同好参考。

---

〔1〕 参见中国互联网络信息中心,第 45 次《中国互联网络发展状况统计报告》,2020 年 4 月。

Chapter 1

第一部分

APP开发法律实务

一、APP 的概念

　　移动互联网是将移动通信和互联网两者结合起来,成为一体,是指互联网的技术、平台、商业模式和应用与移动通信技术结合并实践的活动的总称。通常来讲,移动互联网通过智能移动终端,采用移动无线通信方式获取业务和服务的新兴业务,包含终端、软件和应用三个层面。[1] 而终端层包括智能手机、平板电脑、电子书、移动互联网设备(Mobile Internet Device, MID)等,软件层包括操作系统、中间件、数据库和软件等,应用层包括休闲娱乐类、工具媒体类、商务财经类等不同的应用和服务。

　　移动互联网与移动智能终端的产生和发展相辅相成,随着移动互联网的不断发展,互联网接入设备不仅是计算机,还包括其他设备如手机、平板电脑、智能家居设备、可穿戴智能设备、移动车载终端、移动医疗设备等移动智能终端。安装在各类移动智能终端上,为用户提供服务的应用程序服务类别和功能也不断增多。[2]

　　从技术层面上讲,随着移动互联网渗透到人们生活的方方面面,通过算法的学习,APP 甚至可以推测出用户潜意识层面的趋向。此外,还可用于智慧城市的建设、医疗图像的分析以及互联网金融,这些都将对人们生活及社会治理带来巨大改变。

　　在物联网时代,每一件物体均可寻址,每一件物体均可通信,每一件物体均可控制。[3] 从法律层面上讲,技术虽然中立,但其运用却存在边界。如果对于移动互联网应用不加约束,人们在算法与数据的作用下,将毫无保留地暴露在互联网中。

　　从移动互联网应用层的角度,在可移动通信环境下,互联网满足用户需求的应用服务主要通过"手机应用程序"来完成,"手机应用程序"的功能基本上完成了网站功能与服务的集成。但无论是从国家安全、社会治理还是个人隐私的角度讲,都有必要避免技术运用的极端化,尤其是在云计算、大数据、物联网等技术飞速发展的时代,"手机应用程序"已经成为网络黑灰产业上游的重要工具,其所取得的信息

---

　　[1]　参见王新兵编著:《移动互联网导论》(第 2 版),清华大学出版社 2017 年版,第 349 页。
　　[2]　参见寿步主编:《网络空间安全法律问题研究:基于 ISO/IEC 27032:2012 的视角》,上海交通大学出版社 2018 年版,第 217 页。
　　[3]　参见刘云浩编著:《物联网导论》(第 2 版),科学出版社 2013 年版,第 4 页。

与数据往往流向违法犯罪或者违反一般商业伦理道德的领域。

在以 Google"Android"为代表的"雁行"模式下,Google 制定出整个体系的标准并不断推出新的开源 Android 库,应用开发商依托网络提供商的服务和设备开发商的手机,自行开发新的应用。在这个体系中,Google 放弃了设备开发商和应用开发商的身份,通过制定标准而获利,而设备开发会根据对互联网的不同见解开发出各具特色的手机,而系统开源的特性也给予应用开发商极大的开发自由度。[1] 同时,由 Google 开创而 Amazon 发展的"数据中心与云计算"结合的模式大大降低了网络服务业的进入门槛,这使中小型企业不再需要购置 IT 基础设施,而只需要根据自己需求租用一定量的计算资源或者存储空间,固定资产投资转化成了与业务量相关的运营成本。[2]

上述改变对应用层的影响在于,开发应用的成本大大降低,但应用层市场相较于 PC 时代的软件市场,也正因为其开发门槛降低,市场竞争更为激烈,知识产权侵权与不正当竞争行为时有发生。

应用层的生存不仅依赖于应用本身与用户交互是否友好、商业模式是否更能解决用户痛点,更依赖于流量引入和广告宣传,这使应用层的大部分应用成为短平快的项目,头部企业可以依赖其他业务反哺应用层。而对于依赖应用层生存的个人或企业而言,就不得不进行恶性竞争或者进行数据倒卖等维持生存,这一方面导致用户体验降低,另一方面也是对个人隐私的侵犯。据 2011 年统计,我国 40% 的 Android 应用包含吸费陷阱;2010 年移动终端病毒总数超过 2500 种,同比增长超过 193%,累计感染手机 800 万部以上。[3] 而直到 2020 年,Android 仍然存在这样的问题,Google 因为其 Android 系统"在移动监控过程中,非法取用 Android 用户的蜂窝数据配额"在美国遭遇集体诉讼(案号:20-cv-07956)。

我国相关部门规章和国家标准中对于移动智能终端、安装于移动智能终端上的应用程序作了不同的界定(见表1)。[4]

〔1〕 参见王新兵编著:《移动互联网导论》(第 2 版),清华大学出版社 2017 年版,第 369 页。

〔2〕 参见刘云浩编著:《物联网导论》(第 2 版),科学出版社 2013 年版,第 188 页。

〔3〕 参见工信部电信研究院:《移动互联网白皮书(2011 年)》,载《移动通信》2011 年第 10 期。

〔4〕 参见寿步主编:《网络空间安全法律问题研究:基于 ISO/IEC 27032:2012 的视角》,上海交通大学出版社 2018 年版,第 218 页。

表1 我国相关部门规章和国家标准中对于移动智能终端等术语的界定

术语	含义	来源
移动智能终端	是指接入公众移动通信网络、具有操作系统、可由用户自行安装和卸载应用软件的移动通信终端产品。	《移动智能终端应用软件预置和分发管理暂行规定》(2017 年)
移动智能终端	能够接入移动通信网,提供应用软件开发接口,并能够安装和运营应用软件的移动终端。	《信息安全技术·移动智能终端安全架构》(2016 年)
移动智能终端应用软件(英文简称 APP)	包括移动智能终端预置应用软件,以及互联网信息服务提供者提供的可以通过网站、应用商店等移动应用分发平台下载、安装、升级的应用软件。	《移动智能终端应用软件预置和分发管理暂行规定》(2017 年)
应用软件	移动智能终端操作系统之上安装的,向用户提供服务功能的软件。	《信息安全技术·移动智能终端安全架构》(2016 年)
移动互联网应用程序	是指通过预装、下载等方式获取并运行在移动智能终端上、向用户提供信息服务的应用软件。	《移动互联网应用程序信息服务管理规定》(2016 年)

从表1可以看出,我国对于在移动智能终端使用的应用程序采用了"移动智能终端应用软件(英文简称 APP)""应用软件""移动互联网应用程序"等称谓。从"软件"的教科书形式定义[1]上讲,应用程序当然是软件,只是传统意义上的"软件"已经成为基于计算机的系统及产品的关键组成成分,在过去的 40 年中,软件已经从特定的问题解决和信息分析工具演化为一门独立的产业。甚至可以认为软件为现代工业社会、信息社会的塑造提供了动力,使需要将服务于软件生命周期的过程称为软件工程,成为一门独立而深奥的学科。

应用程序本质上可以认为是软件,只是较现代计算机科学中的"软件"更为简单,其并不沉湎于特定问题的解决或对某项信息的分析,更多的是作为一种信息获取或供应方式。

本书所称的"应用程序"指通过网站、应用商店等移动应用分发平台下载并安装于智能手机端的,且主要为用户提供信息或与运营者进行信息交互的应用软件,并采用英文"APP"作为其缩写,并参照软件工程相关内容对其开发过程进行法律阐述。

---

[1] 软件是(1)能够完成预定功能和性能的可执行的指令(计算机程序);(2)使程序能够适当地操作信息的数据结构;(3)描述程序的操作和适用的文档。

二、APP 开发过程

(一)APP 开发相关概念

Android 与 IOS 平台应用程序存在开发语言、开发环境的不一致,但二者本质并无区别,本书以 Android 平台开发为例。

Android 作为 Google 移动互联网战略的重要组成部分,将进一步推进"随时随地的为每个人提供信息"这一企业目标的实现,Google 的目标是让移动通信不依赖于设备,甚至是平台。一般认为,Android 的框架分为四部分,分别是 Linux 内核层、系统运行库层、应用框架层、应用层。[1]

应用于各平台的应用程序的编写语言各有不同,例如,要开发基于苹果 IOS 系统的 APP,需使用苹果公司的 xcode 开发工具,通常是使用 Objective – C 或 Swift 语言开发。基于 Android 平台的程序则需要使用 JAVA 语言进行编写。当然根据 APP 运行机制的不同,也涉及其他编程语言的运用,如 HTML5 等。

Android 源码数量极其庞大,以 Android 2.2 为例,除去 Linux 代码,代码数量大于 4GB。[2] 对于大部分编程人员而言,想通过完全掌握 Android 的源码从而编写在该平台上运行的应用程序都是极为困难,甚至是不可能的。

所以,目前主流的 APP 开发都是基于 Android 应用框架层,应用框架层是 Google 发布的核心应用所使用的应用程序编程接口(Application Programming Interface,API)框架,开发者可以使用这些框架开发自己的应用。

对于非技术人员而言,要了解 APP 开发过程,应当了解如下核心概念:

1. 代码、程序与软件

1.1　编程语言

1854 年,英国数学家乔治·布尔出版了逻辑学的伟大著作《布尔代数》。1938 年,美国数学家香农认为可以使用二进制系统来表达布尔代数中的逻辑关系,使用"1"代表"真",使用"0"代表"假",此后计算机开始采用二进制,计算机能识别的符号就是"0"和"1",而这至今仍未改变。

计算机只能识别"0""1"符号,计算机的 CPU 在设计时就会编制与其电路设计相适应的指令集,而通过"0""1"写成的各种代码就可以直接被计算机识别,然

---

〔1〕　参见杨丰盛:《Android 应用开发揭秘》,机械工业出版社 2010 年版,第 2 页。
〔2〕　参见[韩]宋亨周等:《Android 框架揭秘》,武传海译,人民邮电出版社 2012 年版,第 3 页。

后进行该指令下的工作,这就是机器语言。

但机器语言太过于复杂,对于未经专业训练的人无法明白更无法掌握其含义。为了解决这一问题,开始出现汇编语言(assembly language),汇编语言是一种用于电子计算机、微处理器、微控制器或其他可编程器件的低级语言,亦称为符号语言。汇编语言发展至今,由汇编指令(机器码的助记符,有对应的机器码)、伪指令(没有对应的机器码,由编译器执行,计算机不执行)、其他符号(+ 、- 、* 等组成,没有对应的机器码,由编译器识别)三类指令构成。[1]

但汇编语言仍然是低级语言,1954 年,美国计算机先驱人物约翰·巴克斯开发出了第一种高级编程语言 Fortran 语言。计算机编程语言从此进入了高级语言时代,高级语言主要是相对于汇编语言而言的,它是较接近自然语言和数学公式的编程,基本脱离了机器的硬件系统,用人们更易理解的方式编写程序。编写的程序称为源程序,高级语言并不是特指的某一种具体的语言,而是包括很多编程语言,如流行的 java、c、python 等。

用高级语言写成的代码经过编译器的编译,最终转换为计算机能够识别的机器语言。这一过程如下所示:

"源代码(source code)→ 预处理器(preprocessor)→ 编译器(compiler)→ 汇编程序(assembler)→ 目标代码(object code)→ 链接器(linker)→ 可执行文件(executables)。"

编译过程中的"目标代码"就是计算机所能识别的机器语言,著作权保护也基本是以此为界分。

1.2 代码

代码是人类可识别的语言,无论是用原始的机器语言(低阶语言,具有目标代码的外观),或是非机器语言(高阶语言,如 BASIC、C、JAVA、HTML 等语言)撰写的源代码,都具有文字外观,能表达编程员的思想,为编程员智力活动的产物,属于文字作品,受著作权法保护。

由机器产生的目标代码,其文字外观仅由"0"与"1"这两个符号所组成,一般人无从由其外观感知其内容或思想,系由机器自动产生而非人类智力活动下的产物,不符合著作权法下文字作品的定义,不应受著作权法保护。[2]

抛开计算机科学的观点,程序员编写的代码,无论是以机器语言还是汇编语言

---

〔1〕 王爽:《汇编语言》(第 3 版),清华大学出版社 2013 年版,第 3 页。

〔2〕 参见王运嘉:《软件源代码与目标代码应区别保护》,载中国知识产权资讯网,http://www.iprchn.com/x Zndex + News content. aspx? NewsId:70643,最后访问日期:2014 年 3 月 21 日。

抑或高级语言,无论其是否能够通过语法、句法或其他测试,都是著作权法意义下的作品。代码已经成为软件与互联网法体系的核心,是技术与法律的连接点,争端的产生与解决一定程度上都可以从代码出发进行解释。

1.3　程序

从形式上看,程序就是经过组织的指令序列,从实质上看,程序是由算法和数据结构组成。

我国《计算机软件保护条例》中,认为计算机程序"是指为了得到某种结果而可以由计算机等具有信息处理能力的装置执行的代码化指令序列,或者可以被自动转换成代码化指令序列的符号化指令序列或者符号化语句序列"。

ISO/IEC 27032:2012《信息安全:安全技术:网络空间安全指南》第4.2条引用ISO/IEC 27034 – 1:2011 的定义,认为应用程序是"一种IT解决方案,包括应用软件、应用数据及程序,通过自动运行过程或功能,为协助组织使用者履行特定任务或者处理特定形式的IT问题而设计"。

程序是计算机的灵魂,计算机的每项工作,都是计算机按照保存在其内部的计算机程序进行有序工作的结果,没有安装任何软件的计算机,不能实现任何具有现实意义的功能,只有为计算机编写了相应的程序,计算机才有相应的功能。

1.4　软件

巴利·玻姆(Barry W. Boehm)认为,软件是程序以及开发、使用和维护程序所需的所有文档。我国《计算机软件保护条例》也规定"本条例所称计算机软件(以下简称软件),是指计算机程序及其有关文档"。

来自教科书的软件定义一般认为软件是:"(1)指令的集合(计算机程序),通过执行这些指令可以满足预期的特征、功能和性能需求;(2)数据结构:使程序可以合理利用信息;(3)软件描述信息,它以硬拷贝和虚拟形式存在,用来描述程序操作和使用。"[1]

软件是逻辑的而非物理的系统元素,其本身是抽象的,如概念所反映的一样,软件与硬件相对应,硬件是现实中客观存在的物,软件是存在于法律空间的"拟制物。"日常生活中所提及的软件,往往具有产品和产品载体的双重意味,市场上购买的Office、CATIA等软件,用户实际上是购买的产品载体或许可。

软件还包括文档等非程序部分,用以表示对活动、需求、过程或结果进行描述、定义、规定或认证的任何书面或图示的信息,他们描述和规定了软件设计和实现细

---

〔1〕　[美]Roger S. Pressman:《软件工程——实践者的研究方法》(第7版),郑人杰等译,机械工业出版社2011年版,第3页。

节,说明使用软件的操作命令。

1.5 代码、程序与软件在法律上的关系

法律上保护的软件复制、发行、公开或网络传播等行为,都是通过对代码进行相应的操作来实现,对于大多数与侵权相关的行为人而言,是否能够同时取得相应文档并不在考虑之中。

司法实践中,认定是否侵权也大多通过源代码及文档相似性进行认定,相似性认定需要找到具有非公知性的源代码,排除开源代码、自动生成代码,还涉及跨语言、跨平台之间的源代码如何反编译等技术问题,其本质上是通过源代码的保护进行软件的版权保护。

综上所述,虽然 APP 被称为应用程序,但更应将其认为是适配于手机或其他移动终端的软件。无论是从技术视角还是法律视角,其核心都在于代码,而本书的展开也以代码为核心概念与依托。

2. API 的概念

API 指应用程序接口(Application Programming Interface),也有译作"应用程序界面",但"应用程序界面"易与"用户图形界面"(Graphical User Interface,GUI)混淆,所以一般将 API 译为应用程序接口,其主要指所有应用软件(如文书处理、投影图片或是电脑游戏等)与操作系统从事互动或联系的次级或分组程序(subset programs),从而能要求并透过系统执行一定的功能。而 GUI 主要指采用图形方式显示的计算机操作用户界面。

虽然同是 Interface,但"用户图形界面"是指相关软件的"视觉"或"感知层面",并不是软件背后程序所使用的代码与不同层次的操作功能。

随着云计算、移动互联网、物联网的蓬勃发展,越来越多的开发平台和第三方服务快速涌现,应用系统与功能模块复杂性不断提升,应用开发深度严重依赖 API 之间的相互调用。

API 可以是一组数量上千、极其复杂的函数和副程序,可让程序员做很多任务,譬如"读取文件""显示菜单""在视窗中显示网页"等。操作系统的 API 可用来分配存储器或读取文件。许多系统应用程序借由 API 接口来实现,如图形系统、数据库、网络 Web 服务,甚至是在线游戏。

API 有诸多不同设计。用于快速执行的接口通常包括函数、常量、变量与数据结构。也有其他方式,如通过解释器,或是提供抽象层以遮蔽同 API 实现相关的信息,确保使用 API 的代码无须更改而实现变化。

API 又分为 Windows、Linux 等系统的系统级 API,及非操作系统级的自定义

API。作为一种有效的代码封装模式,微软 Windows 的 API 开发模式已经为许多商业应用开发的公司所借鉴,并开发出某些商业应用系统的 API 函数予以发布,方便第三方进行功能扩展。应用程序通过与 API 进行数据交换而调用该函数,最终返回相应数据,为程序之间数据交互和功能触发提供服务。调用者只需调用 API,并输入预先约定的参数,即可实现开发者封装好的各种功能,无须访问功能源码或理解功能的具体实现机制。

API 通常包含以下组成要素:

(1)通信协议:API 一般利用 HTTPS 等加密通信协议进行数据传输,以确保数据交互安全。

(2)域名:用于指向 API 在网络中的位置。API 通常被部署在主域名或者专用域名之下,接入方可通过域名调用相关 API。

(3)版本号:不同版本的 API 可能存在巨大差异,尤其对于多版本并存、增量发布等情况,API 版本号有助于准确区分 API 的参数设置。

(4)路径:路径又称"终点"(end point),指表示 API 及 API 执行功能所需资源的具体地址。

(5)请求方式:API 常用的请求方式有 GET、POST、PUT 和 DELETE 四种,分别用于获取、更新、新建、删除指定资源。

(6)请求参数:传入参数,包含数据格式、数据类型、可否为空以及文字描述等内容。传入参数主要包括 Cookie、请求头(Request header)、请求体(Request body)、数据和地址栏参数等。

(7)响应参数:返回参数或传出参数,返回参数本身默认没有值,用于带出请求参数要求 API 后台所返回的数据。

(8)接口文档:接口文档是记录 API 相关信息的文档,内容包括接口地址、请求方式、传入参数(请求参数)和响应参数等。[1]

API 经常是软件开发工具包(SDK)的一部分。

3. SDK 的概念

软件开发工具包(Software Development Kit, SDK)一般是被软件工程师用于为特定的软件包、软件框架、硬件平台、操作系统等创建应用软件的开发工具的集合。

2020 年 9 月,全国信息安全标准化技术委员会向社会征求意见的《移动互联

---

〔1〕 参见中国信息通信研究院:《应用程序接口(API)数据安全研究报告(2020 年)》。

网应用程序(APP)中的第三方软件开发工具包(SDK)安全指引》中,将软件开发工具包定义为"辅助开发某一类软件的相关文档、范例和工具的集合。第三方SDK 是指由第三方服务商或开发者提供的实现软件产品某项功能的工具包,通常不包括企业自己开发的仅供自己使用的通用功能模块"。

SDK 可能只是简单地为某个编程语言提供应用程序接口的一些文件,但也可能包括能与某种嵌入式系统通信的复杂硬件。一般的工具包括用于调试和其他用途的实用工具。SDK 还经常包括示例代码、支持性的技术注解或者其他的为基本参考资料澄清疑点的支持文档。

软件工程师通常从目标系统开发者那里获得 SDK。这些 SDK 大多是免费提供的,可以直接从互联网上下载,免费作为一种营销手段,也是为了鼓励开发者使用其系统或者语言。

对于 APP 开发者来说,常用的 SDK 有很多,包括支付、客服、后台、广告换量、测试分析报告、推送、追踪、云存储等多个领域,由于客户层面上的需求总有共同点,如支付需求,若每个 APP 开发者都通过自编代码实现,用户体验则可能变差,开发成本也将上升。支付宝就给 Android、IOS、Windows 都提供了相应 SDK,APP 开发者只需要接入该 SDK 就可以完成支付模块。

开发者不需要再对产品的每个功能进行开发,选择合适稳定的 SDK 服务并花费很少的成本就可以在产品中集成某项功能。在互联网开放的大趋势下,一些功能性的 SDK 已经被当作一个产品来运营。例如,主要提供信息推送功能的"极光"就是这样的运作方式。

4. 开源

开源即开放一类技术或一种产品的源代码、源数据、源资产。如果开放的是软件代码,一般被称作开源软件。

开放源代码促进会(Open Source Initiative, OSI)认为开源不仅意味着可以访问源代码,开源软件的发行条款必须符合以下条件,包括:[1]

(1)可以自由再发行(Free Redistribution):开源软件的许可协议不应限制任何个人或团体将包含该开源软件的广义作品进行销售或者赠与。许可协议不能要求收取任何和这种销售相关的版权授权费或其他费用。

(2)直接访问源代码(Source Code):开源软件的程序必须包含源代码,必须允许发布源代码及编译后的程序。如果产品中没有包含源代码,那么必须提供一个

---

〔1〕 参见 https://opensource.org/osd,最后访问日期:2020 年 11 月 10 日。

公开的获取源代码的方式。这种方式可以收取的费用不能超过对源代码进行一次复制所需要的合理的成本,最好可以通过互联网提供免费下载。源代码的形式必须易于程序员修改,不能故意对源代码进行模糊化处理,也不得以预处理器或转译器输出的中间结果的形式提供源代码。

(3)衍生作品(Derived Works):开源软件的许可协议必须允许修改和产生衍生作品,并且允许使用原有软件的许可协议发布它们。

(4)作者源代码的完整性(Integrity of the Author's Source Code):

只有在允许补丁文件和原有源代码一起发布的情况下,开源软件的许可协议才可以限制源代码以修改过的形式发布。许可协议必须明确地允许发布由修改后的源代码构建出的软件。许可协议要求衍生作品使用不同于原有软件的名称或版本号,以区别于原有软件。

(5)不歧视任何个人或团体(No Discrimination Against Persons or Groups):开源软件的许可协议不能歧视任何个人或团体。

(6)不歧视任何特定用途(No Discrimination Against Fields of Endeavor):开源软件的许可协议不能限制任何人把程序使用于某个领域,比如,不得规定软件不能用于商业目的或应用于遗传研究领域。

(7)许可协议的分发(Distribution of License):程序所带的权利必须适用于所有接收方,而这些接收方无须执行附加的许可协议。

(8)许可协议不得限于某个特定产品(License Must Not Be Specific to a Product):程序所带的权利与程序是否成为特定软件的一部分无关。如果某程序从特定软件中抽取而来并遵守程序本身的许可协议,那么该程序的所有接收方获得的权利与原有特定软件所赋予的对应部分的权利相同。

(9)许可协议不得限制其他软件(License Must Not Restrict Other Software):开源软件的许可协议不能对同该许可协议下的软件一起发布的其他软件有任何约束。例如,开源软件的许可协议不能要求在同一媒介下发布的其他程序也必须是开源的。

(10)许可协议必须保持技术中立(License Must Be Technology – Neutral):许可协议的条款不应指定任何的技术或接口。

OSI定义的开源软件得到了业界的广泛认可,已成为开源的事实标准。OSI可以对"许可协议符合开源定义"进行认证。只有通过认证的许可协议进行发布的软件才能使用"Open Source"的商标。

经过OSI认证的开源许可协议包括:BSD – 2 – Clause、Apache v2、GPL v2、

GPL v3 等 80 余种。除此之外,很多开源软件使用的开源许可协议未经过 OSI 认证。例如,BSD‐4‐Clause、SSPL、Apache 2.0 +、Commons Clause 等。这些开源许可协议可能在常用许可协议中修改某条款或者增加某些特殊限制条款,CSDN 技术社区中有各种典型开源协议的特征的详细对比和分析。

4.1　开源与类似概念的区分

开源绝不意味着可以免费使用而无须付出任何代价,我国无论是业界技术人员还是社会公众,对此往往存在一定的误解。要对此进行明晰,需要对与开源类似的概念进行区分,其类似概念主要有公有软件、免费软件、自由软件及源代码公开等。

公有软件指明确声明放弃版权或者版权中的经济权利有效期届满。但是,开源软件受版权保护,不能任意使用。

开源软件通常是免费的,但不是所有的免费软件都是开源软件,免费让用户使用,并非放弃了源代码的著作权,也并不意味着用户可以擅自将源代码用于商业用途或者未经许可复制传播等。

自由软件是开源软件的子集。自由软件特指以 GPL 类许可协议发布的软件,定义比开源软件更为严格。自由软件要求确保使用者能获得使用软件的真正自由,不允许修改源代码后闭源出售软件。很多 OSI 认可的开源软件并不符合自由软件的定义。[1]

此外,源代码开放的软件并不一定是"开源软件",企业或代码开发者可能出于各种目的公开其代码,包括商业计划、技术交流等,但并非意味着其他人可以修改、使用、传播等。

4.2　开源的趋势

开源能够不断发展,从形成时期、古典时代、移动时代到云开源时代,并形成完整的开源产业链,而且爆发出如此旺盛的生命力,其根本在于解决了人类从古到今甚至以后最大诉求,即集中所有人智慧解决问题。

在受硬件技术障碍、语言障碍、地理障碍限制的时代,若想群策群力,需要相应的人坐到一起,通过同样的语言沟通交流,而且还要顾及不同的历史传统和民族特点,而且能够聚到一起的人是有限的,往往不同的区域、不同的时间,会有不同的人聚集在一起却试图解决同一个问题。而现在,可以达到全世界无论何种民族、使用何种语言、居住在何处的理解编程语言的所有人共同推动最前沿技术的进步。

---

〔1〕　参见中国信息通信研究院:《开源软件知识产权风险防控研究报告》,2019 年。

近几年,"软件即服务"(Software as a Service,SaaS)的概念深入人心,软件脱离了传统意义上出售许可的模式,IT产业逐渐向服务化转型。开源软件的盈利模式与此趋势相吻合。开源秉承开放的理念,广泛汇集产业链上下游的力量。因此,开源对信息与通信技术(Information and Communications Technology,ICT)产业的影响力不断扩大,其发展呈现以下新趋势:

一是开源软件在软件产品体系、供应体系渗透率不断提高,已经成为软件生产链条中必不可少的要素。根据Linux年度报告,Linux占据了82%的智能手机操作系统市场。在云计算、大数据、人工智能、工业互联网等新兴领域,开源已经成为主要开发模式,超过80%的企业会选择开源软件部署私有云。系统软件、应用软件、设备固件等越来越多采用开源代码,这使开发、编译、测试的整个软件供应链呈现开源化趋势。开源软件对软件产业的影响由量变到质变,成为软件企业难以绕过的"生产要素"。2019年,我国企业已经使用开源技术的企业占比87.4%,未计划使用开源技术的企业仅占比2.3%。[1]

二是科技巨头纷纷加大对开源的投入力度。2018年,在全球最大的托管网站GitHub上拥有开源贡献者数量最多的前10家机构中,微软、谷歌、英特尔、Facebook排名分别为第一、第二、第五、第七。

科技巨头对开源生态的重视程度也日益提高,控制手段不断加强,通过高额收购开源资产等方式加大对开源社区的影响。2017年,谷歌收购机器学习开源社区Kaggle;2018年,微软收购全球最大的代码托管平台GitHub。

开源社区与标准组织合作越来越频繁,开源对标准制定的影响越来越大。技术创新在开源社区与标准组织中同步进行,开源项目开发与标准制定相互促进。例如,ONAP开源社区设立了标准协调员,负责定期组织ONAP与行业标准组织的联合研讨会议,以收集当前社区开发工作中遇到的标准协作意向与问题,并同时征求来自标准组织的反馈意见。[2]

新思科技(Synopsys)发布的《2020年开源安全和风险分析(OSSRA)报告》(Open Source Security and Risk Analysis Report 2020)中称,2019年审计的99%的代码库都包含开源组件,有9个行业(总共审计了17个行业)100%的代码库都包含开源,开源占经过审计的代码库的70%。而在2015年发布第一个OSSRA报告时,审计的代码中只有36%是开源的。这一比例在5年内几乎翻了一番,达到70%。

---

〔1〕 中国信息通信研究院:《开源生态白皮书(2020年)》。
〔2〕 中国信息通信研究院:《开源软件知识产权风险防控研究报告》,2019年。

开源可以节约成本、大大缩短应用部署实践、降低试错风险,这使开源已是大势所趋,数据也证明了这一点,但我国企业对于许可证及合规风险认识并不充分。

(二)APP 开发法律实践

一款 APP 的诞生首先是基于市场需求,希冀通过解决用户痛点而获得市场份额,或者是通过对竞品的分析而推出更为优质的产品或者服务,或者是提供一种全新的商业模式或解决方案。

确定 APP 大致开发方向后,进入开发程序。开发过程中,项目组一般包括产品经理、项目经理、交互设计师、视觉设计师、开发工程师、测试工程师以及产品运营人员等。

从开发过程来讲,与法律相关的项目主要如下:

(1)软件及源代码知识产权相关法律事务(因该部分内容多且复杂,本书在专章"知识产权法律实务"中详细说明);

(2)API、SDK、开源等的法律实践及合规;

(3)委托开发协议法律实务。

1. API 法律实践

1.1   API 合规

近年来,国内外都有企业因 API 问题遭受损失或涉嫌违法犯罪的案例,如 Facebook API 安全漏洞导致数百万用户信息泄露、新浪微博因用户查询接口被恶意调用导致用户信息泄露、考拉征信因非法缓存公民个人信息、出售查询 API 遭警方调查等。

API 在互联网时代向大数据时代快速过渡的浪潮中承担着连接服务和传输数据的重任,在通信、金融、交通等诸多领域得到广泛应用。API 技术已经渗透到了各个行业,涉及包含敏感信息、重要数据在内的数据传输、操作,乃至各种业务策略的制定环节。随着 API 的广泛应用,传输交互数据量飞速增长,数据敏感程度不一,API 安全管理面临巨大压力。

API 是信息系统与外部交互的主要通道,其安全漏洞被利用的可能性大增,也成为外部攻击、网络爬虫的主要目标。

为了避免因 API 漏洞或被攻击导致不合规事件发生,主要预防措施是通过技术手段进行防范,针对自身的 API 运用场景,制订恰当的安全方案,例如,完善身份认证机制、访问授权机制,制定合适的数据脱敏策略,加强异常行为监测、加强数据分类分级管控能力和 API 数据流向监测等。

技术手段外,就法律层面而言,我国暂未对 API 制定专门法律规范和强制性国家标准,但金融行业和交通行业相关标准制定机构制定了大量的行业推荐标准,尤其是 2020 年 2 月 13 日,央行下属全国金融标准化技术委员会发布了《商业银行应用程序接口安全管理规范》(标准号:JR/T 0185—2020),对商业银行应用程序接口的类型和安全级别、安全设计、安全部署、安全集成、安全运维、服务终止与系统下线、安全管理等安全技术与安全保障要求进行了推荐。而且考虑到 API 在信息通信中的重要地位,通信行业针对特定 API 类型、API 应用场景等制定了一系列行业标准,细化了 API 相关安全要求与规范。其中 YD/T 2807.4—2015《云资源管理技术要求第 4 部分:接口》对涉及的接口类型进行了梳理,规定了云资源管理平台及分平台间接口的技术要求。YD/T 3217—2017《基于表述性状态转移(REST)技术的业务能力开放应用程序接口(API)视频共享》则针对基于 REST 技术的视频共享能力开放 API 进行了规范,涵盖了接口资源定义、资源操作、数据结构、基本流程和安全要求等多方面内容。

在没有国家强制性要求和规范的前提下,APP 运营者应当尽可能地参照相关行业的推荐性标准进行 API 的设计,使用符合标准的 API,避免有可能产生的合同或行政风险。

1.2 争议中的 API 版权

API 作为数据交换的主要通道,是外来风险的主要攻击点,开发 API 需要开发者从技术上以及防范外来风险上投入大量的人力、物力。所以 API 开发者正在试图将其纳入版权法的保护范围内。我国《计算机软件保护条例》第 6 条规定:"本条例对软件著作权的保护不延及开发软件所用的思想、处理过程、操作方法或者数学概念等。"这一规定完全符合如 TRIPs 协议等国际公约的要求,也与欧、美、日等地区或国家的思维完全吻合。

API 作为一种函数,并不符合我国著作权法客体的概念,但其毕竟是由代码构成,从美国一系列案件可以明显看到,在处理关于 Interface(包括界面和接口的意思)的版权问题时,以图像为基础(界面)和以文字为基础(接口)的程序设计受到了相当不同的待遇。

前者基本上只剩下了对整体画面呈现的一层微薄保护(类似于图片著作权),也促使相关的开发者转向外观设计(GUI 外观专利)或商业秘密寻求更大的保护。

最近的案例发展表明,后者似乎并不因为某项文字程序指令表面上是让计算机从事系统性、功能性或效率性的操作便径行或完全失去著作权。

持续 10 年之久且仍未完结的 Oracle v. Google 案中,就 API 是否具有可版权性产生了巨大的争议,一般来说,由于 API 是允许程序相互通信的规范,因此宣布它们具有版权将触及技术创新和协作的核心。

这起案件在我国业界也引起了较大反响,电子商务在中国已成为人们日常生活当中所不可或缺的一部分,要维系所有系统有序操作并相互畅通联系的核心正是计算机软件的接口,所以是否应该给予知识产权保护以及如何进行知识产权保护已经逐渐成为一个问题。

就类似问题而言,目前的法律及司法实践在我国几无先例可言,希冀通过对本案的介绍,可以对我国 APP 开发予以一定启示。

Oracle v. Google 案件持续近 10 年,本案争议焦点囊括了 API 的可版权性、开源协议的遵循以及计算机领域中作品的合理使用,地方法院的每一次判决都引起了业界轰动。本案的发展与最终判决可能对计算机领域的版权保护产生极为深远的影响。

1.2.1　Oracle v. Google 案背景

Sun Microsystems 公司在 20 世纪 90 年代开发了供计算机编程的 Java 平台。Oracle 在 2010 年收购了 Sun Microsystems 公司。Java 平台是一个用 Java 语言编写和运行程序的计算机软件。它允许程序员编写"在不同类型的计算机硬件上运行而不必为每种不同类型重写它们的程序"。有了 Java,程序员可以"一次编写,随处运行"。

Java 标准第二版(简称"Java SE")平台包括 Java 虚拟机和 Java 应用程序编程接口(Java API)等。Java API 是一组"预先编写的 Java 源代码程序,用于通用的和更高级的计算机功能"。这些 API"允许程序员使用预先编写的代码将某些功能构建到他们自己的程序中,而不是编写自己的代码来从头开始执行这些功能,它们是快捷方式"。

预编程序被组织成包、类和公式。具体来说,一个 API 包是类的集合,每一类包含公式和其他元素,每种方法都执行特定的功能,使程序员不必从头开始编写 Java 代码来执行该功能。

为了在程序中包含某一特定功能,程序员调用 Java 的"声明代码","声明代码"是"声明或定义(i)方法名称和(ii)输入及其类型,如公式所预期的和任何输出类型的源代码行"。在声明代码之后,每种公式都包括"执行代码",它接受输入并向计算机逐步指示执行声明功能。

尽管 Oracle 让 Java 平台可以免费获取,用于程序员开发 APP,但它设计了一个授权计划来吸引程序员,同时使平台实现商业化。在关联部分,Oracle 向那些希望在竞争平台中使用 API 或将其嵌入电子设备中的人收取许可费。为了保持"一次编写,随处运行"的理念,Oracle 公司对被许可人施加了严格的兼容性要求。Oracle 还根据开源许可免费提供"OpenJDK"的 Java 版本。Oracle 主张称,OpenJDK 带来了一个重要的问题:任何在 OpenJDK 中对软件包进行改进的公司都必须"将这些更改免费赠送给 Java 社区"。

有证据表明,Oracle 在 2005 年之前向 7 亿台个人电脑授权 Java。尽管 Oracle 从未使用 Java 成功开发出自己的智能手机平台,但它向移动设备授权 Java SE。Oracle 称,"移动设备市场特别赚钱",并且"Java 很快成为开发和运行手机应用的领先平台"。

2005 年,Google 收购了 Android 公司,此行为是其开发移动设备软件平台计划的一部分。同年,Google 和 Sun Microsystems 公司开始讨论 Google 获得许可为移动设备使用和改编 Java 平台的可能性。双方未能达成协议,一部分原因是 Google 希望设备制造商能够在 Android 中免费使用 Oracle 的 API 且不被限制修改代码,这被认为是危害了"一次编写,随处运行"的理念。Google 希望迅速开发出一个软件平台,能吸引 Java 开发人员为 Android 制作应用程序。Android 团队一直致力于创建自己的 API,但无法成功完成。

在双方谈判进入僵局后,Google 选择了对其具有风险的途径,即 Google 逐字照搬了 37 个 Java API 软件包的声明代码——"11500 行受版权保护的 Oracle 代码"。它还复制了 Java API 数据包的结构,顺序和组织(Stucture,Sequence and Or-ganisation,SSO),Google 随后编写了自己的执行代码。

Google 2007 年宣布推出用于移动设备的 Android 软件平台。Google 向智能手机制造商免费提供 Android 平台,并根据开源许可免费发布源代码供使用。尽管 Google 不直接向用户收费,但 Android 已经从广告中获得了超过 420 亿美元的收入。Oracle 称,Android 的授权策略导致 Oracle 的许多客户转而使用 Android。即使一直支持 Oracle 的客户也将 Android 列为要求折扣的理由,例如,亚马逊已经获得使用 Java 的许可证,用于其 Kindle 平板电脑设备。亚马逊随后发布的 Kindle Fire 已经转而使用 Android,然后在下一代 Kindle 发布上利用 Android 的存在使 Oracle 放出大幅折扣。

1.2.2　案件过程

(1)第一次审理

陪审团认定 Google 侵犯了 Oracle Java SE 库的版权,但在 Google 是否构成合理使用的问题上陷入僵局。

2012 年 5 月,加州北区联邦地方法院判定 Java API 不受版权保护,"如果只有一种写作方式,那么基于合并原则[1](merger doctrine),此种表达不能获得版权保护"。10 月,Oracle 上诉至联邦巡回上诉法院。

2014 年 5 月,联邦巡回上诉法院认定 Java API 受版权保护。10 月,Google 申请美国联邦最高法院介入此案。

2015 年 6 月,联邦最高法院拒绝了 Google 的调卷令申请。

这其中关键在于 2012 年地方法院和联邦巡回上诉法院就 Java API 可版权性作出了相反的认定。

(2)第二次审理

根据联邦巡回上诉法院的指令,案件重返加州北区法院,由该院审理 Google 另外提出的"合理使用"主张。

2016 年 5 月,陪审团认定 Google 的行为构成合理使用。10 月,Oracle 再次上诉至联邦巡回上诉法院;11 月,Google 也提起了上诉。

2018 年 3 月,联邦巡回上诉法院推翻了陪审团的认定,再次支持 Oracle,认为 Google 的 Java API 副本非合理使用,认定 Google 侵权。

2019 年 1 月,Google 向联邦最高法院上诉。2 月,包括微软、Mozilla、开发者联盟、Python 软件基金会在内的 Google 盟友陆续向联邦最高法院递交了法庭之友意见书,其中一份由 78 位计算机科学家联合签署的意见书打动了大法官们,该院终于同意复审本案。

(3)联邦最高法院审理

2019 年 1 月 24 日,Google 提交了一份长达 343 页的请求调卷令的请愿书(petition),[2]要求美国最高法院审查联邦巡回法院的两项决定。电子前沿基金会(Electronic Frontier Foundation,EFF)在 2019 年 2 月提交了一份法庭之友摘要,[3]以支持 Google 的请愿书。2019 年 11 月,法院批准了 Google 的请愿书。本案原定于 2020 年 3 月进行口头辩论,并于 6 月作出决定。但最高法院为了"保持对 COVID - 19 采取公共卫生预防措施的建议",推迟了原定于 3 月 23 日开始的辩论

---

[1] 也就是我国所称的表达唯一。

[2] https://www.eff.org/files/2019/01/25/google_v_oracle_petition - for - certiorari_01 - 24 - 2019. pdf.

[3] https://www.eff.org/files/2019/02/25/google_v_oracle_eff - certpetition - amicus - brief_18 - 956. pdf.

会议,并在 2020 年 10 月 7 日进行了口头辩论。[1]

2020 年 5 月 4 日,法院命令当事方提交补充摘要:

"要求各方提交补充函摘要,说明提出的第二个问题的适当审查标准,包括但不限于第七修正案对该标准的影响。摘要不超过 10 页,应在 2020 年 8 月 7 日(星期五)下午 14 时或之前与书记员同时提交,送达对方律师。"

1.2.3 双方观点

Oracle 基本论点在于:Google 需要通过谈判获得 Java 代码的使用许可,但其在未能达成协议的前提下使用了部分代码,自然属于侵犯版权的行为。API 规范(本质上只是函数名称和参数类型的列表)是可以像其他任何代码一样享有版权的计算机代码,并声称,如果法院剥夺 API 规范的版权保护,律师可以使用相同的论点来削弱任何计算机程序的版权保护。

Google 则主要有两层意思:(1)为了再实现 Java,Google 需要复制函数的名称和参数类型,如 java. lang. Math. max。否则,使用这些功能的 Java 程序将无法在 Google 的操作系统上运行。《美国版权法》第 102(b)条规定,任何人都不能拥有"思想、程序、方法、体系、操作方法、概念、原理或发现"的版权。Google 认为 Math. max 之类的功能是"操作方法",因为程序员通过调用它们来"操作"Java 平台。

(2)Java API 之前是开放的,所以使用其 API 的行为是合法的,且所有授权限制都不应该存在。换句话说,如果你将软件开源并且免费,而且 Android 也是开源且免费的,Google 就认为在 Android 中对该开源软件进行任何形式的使用都是"合理使用"。值得一提的是,这种观点也广泛存在于我国软件从业人员中。

1.2.4 API 可版权性的法官观点

2020 年 10 月 7 日美国联邦最高法院的口头辩论(oral argument)中,法官塞缪尔·阿里托(Samuel Alito)向 Google 律师托马斯·戈德斯坦(Thomas Goldstein)提出的第一个问题中表达了担忧。"我担心,根据您的论点,所有计算机代码都有失去根据第 102(b)条保护的风险,您如何将自己的立场与国会为计算机代码提供保护的明确意图相吻合?"

对于日常工作中经常使用 API(和编写程序)的计算机程序员,程序和 API 之间具有直观的区别,对于 API 可版权性的关键也在于证明并使法官相信 API 和其他代码之间存在重要区别,并且这种区别具有法律含义。

---

〔1〕　庭审文件参见 https://www. supremecourt. gov/oral_arguments/argument_transcripts/2020/18 - 956 _2dp3. pdf。

卡瓦诺（Kavanaugh）称："假设声明代码是一种操作方法，其意义与计算机程序作为一个整体是操作方法是相同的，因此你的关于操作方法的争论将吞没（swallow）对计算机程序的保护。"卡瓦诺在对戈德斯坦的下一个问题中问道："不允许复制歌曲是因为这是复制歌曲的唯一方法，为什么这个原则在这里不起作用？"

总而言之，卡瓦诺试图说明 API 不存在任何与众不同之处，可以解释版权法对其区别对待的合理性。

从口头辩论来看，至少有四位大法官：卡瓦诺、阿里托（Alito）、托马斯（Thomas）和戈索奇（Gorsuch）对 Google 认为的 API 不具有可版权性的立场表示怀疑。

大法官布雷耶（Breyer）在提问中说道："这就像 QWERTY 键盘，一开始，您不必在打字机上安装 QWERTY 键盘。但是，如果您现在让某人拥有该打字机的版权，他们将控制所有打字机，而这实际上与版权无关。"

布雷耶认为：正如 QWERTY 版权会限制打字员使用特定公司的打字机一样，Java API 的版权也会限制学习 Java 的程序员只使用 Oracle 许可的 Java 实现。

大法官索尼娅·索托马约尔（Sonia Sotomayor）提供了整个辩论过程中对该问题最为清晰的阐释：

"对我来说，这一论点的问题在于，自 1992 年以来，（法院已表示）应用程序编程接口（声明代码是其中一部分）似乎不具备可版权性。执行代码（具备可版权性）。

基于这种理解，行业已经建立起了围绕应用程序的架构，这些应用程序知道他们只能复制在应用程序上运行所必需的内容，但他们必须更改其他所有内容。这就是 Google 的作用。这就是为什么他们只使用了不到 1% 的 Java 代码……

每个人都知道 API，声明代码，不具备可版权性。执行代码（具有可版权性）。所以请向我解释一下，为什么我们现在要颠覆业界所认为的可获得版权的元素，并宣布一些是操作方法，一些是表达式。"

Oracle 律师约书亚·罗森克兰兹（Joshua Rosenkranz）质疑索托马约尔问题的前提。他反驳索托马约尔："从未有一个案例说过您可以将大量代码复制到竞争平台中以用于相同目的"，"没有人在执行代码和声明代码之间做出区分，您不会找到一个能做到这一点的案例。"

无论是 Google 还是 Oracle 都声称法院支持对方将颠覆互联网已形成的生态。确实很少有先例专门关注声明代码的版权状况，但是一些上诉法院已经裁定软件接口不受权保护，许多软件项目是基于这种理解而构建的。

所以从社会公众角度,或者更为支持 Google,但从大法官的态度来看,Oracle 胜诉的可能性更大。但是,法院也可能会基于程序理由对 Google 作出裁决,从而拒绝完全裁定 API 版权。

1.2.5 Google 的备用选择——合理使用

Google 的主要论点是 API 不具有版权,2014 年 Google 提出上诉时,联邦巡回上诉法院驳回了这一立场。但是 Google 也有一个备选立场:版权合理使用原则允许其对 Java API 的使用。

Google 将 37 个 API 数据包的 Oracle 声明代码和 SSO 逐字复制是毫无疑问的,法院若裁定 API 具有可版权性,Google 就将要求法院考量这种复制是否合理。虽然"合理使用"与本书主旨无关,但鉴于"合理使用"在本书后续涉及的开源案件中以及内容法律实务中经常作为一种有力抗辩出现,仍予以介绍。

《美国版权法》第 107 条要求根据案情裁定某种特定使用是否合理,并提出了四个需要考虑的非专有因素,包括:

(1)使用的目的和性质,包括这种使用是否具有商业性质或用于非营利性教育目的;

(2)该受版权保护作品的性质;

(3)同完整作品相比,所使用部分的数量和内容的实质性;

(4)该使用对受版权保护作品的潜在市场或价值的影响。

最高法院警告不要采用鲜明的规则,并强调所有法定因素"都要进行探索,并根据版权目的将结果放在一起"。

在本案中,地方法院考虑了四种法定的合理使用因素中的每一个。

(1)使用的目的和性质。虽然 Google 的使用是商业性的,但它也是变革性的,因为 Google 只为移动智能手机集成了选定的几个元素并添加了自己的执行代码。

(2)版权作品的性质。虽然声明代码和 SSO 具有足够的创造性符合版权保护,他们并不是富有创造性的,功能性因素在他们的设计中占主导地位。

(3)所使用部分的数量和实质性。Google 仅复制了变革使用所需的合理数量,并且重复的行数很少。

(4)市场营销损害的因素。在 Android 中,使用的声明代码行(包括他们的 SSO)不会对受版权保护的适用于台式机和笔记本电脑的作品的市场营销造成损害。

2016 年 6 月 8 日,地方法院作出了支持 Google 而反对 Oracle 的最终判决。Oracle 提出上诉,包括法院驳回"JMOL"(以法律判决)和重新审判的请求。

Google 也对所有不利的命令和最终裁决进行了交叉上诉。

Oracle 在上诉中主张,四项法定因素中的每一项均与合理使用的结果相抵触。具体来说,它提出:

(1)Google 使用的目的和性质纯粹是商业目的;

(2)Oracle 的作品性质具有高度创造性;

(3)Google 复制了 11,330 多行代码,而不是编写基于 Java 语言的程序所必需的代码;

(4)Oracle 的客户停止授权 Java SE 并转换到 Android,因为 Google 提供了免费的访问权限。

上诉法院又重新就"合理使用"的四个要件进行了重新审视,在"使用的目的和特征"中,Oracle 认为 Android 是"巨大的盈利",并且"Google 在 Android 中利用 Java 收获数十亿美元"。因此,Oracle 坚持,陪审团无法找到 Android 除了"绝对商业性"以外的东西。

Google 则回应认为:

(1)因为它通过开源许可免费提供 Android,陪审团可以得出 Android 没有商业目的的结论;

(2)陪审团可以合理地认定 Google 的收入来自其预先安装的 Android 搜索引擎上的广告。

但法院认为这两个主张都没有道理,理由如下:

首先,Android 是免费的事实并不会使 Google 对 Java API 数据包的使用变成非商业性。免费给顾客通常不得不购买的东西可以构成商业性使用(认定"对版权作品进行复制和开发资源的复制,即使该复制品未提供出售,也可能构成商业性使用")。Google 可能也有与法律无关的非商业动机。正如最高法院在 Roy Export Co. Establishment 诉 Columbia Broadcasting System,Inc. 案中指出的那样,营利/非营利的区别不在于唯一动机是不是金钱收益,而是用户是否从利用受版权保护的材料中获利,而不需要支付通常的价格。

其次,虽然 Google 坚称其收入来源于广告,而不是来自 Android,但商业性并不取决于 Google 如何赚钱。事实上,"直接经济利益并不需要证明商业使用。因此,在一定程度上我们必须假定陪审团认定 Google 使用 API 数据包不是绝对商业化的,但这个结论在记录中找不到大量证据支持。因此,Google 对 API 数据包的商业使用不构成合理使用"。

结合对"合理使用"其他要素的分析,法院认为,Google 对 37 个 Java API 数据包的使用在法律上是不合理的。因此,我们撤销了地方法院驳回 Oracle 公司提出 JMOL 请求的裁定,并裁定对损害赔偿进行审判。

在 2020 年 8 月 7 日双方提交的摘要中,Google 认为:

"Ⅰ. 联邦巡回法院没有对陪审团的裁决给予适当的尊重。

联邦巡回法院推翻陪审团'合理使用'裁决的决定,与本法院明确规定的适用审查标准的先例是不可调和的。

A. 陪审团可以权衡相互矛盾的证据并证明'合理使用'。

B. 当听取了证据的初审法官否认 JMOL 时,上诉法院应当适当尊重陪审团的裁决。

Ⅱ. 陪审团有权最终决定 Google 的合理使用抗辩,上诉法院没有重新决定这个问题的基础。

A. Oracle 受其自身选择的约束,选择将合理使用的问题交由陪审团认定。

B. 法院的先例认为,陪审团有权决定法律和事实相结合的问题,例如'合理使用'。

C. 联邦巡回法院的裁决与第七修正案关于陪审团审判的权利和复审条款不一致。"

其结论为:应当推翻巡回法院的判决。

在事实/法律混合问题上,Google 认为,在这种情况下,事实性问题占主导地位,为了说明问题,Google 提供了以下向陪审团提出的事实性问题清单:

——重用软件接口的通用实践意义;

——Oracle 在没有许可证的情况下允许使用这些声明的程度;

——Java SE 是否或如何在智能手机中使用或是否适合该环境;

——声明的功能如何,从而从版权核心中删除;

——与整个受版权保护的作品相比,重新使用的声明在数量或质量上的重要性如何;

——Sun Microsystems(Java SE 的原始创建者)在多大程度上支持 Google 的重用;

——Oracle 遭受的市场损害程度(如果有);

——Google 在智能手机中对声明的重用具有革命性的意义;

——Google 是否重用了不必要的资源来实现创新目的;

——Android 是否与 Java SE 在市场上竞争任何衍生产品;

——Java SE 未来合理的潜在衍生市场是什么?

——Android 释放的创造力是否足以证明重用是合理的；

——在四项法定因素或其他未列举的因素中，哪一项相对于记录中的其他所有证据更重要或更不重要？

Google 要求法院裁定，当陪审团对诸如此类的有争议的事实作出一般性裁决时，复审法院必须从最有利于该裁决的角度审视证据，而不是对证据进行重新评估。

而 Oracle 认为：

Ⅰ.法院应当将"合理使用"作为一个法律问题重新审查。

A.谷歌的复制是否属于"合理使用"是一个法律问题。

B.即使没有重新审查合理使用，上诉法院将"合理使用"作为一个法律问题并判决是正确的。

Ⅱ.第七修正案没有改变审查标准。

A.认为谷歌的使用并非"合理使用"符合复审条款。

B.而且第七修正案中没有关于陪审团裁定是否"合理使用"的权利。

其结论为：应当维持原判。

对于"合理使用"这样的问题是否应当由陪审团决定属于程序上的事项，对我们而言并无意义和启示，关键在于能否认定为合理使用，Google 声称由于该代码用于创建新的智能手机平台，因此具有很大的变革性。Google 还强调了 API 使用在业界很普遍的事实，并且此方法是实现此目的的"唯一方法"。但法官也提出了"其他竞争对手也能够提供运行良好的手机，而无须进行这种复制"。

若法院真的裁定 API 具有可版权性，基于 Google 巨大的利润和市场地位，根据合理使用判定原则，Google 合理使用的抗辩也未必能够说服法官。

2. SDK 法律实践

2.1　概述

从目前的趋势看，APP 使用第三方 SDK 已成为普遍现象，尤其是通用功能上，如第三方账号登录、支付、信息推送等，几乎都采用了 SDK，根据 CSDN 网友的数据统计，各类别 APP 使用第三方 SDK 平均在 10 个以上，最高可达平均 30.6 个/类。[1]

SDK 本质上亦由代码写成，同样也会涉及接下来一节所述的"开源与合规"相关问题。单就 APP 接入第三方 SDK 而言，主要问题还是在于数据合规与网络安

---

〔1〕　参见 https：//blog. csdn. net/rohsuton/article/details/78022158，最后访问日期：2020 年 6 月 5 日。

全上,而通过网络安全漏洞所反映出来的最核心的问题一是在于用户信息和数据的不安全,二是被他人利用了安全漏洞导致的非数据上的损失。

许多应用开发人员将第三方 SDK 视作黑盒,只关注其功能,而忽视内部的安全漏洞。[1] 例如,主要的安全漏洞包括滥用 HTTP、滥用 SSL/TLS、滥用敏感权限、身份识别、本地服务器带来的漏洞、未关闭日志造成的信息泄露等。[2]

技术层面上的漏洞也应当由技术解决,而通过技术上的漏洞所反映出来的法律层面的问题,则应当通过行为规范来满足法律要求。

工业和信息化部《关于开展 APP 侵害用户权益专项整治工作的通知》中,主要针对 APP 违规收集个人信息、过度索权、频繁骚扰、侵害用户权益等问题进行整治,但其中部分 APP 违规行为来自其接入的第三方 SDK,即第三方 SDK 独立收集和使用了用户个人信息,但其法律责任却由 APP 运营者承担了。

例如,一些第三方 SDK 读取用户设备的 IMEI、Android Id 等设备标识符,读取用户设备已安装应用程序列表,读取用户通信录、通话记录、地理位置等敏感信息,并将收集的信息进行处理后,用于人物画像、定向推送、安全风控等业务场景。然而,第三方 SDK 通常不会向用户告知收集使用个人信息的目的、方式、范围,且在未经用户同意的情况下,私自收集个人信息,或私自向其他应用或服务器发送、共享用户个人信息。由于第三方 SDK 通常无法独立展示前台页面,也无法直接采用"告知同意"模式取得用户同意,其告知行为通常需要借助宿主 APP 来实现。宿主 APP 未进行告知的原因主要包括两方面:一方面是第三方 SDK 提供者未向 APP 运营者告知或未完整告知自身所收集的个人信息,进而 APP 提供者也无法向用户进行明确告知;另一方面是第三方 SDK 提供者告知了自身所收集的个人信息,但 APP 提供者未在此基础上向用户进行明确告知。

疫情期间,远程会议服务软件 Zoom 的用户数量也随之大幅增加,但却因为被连续曝出存在隐私和安全问题而引起了广泛关注,根据外媒报道,马斯克的 SpaceX 公司,以及美国 NASA,都禁止他们的员工使用视频会议应用 Zoom,理由是存在"严重的隐私和安全问题"。其中最为关键的就在于"Zoom 隐私政策内容不甚明确,特别是对于第三方 SDK 的描述部分"。

虽然 Zoom 的隐私政策有提及"当用户使用 Facebook 账号登录时,将会收集

---

〔1〕 参见马凯:《面向 Android 生态系统中的第三方 SDK 的隐私泄露和安全性研究》,山东大学 2018
年硕士学位论文。

〔2〕 参见马凯:《面向 Android 生态系统中的第三方 SDK 的隐私泄露和安全性研究》,山东大学 2018
年硕士学位论文。

用户 Facebook 账号的个人资料",但是,对于如何使用第三方 SDK 的内容,并没有清楚地向用户进行描述,一些没有 Facebook 账号的用户,也会因为这个内嵌的 SDK 而接收到相关的推送信息等。

所以,SDK 对于 APP 的合规越来越重要,但这仍未引起业界的重视。

2.2　SDK 的法律地位

虽然对 APP 收集个人信息或相关数据的行为仍然欠缺上位法的具体规定,但是在规范、标准层面上已经具有可操作性的指导意见。而 SDK 与 APP 不同,几乎没有针对 SDK 收集个人信息及相关数据具有指导意义的规范性文件,其本身收集信息的正当性存疑。

从法律责任上看,一旦 APP 接入的 SDK 存在问题,第一责任主体为 APP 运营主体。例如,通过制作、发布、吸引 APP 嵌入含有恶意代码的第三方 SDK,那么用户首先可追究 APP 的责任。从理论上讲,APP 运营者和 SDK 提供者对用户损失承担连带赔偿责任,但本身是否构成共同侵权有待商榷,这与传统侵权法上的共同侵权存在一定区别。当然,也有连带责任的例外,当第三方 SDK 直接通过用户单独授权获取用户信息,此时 SDK 提供者属于个人信息处理者。

从 SDK 提供者与 APP 运营者之间的法律权利义务来看,无论是将 SDK 视为一种新型产品还是技术许可,其向 APP 开发者提供 SDK 后,应当保证其产品/技术无瑕疵,因产品/技术瑕疵引起的第三方民事责任应当由 SDK 提供者对外承担责任,由产品/技术瑕疵引起的行政责任则可能由执法机关根据事件细节以及 SDK 提供者与 APP 运营者之间的协议决定。

目前来看,APP 运营者对于 SDK 的数据收集行为并不特别清楚或者即便清楚也不在意,法律上也没有就 SDK 进行专门的规定,就导致了实践中 SDK 通过 APP 违规收集用户数据,却不用承担可能产生的民事或行政责任,权利与义务并没有相统一,现实与法律存在一定的脱节。

需要关注的是,目前大量 SDK 是免费提供的,SDK 在与 APP 开发者的谈判中,也往往占据主导地位,是典型的卖方市场,而且 APP 运营者自身也存在违规收集用户信息的行为,所以也就未与 SDK 的供应商就该事项产生争议。

在大多数情况下,能够与用户交互的只有 APP 本身,SDK 无法直接与用户交互。所以,SDK 提供者要求 APP 开发者在其隐私协议中明确告知用户 APP 接入哪些类别的 SDK,每一类别可能会收集、使用用户哪些个人信息,并明确收集、使用个人信息的目的以及必要性,最终获得用户的明确授权。甚至有的 SDK 供应商还向 APP 开发者提供合规指南,要求 APP 开发者若使用其 SDK,应当如何才能够做到合规。[1]

但现实是 APP 几乎都没有向用户披露其采用的 SDK 及其可能向 SDK 共享用户信息这一事实。第三方 SDK 所收集和使用的个人信息及相关的共享行为,很多 APP 开发者并没有通过隐私政策或弹窗提示等方式获得用户的"同意"。[2] 大多数 APP 隐私协议没有按照其与 SDK 的提供方之间的协议进行履行,而且即便进行了告知,这样的同意效果如何,这其中涉及的个人信息共享等法律问题更为复杂(详见本书个人信息部分),远远不是 SDK 供应商与 APP 开发者之间的一纸格式合同所能覆盖的。

同时,SDK 提供方也无法实际控制 APP 开发者的行为,无论是为了商业利益,还是无视法律规则(事实上,也没有太多的法律规则对其进行约束),SDK 与 APP 都在大量收集并处理个人数据,甚至在用户要求 APP 开发者删除其个人数据时,SDK 提供方已经独立取得并控制了数据,无论是用户还是 APP 运营者都无法要求 SDK 提供者删除数据,数据事实上已经失控。

按照 GDPR 分类标准,可以认为 APP 是数据控制者,SDK 供应商是 APP 开发者委托的数据处理者,但这种分类与《个人信息保护法(草案)》的框架不一致,也与目前 SDK 供应商提供的开发者协议存在冲突,因为开发者协议中 APP 并没有委托 SDK 处理收据,双方也甚少就数据使用进行约定。

从双方事实上的行为来看,这与交易类似,SDK 免费或以一定基础费用向 APP 开发者提供 SDK,换取 SDK 通过 APP 这一交互平台获取用户数据的权利,而具体如何获取数据、获得数据是否合法以及获取数据后的处理两者各负其责,互不干涉,本质上是一种个人数据买卖行为,但这是参与各方心照不宣的选择,不可能呈现在任何协议与约定中。

实践中,有的 SDK 是通过 APP 直接调用 SDK 供应商自身开发的 APP 以自己的名义来与用户进行交互,那么此时 SDK 供应商与用户之间的关系就是常态下的 APP 与用户之间的关系,按照相应的规则进行信息收集与处理,此时 SDK 提供者就是 GDPR 所称的数据控制者。

有的 SDK 在使用过程中是无法被用户感知的,就只能通过宿主 APP 向用户告知,此时 SDK 供应商的身份即有可能是 GDPR 所称"数据共同控制者",亦有可能是"数据控制者委托的数据处理者"或《个人信息保护法(草案)》规定的"个人信

---

[1] 参见 https://docs. jiguang. cn//compliance_guide/App_compliance_guide/App_compliance_guide/,极光开发者应用合规指南,最后访问日期:2020 年 11 月 26 日。

[2] 参见中国信息通信研究院:《软件开发包(SDK)安全与合规白皮书(2019 年)》。

息处理者",但是其授权是否合规仍有待商榷,在实践中,大部分 SDK 的行为与直接收集的"数据控制者"无异,甚至犹有过之,而且根本未给予用户要求删除的机会,用户甚至都可能不知悉其信息被收集。

当然,数据控制者、数据处理者、数据共同处理者是 GDPR 项下的概念,而我国目前 GB/T 35273—2017《个人信息安全规范》中定义了"个人信息控制者",即"有权决定个人信息处理目的、方式等的组织或个人",而 GB/T 35273—2020《个人信息安全规范》中,将"个人信息控制者"的定义修正为"有能力决定个人信息处理目的、方式等的组织或个人"。从"权力"论变成了"能力"论,而 GDPR 是采用了事实论的角度进行定义,所谓数据控制者,是指"那些决定——无论是单独决定还是共同决定——个人数据处理目的与方式的自然人或法人、公共机构、规制机构或其他实体"。

但是,在我国《民法典》中,又提出了数据处理者的概念,却又未进行定义,但规定了个人信息的处理包括个人信息的收集、存储、使用、加工、传输、提供、公开等,这与欧盟 GDPR 中"处理"的定义相似。所以可以理解为任何处理个人信息的人,进而可以理解为这一定义包含了 GDPR 所定义的个人数据控制者和处理者,《个人信息保护法(草案)》延续了这一规定。

若按照数据处理者包括数据控制者和处理者对 SDK 供应商进行认定,因为有的 SDK 是用户感知不到的,也无法与用户交互的,也就谈不上履行数据处理者的义务。所以对于用户无法感知的 SDK,唯一的规范途径就是 SDK 供应商与 APP 运营者之间的合同约定,但根据合同相对性,用户无权要求 SDK 供应商履行数据处理者的义务。德国数据保护机关 2020 年 4 月针对 GDPR 第 28 条第 3 款发布了《数据控制者和处理者协议》,强调了控制者的控制权,明确了处理者的通知义务和数据主体查询的权利,这就与 APP 和 SDK 之间的关系存在较大区别。但若按照《个人信息保护法(草案)》的规定,SDK 理应被认定为个人信息处理者,但其却没有履行法律义务的环境,对于集成数十个 SDK 的 APP 而言,要满足 SDK 的合规义务,难度颇大。

2.3　SDK 合规建议

就使用过程中是无法被用户感知的 SDK 而言,其合规一方面依赖于与 APP 开发者之间协议的严格执行,包括告知数据分享的对象、手段等;另一方面依赖于 APP 开发者及时将用户无论是撤回同意还是要求删除等需求及时向 SDK 提供者共享,而 SDK 提供者也应当对 APP 运营者的要求及时响应。

此外,虽然用户无法感知 SDK,但是 SDK 是可以感知用户的,并非没有通过技术手段明晰 SDK 供应商法律地位的手段。所以,合规与否,仍在于 SDK 提供者和 APP 运营者的意愿,而这也从侧面说明根源还是在于法律监管是否完善。

作为 APP 运营者,至少应当通过弹窗、隐私协议等告知用户 SDK 将可能收集用户信息或者告知用户 APP 运营者的共享行为。

全国信息安全标准化委员会在《移动互联网应用程序(APP)中的第三方软件开发工具包(SDK)安全指引(征求意见稿)》中建议 SDK 合规可以从以下角度进行:

(1)收集使用个人信息和申请敏感权限应遵循合理、最小、必要原则。

(2)对功能独立的模块,宜进行拆分或提供单独的开启关闭选项,允许 APP 提供者按需进行选择使用或开启关闭,不应强制捆绑无关功能并以此为由申请无关权限或收集无关的个人信息。

(3)宜通过代码审计、代码混淆等方式,增强自身安全性。在发布上线前,宜进行安全评估,形成安全评估报告,评估内容包括但不限于:完整性校验、恶意代码检测、安全漏洞检测、权限申请和调用频率检测、收集个人信息类型和频率检测、后台自启动和关联启动并收集个人信息的行为检测。

(4)通过接口调用提供自身功能的第三方 SDK,宜对接口增加鉴权机制,并对不同 APP 调用接口的上下文环境进行隔离。

(5)宜为不同的 APP 提供者设置逻辑独立的数据存储区域,不同 APP 之间的数据宜相互独立。

(6)数据传输宜使用 HTTPS 安全信道、双向证书校验、证书绑定等安全机制,避免因中间人攻击导致传输数据泄露或被篡改。传输用户个人敏感信息的,宜对个人敏感信息单独进行加密。

(7)采用热更新技术的第三方 SDK,宜建立完善的热更新安全保障机制,包括但不限于:

(a)宜向 APP 提供者明示自身 SDK 存在热更新机制;

(b)宜在热更新推送前至少 5 个工作日向 APP 提供者说明本次热更新包更新的时间节点、热更新的具体内容、更新后可能造成的影响、热更新包的有效校验方式等;如果热更新内容涉及个人信息收集使用的目的、方式和范围的变更,安全性变更或重大的功能变更,宜进一步通过邮件、短信等逐一触达的方式告知 APP 提供者;

(c)宜提供单独控制热更新功能开启关闭的选项,说明关闭热更新功能带来的影响,并保留 APP 提供者在不接受热更新功能的情况下仍可正常使用 SDK 其他功能的权利。

（8）宜向 APP 提供者告知第三方 SDK 的相关信息，告知的信息应完整、准确、及时，不存在故意隐瞒、欺骗等行为。告知内容包括但不限于：SDK 提供者的基本信息、沟通反馈渠道、安全能力；SDK 的基本功能、版本号、隐私政策链接地址、安全性评估报告；申请的敏感权限和申请目的；收集的个人信息类型和收集目的；个人信息回传服务器所在地域；热更新机制及其开启关闭方式；是否存在单独收集用户个人信息的界面；嵌入的其他可收集个人信息的第三方 SDK；是否向其他应用或服务器发送、共享收集的用户个人信息等。

（9）作为个人信息共同控制者或独立控制者收集使用用户个人信息的第三方 SDK，宜单独向用户告知收集使用个人信息的行为并征得用户同意。

（10）在保障安全的前提下，宜优先在本地的 APP 私有存储空间内存储和处理个人信息。在本地存储和处理个人敏感信息，宜单独进行加密。

（11）宜采用可变更的标识符取代不可变更的设备唯一标识符。

（12）宜建立响应个人信息主体请求和投诉等机制，并在接入 APP 前及时告知 APP 提供者相应的请求和投诉渠道，以供个人信息主体查询、使用。

（13）宜建立"Opt‒out"退出机制，当个人信息主体不希望使用第三方 SDK 提供的服务时，个人信息主体可通过"Opt‒out"机制行使退出权利。宜在官网或个人信息保护政策中透出"Opt‒out"的链接，以便个人信息主体行使权利。

（14）宜完善与 APP 提供者的合作协议，明确第三方 SDK 收集的个人信息类型、申请的敏感权限、个人信息的使用目的、保存期限、超期处理方式等，明确双方在个人信息保护方面分别应采取的措施、承担的责任和义务等。当双方合作存在重大变更时，应重新达成合作协议。

（15）当某 APP 停止接入后，若存在从该 APP 共享或收集个人信息的，应按照合作协议约定，删除从该 APP 共享或收集的个人信息或匿名化处理。

2.4 APP 运营者关于 SDK 合规建议

对于 APP 运营者而言，若需要接入 SDK，首先分析嵌入的是哪种类型的 SDK，根据不同 SDK 的具体特性，区分第三方 SDK 是直接收集用户信息还是通过 APP 间接收集用户信息，根据收集方式的不同，进一步分析第三方 SDK 需要承担的责任。

对于间接收集用户信息的 SDK，APP 运营者/开发者就特别需要注意，把如何向第三方 SDK 分享个人信息的情况告知用户，并获得用户的有效同意，如通过弹窗告知、增加链接等不同方式。

对于直接收集用户信息的 SDK,由于第三方 SDK 直接与用户交互,用户可以明确感知 SDK,此时的第三方 SDK 直接成为个人信息处理者,在收集用户个人信息时候,需要向用户告知并获得用户的同意,与 APP 运营者关系较小。

需要特别注意的是,当第三方 SDK 可能与 APP 开发者进行信息共享的时候,应当采取三重授权原则,即用户授权 + 平台授权 + 用户授权,APP 直接收集、使用用户数据需获得用户授权,SDK 通过开放平台 Open API 接口间接获得用户数据,需获得用户授权和平台方授权,以便解决合法授权的问题。

从细节上讲,可以按照以下建议进行:

(1)应遵循合法、正当、必要的原则选择使用第三方 SDK。

(2)在集成第三方 SDK 前宜对第三方 SDK 进行安全性评估,包括:

(a)来源安全性评估,包括但不限于 SDK 提供者的基本信息、SDK 提供者的沟通反馈渠道、SDK 隐私政策链接地址、SDK 提供者的安全能力、SDK 的基本功能、SDK 的版本号、SDK 的安全性评估报告等。

(b)代码安全性评估,包括但不限于:是否存在已知的恶意代码;是否存在已知的安全漏洞;是否申请敏感权限;是否嵌入了其他第三方 SDK 等。

(c)行为安全性评估,包括但不限于:调用的敏感权限、目的和频率;收集的个人信息类型、目的和频率;个人信息回传服务器域名、IP 地址、所在地域;是否存在热更新行为及热更新是否可主动关闭;传输数据是否加密;是否存在单独收集用户个人信息的界面;是否存在后台自启动和关联启动后收集个人信息的行为等。

(3)宜使用提供者基本信息明确、沟通反馈渠道有效的第三方 SDK。

(4)对于使用的具有热更新功能的第三方 SDK,宜对第三方 SDK 的热更新内容进行内容校验、动态检测和安全评估,对于非官方的热更新内容进行阻断,对于发现问题的热更新内容应及时停用。

(5)宜对集成后的第三方 SDK 进行持续动态监测或定期进行安全评估。对于已经发现的第三方 SDK 安全漏洞,及时修复,或者采用其他替代方案,并从第三方 SDK 官方渠道及时更新最新版本 SDK。对于已经发现存在恶意行为的第三方 SDK,及时停止使用。

(6)通过接口调用第三方 SDK 功能的,宜对接口增加鉴权机制。宜向用户告知所接入的第三方 SDK 的名称或类型,第三方 SDK 收集的个人信息类型、目的和方式,申请的敏感权限、申请目的等,并征得用户同意。若第三方 SDK 需向用户单独告知收集使用个人信息的行为,APP 宜为其中无单独页面的第三方 SDK 提供向用户告知的便捷渠道。(注:例如可通过在 APP 隐私政策中嵌入第三方 SDK 隐私政策链接的方式进行告知。)

（7）宜与第三方 SDK 提供者签订合作协议或进一步完善与第三方 SDK 提供者的合作协议，明确第三方 SDK 收集的个人信息类型、申请的敏感权限、个人信息的收集目的、保存期限、超期处理方式等，明确双方在个人信息保护方面分别应采取的措施、承担的责任和义务等。当双方合作存在重大变更时，应重新达成合作协议。

（8）停用某第三方 SDK 后，宜及时从 APP 中移除该第三方 SDK 的代码和调用该第三方 SDK 的代码，存在通过本 APP 共享或收集个人信息的，应敦促第三方 SDK 提供者按照合作协议约定，删除从本 APP 共享或收集的个人信息或作匿名化处理。

3. 开源法律实践

3.1　概述

开源在今日的商业活动中已经被越来越广泛地使用，但大多数使用开源代码的企业或个人并未认真思考过与开源有关的法律问题。

开源协议虽名为协议，但开源主要集中在社区，实际上又缺乏协议相对方。开源协议本质上又是一种技术许可，但使用开源的企业也因没有事实上的许可谈判等传统许可的经历，所以使用开源的企业和个人并不注重开源所蕴含的风险。

在 Versata Software, Inc. 与 Ameriprise Financial, Inc. 系列案件以及 Oracle 诉 Google 在其安卓操作系统里未经授权使用的 Oracle 公司的 37 个 Java 应用程序编程包（"API 数据包"）侵犯了 Oracle 公司的专利权和版权案件引起业界广泛关注后，可以认为开源已经改变了软件供应链中的知识产权风险。

我国"开源协议第一案"——数字天堂（北京）网络技术有限公司（以下简称数字天堂公司）诉柚子（北京）科技有限公司、柚子（北京）移动技术有限公司（以下简称柚子公司）侵犯计算机软件著作权纠纷案[1]于 2019 年 11 月 6 日由北京市高级人民法院作出了最终判决。该案从侧面表达了我国对于开源协议的态度，即默认 GPL 协议在中国同样具有法律约束力，但对于 GPL 协议的"传染性"却未深入讨论，而且部分律师和学者认为之所以未对 GPL 协议的"传染性"深入讨论的原因之一在于我国虽然在开源社区中的贡献越来越大（截至 2018 年，我国在 Github 上的贡献者数目仅次于美国，排名世界第二），[2]但是重要开源协议基本由国外发起，

---

〔1〕　一审：北京知识产权法院（2015）京知民初字第 631 号；二审：北京市高级人民法院（2018）京民终 471 号。

〔2〕　参见中国信息通信研究院：《开源产业白皮书》，2019 年。

如果对于开源协议的"传染性"认定标准过低或者给出了较为明确的裁判标准,有可能产生"蝴蝶效应",破坏我国软件行业生态。

2020 年 6 月,中国电子书厂商文石(Onyx)被指拒绝发布其电子书设备源码,违反 GPLv2 开源协议。在 Reddit 社区,不乏将其指向中国厂商不尊重开源协议,这是否属实不得而知,但我国法律实务界对于开源协议和开源产业确实缺乏较为成熟的研究成果和理论,技术界也确实一定程度不够尊重开源协议。

2020 年 7 月 14 日,Gitee 中标工业和信息化部技术发展司"2020 年开源托管平台项目"招标,这旨在构建"面向中国的独立、开放源代码的开源代码"。这意味着,中国贡献的开源代码,无须寄存到美国,但这并不意味着在中国的开源代码就彻底属于了中国企业和中国所有使用开源代码的工程师,使用开源代码仍然遵循相应的开源许可证。

1992 年,芬兰赫尔辛基大学生林纳斯·托瓦兹(Linus Torvalds)发布 Linux 0.12 版本时,撤下了原来的版权声明,选择了通用公共许可证(GNU General Public License,GPL)。

GPL 被称为"公共版权"或"著作权",是诸多开源许可证中比较著名的一种,由开源软件运动鼻祖理查德·斯托曼(Richard Stallman)撰写,并经律师审核。理查德·斯托曼被誉为传奇性的"最后黑客"。1985 年,斯托曼发表了著名的 GNU (Gnu's Not Unix)宣言,斯托曼的宣言强调了软件共享,但有相当一部分人却理解成无偿无条件公开源代码,并以讹传讹,逐渐和开源软件画上了等号。

开源软件的核心,其实可以归结为强调软件的版权,以及使用者的自由分享,是否收费并不是重点。商业软件的核心同样可以概括为像开源软件那样强调软件的版权,向使用者收费,不开放源代码并禁止自由分享。

埃里克·史蒂文·雷蒙德(Eric Steven Raymond)在其开源运动先驱著作《大教堂与集市》中,将商业软件和开源软件分别比作大教堂和集市,教堂是按照精心设计的图纸修建的建筑,历数十年方可完成,集市则是人人可以参与建设,没有固定模式,也不知道完成的结果如何。

开源相较于商业软件的闭源并没有道德上的优越感,仅是一种知识共享的模式,而且与闭源一样强调版权。至少从谷歌对华为的 Android 禁令来看,在社会公众的层面上,对于开源的理解存在一定偏差。

以备受关注的华为公司对外宣传"面向全场景的开源分布式操作系统"的鸿蒙为例,在 Gitee 网站中,可以看到鸿蒙系统代码大概 800 万行,引用了超过 750 万行开源代码,没有顶部版权声明的代码大概 15 万行,这些开源代码是否会遭遇下文所述的法律风险,虽目前未发生,但若真的进行商业使用,遇到下文所述的法律风险几乎是可以确定的、预见的。

3.2　开源协议冲突现状

无论是科技巨头、程序爱好者还是自由开发个体,在现在的环境下,无不以开源吸引客户或者技术人员,开源已经成为推动软件技术进步最好的方法,技术人员可以拿到源代码,能极为有效地缩短排错时间,在一点点鼓励下,就可以帮助查找问题,给出建议并帮助改善代码。[1]

在开源蓬勃发展后,软件开发已经出现了实质性的变化。开发者贡献出自己的源代码,也是一种争取市场的方式,开源软件并非自由软件,若开源后市场反馈良好,仍然是具有多种多样的盈利模式,如"双重授权"[2]"通过硬件捆绑盈利"[3]"通过出售增值产品盈利"[4]"通过技术支持盈利"[5]"通过广告业务盈利"[6]等方式,[7]而且仍旧受著作权法保护。

《2020 年开源安全和风险分析报告》(OSSRA)中称,2019 年审计的代码库中73% 包含许可冲突或没有许可的组件。在互联网和移动 APP 上,这一比例高达93%。[8]而且,在经过审计的代码库中,有 33% 开放源代码的作者没有明确授予

---

〔1〕　参见[美]En's. Raymod:《大教堂与集市》,卫剑钒译,机械工业出版社 2014 年版,第 28 页。

〔2〕　双重授权是指针对个人/商用进行不同授权或不同版本(开源社区版本、企业版本)进行不同授权。开源社区版本以开源许可协议免费许可给用户,便于测试软件、获得改进信息、赢得口碑。企业版本采用商业许可,通过为企业使用者提供更丰富的功能以及提供技术支持、担保服务等方式来盈利。该模式主要适用于软件服务商,前提条件是公司拥有开源软件所有代码的版权。采用这种模式通常使用 GPL、AGPL 等强著作权(Copyleft)许可协议,如 MySQL、MangoDB 等软件。

〔3〕　硬件捆绑是指利用免费而优质的开源软件带动它所属的硬件的销售。该模式主要适用于硬件设备商,任何许可协议的软件都可以采用这种方式,如 IBM 等服务器供应商通过捆绑免费的 Linux 操作系统销售硬件服务器。

〔4〕　出售增值产品盈利是指向开源软件的商业用户贩卖增值服务或者增强组件、开发工具等许可,通过附加更多的闭源软件来增加收入。该模式适用于提供基础软件的软件服务商,通常会选择较为宽松的许可协议,如 Android 系统。Google 通过 AOSP(安卓开源项目)汇聚人气,以开源方式为谷歌开发者联盟成员提供基础服务,包括基础 Linux 内核、Dalvik 虚拟机的 Android 基础框架代码,以及部分应用和 API。在 Android 系统之上的 GMS(谷歌移动服务)则采用闭源方式来获得盈利,包括谷歌移动互联网的核心应用以及关键 API,如搜索、邮件、日程、地图、街景等服务。

〔5〕　技术支持盈利是指产品免费,但是通过产品的技术咨询、维护修理、技术文档、人员培训等服务额外收费。该模式适用于软件服务商,对许可协议没有要求,但 GPL 许可协议的软件通常采用这种方式,如红帽公司的开源产品大都采用这种盈利模式。

〔6〕　通过广告业务盈利是通过内嵌广告而达到盈利的目的,而产品本身需要做的只是如何吸引更多用户。该模式适用于互联网厂商,可采用任何许可协议,如火狐公司推出的开源浏览器。

〔7〕　参见中国信息通信研究院:《开源软件知识产权风险防控研究报告》,2019 年。

〔8〕　参见 https://www.synopsys.com/content/dam/synopsys/sig-assets/reports/2020-ossra-report.pdf。

任何许可或使用条款。

开源许可协议众多,仅 OSI 认证的开源许可协议就达 80 余种,此外还存在大量没有经过 OSI 认证的"开源许可协议"。不同开源许可协议在概念界定、版权许可、专利许可、免责等方面的规定有很大不同,难免出现不同许可协议的部分条款存在冲突的情况。当程序开发人员把不同开源许可协议许可的代码组合成一个大程序发布时会产生很多问题。例如,形成的大程序最终以哪个许可协议发布,许可协议条款之间的冲突造成被许可人利益受损该如何解决等,这就是许可协议兼容性问题。

从法律层面来讲,不兼容的许可协议许可的开源代码不能合并使用到一个程序中。[1] 但实践中,无论是软件开发还是 APP 开发,为了降低成本等技术考虑,都大量采用不同开源协议的源代码,上述审计结果也证明了这一点。

即便 APP 开发者或软件开发者愿意投入大量人力,物力去梳理代码所采用的开源协议之间的兼容性,技术上也很难去实现开发成本、开发周期和开源协议的兼容与和谐。从这一点上来看,开源协议、技术与法律合规之间的矛盾难以解决。

根据前述报告反映,在开源协议方面,93% 的 APP 存在合规风险,而一家企业组织开发软件,代码库中几乎肯定包含许多开放源码组件。如何制定合理的流程和策略来管理开源组件和代码库,如何评估并降低开源质量风险、安全性和许可风险,则是一项系统的工程,需要法律从业人员、技术人员和管理人员的协作才可以完成。

此外,更令人担忧的则是不受管理的开放源代码带来的日益严重的安全风险的趋势。经过审计的代码库中有 75% 包含具有已知安全漏洞的开源组件,同时,49% 的代码库包含高风险漏洞。

3.3 我国开源司法实践

2019 年 11 月 6 日,数字天堂公司诉柚子公司侵犯计算机软件著作权纠纷案[2]由北京市高级人民法院作出二审终审判决,认定柚子公司提出的 HBuilder 软件三个插件属于应遵循《GNU 通用公共许可协议》(以下简称 GPL 协议)开放源代码的衍生作品的抗辩理由不成立,API Cloud 软件复制并修改 HBuilder 软件中的三个插件的行为构成对数字天堂公司复制权、改编权及信息网络传播权的侵犯,判令柚子公司停止侵权并赔偿 71 万元。至此,第一个在中国涉及 GPL 协议的诉讼案件尘埃落定。

---

〔1〕 参见中国信息通信研究院:《开源软件知识产权风险防控研究报告》,2019 年。
〔2〕 参见北京知识产权法院(2015)京知民初字第 631 号、北京市高级人民法院(2018)京民终 471 号。

数字天堂公司诉称柚子公司发布的 APICloud 软件抄袭了数字天堂公司 HBuilder 软件中的三个插件(代码输入法功能插件、真机运行功能插件、边看边改功能插件,以下简称涉案三个插件)的源代码,侵犯了数字天堂公司对 HBuilder 软件享有的复制权、修改权和信息网络传播权,并据此要求法院判令柚子公司在公开网站赔礼道歉,消除影响,并赔偿经济损失及合理费用。柚子公司辩称 HBuilder 软件属于应遵循 GPL 协议开放源代码的软件。对于 GPL 协议的开源软件,任何第三方有权不经另行取得著作权人的许可,直接遵循 GPL 协议使用源代码,构建衍生软件作品,而不构成对著作权的侵犯。

一审中,北京知识产权法院认为:

"数字天堂公司的 HBuilder 软件属于《著作权法》下的计算机软件作品,数字天堂公司是该软件作品的著作权人。

数字天堂公司是 HBuilder 软件中涉案三个插件的著作权人。

根据工业和信息化部软件于集成电路促进中心知识产权司法鉴定所(以下简称鉴定机构)对 APICloud 软件与 HBuilder 软件同一性鉴定出具的鉴定意见,[1]柚子公司 APICloud 软件中对应插件源代码部分与数字天堂公司的涉案三个插件构成同一性。

根据鉴定机构对数字天堂公司涉案三个插件的源代码与在先第三方及开源软件源代码同一性鉴定出具的鉴定意见,[2]涉案三个插件的源代码仅有一小部分与第三方或开源软件的源代码相同。

涉案三个插件处于独立的文件夹中,且文件夹中均未包含 GPL 协议。

HBuilder 软件的根目录也不存在 GPL 软件协议。

尽管 HBuilder 软件中包含的其他文件夹中含有 GPL 协议,但 GPL 协议对涉案三个插件并无约束力。

涉案三个插件不属于应根据 GPL 协议开放源代码的衍生软件作品。

故,柚子公司认为数字天堂公司涉案三个插件属于开源软件的抗辩理由不成

---

〔1〕 "鉴定机构的主要鉴定意见为:1.针对输入法功能插件:被诉侵权软件 30 个源代码中有 29 个源代码文件与原告软件对应源代码具有同一性;2.针对真机运行功能插件,被诉侵权软件 23 个源代码中有 18 个源代码文件与原告软件对应源代码具有同一性;3.针对边改边看功能插件,被诉侵权软件 56 个对应源代码中有 44 个源代码与原告软件对应源代码具有同一性。"

〔2〕 "鉴定机构的第二次鉴定意见为:1.将具有同一性的代码输入功能插件的 29 个源代码与被告提供的在先软件源代码进行比对,均无对应关系,即不具有同一性;2.将具有同一性的真机运行功能插件的 18 个源代码与被告提供的在先软件源代码进行比对,共 13 个源代码文件具有同一性;3.将具有同一性的边改边看功能插件的 44 个源代码与被告提供的在先软件源代码进行比对,共 2 个源代码文件具有同一性。"

立,其被诉行为构成侵犯数字天堂公司享有的著作权。"

柚子公司不服北京知识产权法院的判决,向北京市高级人民法院提起上诉。北京市高级人民法院于 2019 年 11 月 6 日作出终审判决。上诉人柚子公司诉称数字天堂公司的 HBuilder 软件(包括涉案三个插件)应整体受到 GPL 协议的约束,必须依据 GPL 协议的规定承担开放源代码的义务,并针对三个插件的独立性认定问题再次提出司法鉴定申请。二审法院以柚子公司在一审程序中怠于行使举证责任,在二审诉讼中再次提出第三次鉴定申请有违司法程序公正和司法程序效率,且司法鉴定申请内容与本案待证事实之间并无直接关联性为由,驳回了司法鉴定申请。同时,二审法院承继了一审法院对于涉案三个插件不应受到 GPL 协议约束的论述,仍然维持柚子公司的行为构成侵犯数字天堂公司著作权的判定,仅对一审法院侵权代码的数量、侵权行为个数和赔偿金额的认定作出修正。

本案一审法院虽然没有明确论述 GPL 协议的法律效力,但其大篇幅引用 GPL v3.0 协议的原文,并论述 GPL 协议对涉案三个插件是否具有约束力,相当于已经默认 GPL 协议在中国同样具有法律约束力,二审法院也同样接受了一审法院有关 GPL 协议是否对涉案三个插件具有约束力的论述。本案法院默认了 GPL 协议的法律约束力,从一定程度上消除了未来有关开源软件许可协议在中国诉讼中法律效力认定的不确定性。

本案法院虽然认可了 GPL 协议的法律效力,但未深入探讨或阐述对 GPL 协议"传染性"的理解,对涉案三个插件是否构成独立作品,是否应受到 GPL 协议约束的判断规则也存在争议。

根据 GPL v3.0 协议[1]的要求,一旦使用以 GPL v3.0 协议许可的开源软件,被许可人在传播 GPL 开源软件或其修订版本时,都应当遵守 GPL 协议的要求开放源代码,并同样使用 GPL v3.0 协议对外提供许可,允许其他人根据 GPL v3.0 协议条款使用 GPL 开源软件或其修订版本,这就是在开源业界经常提到的 GPL 协议的"传染性"。但是,GPL v3.0 协议也明确规定了一个例外情形。即对于与 GPL 开源软件聚合(Aggregate)在一起的独立的程序,如果其本质不属于 GPL 开源软件的衍生,也不是与 GPL 开源软件结合成一个更大的程序,那么 GPL 协议并不会"传染"此类独立的程序,GPL 协议条款对其不具有约束力。

GPL 协议允许被许可人制作并发布一个聚合版,即使其中包含非开源软件或与 GPL 协议不兼容的其他开源协议也可以,只要被许可人制作的聚合版许可协议

---

〔1〕 GPL 英文版本:https://www.gnu.org/licenses/gpl-3.0.en.html,中文版本:https://jxself.org/translations/gpl-3.zh.shtml,最后访问日期:2020 年 11 月 26 日。

不禁止用户行使每个独立程序许可协议允许的权利。

由此可见,本案柚子公司提出的涉案三个插件属于应遵守 GPL 协议开放源代码的程序是否成立,应取决于涉案三个插件是属于独立程序,还是属于 GPL 开源软件衍生作品。根据自由软件基金会(Free Software Foundation)对"聚合版"和"修改版"的观点:"'聚合版'包含有多个独立的程序,并在同一个 CD – ROM 或其他媒体上发行。究竟怎么区分是两个独立的程序,还是一个程序的两个部分呢?这是一个法律命题,最终会由法官来决定。我们相信合理的标准既依赖于通信的机制(exec、pipes、rpc、共享地址空间的函数调用,等等),也依赖于通信的语义(交换了什么样的信息)。如果两个模块都包含在同一个可执行文件里,那么它们一定是一个程序的组件。如果两个模块运行时是在共享地址空间连接在一起的,那么它们几乎也构成一个组合软件。反过来,管道(pipes)、套接(sockets)和命令行参数通常都是两个不同程序通信的机制。因此,如果使用它们来通信,这些模块正常应该是独立的程序。但是如果通信的语义非常密切,交换复杂的内部数据结构,那么它们也会被认为是一个大程序的两个组合部分。也就是说,判断一个程序是需要遵守 GPL 协议的衍生作品,还是不需要遵守 GPL 协议的独立程序,应该基于对程序之间通信关系、依赖关系、调用关系的深入分析。"

因为北京市高级人民法院没有同意柚子公司第三次鉴定申请,也就没有对程序之间通信关系、依赖关系、调用关系进行技术上的分析,而本案一审法院仅以"处于独立的文件夹"和"文件夹中没有 GPL 开源协议"认定涉案三个插件属于独立的程序,不受 GPL 协议约束的判断过于简单粗暴,不符合开源社区和其他国家司法实践中的主流思路和方案,难免引起外界争议。尤其是"文件夹中是否包含 GPL 协议"不应当成为认定该程序是否受到 GPL 协议约束的因素。因为从逻辑上来讲,一个程序需要遵循 GPL 协议时,附随 GPL 协议对外分发是一个必须履行的义务,没有按照要求将 GPL 协议包含在程序中对外分发则构成对 GPL 协议的违反,进而构成对原著作权人的权利侵犯。

此外,目前以"APP""开源""案由:知识产权与案由纠纷"为关键字在"中国裁判文书网"检索可得到 77 篇判决书,仍未发现有因为开源协议冲突导致商业失败的案例,几乎没有适格的主体对此提起诉讼。此前影响力较大的麒麟操作系统与 FreeBSD 代码事件、绿坝盗用 OpenCV 事件、腾讯 QQ 影音与暴风影音侵权 FFmpeg 事件大多发生在 2010 年前,在我国对开源社区贡献越来越大的同时,我国软件行业也越来越依赖于开源,而在国内还没有查询到因为违反开源协议导致的国外主体起诉的案件。

但随着中美关系走向紧张,是否会因开源协议而产生诉讼以及是否会影响我国的软件行业发展尚未可知,即便我国司法上倾向于提高证明开源协议"传染性"的标准,但只要相应软件在国外分发,相应的诉讼完全可以不在我国进行,从目前的行业环境和法律环境来看,我国互联网行业从业者和企业应当为此做好一定的准备。

3.4　美国开源典型案件 Artifex Software, Inc. v. Hancom, Inc.

美国加利福尼亚北部地区法院的 Artifex Software, Inc. v. Hancom, Inc. 案可以给予我们一定启示,原告 Artifex 的业务是开发和许可软件,其软件用于解释 Adobe PDF 文件和其他页面描述语言文件。原告的 Ghostscript 软件不是 Adobe 系统开发的,但应用广泛。

为了研究和开发这一软件,原告投入了大量资金用以改进和更新。原告以"双重许可"模式发布该涉案软件,即不仅提供了商业许可证,也为公众提供了有条件的开源软件许可证 GNU GPL。如果用户根据 GNU GPL 许可证的条款免费使用 Ghostscript,使用者必须遵循特定的开源软件许可证的要求。如果用户选择购买商业许可,就可以自由地使用、修改、复制或者发布,而无须受到 GNU GPL 许可证条款的限制。

被告是一家韩国软件公司,开发的是韩文软件,其于 2013 年就将原告的涉案软件编写入其韩文软件之中。

由于被告并未购买商业许可证,因此原告主张被告使用涉案软件的行为应当属于根据 GNU GPL 许可证的使用。

根据 GNU GPL 第九章的规定,用户要接收或运行该程序的副本,该许可证并不是唯一途径,但是只有遵循该许可证的条款,才能传播和修改作品,如果不接受该许可证的条款而实施以上行为,行为人将构成版权侵权。

原告认为,被告没有选择商业的许可模式,其传播以及修改作品的行为属于 GNU GPL 许可证涉及的内容,因此要遵循许可证的条款。此外,被告在网站上也表示自己是根据 GNU GPL 许可证使用涉案软件。被告事实上并未遵守 GNU GPL 的主要条款,将 Ghostscript 编写入其韩文软件中,但没有向最终用户披露 Ghostscript 是 Hancom 软件的一部分这一信息,而且被告发布软件时也未根据 GNU GPL 许可证的要求附随相应的源代码。

原告向美国加利福尼亚北部地区法院提出了两项诉讼请求:被告的行为构成合同违约和版权侵权。被告辩称:其一,GNU GPL 许可证并不构成合同,因为被告从未签署过,双方未达成合意,因此不存在合同关系;其二,开放源代码软件许可问题应当优先(preempt)适用联邦版权法,而原告不能根据州法主张违约;其三,被告是在美国以外进行软件开发的韩国公司,原告未能证明被告的涉案行为是在美国境内进行的,因此不能根据美国联邦版权法主张损害赔偿。

美国加利福尼亚北部地区法院的杰奎林·斯科特·科利法官驳回了被告的主张并指出:针对违约主张,原告软件的许可模式共有两种,既然被告未购买商业许可证,就意味着其不属于根据商业许可证进行的软件修改、传播等,而是根据 GNU GPL 许可证在使用涉案软件。被告未支付商业许可费,导致原告不能获得商业许可费的收益,又未遵循 GNU GPL 许可证的要求,弱化了其后续根据公共软件制度进行软件研究与开发的能力,给原告带来了损害,因此原告有权主张被告的行为构成合同违约。

就本案而言,本质上不涉及开源协议的冲突问题,但是首先确认了无论是否签署相关协议,开源的代码如果未通过其他商业模式进行许可,那么在通过开源方式获取后,就应当遵循相应的开源协议,开源协议构成对使用方的法律限制。其次,确认了违反开源协议对开源代码进行非版权法/著作权法意义上的合理使用或法定许可的使用时,则既属于对开源协议的违反,也属于对版权/著作权的侵犯。

本案最终以两家公司就法律分歧达成和解而结案。和解细节没有披露,声明只是表示在相互尊重、承认版权保护和开源哲学的基础上达成了友好的解决方案。

在本案中,被告 Hancom 的抗辩几乎可以代表我国部分从业者的心态,即未签订开源许可协议,自然不存在违约,并且软件只是在中国境内发行或商用,与美国无关,与开源社区无关,但可以看到,这样的抗辩事实上是很难站得住脚的,目前没有中国公司被告,并不意味着这样的行为在中国就毫无风险。

3.5　开源的知识产权风险

无论是对于律师还是对于没有专门经验的公司来说,理解一款软件上涉及的开源代码上所有开源协议几乎是不可能的,对于律师而言,需要了解软件体系结构,各种编程语言之间的差异以及诸如用户空间与内核空间、虚拟设备、API、链接、调用等之类的各种概念,对于企业的技术人员而言,又需要了解各式各样的许可协议,这在现实中是很难做到的。

实际上,确定任何特定软件中的许可都相当困难。某些软件包根本没有标记任何许可证。尽管许多软件包有一个 COPYING 或 LICENSE 文件来指示软件包的许可证,但许多软件包在其他文件中也具有其他许可证信息。看到具有 10 个或更多许可证的软件包并找到所有许可证要么需要漫长的手动工作,要么需要借助于自动化。此外,通常在软件包本身内会包括软件包获得的许可,但在项目首页上,有时又有其他或相互矛盾的术语,或者关于该项目如何解释其所选许可证的特殊解释。

对于如何对待开源风险,也缺乏广泛认可的商业协议。每个使用开源代码或软件的企业或个人都需要评估其得到的软件是否符合许可证,但现实是几乎没有企业或个人会进行评估。

当涉及违反开源协议时,由于缺乏普适性商业协议,造就了大量灰色地带,在我国也未引起足够重视。但尽管存在大量法律不确定性,开源的海啸已经席卷了软件开发产业链,我国与美国的法院都认可开源软件许可具有约束力,但美国法院认为违反开源许可同时构成版权侵权,因此侵权行为人也将承担《美国版权法》规定的广泛损害赔偿,包括法定损害赔偿。而我国因为缺少类似的案例,也缺少法定的著作权人提起的诉讼,就违反开源协议是否构成侵犯著作权仍未有定论,也没有纯粹从违反开源协议即应当视为侵犯著作权角度提起的诉讼。虽然从前述案件来看,我国法院更倾向提高开源协议"传染性"证明标准,尽可能将争议限制在原被告争讼双方,而不就开源协议本身进行深入的阐述,但这种处理与"开源协议"在其他法域上的处理以及通说存在一定偏差。虽然知识产权本身具有地域性,但软件行业具有跨地域性,尤其是开源代码本身具有的开放性,若相关产品需要在海外发行,权利相关主体完全可以在国外提起诉讼(尤其是德国对于开源协议诉讼的原告尤其友好)。

目前还未出现因企业运营 APP 开源风险导致诉讼,但 APP 已成为我国文化输出的重要产品,通过 APP 提供服务或开展业务已成为企业的优先选择。此后不排除有可能会出现因承载企业主要业务的 APP 不合规或涉及重大诉讼的案例,而若需求海外上市融资,更为严重的可能涉及证券法意义上的欺诈发行或虚假陈述等。

3.5.1 版权风险

开源最初面临的版权问题是开源软件本身的版权问题,即这些软件是否可能包含来自第三方的版权代码,这些第三方是否可能起诉这个项目或这个项目的许可人。但因为第三方缺乏如此做的动力,版权法的焦点很快转移到版权许可的遵从性上,这仍然是当今开放源码软件实施中的一个主要问题。

随着开源软件的使用变得越来越普遍,开源软件带来的潜在知识产权风险已经发生了变化。当公司以前使用开源软件时,由于缺乏商业软件供应商的支持,开源没有形成自身的生态系统。当时使用开源代码的企业自身也无法清楚知晓代码来源于谁,是否可能因此遭受诉讼,而因为大多数对开源项目作出贡献的程序员并不关注贡献后的知识产权问题,同时也缺乏关注的能力。在美国,一项知识产权诉讼平均耗时 3 年至 5 年,花费在 100 万美元至 1000 万美元。开源代码本质上就成为一种免费商品,就像一条公共道路;而运行这些代码的软件则更像商业产品,就像道路上的汽车一样。向每个人收取过路费是很困难的,但没有人希望汽车是免费的。因此,尽管在底层的开源项目中可能存在许多侵犯版权的实例,但它们并不是那种上升到强制执行级别的版权风险。因此,开源早期发现的任何风险在更进一步的分析中都缺乏紧迫性。

开源软件带来的更进一步版权风险通常被称为合规风险。如今,几乎每个公司都使用开源软件,吸收别人的开源软件,并在企业中使用。当公司这样做时,它需要确保遵守相关的开放源码许可。如今,开源领域的大部分知识产权法与许可遵从性有关。企业需要对开源软件的代码库进行审计,以确定该软件的组成和使用的许可证。

目前开源许可证内容相当复杂,Copyleft(著作权)许可证有重要的附加条件。如果重新发布代码,就必须在相同的许可条款下进行。这一需求所包含的内容非常复杂。例如,最常用的 GPL,GPL v2 是一个 Copyleft 许可证,它是最常见的项目开源许可证,具有最激进的"Copyleft"条款。在开源协议中,GPL 属于最严格的一类,据开源社区估计,大概有 160 亿行代码在 GPL v2 下得到了许可。

对于开源协议的违反一般不会带来经济赔偿,因为开放源码许可的执行大多数是由社区完成的。发布开放源代码的作者会通知社区执法者,他们是在 GPLv2 下发布代码的,而执法者则会接触行为人,促使行为人按照开源协议公布其源代码。但如果行为人被要求立即遵守许可证,企业要么选择遵守许可证,这当然会推迟产品的发布,带来人力、物力成本的增加;要么选择无视开源社区执法者,而这是否会诱发进一步的诉讼,以及是否导致企业商誉的损失则不得而知但可以预见。

在历史上,违反开源协议的行为,都是以"违反契约"而起诉的(如第九巡回法庭 1999 年审理的 Sun Microsystems,Inc. v. Microsoft Corp. 案,第二巡回法庭 1998 年审理的 Graham v. James 案),从来没有人以"侵犯著作权"起诉过。也就是说,法院认为如果你使用了开源协议,就等于放弃了著作权,作品的使用从此只存在合约关系,而不存在侵权。

但从理论上讲,开源在英语中使用的是"license",即许可,当违反了开源协议,是侵犯版权,而非合同违约,当然也可以提出违反合同的索赔,但就损害赔偿和补救措施而言,它们通常不被采用,因为版权有法定损害赔偿,实际损害赔偿,利润的返还,以及可用的禁令补救措施。合同法并没有类似的请求权,近几年的判决也印证了这一点。

2008 年,Jacobson v. Katzer[1]案中,美国联邦上诉法院认为违反开源协议也可认定侵犯了相应的著作权。当然本案涉及的"Artistic 许可证"并不能完全适用到其他开源协议上,但在欧洲,违反开源协议被认定为侵犯著作权的案件也并不鲜见,所以可以认为违反开源协议是一种侵犯著作权的行为是一种通说,虽然目前没有更明确的权利人,但至少存在被诉的风险。

此外,目前许多开源案件是在德国提起的(如 Patrick McHardy),当涉及开源强制执行时,德国是一个非常有利于原告的司法管辖区。不过,与其他法律领域相比,开源遇到的诉讼仍然很少。

也就是说,在目前,不合规的使用开源代码或开源软件,或者在一定阶段未对软件所涉及的开源协议之间的冲突给予适当的解决,存在法律上的风险,但在国内,这种风险还不是紧迫的诉讼风险。

在软件开发实践中,程序员经常从网络上获取大量的软件/代码,而不太愿意跟踪这些软件/代码是什么以及从何而来,当然也缺乏相应的能力。如果程序员获取了完整代码库并使用,容易识别出其来源。但如果他们剪切和粘贴两行到三行,那么识别其来源以及其应当遵守的协议,就几乎是不可能完成的任务。所以,如果程序员对他们从哪里获取代码和保存记录不是非常谨慎,那么企业就不知道代码库中有什么。如果不知道代码库中有什么,企业就不可能遵守许可证,因为其根本不知道应当遵守什么。

以 GPL 为例,要了解 GPL,就必须了解开源运动,就必须知道软件包的哪些部分是 GPL v2(以及哪些部分是"只有 GPL v2 以及 GPL v2 或更高版本")以及是否应用了任何例外,并且如果应用了任何例外,则必须知道所涉及的编程语言以及软件体系结构是什么样,就必须知道它们是在处理用户空间还是内核空间,以及/或者两者之间有什么连接,要阅读 GPL FAQ(Frequently Asked Questions,常见问题),必须知道相关的版权所有者是谁,他们的意图是什么,以及关于 GPL 及其应用程序的许多其他的来源,具体则取决于要分析的具体情况。

某些情况下,企业在其网站上发布了其他条款,目的是传达自己对 GPL 的特殊解释。许多与 GPL 相关的分析在开源社区中被广泛接受,其依据仅是来自 Linus Torvalds(Linux 内核的发明人及该计划的合作者,Linux 之父)的电子邮件。

要使用 GPL 协议,就必须了解以上所有内容,才能对 GPL 合规性进行完整的分析,而且现在,他们还必须在随机的 Github 页面上查看承诺参与者的列表,以了

---

〔1〕　https://wiki. creativecommons. org/images/9/98/Jacobson_v_katzer_fed_cir_ct_of_Appeals_decision. pdf.

解适用于该协议的终止条款。

根据著名的开源专家凯特·唐宁的说法,目前全世界的开源领域专家不到200人,更遑论其中专家律师的人数了,大多数律师、企业事实上无法完全胜任这项工作,无论是代表 GPL 还是代表企业。

所以,如何面对开源的版权问题,企业应当给予一定的考虑或者是完全不考虑,静待未来,而我国企业几乎都选择了后者,大部分企业也没有能力考虑更多。

3.5.2　商业秘密的泄露风险

当企业为遵守开源协议而不得不发布源代码时,就可能暴露其自身的商业秘密,当然,这是合规的一种代价,但通常并不是每个企业都愿意这样做,他们通常的做法是重写代码或以其他方式修复它。

例如,当违反了像 GPL 这样的开放源码许可证时,当然可以选择在 GPL 下发布该程序的所有源代码,或者停止使用 GPL 软件。而若选择后一种方式,也就意味着企业必须重新设计他们的产品。

然而,有些企业确实选择冒泄露秘密的风险。在涉及思科和 Linksys 路由器的著名案例中,Linksys 在早期就公开了大量代码。2003 年,思科以 5 亿美元的价格收购了 Linksys 公司。之后,有关 Linksys 因未能提供部分路由器代码的源代码而违反 GPL 的投诉浮出水面。自由软件基金会(Free Software Foundation,FSF)介入,威胁要强制执行 GPL 的要求。在 FSF 提出要求几个月后,Linksys 最终公布了有争议的源代码。

汽车制造商 BMW 为遵守 GPL 向普通公民交付了 950M 的开放源码软件代码。在注意到宝马 i3 电动汽车车载软件中引用了 GPL 许可代码后,作者邓肯·贝恩(Duncan Bayne)要求获得源代码。宝马最初拒绝提供这一信息,但在贝恩将双方的信件发布到网上,并在开源社区内迅速传播后,宝马也公布了相应的源代码。

但目前来看,没有任何法院能够也不会因为一家公司违反开源规定而命令它公开源代码,所以,若企业选择使用开源代码,也要面临公布与之相关的公司自身商业秘密的代码的风险。

3.5.3　专利侵权

起诉侵犯专利权的原告可能不是公司正在使用的开源软件的作者。他们甚至可能不是创建该开源软件的企业或个人。使用开源代码的公司可能因为代码中的某项特定技术被一个完全无关却拥有专利的第三方起诉。

这种风险在开源之前就存在了。人们一直在买卖专利,专利存在于那些没有人知道有专利的东西,甚至没有人想象有专利的东西。出于这个原因,专利欺诈和专利诉讼的风险一直存在。对于开放源码软件,如果未知的第三方持有关于开放源码的特定部分的专利,那么总是有可能侵犯专利。

要避免这样的风险,需要项目本身拥有应对法律风险的资源,或者在必要时迅速进行重新设计。需要了解软件中有什么是至关重要的,尽可能地在诉讼发起前移除涉嫌侵权的代码。

3.6 GPL 协议相关案件简介及开源的发展

GPL 作为最重要的开源协议,应用极为广泛,其指导原则、FAQ、执法等规定对于我们理解与实施开源具有相当的启示意义。Versata Software 诉 Ameriprise 系列案件和 Oracle 诉 Google 案也极为全面地向世人展现了法院的态度,虽然这些案例留下了许多关于 GPL 的问题没有回答,但仍构成了迄今为止关于 GPL v2 遵从性的最重要的法律指导,对开源社区未来的发展也可能产生深远影响。

在此简单介绍一下与开源协议密切联系且与现实情况更为接近的 Versata Software 诉 Ameriprise 系列案件。

本案涉及多个主体:

Ximpleware:撰写了 XML parser,同时以 GPL v2 商用版权发行。

Versata:在其产品 DCM software 使用了 Ximpleware 的 XML parser,从案情来看没有购买商用版本。DCM software 里面也没有引用 GPL v2 条款,当然也没有公开源代码。

Ameriprise:向 Versata 购买 DCM software 使用权的公司,另外取得 Versata 的授权,可以找外包商修改 Versata 的 DCM software。

Infosys:Ameriprise 的外包商。

Versata 为金融服务行业提供软件,并在 13 年的时间里将其分销渠道管理软件(DCM)授权给 Amerprise,后者使用该软件管理其独立的财务顾问网络。两家公司就 Ameriprise 使用第三方承包商生产定制 DCM 产生了争议。

Versata 声称承包商的行为(特别是反编译 Versata 软件)被许可协议所禁止;Ameriprise 公司声称,Versata 的反对只是为了迫使 Ameriprise 公司使用 Versata 公司更新、更昂贵的云软件。

Versata 在得克萨斯州法院起诉 Ameriprise 公司违反了软件许可协议(请注意不是侵犯版权)。

在诉讼过程中,Ameriprise 从 Versata 获得的文件显示,DCM 包含第三方免费开源软件,包括一个名为 VTD – XML 的 XML 解析工具,它是由一家名为 Ximple-Ware 的公司生产的,并获得 GPL v2 的许可。XimpleWare 还为那些不希望将 GPL

应用于自己的软件的客户提供专有许可,但 Versata 没有 VTD-XML 的专有许可。

基于上述事实,Ameriprise 提出了反诉,声称 Versata 包含 VTD-XML 导致整个 DCM 在 GPL 下获得许可,并且 Ameriprise 的修改和反编译与 GPL 一致。

由此便引发了下述五个案件(为简洁表述,仅列出双方主要当事人):

(1)Versata 诉 Infosys,案号 1:10cv792,美国得克萨斯州西区地方法院

Versata 起诉 Infosys 违反合同和侵犯版权,双方同意在有争议的前提下撤诉。

(2)Versata 诉 Ameriprise,案号 D-1-GN-12-003588;得克萨斯州特拉维斯县第 53 司法地区法院

Versata 声称 Ameriprise 违反了其 DCM 软件许可,并试图终止许可。这也导致了案例 3,在此案例中,Ameriprise 基于 Versata 对版权优先权的抗辩,将案件移交给联邦法院。

(3)Versata 诉 Ameriprise 等,第 1:14-cv-12 号案件,美国得克萨斯州西区地方法院

Ameriprise 基于 Versata 在得克萨斯州案件中的版权优先权抗辩,将此案移交给了联邦法院。2014 年,法院裁定 Versata 的得克萨斯州法院抗辩主张被优先考虑,但 Ameriprise 基于 GPL v2 的辩护不被优先考虑,双方同意将案件发回得克萨斯州法院。

(4)Ximple Ware 诉 Versata,案件编号 5:13cv5161,加利福尼亚州北区美国地方法院(圣何塞)

Ximple Ware 已起诉所有被告直接专利侵权和宣告救济,并起诉 Versata 专利侵权和帮助侵权。

(5)Ximple Ware 诉 Versata,案号 3:13cv5160,美国加利福尼亚州北区地方法院

Ximple Ware 起诉被告直接侵犯版权、不当得利、不正当竞争和宣告性救济,并起诉 Versata 共同侵犯版权、违反《兰哈姆法》、违反合同、违反善意和公平交易的默示契约以及干涉潜在经济利益。

这些案例涉及 GPL v2 中的四个重要问题:

(1)违反 GPL v2 条款有哪些补救措施?

(2)GPL v2 下的什么"发行"会触发 GPL v2 下的义务?

(3)GPL v2 是否包含专利许可?

(4)专有代码与 GPL v2 许可代码之间的哪种类型的集成将导致创建"衍生作品"并使此类专有代码服从 GPL v2 的条款?

法院指出,直接专利侵权并不适用,因为被告根据 GPL v2 拥有内部使用许可,"运行程序的行为不受限制,并且仅当程序的内容构成作品时,程序的输出才被包括在内(与运行程序无关)"。且更进一步指出:"由于明示许可是对专利侵权的抗辩,Ximple Ware 对 Versata 客户的直接侵权主张将取决于客户的分销是否已获得 GPL 许可。原因是 GPL 规定即使原始被许可人(这里是 Versata 实体之一)出于任何原因违反其许可,由于 GPL v2 是该软件的知识产权所有者的直接许可,因此,分销链中一个实体(Versata)的违规行为不会受到影响客户(客户被告)的权利,除非他们分别违反 GPL v2。"

如果未分销该程序,则被许可人有权"运行"该程序,法院仍没有解决 GPL v2 是否为"使用"以外的权利提供隐含专利许可的问题。

总的来说,Versata 案例不仅是关于开源许可的遵从性。如果企业的产品是混合了开源和专有代码(软件)时,这也是当今绝大部分产品的真实情况,企业所认为的正常商业决策则可能受到影响,合规就具有一定的意义。

此外,这些案例表明开源软件免费时代正在迅速结束,这意味着那些没有遵守开源许可条款的企业可能会被起诉。

对于企业而言,最重要的莫过于在产品设计阶段确切地知晓产品中包含的软件、代码的来源以及其需要遵守的许可,当然企业也需要根据自身产品的销售区域、销售渠道以及企业自身的实力与对未来的期望合理的评估所能够投入的成本,评估成本与风险是否相当,是选择承担可能的风险还是投入一定的合规成本,这都是企业主在利用开源上应当考虑的。

考虑到今天开源软件的广泛流行,企业需要意识到他们如何使用开源软件,以及使用开源软件可能带来的法律和商业影响,应当理解其产品中包含了什么开源软件,以及创建管理开源软件的策略并理解随之而来的义务。

关于 GPL 合规可以参见软件保护协会和自由软件基金会发布的"Copyleft 和 GNU 通用公共许可证:一个全面的教程和指南",[1]以及软件自由法律中心发布的 GPL 软件许可证合规指导。[2]

在软件自由法律中心网站上有更为详细的资料,[3]包括案件资源、合规指南等。

---

[1] http://www.softwarefreedom.org/resources/2014/SFLC – Guide_to_GPL_Compliance_2d_ed.pdf.

[2] http://www.softwarefreedom.org/resources/2015/SFLC – Guide_to_GPL_Compliance_2d_ed_CN.html.

[3] http://www.softwarefreedom.org/resources/.

而开放源码和自由软件项目的法律问题入门[1]也可以参加引注网址。

4. APP 相关协议法律实践

4.1　概述

APP 一般由企业自己开发或委托他人开发,技术能力较强或者以 APP 运营为主业的企业主要为自身开发;但对于以提供服务或产品为主的企业,APP 只是一种提供线上服务方式,其以委托他人开发为主。

即便是自身开发 APP,也不排除将部分开发工作外委。在目前的司法实践中,计算机软件开发合同纠纷日益增多,通过裁判文书网查询,2010 年仅能查询到几件纠纷(当然这也与文书上网率有关),2019 年,能查询到有 1317 份文书(包含裁定与判决)。合同是当事人之间的法律,也是案件判决的主要依据,所以本书专章讨论 APP 开发相关协议。

根据最高人民法院《民事案件案由规定》(2018)的规定,目前并没有专门针对 APP 开发相关的案由,APP 开发合同归属于计算机软件开发合同,与 APP 开发、运营、退出等相关的案由还包括计算机软件著作权转让合同纠纷、计算机软件著作权许可使用合同纠纷、商标使用许可合同纠纷、外观设计专利实施许可合同纠纷等。

与 APP 相关的合同可以分为两类:

(1)技术合同中的技术开发合同、技术咨询合同和技术服务合同,主要以委托开发合同为例。

(2)技术合同中的技术转让合同和技术许可合同,主要以技术许可合同为例。

4.2　委托开发合同

当事人通常会在合同中对质量、价款或报酬、履行地点、履行方式、履行期限、履行费用等作出约定,履行期届至则按照约定进行履行。如果当事人没有在合同中进行相关约定或者约定不明确,而又不能通过协商达成补充协议,或按照合同的有关条款或交易习惯确定时,法律为促进合同目的的顺利实现,规定了推定履行规则,补足合同漏洞。

对于 APP 委托开发合同而言,因为标的物的特殊性,绝大部分情况下,无法通过适用原《民法典》来补足合同漏洞。实践中,绝大部分与软件相关的争议是因为合同双方未能将软件产品、智力成果的特性与其他商品相区分所导致,对于合同风

---

〔1〕　http://www. softwarefreedom. org/resources/2008/foss – primer. pdf.

险的控制也就是在于将软件产品、智力成果的特性体现到合同中。

《民法典》第510条、第511条对上述规定亦无重大修改,仅将国家标准区分为"强制性国家标准"以及"推荐性国家标准"且前者优先适用,以及明确了履行费用的负担。

20世纪60年代中期,软件危机出现,1968年,北大西洋公约组织的一次学术会议上,人们首次提出了软件工程的概念。软件工程的根基就在于对质量的关注,过程、方法和工具是软件工程的三要素,[1]软件工程专家巴利·玻姆(B. Boehm)提出了软件工程的7条基本原则,分别是:

(1)用分阶段的生命周期计划进行严格的管理;

(2)坚持进行阶段评审;

(3)实行严格的产品控制;

(4)采用现代程序设计技术;

(5)软件工程结果应能清楚地审查;

(6)开发小组的人员应该少而精;

(7)承认不断改进软件工程实践的必要性。

巴利·玻姆指出,遵循前六条基本原则,就能够实现软件的工程化生产,按照第7条原则,不仅要积极主动地采纳新的软件技术,而且要注意不断总结经验。[2]

软件开发协议纠纷众多,最主要的原因在于委托方与受托方没有将软件开发当作一项系统性的工程来看待,而是作为一种普通的承揽合同、服务合同甚至是一般的货物买卖合同来对待。在软件开发协议相关案件中,出现大量双方当事人根据自身利益侧重和合同履行情况提出相关协议是前述三种协议之一的主张或抗辩。

应当认识到,无论软件开发合同标的额如何,软件开发本身更像工程行为,早在上海市计算机软件开发合同(2003年版)、重庆市计算机软件开发合同示范文本(2004年版)中,已将软件开发协议按照工程协议要求进行规范,包括详细约定项目变更、分包转包、需求明确以及引入第三方监理的建议等。

软件开发合同也应当以一种特殊合同的视角去看待,甚至可以断言,要实现科技部提出的"软件强国"目标,在司法上,必须将软件开发合同从技术合同中剥离,以对待建设工程施工合同的要求和眼光来对待软件开发合同,而且由于软件开发

---

〔1〕 参见吕云翔编著:《软件工程导论》(双语版),电子工业出版社2017年版,第5页

〔2〕 参见吕云翔编著:《软件工程导论》(双语版),电子工业出版社2017年版,第5页。

本身可能涉及的知识产权内容,无论标的额大小,对软件开发合同的要求甚至应该更高于建设工程施工合同。

由于建设工程造价远远高于软件开发,软件开发合同并没有如建设施工合同那样完备的体系设计和文本规范。严格按照工程的要求对合同进行起草和审查,在法律上以看待建设工程合同的眼光看待软件开发合同,在成本上或者人力、物力投入上或许不太现实,但可以在一定程度上参照建设工程施工合同管理的相关做法。

建设工程合同与软件开发合同有以下异同点:

(1)工作量

两种合同在履行过程中,工作量都可能发生较为巨大的变化,建设施工合同中的工程量变化可以通过监理以及施工日志、会议纪要的方式展现出来,也可以通过物理可见的方式呈现。

软件开发过程中仅仅是因为委托方对某一功能细节的改变,就可能导致工程量发生较大变化,且难以通过物理呈现的方式感知。

(2)工期

两种合同在履行过程中,都可能出现工期的重大变化,建设工程的工期变化可能基于外在物理条件或法律条件的不成就,而软件开发合同的工期变化主要是由于委托方的要求变化、受托方的技术能力不足,以及双方无法达到统一的验收标准导致。

建筑工程合同的工期已经成为建设工程合同管理与实践中的重要内容,FIDIC银皮书也进行了专门的约定,在国际工程中,工期延误分析已经成了很多人的职业,对于工期索赔分析也已有了科学的方法,如计划影响分析法、影响剔除分析法、时间影响分析法等。[1]

软件开发合同同样有相应的里程碑事件,如上线、内测、试运行等,如何通过科学合理的方法确定工期、工期延长和延误,是现在软件开发过程中的管理难点,而且基于 APP 开发对于时效性的要求,具备初步功能后便需要尽快地投入市场,并且根据市场的反馈及时调整,工期的管理也应当是软件开发过程中控制的难点,也是目前被忽略的一点。

(3)质量

建设工程的质量有严格的要求,国家标准、行业标准以及企业标准已经细化到

---

〔1〕 参见陈津生编著:《EPC 工程总承包合同管理与索赔实务》,中国电力出版社 2018 年版,第 190 页。

施工过程中的每个细节,理论上讲,将标准贯彻到施工过程中就可以获得符合要求的结果,受托方交付的工程是否符合合同约定(在没有超过标准的范围内)可以通过过程中对标准的贯彻来证明。

软件质量按照各种国际标准以及学者对质量概念的定义,一般可以分解为以ISO/IEC 9126 为代表的"软件质量模型""可靠性""安全保密性""可用性""安全性"等二级知识领域。[1] 但软件质量的评价需要合适的测试环境,而且倾向于结果验证而非过程控制,这也是与建设工程较为明显的区分之处。

(4)交付后义务

建设工程在交付后,受托方一般只承担保修义务,质保期内工作量与施工过程工作量不可同日而语,而软件则存在迭代更新的问题,迭代更新的工作量与开发过程中工作量相当或更多都有可能。如何科学而合理地决定第一次交付的标准以及此后工作量计费都是合同约定的重点,同时也是经常被忽略的。

虽然软件开发合同标的额远远低于建设工程合同标的额,按照管理成本占总价的合理比例,不可能要求软件开发过程管理如建设工程合同过程管理般精细,也无法投入满足整个过程控制要求的管理成本。但软件开发过程的外在影响因素也远远少于建设工程,在软件开发过程中引入相应的项目管理方法,是避免争议的有力措施。

在中国裁判文书网上,以"计算机软件开发合同纠纷"为案由,检索民事程序二审判决书,共检索得 282 篇法律文书,笔者就最高人民法院的 23 份判决进行了仔细的研读,对其余判决采用抽样与通读的方式进行了解,通过对这些判决书的归纳总结得出:一般而言,软件开发合同乃至技术开发合同纠纷中,双方争议的核心事实与传统的合同纠纷并没有本质区别,仍集中于技术或软件是否达到双方约定的技术标准或要求、交付的标的物是否满足需求或合同要求、是否存在延期交付以及合同无法履行时的解除权。

根据司法实践以及现实情况,对于软件开发协议可从以下角度进行规范。

4.2.1　软件的质量

现实生活中,我们常说某某软件好用,某软件功能全、结构合理、层次分明。这些表述很含糊,用来评价软件质量不够确切。对于用户来说,开发单位按照自己的需求,开发一个应用软件系统,按期完成并移交使用,系统正确执行用户规定的功能,是远远不够的。因为用户在引进一套软件过程中,常常会出现许多的问题,比

---

〔1〕 参见[日]SQuBOK 测定部会编著:《软件质量知识体系指南》,杨根兴等译,清华大学出版社 2011年版,第8页。

如,定制的软件可能难以理解,难以修改,在维护期间,用户的维护费用大幅度增加,于是用户对软件质量存在怀疑,可是用户又没有评价软件质量的恰当指标,开发单位往往又缺乏开发软件的生产率指标,因此用户无法精确评价开发商的工作质量。这些就构成了合同纠纷的主要原因。

委托人之所以愿意委托受托人进行软件开发,本质在于委托人相信受托人能够交付委托人满意的工作成果,而评价工作成果的最主要标准就是质量。

4.2.1.1　软件质量评价的技术视角表达

ANSI/IEEE Std. 1061—1992 中的标准将软件质量定义为:与软件产品满足需求所规定的和隐含的能力有关的特征或特性的全体,具体包括:(1)软件产品中所能满足用户给定需求的全部特性的集合;(2)软件具有所有的各种属性组合的程度;(3)用户主观得出的软件满足其综合期望的程度;(4)决定所用软件在使用中将满足其综合期望程度的合成特性。

ISO / IEC 25010:2011 中将软件质量定义为:反映软件产品满足规定需求和潜在需求能力的特征和特性的总和。

一些学者也依据各自的理解给出了其对软件质量的定义,如 James Martin 认为:"质量是指系统在正式运行时,在多大程度上满足了业务(用户)需求",Joseph M. Juran 认为质量包括"产品的特性通过满足用户需求而使顾客满意"以及"规避缺陷"。

技术视角上,软件作为无形智力成果,一般是通过定性来评价的,而从法律视角来看,要想客观上证明满足了合同标准,必然是需要定量分析。软件学者一直试图将软件质量评价标准从定性向定量转移。

根据杨爱民教授的软件质量评价模型,[1] 其评价模型分为三层:

第一层是软件质量要素,软件质量可分解成六个要素,这六个要素是软件的基本特征,包括:

(1)功能性,即软件所实现的功能满足用户需求的程度。功能性反映了所开发的软件满足用户称述的或蕴含的需求的程度,即用户要求的功能是否全部实现了。

(2)可靠性,即在规定的时间和条件下,软件所能维持其性能水平的程度。可靠性对某些软件来说是重要的质量要求,它除了反映软件满足用户正常运行需求的程度,且反映了在故障发生时能继续运行的程度。

---

〔1〕　参见杨爱民、张文祥:《软件质量及其量化评价方法》,载《计算机工程与设计》2006 年第 21 期。

（3）易使用性，即对于一个软件，用户学习、操作、准备输入和理解输出时，所做努力的程度。易使用性反映了与用户的友善性，即用户在使用本软件时是否方便。

（4）效率，即在指定的条件下，用软件实现某种功能所需的计算机资源（包括时间）的有效程度。效率反映了在完成功能要求时，有没有浪费资源等。

（5）可维修性，即在一个可运行软件中，为了满足用户需求、环境改变或软件错误发生时，进行相应修改所做的努力程度。可维修性反映了在用户需求改变或软件环境发生变更时，对软件系统进行相应修改的容易程度。

（6）可移植性，即从一个计算机系统或环境转移到另一个计算机系统或环境的容易程度。

第二层是评价准则，可分成 22 点。包括精确性（在计算和输出时所需精度的软件属性）、健壮性（在发生意外时，能继续执行和恢复系统的软件属性）、安全性（防止软件受到意外或蓄意的存取、使用、修改、毁坏或泄密的软件属性）、通信有效性、处理有效性、设备有效性、可操作性、培训性、完备性、一致性、可追踪性、可见性、硬件系统无关性、软件系统无关性、可扩充性、公用性、模块性、清晰性、自描述性、简单性、结构性、产品文件完备性。

第三层是度量，根据软件的需求分析、概要设计、详细设计、实现、组装测试、确认测试和维护与使用 7 个阶段，制定了针对每一个阶段的问卷表，以此实现软件开发过程的质量控制。对于企业来说，不管是定制，还是外购软件后的二次开发，了解和监控软件开发过程每一个环节的进展情况、产品水平都是至关重要的，因为软件质量的高低，很大程度上取决于用户的参与程度。

在明晰了软件的评价体系后，杨爱民教授继续给出了相应的定量分析方法，即主特性因素权重评分、子特性因素权重评分、子特性因素性能评分、计算各点位连线后线内区域面积，即可得到软件的质量估值。

GB/T 32904—2016《软件质量量化评价规范》介绍了软件质量量化评价过程，包括软件质量度量模型建立、度量方法选取和测试数据收集与计算。结合软件的特点，依据 GB/T 29831.1、GB/T 29832.1、GB/T 29833.1、GB/T 29834.1、GB/T 29835.1、GB/T 29836.1 中给出的度量元[1]进行选择和调整，并结合度量模型，采用 GB/T 29831.3、GB/T 29832.3、GB/T 29833.3、GB/T 29834.3、GB/T 29835.3、GB/T 29836.3 中给出的方法测试。最终得出相应的测量值以及软件最终质量评价结果。

---

〔1〕 度量元：根据国际惯例，软件质量由若干个特性组成，其中部分特性又可划分为若干个子特性，子特性又可进一步划分为若干度量指标，也即度量元。

也就是说,在技术上对于软件质量进行定量评价是具有可操作性的。

4.2.1.2 软件质量评价的法律视角表达

在世界范围内得到公认的质量要求是"以用户满意作为最终目标的思想",石川馨及其他学者提倡的"面向消费者"的思想在很大程度上影响了欧美。[1] 但从法律角度讲,以用户主观感觉作为软件能否交付是不严谨的,也无助于合同的履行,若合同约定以委托方满意为交付完成的条件,毫无益处。

在法律的语境下,以"用户满意"这一目标为指引,就是用户的需求与提供者提供的软件功能相匹配。基于此,重庆、上海两地的《软件开发合同》通过要求委托方明确需求并要求受托方对需求进行分析,明确软件功能、目标、需求构成及相关技术实现问题,并且通过需求说明书、概要设计说明书和详细设计说明书将需求与供给固定,并将其作为质量的主要约定。

但通过对裁判文书的梳理发现,实践中软件开发协议关于质量的约定与技术上对于软件质量的要求存在一定错位,导致因质量引起的纠纷较多。

上海啸双互联网科技有限公司、上海勋为信息技术有限公司计算机软件开发合同纠纷案[2]中,啸双公司在本案中主张软件安卓版 APP 共存在三类问题:所有二级页面均未分类;用户和咨询师的语音、视频功能不能使用;心理测试模块缺失。

江苏快页信息技术有限公司、江苏迅鼎信息科技有限公司计算机软件开发合同纠纷案[3]中,原审法院认为:"本案争议焦点在于快页公司是否开发完成并交付舆情管理系统……根据双方签订的软件开发合同约定,快页公司完成相关阶段工作有向迅鼎公司提交书面的验收申请并取得迅鼎公司确认的合同义务,在实际合同履行过程中,快页公司未向迅鼎公司提交任何阶段工作的验收申请,且没有任何关于舆情管理系统软件验收通过的相关证据。综上,快页公司未按约完成系统软件开发,未提出验收申请,所用于测试的舆情管理系统存在诸多问题,经修复仍无法达到合同约定标准,且承诺采取补救措施亦不能完成,致使合同目的无法实现。"

西安亨顿软件技术有限公司、浩鲸云计算科技股份有限公司计算机软件开发合同纠纷案[4]中,原审法院认为:"本案争议焦点是:1. 亨顿公司是否按合同约定履行了相关的义务;……对浩鲸公司在诉讼中提出的系统缺陷,双方存在不同认

---

[1] 参见[日]SQuBOK 测定部会编著:《软件质量知识体系指南》,杨根兴等译,清华大学出版社 2011年版,第 9 页。

[2] 最高人民法院(2019)最高法知民终 151 号。

[3] 最高人民法院(2019)最高法知民终 185 号。

[4] 最高人民法院(2019)最高法知民终 819 号。

识,究其原因,双方对于若干子系统需要实现的功能未作明确约定。涉案协议第二部分工作说明书中关于技术内容、范围、形式和要求的表格,仅列明了要求的功能名称,未详细描述功能项下需要开发的具体内容,双方也未提供更加详细的方案设计或详细设计文档说明其观点,双方对此均负有一定的责任。"

从案例来看,在诉讼中,委托方一般以质量问题或者模块功能缺乏或不完善导致合同目的无法实现为由要求解除合同,而受托方往往又以能够实现一定的功能为由主张继续履行合同或主张合同已履行完毕,但无论是受托方还是委托方都无法证明功能需要达到什么样的使用程度才能够满足合同约定,法院也往往以自由心证进行判决,在有的判决中,即便法院判决的事实和说理部分完全不变,得出相反的结论也不显突兀。

法院可以通过在法庭上对于软件的现场演示、对合同项下的内容进行逐项的对比来认定受托方是否适当地履行了合同,但仍未有案例通过技术上的量化来确定合同履行是否恰当,也未见提出软件质量鉴定的案例。在裁判文书网上以"软件质量鉴定"为关键词搜索,仅能搜索到"吉安汽车配件(苏州)有限公司申请苏州工业园区禹希生物技术有限公司撤销仲裁裁决民事裁定书",并无其他案例可供参考,反映出软件质量的客观标准仍未实质性进入庭审。

早在 2007 年,科学技术部就提出"从软件大国迈向软件强国"的战略方针,但此策略下的五个方面却没有提到司法促进的问题,在国务院《关于新形势下加快知识产权强国建设的若干意见》中,指出知识产权强国建设中司法保护的重要作用。最高人民法院也一再要求司法不仅要具有良好的审判效果,也要有良好的社会效果,而法律的指引性也是通过法律适用的过程体现。但从最高人民法院的案例来看,人民法院在处理软件开发协议中与质量有关的问题时,没有从根本上正视软件的质量问题并将技术标准法律化或以法律的视角看待软件质量工程中的技术指标,案件判决依据是民法上约定与履行的主观映射,这是由于争讼双方自身对于软件相关协议的处理相对粗放、人民法院也没有办法径行以双方未约定的技术指标进行定案。

如上文所述,软件质量在一定程度上是可以通过客观标准进行反映并衡量的,但为何现实中的软件开发协议及因此而引发的纠纷却基本上都摒弃了这一标准呢,相较于与此类似的建设工程纠纷,建设过程和法律纠纷中的应用却无处不适用国家标准及行业标准。这背后深层次的原因个人认为有以下几点:

(1)"天下熙熙皆为利来,天下攘攘皆为利往",首当其冲的原因当然是合同的利润本身不足以支撑过高的管理费用。

（2）建设工程施工与过程控制本身就是国家标准的运用，由标准本身可倒推施工过程，而软件开发过程更强调创造性，与标准并没有强对应关系，由标准本身无法倒推开发过程。

（3）参与软件开发过程的人员基本上都是一线技术人员，大多着眼于技术上的实现，合同变更往往通过代码实现，无法在现实层面呈现，而沟通又缺乏严谨的书面或其他过程资料，对于双方而言，要证明合同履行过程中的事项都极具难度。

（4）软件质量只有在开发完成后才可以量化评价，而建设工程的质量来源于过程控制。

（5）软件开发过程从某种程度讲，受限于"黑箱理论"，部分环节可能技术人员也无法说清楚其中的原理和细节。

固然参照建设工程的标准来要求软件开发合同过程控制和管理，无论从成本还是技术角度都不现实，但目前软件开发合同在法律视角上大多以"需求说明书、概要设计说明书和详细设计说明书"来进行履行适当性认定，无法满足实践需要。

个人认为，即便是上海、重庆两地的《软件开发合同》对于质量的约定都稍显粗放，可以认为都没有进入技术视角下的软件质量评价维度，仅仅依据双方庭审过程中的定性争论与法官的自由心证是难以做到真正定分止争的。

4.2.1.3　软件质量评价的法律视角与技术视角的统一

在合同中统一软件质量评价的法律与技术视角，可以从以下角度细化合同中的约定：

（1）根据意图开发的软件特性，根据项目的投入大小，选定不同数量的度量元，并约定计算方法以及最终计算所得的测量值对于软件开发费用的影响。

例如，根据 GB/T 32904—2016《软件质量量化评价规范》的规定，在约定了度量元选择方法与计算方式后，双方可以约定不同的 V 值对应不同的开发费用系数。而且若双方产生纠纷，根据评价标准可以比较准确地确定合同履约程度。

表 2　质量评价等级划分原则

等级	测量值区间
优秀	$0.90 \leqslant V \leqslant 1$
良好	$0.80 \leqslant V < 0.90$
合格	$0.60 \leqslant V < 0.80$
不合格	$0 \leqslant V < 0.60$

（2）根据项目投资的不同，可以选择引入第三方监理，若因成本问题无法引入

第三方,可以由甲乙双方推选各自未参与项目的员工组成技术评定小组,根据合同约定的度量模型进行匿名定量评价,由于软件行业人员流动性大,匿名评价具有一定的参考性。

(3)软件质量鉴定。目前,我国软件鉴定项目一般包括黑客入侵行为分析、程序源代码对比、电子数据的获取等,还未查询到软件质量鉴定的鉴定服务。工业和信息化部软件与集成电路促进中心知识产权司法鉴定所对软件功能分析也只提供"软件行为和软件功能分析、恶意代码分析"的鉴定服务。

从法律上讲,根据全国人民代表大会常务委员会《关于司法鉴定管理问题的决定》(2015)的规定,国家对于法医类、物证类、声像资料以及其他最高人民法院、最高人民检察院规定的鉴定事项进行登记管理,《司法鉴定程序通则》又规定,委托鉴定事项超出本机构司法鉴定业务范围的,司法鉴定机构不得受理。

软件质量鉴定目前并没有进入登记范围,也没有鉴定的依据和准则,而且即便是依据国际标准和国内标准进行定量评价,对于各项的评分以及比重仍然带有一定的主观性。鉴定意见一般被认为是运用专业知识所作出的鉴别和判断,所以,具有科学性和较强的证明力,往往成为审查和鉴别其他证据的重要手段。[1] 虽然仍带有鉴定人员一定的主观性,但因其程序的严谨性与依据的科学性,相对而言仍然具有更强的证据能力。软件质量鉴定却缺乏这样的客观性。

但是,这并不妨碍通过合同约定行业协会或者熟知的技术领域专家组成鉴定组,并约定鉴定结果可以作为软件质量认定的证据。

博姆在《软件质量的鉴定》一书中定义了优质软件的十一个初始工作集质量特性,[2]九个修正集质量特性,[3]同时也给出了质量特性评价的方法与步骤。

软件的质量维度一般是从运行和修改两个维度进行考量,或者是从软件开发的四个阶段(功能设计阶段、模块设计阶段、编码阶段、调试阶段)进行鉴定。总体而言,无论是博姆等提出的 20 个质量特性,还是杨爱民教授提出的 6 个要素、22 个准则,都是通过细化软件质量评价指标,根据软件的具体要求,对特性进行评价,从而获得最终的质量评价数据。

在软件开发合同中,可以根据项目的投入,在合同中约定选择哪些特性作为质量评价指标及评价模型,约定在发生争议后,通过引入第三方或组成鉴定小组的方式,对约定的评价指标及评价模型进行定量评价,可以达到软件质量法律视角与技

---

[1] 参见王胜明主编:《中华人民共和国民事诉讼法释义》,法律出版社 2012 年版,第 147 页。

[2] 参见[美]博姆等:《软件质量的鉴定》,徐竹平、李邦合译,科学普及出版社 1987 年版,第 43 页。

[3] 参见[美]博姆等:《软件质量的鉴定》,徐竹平、李邦合译,科学普及出版社 1987 年版,第 59 页。

术视角的统一。

在国际工程实践中,鉴于建设工程索赔的多发性等因素,为了防止工程伊始便因为纠纷导致工程拖延,为了平衡业主方与承包方的利益,FIDIC 合同中约定了 DAB(Dispute Adjudication Board,争端裁决委员会),并在 2017 年第二版红皮书、黄皮书和银皮书中进一步将 DAB 整合到索赔程序中,我国的《建设工程施工合同(示范文本)》也参照 FIDIC 的约定,在 2017 年文本第 20.3 条也推荐组建争议评审小组,但由于建设工程市场的复杂性和从业人员本身素质等原因,争议评审小组的推荐条款在现实中几乎没有合同当事人采用。软件行业具有专业性、从业人员的相对高素质性以及极大的流动性,从节约成本、减少讼累与缩短争议解决周期来看,采用争议评审小组的方式无疑更适用于软件开发协议。

4.2.2　软件开发工期

软件开发一般需要经过以下流程:项目背景分析、需求分析、产品设计、开发管理、测试、试运营、上线跟踪、迭代反馈与售后。

软件开发过程中,业主需求往往会根据与用户的交互以及市场反应进行变更,因为功能依靠代码来实现,代码复杂程度与功能本身的复杂程度并不具有强正相关关系(当然并不否认二者存在一定的相关性),所以需求与功能的变更往往无法在提出时具体量化,与建设工程施工过程中的标准化存在巨大差异。

委托方在项目实施过程中对需求不断更改,或者受托方开发的软件无法达到委托方的要求导致的不断修改往往是影响工期最大的因素。

所以,受托方与委托方在需求评审会中,一定要明确产品、技术详细评审的完整性、产品功能的正常场景、产品闭环逻辑的形成、异常场景的列举与定义等,并形成完整的会议纪要,作为合同附件并用作争议解决中的重要证据,避免沟通的碎片化。

从案例反映的情况来看,APP 开发往往都是短周期且上线时间要求较紧,在商业竞争比较充分的领域和商业模式创新的情形下,早上线往往意味着市场的占有,这对于后期发展极为重要。

软件开发过程缺乏建设工程一般的关键工序、形象工程这样硬性且显性的节点,APP 虽然也有上线、试运行等节点,但由于市场竞争压力,在 APP 功能未足够完善时,业主也可能主张提前推出市场,而这对于如何认定交付、节点实现等影响较大。

所以,受各种因素的影响,无论是委托方或受托方,对于工期的节点都无法进行完全掌握,工期的控制完全依赖于项目实施人员的经验与能力。

委托方之所以愿意将软件开发工作交由受托方完成,本质上应当就是基于对受托方经验与能力的信任,所以在软件开发协议签订时所约定工期应当认为受托方基于其经验的判断所认为能够完成的工期,而若在合同履行期间进行了功能、模块或其他变更等,委托方应当给予受托方一定的工期顺延。

对于受托方而言,应当在满足功能变更与委托方需求的情况下尽可能合理地要求顺延的工期,而对于委托方而言,可以通过代码量大致测算所需工期,尽量在功能变更的时候达成工期变更的书面证据。

双方应尽可能采取书面工作联系单、工作邮箱等形式进行沟通,避免使用微信等社交软件,以防止产生争议时影响证据效力,增加举证难度。

如果要求提前上线运营或内测,应当就此时完成的模块进行双方验收评定,明确此后的进一步开发以及升级维护如何计量计费问题,并且由于提前交付,受托方是否还承担合同约定的质量要求和标准等都需要在确定提前交工时确定,避免后续双方产生争议时,无法厘清提前交工带来的影响导致争议解决难度的加大。

4.2.3 软件开发的交付与验收

无论是《合同法》中技术合同一章还是《民法典》中技术合同一章,均未对技术合同的交付和验收进行明确约定,仅仅是此前《合同法》第 261 条规定了承揽工作成果的交付与验收,但承揽工作未必能够现实交付,因此不能一概而论,认为承揽人履行债务以交付工作成果为必要。

验收是定作人的权利,在满足验收条件的前提下,定作人有验收义务。验收以定作人认可工作基本符合合同为核心内容,还包括某些情况下的实体受领。除了典型的验收外,还有一些特殊的验收如部分验收、定作人行使任意解除权后的验收以及拟制验收。验收义务的发生前提是工作完成。不合理的拒绝验收,既会发生债务人迟延履行,又会产生受领迟延的效果。验收后,承揽人履行阶段终结,报酬请求权到期,价金风险和瑕疵证明责任转移于定作人。

《民法典》第 780 条承继了本条规范的内容,未作任何变动。

成都市中级人民法院在上海科匠信息科技有限公司与四川省艾普网络股份有限公司技术合同纠纷案[1]中认为,"软件开发合同中的验收程序,既是一种对开发成果进行合格性判断并表示接受或不接受的单方行为,也是一种发现技术缺漏指引、协助开发方继续改进、完善的双方行为。为此双方合同对验收程序、后果、责

---

〔1〕 成都市中级人民法院(2017)川 01 民初 2184 号。

任进行了多处约定,并说明在不同开发阶段所形成的软件版本,交付后均需验收,新的版本必须确保不存在旧版本出现过的缺陷。因此验收对委托方艾普公司,既是权利的行使,也是义务的履行。基于软件已经交付的前提,在艾普公司没有证据证明其针对争议软件版本进行了验收,并将验收中发现的问题反馈给科匠公司,因此按照举证责任分配规则和合同约定,该争议版本已为双方默认通过验收,即科匠公司已经履行合同义务"。

在软件开发协议纠纷中,交付验收往往与软件质量异议有关,委托方认为受托方交付的软件存在缺陷或 BUG,拒绝接受交付或接受后拒绝支付相应款项。除了因软件质量问题导致交付验收产生纠纷以外,其他的纠纷还有委托方拒绝交付源代码及相应文档、说明书、拒绝进行后期维护等。

软件产品具有其特殊性,为了使交付的信息产品达到商业适用性,即实现信息产品的有效交付,在交付之中往往附随有其他义务。如同有形货物买卖中必须提供使用说明书一样,信息产品的交付应将如何控制、访问该信息产品的资料交给买方,使之能够有效地支配所接受的信息。[1]

就计算机软件开发合同而言,除非有相反的约定,作为受托方的开发者不仅有义务按照合同约定交付开发成果,而且应当交付运行软件成果所必需的运行环境、安装说明或使用手册。必要时,受托方亦有义务提供必要的协助和指导,保证其提供的技术成果符合合同的约定,这是软件开发合同中开发者或受托方应当负有的合同义务。

因此,委托开发的软件产品交付应当包括其源代码、相关文档等一切与软件使用、维护的资料,无论是电子版还是纸质版。无论合同是否有约定,理论上为了委托方能够事实上控制与使用软件产品,交付源代码等都是题中应有之义,但仍建议在合同中将需要交付的资料整理成《交付清单》,在受托方交付时应当严格按清单交付,避免争议。

由于软件功能需求的模糊性,在实施过程中的易变性,委托方往往会根据现实的完成情况不断变更需求。此时,法院会根据具体的实施情况、行业惯例、合同目的等因素综合认定开发方交付的涉案成果是否符合约定。

(1)依据行业惯例和双方交易习惯认定。

部分案例中,法院认为开发方的交付义务范围不仅是源代码,还包括运行环境、安装说明、使用手册等,协助委托方进行全面的安装是开发方应尽的责任,这已

---

〔1〕 参见张楚主编:《电子商务法》(第 4 版),中国人民大学出版社 2016 年版,第 63 页。

经形成一种惯例。

最高人民法院发布的指导性案例(2017)闽 0203 民初 12002 号明确指出,"双方在计算机软件开发合同交易实践中对交付开发成果状态有争议的情况下,法院应当根据计算机软件开发合同的行业惯例和双方前期交易习惯综合确定违约责任的承担,交易双方依据 QQ 和微信对涉案软件完成状况进行多次协商,符合行业惯例和交易习惯"。

(2)依据订立合同的目的认定。

委托方签订软件开发合同的目的在于追求软件开发成果能实际使用,开发方目的则在于获得开发费用。亚力山顿贸易(上海)有限公司、探媒网络科技(上海)有限公司计算机软件开发合同纠纷案[1]中,法院认为:亚力山顿公司与探媒公司订立的合同意欲获得软件的安装与使用,软件无法安装显然不符合合同订立的目的,所以探媒公司交付的成果不符合合同目的。这一点在上海涵予信息科技有限公司与王彬计算机软件开发合同纠纷案中[2]也得到了体现,双方的争议焦点是软件应包括"聊天"和"购物"的功能还是仅包括"聊天"和"购物"的界面。委托方要求的肯定是具备实际的"聊天"和"购物"的功能,而非仅仅是页面,否则软件的开发并无实际的意义。

(3)依据实际完成情况,在验收单上签字即视为涉案成果符合合同约定,除非有确凿证据推翻验收结论。

经验收合格或者在验收通知单上签字之后,委托方未在规定的时间提出异议即视为开发方交付的涉案成果符合约定。在李彬与钱松计算机软件开发合同纠纷案中,[3]法院认为软件交付、运行已经过了较长合理时间,被告始终未就软件不符合需求提出异议,且未能就李彬交付的软件不符合验收标准进行举证,因此认定原告的履行行为符合约定。在上海酷服信息科技有限公司诉上海畅购企业服务有限公司计算机软件开发合同纠纷案中,[4]畅购公司签署了"上线验收确认书"视为接受了酷服公司符合约定的成果。畅购公司对交付的工作成果提出的异议,应提供证据予以证明。但畅购公司并未提供任何证据,所以法院对于畅购公司的异议,不予采纳。

---

〔1〕 一审:上海知识产权法院(2016)沪 73 民初 112 号;二审:上海市高级人民法院(2017)沪民终 7 号。参见最高人民法院《人民法院案例选》(2018 年第 5 辑·总第 123 辑),人民法院出版社 2018 年版,第 152～161 页。

〔2〕 上海市高级人民法院(2016)沪民终 269 号案件。

〔3〕 北京知识产权法院(2015)京知民初字第 1538 号。

〔4〕 上海知识产权法院(2015)沪知民初字第 618 号。

4.2.4 合同的解除

与软件开发相关的合同本质上应当归属于《民法典》合同编第二十章"技术合同",但在相当数量的案件中,争讼双方主张以"承揽合同"定性,或者将承揽合同作为自身抗辩事由或支持自身诉求的理由的事件发生。而背后最重要的理由之一就是《民法典》第787条规定的定作人的任意解除权。

但既然此前的《合同法》和《民法典》均将承揽合同和技术合同并列为有名合同,自然其存在一定区别,按王利明教授的观点:

"技术服务合同与承揽合同都是提供一定服务,且都是双务、有偿的合同。技术服务合同也可能是一种承揽,如帮助设计软件等,而许多承揽合同中承揽人所提供的工作成果也可能会有一定的技术含量,如修理手表、组装电脑等,也都具有一定的技术含量,从广义上说,也是一种技术服务。但二者仍然存在一定的区别,主要表现在:第一,是否为了解决特定的技术问题。在技术服务合同中,受托人要为委托人解决特定技术问题,而承揽人并不是为了给定作人解决特定的技术问题,其主要是为了完成特定工作,交付一定的工作成果。第二,是否涉及新的技术成果。一般而言,技术服务合同中更可能出现新的技术成果,甚至可能因该技术成果的出现而产生知识产权问题。因此,《合同法》第363条针对新的技术成果的权利归属作出了特别规定。但在承揽合同中,一般不涉及新技术成果的问题,从而也无须解决新技术成果的权利归属问题。第三,是否存在任意解除权。在技术服务合同中,法律并未赋予委托人以任意解除权,其自然无权任意解除技术服务合同。而在承揽合同中,委托人则享有任意解除权。"[1]

所以,无论争讼双方如何主张,在技术合同中,应当是不存在《民法典》第780条规定的"任意解除权",在此仅作提示性说明。

4.3 许可合同

APP 相关的许可合同众多,既包括针对 APP 本身的许可,包括商标、著作权、专利等知识产权许可合同,还包括 APP 内容许可,这类许可合同大多是针对视听作品、小说剧本等文字类作品。

本小节主要针对软件本身的许可简要阐述。我国软件行业起步较晚,如前文所述,开源协议本质上是一种许可,但业界并不够尊重这样的许可,也从侧面反映出我国对于寻求许可与可能侵权之间的选择。目前较为规范的许可大多由外在压力导致,如技术的交叉许可,或者是国家强制要求的许可,如特许经营中的许可。

---

〔1〕 王利明:《合同法研究》(第3卷),中国人民大学出版社2012年版,第618页。

在这种大环境下,大多数许可或者被许可人没有足够耐心构建恰当而完善的许可协议。作为我国知识产权运营的代表企业,华为 2019 年年报显示,截至 2019 年年底,华为全球共持有有效授权专利 85,000 多件,其中 90% 以上专利为发明专利,但华为总体的知识产权策略仍然是以被动防御和交叉许可为主。

与此前人类社会所买卖的产品或者服务相比,软件产品买卖具有自身的特点,一方面购买软件可以得到实体商品,即软件载体;另一方面软件安装后,需要获得企业给予的许可(序列号)才可使用,实务中需注意在协议里明确约定包含软件载体的所有权及风险转移等。

需要说明的是,部分商业活动参与者对"什么是许可"缺乏清晰的认知,"许可"的本质是许可方对于被许可方某些行为不进行起诉或不以其他形式追究的承诺。明确了这一点后,可以知道,若意图签订一份较为完善的许可协议,必须明白被许可方需要进行哪些行为,而许可方享有的权利又具有哪些权能,对于被许可方而言的理想协议就是尽可能大地或者概括地描述自身拟进行的行为范围,尽可能小或尽可能明确地描述许可方的权利范围。我国大部分 APP 运营者选择冒着可能侵权的风险使用他人可能享有知识产权的客体,即便是在试图合规运营时,也基本上处于被许可人地位。

4.3.1 被许可的知识产权类型

APP 中的元素可能是著作权法、商标法、专利以及商业秘密的保护客体。对于不同的知识产权客体,其许可合同是存在巨大区别的,如针对专利许可,是否采用被许可方禁止反悔及对被许可方质疑专利有效性的影响。若被许可的是商标,则需要明确商标许可范围、类别等。若是仅对目标代码提供的软件许可,通常会要求禁止反向工程,这也是软件行业的通常要求。

还有其他如保密、衍生作品/发明等不同客体可能有不同的约定,企业需要对各种客体制定相应的合同模板并对其侧重点仔细审查。所以对于被许可方来说,需要准确界定或确定被许可的客体是什么。

4.3.2 被许可的权利

专利权一般包括制造、销售、许诺销售、使用权等,而著作权及其邻接权更多,而且还有兜底的其他权利,需要在许可协议中明确是"一揽子"许可还是单项权利许可,许可人通常在协议中强调对该软件产品拥有全部权利,除合同约定授予的许可使用权利外,被许可方无其他权利。被许可方需要特别注意被授予的许可使用权利的范围。

此外,还涉及是否交付源代码,是否赋予被许可方修改源代码的权利、被许可方因在许可方的源代码基础上所做的修改而可能产生新成果（包括衍生作品），这涉及新成果权利归属的问题，若新成果对于被许可方非常重要，则需要争取权利归属于被许可方所有，或至少双方共有。如果企业主或单位成员以个人名义获得许可的个人版本软件，又交由企业使用该如何定性的问题等，[1]都值得在协议中关注。

另外，被许可的软件可能涉及第三方权利。一般情况下，被许可方公司采购的软件权利上应无瑕疵，如涉及第三方软件，需由供应商获取相应的许可；如有开源代码，供应商需列明并明确开源的类型，但涉及开源时往往比较复杂。但如果因许可方的原因无法披露或者无法明确开源相关信息，这种情况下对于被许可方的风险较大。

4.3.3　许可的类型

我国《专利法》规定了三种许可类型，独占许可、排他使用许可和普通使用许可。《商标法》和《著作权法》虽未明确规定这三种许可类型，但一般也认为这三种许可方式同样适用于商标和著作权。所以需要在协议中明确约定相应的许可类型，以及违约时的救济问题。这对于涉及第三方侵权时的救济影响较大。

4.3.4　许可费用

许可费本质上是完全的商务条款，是分期付款、一次性付款还是按照知识产权的使用效果付款，有的技术许可人要求取得被许可产品 1% ~ 2% 的收入作为许可费，这是很明显无法被接受的条款。

此外，对于软件许可协议还需要关注许可期限、许可人对于权利有效性保证及失权后的合同解除及赔偿问题等。

三、结语

手机游戏类 APP 是具有一定开发门槛的品类，但在淘宝、百度上搜索 APP 开发，开发一款 APP 的门槛已经低到了一定程度，这些单纯的复制粘贴工作，对他人商业模式的抄袭与模仿，市场上所谓的 APP 开发也大多以"换皮"为主，如果不是有版号控制在架数量，可能数月之内就可以开发出上千款所谓的新游戏，国产软件之殇绝不仅仅是指我们没有办法开发出 MATLAB 这样的软件，没有办法作出真正有自主知识产权的操作系统这么浅显，而是我们对于软件开发的急功近利的态度。

---

〔1〕　磊若软件公司与重庆华美整形美容医院有限公司著作权侵权纠纷案。一审：重庆市渝中区人民法院（2012）渝中知民初字第 00118 号；二审：重庆市第五中级人民法院（2013）渝五中法民终字第 01886 号。

在加工制造领域,曾经车间里的图纸就是照着苏联、日本的图纸画的,对于大部分从业者而言,画图时对于图纸中的技术要求也是知其然,而不知其所以然。在编程领域,这样的情形也在重现。

技术上的问题,法律是永远无法解决的。但希望通过法律的实施,至少使合同、行业习惯以及知识产权得到从业人员的尊重,使从业人员明白每一行代码的来源及其可能享有的权利,避免劣币驱逐良币而已。

Chapter 2

第二部分

数据法律实务

信息时代,数据被称为"新石油""新黄金",大数据的核心就是预测,[1]完成预测需要大量数据和专业数据分析工具,专业数据分析工具是信息时代的机械,而驱动机械运转的石油就是数据。

2020 年 4 月,中共中央、国务院印发的《关于构建更加完善的要素市场化配置体制机制的意见》,首次将"数据"与土地、劳动力、资本、技术等传统要素并列为要素之一。

由于数据在信息时代的重要性,欧盟发布了《欧盟数据战略》,美国制定了《联邦数据战略 2020》并逐步开启行动计划(Action Plan),英国脱欧后也迅速制定了《国家数据战略》。中美是数字经济的领导者,欧盟拥有全球最大的单一数字市场,在信息时代,美国和欧盟都试图成为信息时代数据规则的制定者,GDPR、CCPA、CPRA 相继出台,也对国际商业活动造成了巨大影响。

国内个人信息倒卖屡禁不止,APP 在隐私方面对用户极度不友好,APP 运营者及其他商业活动参与者为了生存,数据滥用屡禁不止。我国企业在海外运营的 APP 也屡屡因为数据合规问题遭到下架。国内国外的隐私政策相差较大。

本部分主要通过参考 GDPR 及我国法律规范、标准的基础上,对 APP 数据合规方面提出建议,但由于我国法律体系并不完善,缺乏指导细则和强制力,同时合规与生存之间存在强烈矛盾,本部分仅仅具有参考意义。但个人信息保护从严是必然趋势,本部分旨在为意图合规化运营的 APP 运营者提供相应法律建议。

从目前的国外立法来看,几乎所有的个人信息保护法令都要去数据本地化存储以及赋予域外管辖效力,所以不排除在国内运营的 APP 受到域外管辖。当然管辖能否实现仍取决于很多其他因素,但就合规而言,有必要参考甚至在某一特定条件下需要满足域外立法,对此本部分也予以介绍。

此外,"合规"在英文中的表述是 compliance,通常包含三层意思:一是企业在运营过程中要遵守法律法规;二是企业要遵守商业行为守则和企业伦理规范;三是企业要遵守自身所制定的规章制度。[2] 从行为本身而言,也就对应三个层次——合规、合法、违法,合规运营比合法运营的要求更高,按照巴塞尔委员会的合规概

---

〔1〕　参见[英]维克托·迈尔-舍恩伯格、[英]肯尼斯·库克耶:《大数据时代》,盛杨燕、周涛译,浙江人民出版社 2012 年版,第 16 页。

〔2〕　参见陈瑞华:《企业合规制度的三个维度——比较法视野下的分析》,载《比较法研究》2019 年第 3 期。

念,合规所涉及的规范来源,主要包括立法机关和监管机构发布的法律、规则和准则,市场惯例,行业协会制定的内部守则和行为准则,还包括超越上述具有法律约束力的规范以外的,具有广泛意义的诚信标准和道德行为准则。本部分以合规为主线进行阐述。

一、个人信息、数据和隐私

(一)个人信息及隐私背景简述

1. 数据安全背景

根据 Netwrix《数据风险和安全报告 2020》,企业在网络安全上的投入持续增加,然而,数据泄露和其他安全问题在数量和规模上都在继续增加。在 GDPR 实施后,设置了 CDO(Chief Data Officer,首席数据官)的企业均组织实施了数据收集和分类过程,但收效甚微。

数据显示,61% 受 GDPR 约束的组织收集的客户数据超过了法律允许的范围,91% 的企业声称只将敏感和受监管数据存储在安全地点,但有 24% 的企业承认在指定地点外发现了这些数据,54% 的企业承认其没有遵循安全最佳实践,定期审查用户对数据的访问权限。在过去 12 个月中,30% 的系统管理员仅根据用户的请求授权直接访问敏感和受监管的数据。66% 的 CDO 没有定期向高管汇报网络安全和风险 KPI。46% 的企业发生过 GDPR 项下规定的未经授权的访问,7% 的企业在数据归档阶段发生过安全事件,但其中仅 58% 的企业注意到数据被泄露。在不受GDPR 约束的企业中,发生数据泄露的比例和风险明显更高,实践也可以证明这一点。

数据已经成为一种资源,是经济发展的重要动力,社会治理正进入数字化时代,数据安全关乎整个社会公众秩序的安全。

2. 数字经济背景

根据联合国贸易和发展会议发布的《2019 数字经济报告——价值创造和获取:对发展中国家的影响》,[1]代表数据流的全球互联网协议(IP)流量从 1992 年的每天约 100 千兆字节(GB)增长到 2017 年的每秒 45,000 千兆字节。但这个世界还只是处于数据驱动经济的早期,在首次上网的人增加和物联网扩张的推动下,

---

〔1〕 Digital Economy Report 2019—value creation and capture implication for devoloping countries, https://unctad. org/en/PublicationsLibrary/der2019_en. pdf.

到 2022 年,全球互联网协议流量预计将达到每秒 150,700 千兆字节。

根据定义的不同,数字经济的规模估计在世界国内生产总值的 4.5% ~ 15.5%。就信息和通信技术部门的附加值而言,美国和中国加起来几乎占世界总量的 40%。不仅仅在信通领域,在数字平台力量上,谷歌拥有大约 90% 的互联网搜索市场。Facebook 占据了全球 2/3 的社交媒体市场,是全球 90% 以上经济体排名第一的社交媒体平台。亚马逊在全球在线零售活动中占有近 40% 的份额,亚马逊网络服务在全球云基础设施服务市场中也占有类似的份额。在中国,微信拥有超过 10 亿的活跃用户,其支付解决方案与支付宝(阿里巴巴)合起来几乎占领了中国整个移动支付市场,同时据估计,阿里巴巴拥有中国电子商务市场近 60% 的份额。

数字经济的经济地理没有显示出传统的南北鸿沟,一直由一个发达国家美国和一个发展中国家中国共同领导。在信息社会,单纯就商业而言,中美之间还有关于数据全产业链、数据平台的竞争,或许未来谁能掌握更全的数据产业链谁能拥有更强大的数据平台,就可能占据更大的优势,而要建立完善的数据全产业链和更具有竞争力的数据平台,需要营造更良好的商业环境和法律环境。毕竟除中美外,世界上其他国家和地区的企业作出与数据相关的决策,除政治稳定等传统商业考虑的因素外,还需考量数据法律体系的完善性和可靠性,当然还包括与之相关的竞争政策和税收政策等。

目前虽然世界数字经济由中美主导,但根据联合国贸易和发展会议(UNCTAD)数据,全球最大数字平台中,美国占据市值的 68%,中国仅有 22%,同时,虽然我国人口众多,但世界上最大的单一数字市场却是欧洲,欧盟也正是利用其单一市场优势试图建立起自身的数据统治力,在国家战略高度层面,为了防止对数据驱动的全球经济日益依赖,我国应寻求促进数据价值链中的数字升级,提高本国"提炼"数据的能力。这要求国家政策更好地抓住机遇,并应对与数据扩展相关的风险和挑战。而其中的关键问题包括如何分配对数据的所有权和控制权,如何建立消费者信任和保护数据隐私,如何监管跨境数据流,以及如何建立利用数字数据促进发展的相关技能和能力,也需要制定法律和法规来打击盗窃个人数据的行为,为可以收集、使用、传输或删除哪些个人数据及采取的相关方式制定规则,并确保数据驱动的商业模式为整个社会带来收益。

3. 微观市场背景

应用市场中大多数 APP 通过移动终端由 APP 运营者向用户提供服务,其中大部分服务可通过线下进行操作(如手机银行)或是传统服务的升级(如 Uber、外卖、通信类），APP 上线运行可以节约成本、提供效率，从商业模式上讲，还可精准推销、流量引导。随着智能终端科技的发达，移动终端及 APP 与人类生活的关系越来越密切，据 Quest Mobile 2018 年 6 月的数据显示，中国人花费在手机上的时间为289.7 分钟，APP 可以 24 小时不间断地收集用户使用信息和未使用期间所产生的其他信息，如睡眠信息等。不断爆出的信息泄露事件更是让个人信息保护迫在眉睫。

我国《民法典》第 110 条规定了"自然人的个人信息受法律保护"。但我国《个人信息保护法（草案）》仍未对个人信息权利性质、保护模式进行定义。

已生效的个人信息保护法律规范体系中，最高位阶为《民法典》和《网络安全法》，但《网络安全法》主要从网络运营者义务角度侧面规定个人信息应当经过被收集者同意，并按法律规定进行储存、转移等。最为详细的规定来自《信息安全技术个人信息安全规范》（GB/T 35273—2020），但其仅为推荐性标准，不具备法律强制力，而《个人信息保护法（草案）》基本上延续了标准的规定。

美国基本上建立起了以隐私为核心的个人信息保护体系，但隐私权体系与大部分大陆法系国家的体系并不十分兼容，欧盟则是目前世界上个人信息和数据保护立法和实践最前沿的地区。在我国对外开放与对外交流中，欧盟和美国都是重中之重，贸易也必然涉及数据流通和共享。根据 GDPR 的要求，GDPR 项下数据，将其转移到第三国或国际组织，包括将个人数据从第三国或国际组织转移到另一第三国或另一国际组织，控制者和处理者必须满足 GDPR 的其他相关条款，如欧盟委员会"充足保护"（the adequacy of the level of protection）认定、其他特殊情况的克减（Derogations for specific situations）等。无论是出于何种动机，我国意图与我国最大的贸易伙伴美国以及世界上最大的单一市场进行商业往来，在数据保护水平上应当达到相应的水平。

此外，在对外投资上，2020 年 2 月，美国财政部正式发布并实施《外国投资风险审查现代化法案》（Foreign Investment Risk Review Modernization Act, FIRRMA），[1] 扩大了美国外国投资委员会（Committee on Foreign Investment in the United States, CFIUS）的审查范围，将外国对涉及关键基础设施、关键技术和敏感个人数据的美国企业的投资纳入其中。

---

〔1〕 参见摘要：https://home. treasury. gov/system/files/206/Final – FIRRMA – Regulations – FACT – SHEET. pdf，全文：https://home. treasury. gov/sites/default/files/2018 – 08/The – Foreign – Investment – Risk – Review – Modernization – Act – of – 2018 – FIRRMA_0. pdf，更多信息可参见美国财政部网站：https://home. treasury. gov/policy – issues/international/the – committee – on – foreign – investment – in – the – united – states – cfius/cfius – laws – and – guidance，最后访问日期：2020 年 10 月 20 日。

欧盟 2019 年 10 月起施行的《建立外国直接投资审查框架条例》第 4 条也规定,在确定一项外国直接投资是否可能影响安全或公共秩序时,也要考虑其查阅敏感资料(包括个人资料)或控制该等资料的能力。

所以无论从国家对外开放角度还是企业自身发展角度,都需要我国数据保护水平需要达到与欧美相近或更高的保护水平,企业也有必要根据我国法律规范,完善合规措施,若涉及海外运营,更需要满足相应法域的要求。

4. 用户背景

20 世纪 90 年代,约翰·佩里·巴洛(John Perry Barlow)在《赛博空间独立宣言》(A Declaration of the Independence of Cyberspace)中声称"你们没有道德上的权力来统治我们,你们也没有任何强制措施令我们有真正的理由感到恐惧"。试图使网络脱离政府的监管,显而易见,Cyberspace 的独立失败了,这或者是可以预见的,但其绝不会预见到,随着技术的进步,算法与数据的结合下,普通公众不仅没有得到 Cyberspace 的自由,反而更进一步的被束缚了。

欧盟 GDPR 实施已超过两年,对 GDPR 的批评不绝于耳,其中最突出的批评就是对数字经济不利以及增加了企业的合规成本,但这可能只是因为资本在发言,而利益攸关的民众或受益者是沉默的大多数。

从我国的实际情况出发,电子商务的极度发达,其基础之一在于算法与数据,一些学者提出了"数据即权力、歧视即垄断、算法即剥削","2016 年,3 公里送餐距离的最长时限是 1 小时,2017 年,变成了 45 分钟,2018 年,又缩短了 7 分钟,定格在 38 分钟——据相关数据显示,2019 年,中国全行业外卖订单单均配送时长比 3 年前减少了 10 分钟"[1]

数据本是用户的一项私人资源,数据所有权(姑且在此认为数据主体对数据理应享有一定的权利,未必一定是所有权)应当是一项私人权力。但是,现在大型平台没有采用分布式系统,私人数据被中心化的数据库垄断。因此,私人的数据所有权被剥夺,科技公司便产生了大数据支配优势。科技公司往往在不告知用户的前提下采集、占有并使用私人数据。

用户在平台上留下的任何结构性的和非结构性的数据,经过科技公司的数学模型分析后,变得具有预测性。隐秘在用户深处的欲望、需求、情绪、情感可能被算法洞悉,科技公司可借此推送信息,引导消费,改变甚至控制人们的思想及行为。

---

[1]　赖祐萱:《外卖骑手,困在系统里》,载微信公众号"人物",2020 年 9 月 8 日。

2018 年,Facebook 陷入"数据泄露丑闻"。在听证会上,有议员质问扎克伯格:"Facebook 在窃听用户说的话?"扎克伯格婉转地回答:"我们允许用户上传分享自己拍摄的视频,这些视频的确有声音,我们也的确会记录那些声音,并且利用对这些声音的分析来提供更好的服务。"

2000 年,亚马逊针对同一张 DVD 碟片施行不同的价格政策,新用户看到的价格是 22.74 美元,如果是算法认定有购买意愿的老用户,价格会显示为 26.24 美元。如果删除 Cookie,价格马上又回落。很快这种策略被用户发现并投诉,亚马逊 CEO 贝索斯公开道歉,说这仅仅是一场实验,也承诺不再进行价格歧视。

这背后就是"算法 + 数据的力量",欧盟将个人信息/数据作为基本人权的一部分,将数据合规的义务完全赋予企业,一定程度上增加了企业合规成本(这也导致了资本代言人对于 GDPR 的诸多批评),但毫无疑问这对于普通大众更为友好,CPRA 中也提到了隐私付费计划,这正说明隐私是有价值的,但也不是所有用户都愿意为了获得一些服务而放弃自身的隐私或透露自身信息。

我国个人信息保护体系相较于技术对于数据的利用仍显得过于粗犷,对比支付宝等既在我国又在海外上线的 APP 隐私政策,可以明显发现其中的差别。但现在监管机构要求数字社会参与者要做到数据合规,消费者也对自身隐私高度关注,要求企业不仅应当以合乎伦理的方式使用其数据,更应当保护其数据不泄露。

(二)数据、信息、个人信息与隐私的概念

1. 数据与信息

纪海龙教授在《数据的私法定位与保护》一文中对数据和信息的概念进行了详细的介绍,并详细阐述了数据与信息概念的区别,认为数据与信息属于不同的层面,作为信息体现之形式的数据定位在指号层面,信息的内容(如个人信息、专利等)则位于语义或语用层面。[1] 并认为信息指的是具有内容含义的知识,而数据则是信息的体现形式。[2]

同时,数据具有工具性,它作为生成和传输信息的数字编码技术,体现为以二进制为基础的比特或比特流,进而可以通过应用代码显示为信息。数据与信息的关系大致类似于传统媒介中的介质和信息内容的关系,介质服从物理学上的技术

---

〔1〕 See Andreas Wiebe, Protection of Industrial Data – A New Property Right for the Digital Economy? GRUR Int. (Gewerbli – cher Rechtsschutz und Urheberrecht Internationaler Teil) ,2016, p. 881 –882. 转引自纪海龙:《数据的私法定位与保护》,载《法学研究》2018 年第 6 期。

〔2〕 参见纪海龙:《数据的私法定位与保护》,载《法学研究》2018 年第 6 期。

规律,而信息本体则服从社会传播学规律。但在互联网技术条件下,介质和信息的关系又出现了前所未有的变化,以比特为单位的数据作为信息的外在表现元素和基本度量单位,使数据与信息之间的对应和转换变得即时和直接,它们依赖于一个更大的、全球互联的网络介质系统,数据作为介质的一部分与信息取得了直接的联系。[1]

虽然数据与信息在涉及数据的工具层面时,数字与信息的概念便需要区分,但在大部分情形下,基于数字化技术的普及,现有各种正式文件中将数据与信息不加区分地使用。[2] 在英语中,personal data 和 personal information 也经常混用,也没有严格区分个人数据和个人信息,所以本书也往往根据语言习惯不同混用两词,除特别说明外不做区分。

2. 个人信息

个人信息因法域和语言习惯不同,有各种表述,英语中采用 information、data 等说法,中文译作个人信息(information)、个人数据/资料(data)等,个人资料是较早的译法,目前不再采用。

欧盟《通用数据保护条例》(General Data Protection Regulation,GDPR)第 4 条定义"个人数据"为任何已识别或可识别的自然人相关信息,一个可识别的自然人是一个能够被直接或间接识别的个体(数据主体),特别是通过诸如姓名、身份编号、地址数据、网上标识或者自然人所特有的一项或多项的身体性、生理性、遗传性、精神性、经济性、文化性或社会性身份而识别个体。

GDPR 施行后,世界各国都加快个人信息保护立法或修法进程,此后的立法基本上都受到了 GDPR 影响。如印度《个人数据保护法案》(the Personal Data Protection Bill 2019)中定义"个人数据"指无论是线上还是线下,考虑到该自然人身份的任何特征、特性、属性或其他任何特点,或任何将此类特征与其他信息相结合,与可直接或间接识别的自然人有关或相关的数据,以及应包括从该等数据得出的用于画像目的的任何推断。

美国加利福尼亚州 2018 年也公布了美国版的最严个人信息保护法案——《加州消费者隐私法案》(California Consumer Privacy Act,CCPA),该法案将"Personal information"定义为"直接或间接地识别、关系到、描述、能够相关联或可合理地连

---

[1] 参见梅夏英:《在分享和控制之间:数据保护的私法局限和公共秩序构建》,载《中外法学》2019 年第 4 期。

[2] 参见梅夏英:《在分享和控制之间:数据保护的私法局限和公共秩序构建》,载《中外法学》2019 年第 4 期。

接到特定消费者或家庭的信息"并进行了详细的列举,此后 CCPA 修订草案对"个人信息"的定义进行了一些修改,具体来说,信息是否为"个人信息"取决于企业是否以"识别、关联、描述,合理地能够与特定消费者或家庭关联或可以合理地直接或间接地与特定消费者或家庭关联"的方式来收集和处理信息。《加利福尼亚州隐私权法案》(California Privacy Right Act,CPRA)也于 2020 年 11 月 3 日投票通过,该法将大幅度修改 CCPA,使美国加州地区立法与 GDPR 更为接近,但没有对个人信息定义进行大幅度修改,基本上沿用了 CCPA 的定义。

《民法典》第 1034 条规定,个人信息是以电子或者其他方式记录的能够单独或者与其他信息结合识别特定自然人的各种信息,包括自然人的姓名、出生日期、身份证件号码、生物识别信息、住址、电话号码、电子邮箱地址、行踪信息等。并规定其中的私密信息适用隐私权的保护。

《个人信息保护法(草案)》第 4 条规定,个人信息是以电子或者其他方式记录的与已识别或者可识别的自然人有关的各种信息,不包括匿名化处理后的信息。

从全球立法趋势来看,无论如何定义个人信息,随着数据分析相关技术的发展,几乎所有的用户信息与其他信息结合都可能具有识别性,正如 GDPR 的批评者所称的那样:"在当今信息处理的条件下,宽泛的个人数据可识别性标准(GDPR 第 4 条第 1 项)变得越来越没有意义。除了纯粹的机器、传感器和天气数据外,再也没有非个人的数据了。"[1]个人信息的内涵都逐渐扩大至一切具有意义的信息及数据,而且个人隐私与个人信息之间的界限逐渐模糊,以隐私权(privacy)为立法基础的国家或地区,隐私权体系逐渐无法自洽,基于美国侵权法重述侵犯隐私权的行为描述,[2]学者们将隐私权的外延扩大到信息隐私、空间隐私以及自决隐私等领域,但隐私固有的私密属性始终无法与目前信息时代对于个人信息保护契合,所以即便是最早提出隐私权的美国,也在隐私权以外开始采用个人信息的说法。

3. 隐私、隐私权及个人信息

隐私(privacy)依现代汉语词典的解释,是指不愿告诉人的或不愿公开的个人

---

〔1〕 参见 Winfried Veil:《GDPR:皇帝的新衣——论新旧数据保护法的结构性缺陷》,朱家豪编译,载微信公众号"腾讯研究院", https://mp. weixin. qq. com/s? src = 11&timestamp = 1612508932&ver = 2871&signature = zpYKoqtVppoFGe9Kj – ByKQUgF4VB2rWmZ6sguhDNOn – YKo0L7P7syIAp4F872Ofpxc – VQEwsr6s2dFkczK – k5bTN2q0afk6ZcnGUO – lQfbP2QlZGlHYg4ymLynhPrwez&new = 1,最后访问日期:2020 年 11 月 10 日。

〔2〕《美国侵权法重述》认为,侵犯隐私权的行为一般包括:(1)不合理地侵入他人的隐私空间;(2)使用他人的姓名和肖像;(3)不合理地公开他人的私生活;(4)不合理地在公众面前歪曲他人的形象。

的事,[1]而中国法律上的隐私保护是指法律赋予自然人享有私人生活安宁与私人生活信息不受他人侵犯、知悉、使用、披露和公开的权利。[2]

隐私权这一法律概念肇始于美国,1890年美国法学家路易斯和沃伦在哈佛大学《法学评论》杂志上,发表著名论文《隐私权》,第一次明确提出隐私权概念。文章认为,隐私权是宪法规定的人所共享的自由权利重要组成部分,并将隐私权定义为"一种免受外界干扰的独处的权利",其后又经由格鲁斯沃德诉康涅狄格州(Griswold v. Connecticut)案确立了宪法隐私权。此后隐私权的概念和学说在各国均有所发展,而且外延不断扩大,成为一种集合性的权利。

我国《民法典》将隐私权视为自然人的基本权利,第1032条第2款规定,隐私是自然人的私人生活安宁和不愿为他人知晓的私密空间、私密活动、私密信息。

个人信息与隐私存在一定交叉,某人性取向、健康状况既属于个人信息,同时也属于个人隐私,但隐私权外延不断增大,逐渐侵入个人信息的领域。在隐私权诞生之初的数十年间,某人的隐私大都存在于其私人空间,非经非法或不合理方式不可侵入或得知,且一旦被侵犯,大多伴随显而易见的表征与影响。但随着信息时代与数字社会的来临,智能设备大规模运用、信息收集隐蔽性与便利性增加,用户画像(profiling)技术成熟与数据分析技术无所不在的运用,隐私空间更容易被和平侵入。数据分析还可以通过非隐私信息预测用户隐私,所以现代社会隐私与个人信息之间理论上还可以区分,但事实上大部分情况下已经混同了。

隐私权作为一种绝对权,具有普遍对世效力,其权能远大于不构成隐私的个人信息所能享有的权利。但无论是我国还是欧美,都暂时并未将个人信息作为一种权利,虽然欧盟认为个人信息是人权的体现,并认为无论信息收集者为谁,信息主体应当享有个人信息控制权,但个人信息是什么样的具体权利仍无定论。

理论上对于个人信息法律属性争议极大,有学者统计有八种之多。[3] 主要包括一般人格权说[4]、具体人格权说[5]、兼具人格权与财产权说[6],具体到财产权,

---

[1] 参见中国社会科学院语言研究所词典编辑室:《现代汉语词典》(第7版),商务印书馆2016年版,第1567页。

[2] 参见全国人民代表大会常务委员会法制工作委员会编:《中华人民共和国侵权责任法释义》(第2版),法律出版社2013年版,第346页。

[3] 参见叶名怡:《论个人信息权的基本范畴》,载《清华法学》2018年第5期。

[4] 参见谢远扬:《信息论视角下个人信息的价值》,载《清华法学》2015年第3期。

[5] 参见王利明:《论个人信息权的法律保护》,载《现代法学》2013年第4期。

[6] 参见刘德良:《个人信息的财产权保护》,载《法学研究》2007年第3期。

又可能被知识产权所涵摄〔1〕,还有诸如数据所有权说〔2〕、个人信息权否定说〔3〕等。而针对各种学说提出的个人信息各种法律属性,对个人信息的规范又有不同的学说,如基于"分享与控制"理论结构进行数据立法,而弱化私法保护。〔4〕还有放弃以私权观念来规制个人数据信息的立法意图,而将大数据下的个人数据信息作为公共物品加以治理。〔5〕还要基于公平法律实践的采取个体信息赋权与施加信息控制者责任的规范路径等。〔6〕

对于个人信息的赋权路径与规范路径属于法律的应然层面,目前理论界仍未有统一意见,但从已经出台的法律来看,在实然层面上,大多采取了公平法律实践的相关原则,通过规范数据相关主体的行为,以保护用户的某种权益(未必一定是私法上的权利),并且加强公权力机关的介入,通过行政执法规范相关市场。

能够明确的是,个人信息权和隐私权在权利属性、权利客体、权利内容、保护方式等方面都存在明显区别,两者并非浑然一体。总体而言,个人信息保护法律语境下,虽然"个人信息""个人隐私""数据隐私"等词汇含义存在一定区别,但自然人个人信息与隐私权内容、权利边界等方面存在一定交叉,〔7〕在讨论个人信息保护时,对隐私的解释上可以将其外延按照"个人信息"的外延进行最大化解释。在欧美,人们经常将"数据隐私"(data privacy)作为"数据保护"(data protection)的同义词使用,尤其在对比益格鲁—撒克逊的数据隐私法和欧洲大陆的数据保护法时。〔8〕2019 年 8 月 6 日正式发布的国际标准 ISO - IEC 27701—2019 标准以及此前的 ISO - IEC 27002(2013)中,均是将隐私(privacy)与个人身份信息(Personally Identifiable Information)一并使用,并未对两个概念进行严格的区分。

在严格法律概念下区分个人信息与个人隐私具有一定意义,但在实务及合规层面上,可以认为个人信息包括隐私,个人信息外延大于隐私,"App Store 审核指

〔1〕 See Leon Trakman、Robert Walters、Bruno Zeller:《Is Privacy and Personal Data Set to Become the New Intellectual Property?》,*UNSW Law Research*,p. 19 - 70.
〔2〕 参见余筱兰:《信息权在我国民法典编纂中的立法遵从》,载《法学杂志》2017 年第 4 期。
〔3〕 参见吴伟光:《大数据技术下个人数据信息私权保护论批判》,载《比较法研究》2016 年第 7 期。
〔4〕 参见梅夏英:《在分享和控制之间——数据保护的私法局限和公共秩序构建》,载《中外法学》2019 年第 4 期。
〔5〕 吴伟光:《大数据技术下个人数据信息私权保护论批判》,载《政治与法律》2016 年第 7 期。
〔6〕 参见丁晓东:《论个人信息法律保护的思想渊源与基本原理——基于"公平信息实践"的分析》,载《现代法学》2019 年第 3 期。
〔7〕 王利明:《论个人信息权的法律保护——以个人信息权与隐私权的界分为中心》,载《现代法学》2013 年第 4 期。
〔8〕 [美]狄乐达:《数据隐私法实务指南——以跨国公司合规为视角》(第 3 版),何广越译,法律出版社 2018 年版,"关键概念"第 1 页。

南"中,也将所有因 APP 使用产生或 APP 在使用过程收集到的用户数据视为隐私一并予以保护,《个人信息安全规范》(GB/T 35273—2020)附录 A、B 中也将隐私认为是个人信息,并未加以特别区别。

本书认为,在实践操作中,应最大化解释个人信息与隐私权保护范围,除特殊场合外,一般不区分个人信息与个人隐私。

二、主体

(一)主体法律定性

APP 作为互联网时代的产物,与数据相关的法律义务主要体现在利用网络开展数据收集、存储、使用、加工、传输、提供、公开等数据处理活动中,但目前我国法律体系对于 APP 开发者、提供者、运营者主体法律地位并未明确,但法律本身作为一种行为规范,目前监管重心也正从主体到行为转变,就合规角度而言,主要还是行为合规,本节仅就主体定性简述。

当用户下载 APP 时,应用市场会标明该 APP 的开发者,此处的开发者往往是指 APP 的运营者,而非实质上进行技术开发的主体,所以在应用市场上显示的开发者与运营者意义等同。中国信息通信研究院《移动应用(APP)数据安全与个人信息保护白皮书(2019 年)》也将 APP 提供者称为 APP 运营者,

此处的 APP 开发者/提供者是因该 APP 所产生的权利义务承担者。《移动互联网应用程序信息服务管理规定》中将移动互联网应用程序(APP)提供者定义为"提供信息服务的移动互联网应用程序所有者或运营者"。

根据《互联网信息服务管理办法》,信息服务是指"通过互联网向上网用户提供信息的服务活动"。第 4 条又规定,国家对经营性互联网信息服务实行许可制度,对非经营性互联网信息服务实行备案制度。既然 APP 提供者属于信息服务提供者,就必须取得 ICP 证(增值电信业务经营许可证)或者进行 ICP 备案。

《互联网信息服务管理办法》于 2000 年公布,2011 年修订,但我国智能手机的普及一般被认为发生在 2013 年,鉴于立法的谦抑性和滞后性,ICP 证(ICP 备案)显然无法再规范日益复杂 APP 市场。

《网络安全法》第 44 条规定,任何个人和组织不得窃取或者以其他非法方式获取个人信息,不得非法出售或者非法向他人提供个人信息。但本条规定的宣示意义大于其实质意义,本条规定首先限定了获取个人信息的方式为"窃取"或者"其他非法方式",但 APP 获取的个人信息大多数是基于用户的同意(本书刑事法律实

务部分对"其他非法方式"有详细阐述)。《网络安全法》规范对象是"网络运营者",但是很难将提供"信息服务"的 APP 运营者认定为网络运营者,理由如下:

《网络安全法》第 76 条规定,网络运营者是指网络的所有者、管理者和网络服务提供者。

首先很明显的是,APP 运营者及 APP 最终利益享有方不是网络的所有者和管理者。而《侵权责任法》起草过程中对于网络服务提供者的解释:"有的认为网络服务提供者仅指技术服务提供者,包括接入服务、缓存服务、信息存储空间服务以及搜索或者链接服务四种类型;有的认为不包括接入服务和缓存服务这两种类型;有的认为除了上述四种类型,还应当包括内容服务提供者。

在法律、行政法规和司法解释中有关网络主体有多种表述,除'网络服务提供者'外,还有'提供内容服务的网络服务提供者''内容服务提供者''互联网接入服务提供者''互联网信息服务提供者''网站经营者'等。我们认为,'网络服务提供者'一词内涵较广,不仅应当包括技术服务提供者,还应当包括内容服务提供者[1]"

网络服务提供者(Internet Service Provider,ISP)一般是指为用户提供互联网物理接入服务、电子邮件服务、信息搜索服务等中介服务业务的厂商,而网络内容提供者(Internet Content Provider,ICP)一般是指依靠站点本身向用户发布信息以及进行其他信息增值服务的厂商。

部分 APP 确实可以认定为内容服务提供者,或者运营主体本身属于 ISP 或 ICP,但绝大部分 APP 只是通过网络提供其服务,而非提供网络服务,APP 只是提供服务的工具,简单地将所有 APP 运营者认为是 ISP 或 ICP 是不准确的。

工业和信息化部《关于开展 APP 侵害用户权益专项整治工作的通知》中认为其执法依据是《网络安全法》《电信条例》《规范互联网信息服务市场秩序若干规定》《电信和互联网用户个人信息保护规定》《移动智能终端应用软件预置和分发管理暂行规定》等法律法规和规范性文件要求,说明在执法层面上并未如上所述进行更细致的区分,而是直接将所有的 APP 开发者认定为网络运营者,主管部门将直接避免自身陷入身份认定的泥沼中,直接从行为着手进行规范。

2019 年 6 月 27 日起施行的欧盟《网络安全法案》中将 APP 的开发者定义为

---

〔1〕 王胜明主编:《中华人民共和国侵权责任法释义》,法律出版社 2010 年版,第 210 页。

"数字服务提供者"（digital service provider）,[1]这比我国的"信息服务提供者"更进了一步,涵摄范围更广,可以反映出目前立法执法对于科技进步的应对。

我国在网络监管立法体系中,由于法律位阶、立法背景、立法时间不同,导致对市场主体法律定性存在缺漏,但从个人信息监管趋势来看,未来凡可与其他网络、设备等进行信息交换都将纳入监管范围,例如目前看来还未有规范必要的冰箱、车载设备、路由器等,所以参考欧盟《网络安全法案》的定义和现代物联网社会的发展,未来可能出现新的定义来涵盖这一切主体。

在个人信息保护语境下,GDPR采用了数据控制者、数据处理者的概念,我国则采用了个人信息处理者的概念,没有具体区分,也就是说,无论在其他法律规范体系下对于APP运营者如何定性,只要涉及个人信息的处理,便一概纳入个人信息处理者的概念,若《个人信息保护法》正式施行,由于其法律位阶为"法律",与《网络安全法》等处于同一位阶,高于其他体例及部门规章,在个人信息保护领域,可以完成概念的统一。

（二）主体资质

合规监管重心正在从主体向行为转移,但无论何时都不会因为对虚拟世界行为的重视而忽略现实社会中主体的规范。

主体规范主要体现在两方面:一方面是企业本身合法存续,依法纳税等;另一方面是具备参与互联网活动的资质等。本节着重阐述参与互联网活动的资质问题。

国务院《关于积极推进"互联网+"行动的指导意见》对"制定实施各行业互联网准入负面清单"工作进行了基本部署,国务院《关于实行市场准入负面清单制度的意见》正式试点负面清单制度。

2016年《互联网市场准入负面清单（第一批,试行版）》列明了一批在我国境内互联网领域涉及的禁止和限制投资经营的市场准入事项。

在《联网市场准入负面清单（第一批,试行版）》中,除禁止准入外,《负面清单》仅列出了六大类限制准入,分别是制造业、交通运输、仓储和邮政业、信息传输、软件和信息技术服务业、金融业、租赁和商务服务业、文化、体育和娱乐业。随着《负面清单》的更新,《市场准入负面清单（2019年版）》中规定了互联网许可事项,具体如下:

〔1〕 根据欧盟（EU）2016/1148和（EU）2015/1535的规定,数字服务提供者包括"在线市场"、"在线搜索引擎""云计算服务"以及"任何信息社会服务,通常通过电子方式在一定距离之外并应服务接收方的个人请求而提供的任何服务。"

(1)网约车经营,申请从事网约车经营的,应当取得《网络预约出租汽车经营许可证》。申请从事网约车经营的车辆,应当取得相应出租汽车行政主管部门发放的《网络预约出租汽车运输证》。从事网约车服务的驾驶员,应当取得相应出租汽车行政主管部门发放的《网络预约出租汽车驾驶员证》。

(2)互联网信息传输和信息服务。

a. 国家对经营性互联网信息服务实行许可制度,对非经营性互联网信息服务实行备案制度(ICP证书或ICP备案)。

b. 从事新闻、出版、药品和医疗器械、宗教等互联网信息服务,依照法律、行政法规以及国家有关规定须经有关主管部门审核同意,在申请经营许可或者履行备案手续前,应当依法经有关主管部门审核同意。

c. 互联网地图服务单位从事互联网地图出版活动的,应当经国务院出版行政主管部门依法审核批准。

d. 拟提供互联网药品信息服务的网站,应当在向国务院信息产业主管部门或者省级电信管理机构申请办理经营许可证或者办理备案手续之前,按照属地监督管理的原则,向该网站主办单位所在地省、自治区、直辖市(食品)药品监督管理部门提出申请,经审核同意后取得提供互联网药品信息服务的资格。

e. 从事医疗器械网络销售的企业应当是依法取得医疗器械生产许可、经营许可或者办理备案的医疗器械生产经营企业,并按照许可或者备案的范围从事经营活动。

f. 危险物品从业单位从事互联网信息服务的,应当按照《互联网信息服务管理办法》规定,向电信主管部门申请办理互联网信息服务增值电信业务经营许可或者办理非经营性互联网信息服务备案手续,并按照《计算机信息网络国际联网安全保护管理办法》规定,持从事危险物品活动的合法资质材料到所在地县级以上人民政府公安机关接受网站安全检查。

g. 即时通信工具、微博客服务提供者以及通过互联网用户公众账号提供信息服务应当取得法律法规规定的相关资质。

h. 通过互联网站、应用程序、论坛、博客、微博客、公众账号、即时通信工具、网络直播等形式向社会公众提供互联网新闻信息服务,应当取得互联网新闻信息服务许可,禁止未经许可或超越许可范围开展互联网新闻信息服务活动。

i. 互联网信息搜索服务提供者应当取得法律法规规定的相关资质。

j. 互联网新闻信息服务提供者变更主要负责人、总编辑、主管单位、股权结构等影响许可条件的重大事项,应当向原许可机关办理变更手续。互联网新闻信息服务单位与境内外中外合资经营、中外合作经营的企业进行涉及互联网新闻信息服务业务的合作,应当报国家互联网信息办公室进行安全评估。互联网新闻信息服务提供者应用新技术、调整增设具有新闻舆论属性或社会动员能力的应用功能,应当报国家或省、自治区、直辖市互联网信息办公室进行互联网新闻信息服务安全评估。

k.通过移动互联网应用程序提供信息服务,应当依法取得法律法规规定的相关资质。

(3)互联网金融信息服务,保险机构开展互联网保险业务的自营网络平台,应具有互联网行业主管部门颁发的许可证或者在互联网行业主管部门完成网站备案。保险机构通过第三方网络平台开展互联网保险业务的,第三方网络平台应具有互联网行业主管部门颁发的许可证或者在互联网行业主管部门完成网站备案。

(4)互联网中介和商务服务。

a.互联网信息服务提供者专营或兼营人才信息网络中介服务的,必须申领许可证。职业中介实行行政许可制度。职业中介机构可以从事下列业务:根据国家有关规定从事互联网职业信息服务。

b.通过网络经营旅行社业务的,应当依法取得旅行社业务经营许可,并在其网站主页的显著位置标明其业务经营许可证信息。

(5)互联网文化娱乐服务。

a.从事内容提供、集成播控、传输分发等专网及定向传播视听节目服务,应当取得《信息网络传播视听节目许可证》。从事互联网视听节目服务,应当依照相关规定取得广播电影电视主管部门颁发的《信息网络传播视听节目许可证》或履行备案手续。

b.申请从事经营性互联网文化活动,应当向所在地省、自治区、直辖市人民政府文化和旅游行政部门提出申请,由省、自治区、直辖市人民政府文化和旅游行政部门审核批准。

c.从事网络出版服务,必须依法经过出版行政主管部门批准,取得《网络出版服务许可证》。

d.经营进口互联网文化产品的活动应当由取得文化行政部门核发的《网络文化经营许可证》的经营性互联网文化单位实施,进口互联网文化产品应当报文化和旅游部进行内容审查。

e.国家对互联网上网服务营业场所经营单位的经营活动实行许可制度。未经许可,任何组织和个人不得设立互联网上网服务营业场所,不得从事互联网上网服务经营活动。

f. 未经批准,不得开展互联网销售彩票业务。

(6)互联网游戏服务。

a. 未经审批,网络游戏不得上网出版。

b. 出版境外著作权人授权的网络游戏,须按有关规定办理审批手续。

(7)网络关键设备和网络安全专用产品。网络关键设备和网络安全专用产品,由具备资格的机构安全认证合格或者安全检测符合要求后,方可销售或者提供。

需要注意的是,除上述参与互联网活动需要的资质外,相关企业也必须符合其本身所在行业的要求。例如,若通过 APP 为药品生产企业、药品经营企业和医疗机构之间的互联网药品交易服务,则不仅需要提供企业的资质证明,比如医疗机构的医疗机构许可证、药品生产企业的药品生产许可证、药品注册批件(药品批准文号)、药品生产质量管理规范认证证书(GMP)、中药保护品种证书、新药证书、药品广告批准文号等,药品经营企业的药品经营许可证等,还需要根据经营产品或服务的不同区分提供如《互联网医疗保健信息服务许可证》《互联网药品信息服务资格证书》《互联网药品交易服务机构资格证书》《互联网医疗器械信息服务许可证》《互联网医疗器械交易服务许可证》等资质证书。

此外,还需特别注意的一点,即 APP 可以作为医疗器械,在涉及此类 APP 时,其资质应当按照医疗器械资质进行要求。

2003 年,原国家食品药品监督管理局将医疗器械软件列入医疗器械监管目录。并于 2017 年发布《移动医疗器械注册技术审查指导原则》(以下简称《指导原则》),将采用无创"移动计算终端"(包括通用终端和专用终端)实现将医疗用途的软件纳入移动医疗器械的范畴。根据《指导原则》,以手持式、穿戴式和混合式等形式使用的软件有可能被认定为医疗器械。

医疗健康 APP 是指通过手持式终端,如便携式计算机、平板计算机、智能手机等为用户提供医疗健康服务的第三方应用软件程序。国家药品监督管理局于 2019 年 7 月发布了《医疗器械生产质量管理规范》附录《独立软件》,进一步加强了对独立软件类医疗器械的专门监管。

实践中,移动医疗器械与健康电子产品往往不存在十分清晰的界限,同一款医疗健康 APP 也可能搭载多样化的功能,为不同人群提供差异化的服务。运营企业可以通过上述医疗器械的定义,结合医疗健康 APP 的预期用途,对其是否属于医疗器械进行具体判断。对于符合医疗器械的 APP,应当进行医疗器械申报。在不能判断 APP 是否属于医疗器械时,可以向国家市场监督管理总局申请医疗器械分类界定。

三、行为

(一)行为概述

APP 的行为大致可以分为两类:一类是服务提供行为,如用户通过 APP 游戏、购物或者观看视听作品等;另一类是 APP 与用户交互中涉及个人信息的行为。本节主要讨论 APP 与个人信息有关的行为。

《民法典》第 111 条认为处理个人信息的行为主要包括收集、使用、加工、传输。《个人信息保护指南》(GB/Z 28828—2012)定义数据处理为"处置个人信息的行为,包括收集、加工、转移、删除"。信息安全标准化技术委员会 2020 年 8 月 28 日征求意见的《网络数据处理安全规范》第 1 条规定:"本文件规定了网络运营者利用网络开展数据收集、存储、使用、加工、传输、提供、公开等数据处理活动应遵循的规范和安全要求。"《个人信息安全规范》(GB/T 35273—2020)并未对个人信息相关的行为进行概括定义,而是具体说明包括哪些行为,即收集、删除、公开披露、转让、共享、匿名化、去标识化、传输与存储、使用、更正等。

在上述法律及标准基础上,《个人信息保护法(草案)》对"处理"进行了明确,第 4 条第 2 款规定,个人信息的处理包括个人信息的收集、存储、使用、加工、传输、提供、公开等活动。

GDPR 将数据处理(processing)定义为"任何一项或多项针对单一个人数据或系列个人数据所进行的操作行为,无论该操作行为是否采取收集、记录、组织、构造、存储、调整、更改、检索、咨询、使用、通过传输而公开、散布或其他方式对他人公开、排列或组合、限制、删除或销毁而公开等自动化方式"。

CCPA 和 CPRA 均将"处理"(process)定义为"指对个人数据或个人数据集进行的任何操作或一组操作,无论是否通过自动化手段"。二者区别仅在于将"personal data"修订为"personal information"。

GDPR、CCPA、CPRA 都使用"processing"作为"处理",process 在英文中指在制造业中连续的操作、技巧,尤其是在制造过程中的一种方法(a continuious operation, art, or method esp. in manufacture),[1]类似于汉语汇中的"工序",是一系列操作中的一环。我国此前各标准和《民法典》中将"处理"译为 handle,加工译为"process",存在一定区别,但对于理解相应行为内涵并无影响。

---

〔1〕　参见梅里亚姆－韦伯斯特公司:《韦氏法律词典》,中国法制出版社 2011 年版,第 384 页。

（二）一般原则概述

《个人信息保护法（草案）》《个人信息安全规范》与 GDPR、CCPA 对于数据/
个人信息处理的一般原则规定都参考了各国际组织或标准制定机构所定义的隐私
框架中的原则,如 OECD 的使用限制、个人参与等原则,但是因为国情不同和对企
业与个人利益考量的区别,以及时代发展带来的新问题,具体的规则和权利外延有
所发展和侧重。

《民法典》第 1035 条规定,收集、处理自然人个人信息的,应当遵循合法、正当、
必要原则,不得过度收集、处理。并在该项下条款中规定了当事人同意、公开规则、
明示目的及不违反法律和双方约定的兜底规则。

《个人信息保护指南》(GB/Z 28828—2012)规定得更为详细,规定了目的明确
原则、最少够用原则、公开告知原则、个人同意原则、质量保证原则、安全保障原则、
诚信履行原则、责任明确原则。

《个人信息安全规范》(GB/T 35273—2017)规定了个人信息处理活动权责一
致原则、目的明确原则、选择同意原则、最少够用原则、公开透明原则、确保安全原
则、主体参与原则。2020 年版的《个人信息安全规范》也延续了这一规定。

欧盟将个人所拥有的信息视为自然人的基本权利和自由,基于监管者的立场,
以保护基本人权为出发点,强调有关责任主体主动规范数据处理的行为,并且需要
遵守如下原则:合法合理和透明性、目的具体清晰且正当性(目的限制)、数据最小
化、准确性、限期存储、完整性和机密性、可问责性。

《个人信息保护法（草案）》第 5 条至第 9 条规定了一般原则,包括处理合法正
当、目的明确合理且最小化、公开透明、准确且及时更新、责任制、安全原则。这些
原则性的规定相较于 GDPR 和国家标准而言,更为简洁,但本质上几乎一致。

总结(见表 3):

表 3　个人信息处理基本原则汇总

《个人信息保护法（草案）》	《网络安全法》	《民法典》	《个人信息安全规范》	GDPR
合法性			/	/
目的明确	合法、正当、必要		目的明确	目的限制
最小必要			最小必要	数据最小化、存储限制

续表

《个人信息保护法（草案)》	《网络安全法》	《民法典》	《个人信息安全规范》	GDPR
公开透明	公开收集、使用规则，明示收集、使用目的、方式和范围		公开透明	合法合理透明
准确性	/	/	/	准确性
可问责性	/	/	权责一致	可问责性
数据安全	保障安全		确保安全	数据完整和保密性
/			选择同意	/
/			主体参与	

（三）行为规范

个人信息保护原则贯彻于相应的行为中，如合法正当原则，要求数据的获取途径需要符合法律设定的逻辑；目的明确原则要求个人信息处理者要明示其目的，而不能采用概括方式进行权限索取；责任制原则要求个人信息处理者要对相应的行为负责，采取必要的技术措施和管理措施确保个人信息安全等。

根据《个人信息保护法（草案)》，针对数据的所有行为都可以认定为处理。根据侧重于技术或者侧重于管理而言，数据生命周期定义存在一定的差别，从个人信息保护角度来看，可以认为个人信息生命周期包括数据收集、数据存储、数据技术处理（如脱敏、匿名化、假名化)、数据传输、数据使用（如用户画像、程序化广告、数据交易等)、数据销毁六个阶段。这与 Netwrix《数据风险和安全报告 2020》显示的数据风险主要发生的六个阶段类似，即数据创建（Data Creation)、数据存储（Data Storage)、数据使用（Data Usage)、数据共享（Data Sharing)、数据归档（Data Archival)、数据处理（Data Disposal)。

由于技术本身对个人数据的脱敏、匿名等能达到何等程度具有不确定性，理论上若进行匿名化等处理后，个人信息则不再是个人信息，故本书对该阶段的行为不予讨论。

1. 数据收集

根据《个人信息安全规范》，数据收集指获得对个人信息的控制行为，包括由个人信息主体主动提供、通过与个人信息主体交互或记录个人信息主体行为等自动采集直接获取的方式,以及通过共享、转让、搜集公开信息间接获取等方式。

CCPA/CPRA 中认为"收集"、"被收集"或"收集的信息"是指以任何方式购买、出租、收集、获取、接收或访问与消费者有关的任何个人信息。这包括主动或被动地以及通过监测消费者的行为来接收来自消费者的信息。

信息安全标准化技术委员会 2020 年 1 月发布了《移动互联网应用(APP)收集个人信息基本规范》征求意见稿,对收集个人信息基本要求和原则进行了规定,并在附录中就典型 APP 所需收集的信息进行了示例。

数据收集是否合规应当从两个维度进行分析,一是收集行为本身是否合规,二是收集行为的目的是否合规。

1.1　收集行为

数据来源可以是公开合法的渠道,也可基于第三方共享或传输,以及通过用户同意获得。

若数据通过公开合法的渠道获得,这样的收集行为不存在法律风险。若通过第三方共享或传输获取,法律义务的承担者主要是第三方,也就是数据的传输方(当然,若构成《个人信息保护法(草案)》第 21 条规定的两个或两个以上的个人信息处理者共同决定个人信息的处理目的和处理方式的,也应当承担相应责任)。

个人信息处理者通过其主动行为获得用户信息的手段较多,如通过用户同意、通过 Cookie 获取、通过数据爬虫获取或其他技术手段获取,但无论是我国《个人信息保护法(草案)》,还是 GDPR,抑或 CCPA、CPRA,都认可用户同意是最主要的主动获取方式。但对于同意在这一语境下的具体含义仍需进一步明确。

《民法典》规定信息收集需经自然人或其监护人同意,《个人信息保护法(草案)》第 13 条第 1 项规定,取得用户的同意,个人信息处理者可处理个人信息。第 14 条规定"处理个人信息的同意,应当由个人在充分知情的前提下,自愿、明确作出意思表示",但如何构成充分知情,如何认定充分知情、自愿明确没有更具体的规定,如何构成法律上的有效同意也没有更详细的指导。

GDPR 第 4 条中将同意定义为:"数据主体通过声明或明确肯定方式,依照其意愿自愿作出的任何具体的、知情的及明确的意思表示,意味着数据主体同意其个人数据被处理。"

CPRA 中将同意定义为:"'同意'是指消费者或其法定监护人对消费者的意愿所作的任何自由、具体、知情和明确表示,如通过声明或明确肯定行动,表示同意处理个人信息为狭义的特定目的而与他或她有关的信息。

接受包含个人信息处理说明以及其他无关信息的一般或广泛使用条款或类似

文件不构成同意。在给定内容上悬停、静音、暂停或关闭不构成同意。同样,通过使用暗纹模式[1]获得的协议不构成同意。"

《个人信息安全规范》中对"明示同意"定义为"个人信息主体通过书面声明或主动做出肯定性动作,对其个人信息进行特定处理做出明确授权的行为"。需注意的是,该标准中虽然使用了明示同意和授权同意,但并不意味着还有默示的同意,也不应当认为授权同意就是默示同意,而现实中却存在这样的倾向,即用户不明确反对就代表同意。部分互联网从业者以及学者认为《个人信息安全规范》(2020)虽未明确规定默示同意,但在"明示同意"外又规定了"授权同意",并进一步将"授权同意"理解为默示同意。

《个人信息安全规范》主要起草人洪延青博士对此回复道:"《个人信息安全规范》未提及默示同意,而采用'授权同意',是鼓励互联网企业采用明示同意,防止互联网企业滥用默示同意,同时在现实情况中无法做到明示同意时采用授权同意。"

由此可见,授权同意的形式要求可能较明示同意低,但其绝非等同于默示同意。授权同意是对"现实情况中无法做到明示同意时"的弥补。因此,企业在采用授权同意时,首先需考虑是否无法做到明示同意。比如,实践中较为常见的以"默认勾选"方式征求用户同意则不属于授权同意的范畴。其次,设置不显眼的"默认勾选"很可能侵犯用户的选择同意自由,显然与《个人信息安全规范》的选择同意原则背道而驰。

此外,授权同意在实际采用时还有一大难点,即个人敏感信息的区分。根据《个人信息安全规范》,授权同意仅适用于个人一般信息,而涉及敏感信息的必须获取用户的明示同意。但在实践中,个人一般信息和个人敏感信息可能互相转化,相伴相依。

从理论上讲,民法理论上的沉默,是指未作出任何意思表示。两大法系基本都认为,单纯的沉默或不行动(silence or inactivity)本身不构成意思表示。沉默与默示意思表示不同,在默示意思表示情形下,表意人仍然作出了一定的表意行为,只不过未以口头或者书面形式明确表达意思表示的内容。[2]

虽然在法律特别规定、当事人的特别约定、当事人之间存在交易习惯等情形下,沉默可以作为意思表示。但 APP 收集个人信息时,鉴于用户与 APP 开发者技

---

[1] CPRA 对"暗纹模式"的定义是"一个被设计或操控的用户界面,其实质影响是颠覆或损害用户的自主权、决策或选择(如法规所进一步定义的)"。

[2] 参见王利明:《民法总则研究》(第 3 版),中国人民大学出版社 2018 年版,第 521 页。

术能力的巨大差距,不应当认为这是当事人之间的交易习惯,进一步不应当认为存在任何"默示同意"。《个人信息保护法(草案)》第 13 条第 2 项至第 5 项规定了除"用户同意"外的其他可以处理个人信息的情形,这些情形与 GDPR 等的规定差异不大,但 2020 年 1 月 10 日,信息安全标准化技术委员会发布《个人信息告知同意指南》(以下简称《告知同意指南》)征求意见稿第 6.1 条"收集使用个人信息时免于告知同意的情形"中,极度扩大了"免于告知同意"的情形,可以看出这些情景都是现实中频繁出现的,甚至可以推断出其中蕴含了"默示同意"的意味。

欧洲数据保护委员会(European Data Protection Board,EDPB)2020 年 5 月 4日通过《对第 2016/679 号条例(GDPR)下同意的解释指南》(以下简称《同意指南》),对同意的有效性、明确的同意以及获得有效同意的其他条件、关于儿童/科学研究的特殊规定进行了详细说明。

EDPB 认为 GDPR 项下的同意包括自愿、具体明确、知情、明确表达、明示同意及撤回同意。即有效的同意应当是基于"自愿作出的"、"具体的"、"知情的"以及"数据主体依照其意愿,通过声明或明确肯定的行为,作出的明确的意思表示,意味着数据主体同意其个人数据被处理"。

GDPR 执法过程中,违反数据处理合法性基础的占比 31%,[1] GDPR 第 6 条第 1 款列举了个人数据处理所应遵循的一般合法性基础,其一就是同意,即"数据主体同意基于一项或多项目的,对其个人数据进行处理"。

我国《告知同意指南》第 7.2 条认为同意基本原则包括告知一致、自主选择、时机恰当、分类独立。我国《告知同意指南》和欧盟《同意指南》相比,各有侧重,欧盟《同意指南》更关注同意的实质性,类似于解释(explanatory),我国《告知同意指南》更像指南(guideline),关注于如何实施。本节拟结合上述同意指南对"同意"进行解读。

1.1.1　自愿

1.1.1.1　权力失衡下的同意

从 EDPB《同意指南》中对"自由/自愿作出"的概念来看,如果数据主体没有真正的选择,那么同意是无效的。相当多 APP 给予同意的方式都是若数据主体拒绝授予权限或给予同意,则将拒绝提供继续服务,这种现象在我国 APP 中尤其明显。

GDPR 鉴于条款第 43 款前半段认为:"为确保同意是自愿作出的,在特定情形下,数据主体与控制者之间不平等时,特别是当控制者是公权力的一方且基于特定

---

〔1〕 参见中兴通讯数据保护合规部、数据法盟:《GDPR 执法案例精选白皮书》。

情形下予以考虑的所有条件认为同意不可能是自愿作出的,该同意并不能成为该特定情形个人数据处理的有效法律依据。"

权力失衡主要针对数据收集者为公权力机关,但是权力失衡并不限制在公权力与私权利之间,同样也存在就业环境中,而在就业环境中,GDPR 第 88 条以及《同意指南》在此处都强调了雇主对雇员的信息收集应当基于其自愿的同意,而且非因对不利后果产生的顾虑。类似于我国 APP 的这种情形,用户明显对不能使用 APP 的不利后果具有顾虑,所以才予以同意的,这在事实上是权力失衡下的非自愿同意,但我国个人信息保护规范体系并未予以重视。

根据中国信息通信研究院的调查,超过九成的 APP 都已具备隐私政策且内容丰富,但是其中超过半数 APP 在用户首次登录时向用户默示隐私政策,导致隐私政策难以起到告知作用[1]。15.4% 的 APP 默认勾选同意隐私政策,16.9% 的 APP 未在使用过程中征求用户同意隐私政策,63.1% 的 APP 登录/注册即表示同意隐私政策,3.1% 的 APP 隐私政策默认勾选且无法取消,还有 1.5% 的 APP 未提供不同意选项。

在用户与 APP 提供者在技术、知识技能、信息及地位相当不对称的条件下,且缺乏法律规范的情况下,因权力失衡导致的问题更为突出,但在我国却并没有认为这样同意属于无效同意的法律基础。我国《告知同意指南》中并未对权力失衡问题进行关注,第 6.1 条规定关于求职、学术研究、个人信息控制者兼并等都无须获得个人信息主体同意,事实上,该条几乎是无限制地扩大了免于同意的范围,同意规则几乎名存实亡。

1.1.1.2　限制条件

GDPR 第 7 条第 4 款规定,当评估同意是否自愿作出时,应最大限度地考虑合同的履行(包括提供服务)是否以同意处理并非履行合约所必需的个人资料为条件。GDPR 鉴于条款第 43 款后半段认为,如果不允许对不同的个人数据处理操作分别作出同意,尽管这对于个别案例来说是恰当的;或尽管同意并不是合同履行所必需,若是否履行合同(包括提供服务)取决于同意,则同意被推定为并非自愿作出的。

数据主体的同意和履行合同所必要作为数据处理活动的两种法律基础,不能被合并,也不能模糊二者之间的界限。对于"履行合同所必要"应当进行严格解释,必要性的判断要求处理数据和履行合同的目的之间需存在直接和客观的联系。

---

〔1〕　参见中国信息通信研究院:《APP 数据安全与个人信息保护白皮书(2019 年)》。

《个人信息保护法(草案)》也将"为订立或者履行个人作为一方当事人的合同所必需"与"取得个人的同意"并列,说明其相互排斥,即为订立或者履行个人作为一方当事人的合同所必需的情形下,无须用户的同意。

《个人信息安全规范》第5.6条"征得授权同意的例外"第g项也规定,根据个人信息主体要求签订和履行合同所必需的,个人信息控制者收集、使用个人信息无须征得个人信息主体的授权同意。《告知同意指南》更是将免于同意的情形扩大到了现实中的所有情形。

EDPB认为,GDPR第7条第4款表明,在"以及其他"的情形下,将同意与接受条款"捆绑",或是将提供合同或服务与同意处理个人数据的请求"打包"在一起,但这些个人数据并非履行该合同或服务所必需的,则这些行为都是不可取的,这样的同意应当被推定为不是自由作出的。除了严格必要的情形以外,强制同意使用个人数据或限制数据主体的选择并阻碍自由同意,由于数据保护法律旨在保护个人基本权利,因此同意处理不必要的个人数据,不能被视为以履行契约或提供服务作为交换条件的强制性对价。

但正因为"同意"与"履行契约所必需"这两个合法基础互相排斥,而个人信息主体(数据主体)缺乏必要的知识和技术去评估APP收集、使用某项信息是否提供服务之必需,APP基本上都避免采用"告知同意机制",而是大量采用"履行契约所必需"进行数据相关行为。但是若APP提供方认为某项信息是其提供服务所必需,就可以不经数据主体的同意,那么这无疑是剥夺了数据主体选择保护其个人信息还是放弃该服务的权利。

就同意限制条件而言,我国规范及标准未如GDPR般完善,这与我国商业环境和一直以来的"免费服务"有关。当然,若APP提供海外服务时自然将遵循海外的法律规范,但单就在比较法意义上而言,我国目前的实践与欧盟的某些规定具有显著的差异,而这种差异明显是不利于用户的。

1.1.1.3 颗粒度(区分不同使用目的并分别取得同意)

同意应针对为同一或多个目的而进行的所有处理活动。一个服务可能涉及多个目的的处理操作,在这种情况下,数据主体应可自由选择他们所接受的用途,而不必同意所有的处理用途。根据GDPR,在特定的情况下,数据控制者可能会需要几项单独的同意才能开始提供服务。当处理数据出于多个目的时,所有的目的都应该得到同意。如果数据控制者合并了几个处理目的,而没有试图为每个目的寻求单独的同意,同意的作出就不是自愿的。

也就是说,用户对某一APP的概括同意在EDPB看来是无效的同意,而这恰恰是我国大多数 APP 的隐私政策所采用的。

1.1.1.4　损害

数据控制者需要证明在没有损害的情况下可以拒绝或撤回同意。例如,数据控制者须证明撤回同意不会对数据主体造成任何费用,因此对撤回同意的当事人并无明显不利之处。其他损害包括欺骗、恐吓、胁迫或数据主体不同意造成重大负面后果。

1.1.2　同意的具体(明确)性

GDPR 第 6 条第 1 款第 a 项确认数据主体的同意必须与"一个或多个特定"目的相关,并且数据主体可以就每一个目的进行选择,而这也就是"目的合法且特定"原则在"同意"中的具体体现。

GDPR 第 5 条第 1 款第 b 项规定,个人数据的收集应当具有具体的、清晰的和正当的目的,对个人数据的处理不应违反初始目的。根据第 89 条第 1 项的规定,因为公共利益、科学或历史研究或统计目的而进一步处理数据,不视为违反初始目的("目的限制")。

这一原则在《个人信息保护法(草案)》和《个人信息安全规范》第 4 条第 b 项也有体现。

APP 收集个人信息的目的应当是基于法律规范的要求和所提供的服务的需要,就法律法规的规定而言,《网络安全法》第 24 条的规定[1]被称为网络实名制,金融服务、交通服务要求提供身份证号码、电话号码进行实名验证属于法律规范的要求,而交通服务、第三方支付、直播类要求获取地理位置的信息书提供服务之必要。

对于"明确、清晰、具体性"的要求,《同意指南》认为,目的限制定义的要求,能够防止控制者在数据主体初始同意数据收集后,逐步扩大或模糊数据处理目的。这又被称为功能擅改,这对于数据主体来说有一定的风险,因为这可能会导致控制者或第三方在预期目的之外使用个人数据,从而造成数据主体失去对数据的控制权。

反观目前国内 APP 的隐私政策,以支付宝"隐私政策"为例,在"我们将如何使

---

〔1〕　网络运营者为用户办理网络接入、域名注册服务,办理固定电话、移动电话等入网手续,或者为用户提供信息发布、即时通信等服务,在与用户签订协议或者确认提供服务时,应当要求用户提供真实身份信息。用户不提供真实身份信息的,网络运营者不得为其提供相关服务。

用您的信息"中列举了 7 项使用目的,[1]该 7 项约定并没有兜底条款,应当可以满足我国规范要求的明确、清晰和具体。然而,在 GDPR 中,根据目的限制概念、第 5 条第 1 款第 b 项以及鉴于条款第 32 款,一项同意可以涵盖不同的数据操作,前提是这些操作都出于同一目的。但支付宝隐私政策属于很明显的"一揽子"许可。换言之,如果用户不同意将其个人信息用于"参与我们服务有关的客户调研",支付宝也没有给予用户单一项目的拒绝权,只有"全是"或"全否"的选项,这既违反了目的具体性要求,同时又违反了"同意的自愿性"要求。

对比支付宝海外版与支付宝国内版的隐私政策,其中差异显而易见,支付宝海外版隐私政策"我们如何使用您的个人信息"中列举了 12 项用途,[2]但是将这 12 项用途作为"例如"("for example"),包含在"我们使用收集到的信息来运营我们的业务,包括支付宝服务"这一总目的下,并未统一将这 12 项用途描述为 12 项"目的",而且这 12 项用途中相比于国内版隐私政策中去掉了"调研""脱敏或匿名化进行信息进行综合统计、分析加工""精准推送"等明显与支付宝服务无关的内容。

因监管部门对同一原则的具体解释的范围不一,数据在数据收集者手中的用途将变得不可测。同时,也可以看出,即便是在一原则下,法域的不同,同一行为的操作空间也差异甚大。

总体而言,我国目前对于"明确、清晰、具体"的要求仅仅需要在隐私政策中列明即可,没有要求针对每一目的都需要取得个人信息主体同意(属于法律法规规定的情况时,更不需要同意)。欧盟尽管有些条款规定了目的兼容性,也要求同意必须是针对具体目的作出。数据主体应在理解他们拥有对数据的控制权并且其数据仅为特定目的被处理的前提下才作出同意。

《个人信息保护法(草案)》第 14 条规定,个人信息的处理目的、处理方式和处理的个人信息种类发生变更的,应当重新取得个人同意。

---

〔1〕 (1)实现本政策中"我们如何收集信息"所述目的;(2)为了使您知晓使用支付宝服务的状态,我们会向您发送服务提醒。您可以在"服务提醒"页面退订消息,并通过"服务提醒→设置→消息管理"重新订阅。为了保障您的账户和资金安全,付款提醒不可退订;(3)为了保障服务的稳定性与安全性,保护您的账户与资金安全,履行反洗钱等法定义务,我们会将您的信息用于身份验证、安全防范、诈骗/盗用/可疑交易监测、预防或禁止非法活动、降低风险及防止风险传导、存档和备用用途;(4)根据法律法规或监管要求向相关部门进行报告;(5)邀请您参与我们服务有关的客户调研;(6)我们会采取脱敏、去标识化等方式对您的信息进行综合统计、分析加工,以便为您提供更加准确、个性、流畅及便捷的服务,或帮助我们评估、改善或设计服务及运营活动;(7)为了提升用户服务体验,为用户推荐更为优质或适合的服务,我们可能会根据用户信息形成群体特征标签,用于向用户提供其可能感兴趣的营销活动通知、商业性电子信息或广告,如您不希望接收此类信息,您可按照我们提示的方法选择退订。

〔2〕 参见 https://global.alipay.com/doc/platform/privacy,最后访问日期:2020 年 5 月 15 日。

但我国《告知同意指南》第6.2条规定了"使用目的变更时免于告知同意的情形",这一条的规定将"目的改变"后,将决定是否需要"明示同意"的权利交给了APP提供者,第d项更是规定,经个人信息安全影响评估后无高风险,且以合理方式披露评估结果的。

在具体的细节上,我国基本规范导向仍偏向宽松,更多的是对现实情况的妥协。对于用户而言,APP运营者的操作完全就是"黑箱",无须与用户交互,APP运营者可以决定绝大部分事项,这对同意机制本身也是一个挑战。有学者甚至提出同意不是个人信息处理的正当性基础[1]。

1.1.3　知情性

《个人信息保护法(草案)》第18条规定,个人信息处理者在处理个人信息前,应当以显著方式、清晰易懂的语言向个人告知下列事项:

(1)个人信息处理者的身份和联系方式;

(2)个人信息的处理目的、处理方式,处理的个人信息种类、保存期限;

(3)个人行使本法规定权利的方式和程序;

(4)法律、行政法规规定应当告知的其他事项。

《个人信息安全规范》第5.6条"隐私政策的内容和发布"中又规定,隐私政策的内容应当包括个人信息控制者的基本情况,包括注册名称、注册地址、常用办公地点和相关负责人的联系方式。

《告知同意指南》规定了应当告知个人信息控制者基本情况、个人信息的收集/使用、存储、对外提供(包括对外共享、转让、公开披露)、个人信息主体的相关权利及实现方法及其他。

EDPB《同意指南》认为知情至少应当包括以下信息:

(1)控制者的身份;(2)需寻求同意的每个处理操作的目的;(3)将收集和使用什么(类型的)数据;(4)存在用户撤回同意的权利;(5)根据第22条第2款第c项使用数据进行自动决策的相关信息;以及(6)由于缺乏充分性决定和第46条所述的适当保障措施,可能存在的数据转移。

《告知同意指南》较《同意指南》更为详细,但主要都相当于在此重申了有关目的及其他相关原则。

此外,GDPR还要求应确保在所有情况下都使用清楚明了的语言。这意味着信息应该易于被普通人所理解,而不是只有专业人员才能看懂。控制者不能使用

---

〔1〕 伍龙龙:《论同意不是个人信息处理的正当性基础》,载《政治与法律》2016年第1期。

晦涩、冗长的隐私政策或者是全是法律术语的表述,同意必须是明确的并与其他事项区分开来,同时要以易于了解和易于获取的形式提供。这一要求实质上意味着,那些与用户作出知情下的决策密切相关的信息不会被隐藏在一般条款和条件中。

总体而言,我国个人信息保护体系中的法律要求大多集中在实质要件上,形式要件体现在标准中,但标准并不具备强制执行力,这也就给予了执法者(《个人信息保护法(草案)》中要求国家网信部门负责统筹协调个人信息保护工作和相关监督管理工作,并要求设置履行个人信息保护职责的部门)较大的自由裁量权。

而 EDPB 的《同意指南》是对 GDPR 的解释,所以 GDPR 的执法可以按照《同意指南》进行。GDPR 之所以被称为目前全世界最严格的个人信息保护条例,其中一个重要原因就是其不仅仅要求信息控制者实质要件要满足 GDPR 的规定,同时对如何去满足规定的形式要件仍然予以了强烈关注。

1.1.4　意愿表示的明确性

在"知情性"中,为了保障数据主体知情,GDPR 要求实质和形式都满足其要求,在数据控制者满足了 GDPR 形式要求后,仍需要确保数据主体具有明确意思表示,GDPR 第 4 条第 11 项明确了有效的同意需要通过声明或明确肯定的行为,"明确肯定的行为"意味着数据主体必须采取刻意的行动来同意特定的处理。

《个人信息安全规范》在第 5.3 条"收集个人信息时的授权同意"中指出了"提示说明→勾选同意"的路径,这一路径也广泛被 APP 采用,即在首次登录或者隐私政策更新时提供链接,提供"同意"的勾选,并将用户的勾选同意认定为"特定的行为",从而证明其履行了合规义务。在《告知同意指南》中更是细化了同意模式选择、同意机制设计的具体细节。

我国移动网民人均安装 APP 总量为 63 款,数据主体每天将使用超过 10 个 APP,接收各式各样同意请求,若所有的同意都必须要求用户都需要用户仔细阅读理解并以行为表示明确同意,极有可能导致用户的疲劳,实际意义将出现事实上的减弱,保护数据主体权利的规定反而加重了数据主体的负担,而且部分用户愿意放弃对部分个人信息的权利以换取实际使用的方便。这不仅仅是在中国,在世界范围内,在一个赋予个人数据商业价值的市场中,如何协调将个人数据用作可交易商品,都是一个两难的问题。[1]

GDPR 将确保用户同意意愿是明确表示出来的义务赋予了数据控制者,而这也是实践上逐步从"浏览即同意"向"点击即同意"转变的法律上的认可。我国的

---

[1] See Leon Trakman, Robert Walters & Bruno Zeller, Is Privacy and Personal Data Set to Become the New Intellectual Property?, Researchgate (2019).

APP 也已经从事实上形成了"提示说明→勾选同意"的同意机制,虽然大部分用户都没有阅读相应的隐私政策。

从监管角度来看,若 APP 提供者提供了"提示说明→勾选同意"的路径,应当认定为已经履行了"确保用户有明确的意思表示"的义务。在合同领域,"提示说明→勾选同意"机制是否真实有效往往是存在争议的,虽然有部分当事人主张从未阅读过电子合同文本,试图证明电子合同未成立,但一般得不到法院支持,即电子合同本身的有效性一般是可以得到确认的,仅仅是其中的管辖条款、免责条款等是否有效存在争议,所依据的是"格式条款的无效"。

虽然隐私政策也将在个人信息处理者和用户之间建立民事法律关系,但是隐私政策相关行为主要是由公权力机关进行监管,针对的是个人信息处理者行为是否符合国家法律规范体系,用户与个人信息处理者之间的权利义务并不依赖于隐私协议来构建,而且这种权利义务是长期持续的。若有相应损害,可以依据侵权规范索赔,与通过"提示说明→勾选同意"订立的电子合同(如商品买卖合同、充值换取服务等)存在一定的区别。

通过"提示说明→勾选同意"机制订立的与个人信息相关行为无关的民事合同,主要通过民事法律、私法体系进行解决,而与个人信息相关行为的隐私政策、隐私协议等,往往由公权力机关监管。

就意愿表示的明确性而言,"提示说明→勾选同意"可以满足合规要求,但是也应当通过技术手段引导用户必须对相关隐私政策等进行阅读与了解。

1.1.5　同意的撤回

《个人信息保护法(草案)》第 16 条规定,基于个人同意而进行的个人信息处理活动,个人有权撤回其同意。《个人信息安全规范》(2020)第 8.4 条也规定了"个人信息主体撤回授权同意",GDPR 第 7 条第 3 款规定,控制者必须确保数据主体可以像作出同意一样容易地在任何时候撤回同意。《告知同意指南》第 9.3 条规定了"同意的变更和撤回",并规定了无法变更和撤回时,信息控制者的告知义务以及撤回主体的确认义务。

仍以支付宝 APP 为例,其《隐私权政策》便没有提供撤回同意的选项,但支付宝国际版《隐私政策》第 11 条"与您个人信息相关的权利"第 4 项约定,数据主体有权"撤回您对处理您个人信息的同意(支付宝根据您的同意处理您的个人信息)"。

根据工信部公布的《存在问题的应用软件名单》以及国家计算机病毒应急处理中心在"净网 2020"专项行动中公布的 21 款违规 APP 名单,都没有提到这一问题。

其原因在于工信部的执法依据为"《网络安全法》、《电信条例》、《规范互联网信息服务市场秩序若干规定》(工业和信息化部令第 20 号)、《电信和互联网用户个人信息保护规定》(工业和信息化部令第 24 号)和《移动智能终端应用软件预置和分发管理暂行规定》",国家非强制性标准并不具有法律强制力,所以,无法根据《个人信息安全规范》相关要求对 APP 提供者进行要求。

从符合规范和标准的角度来看,企业应当有必要对撤回同意进行专门功能设计且对用户的要求不应高于注册时的要求,从实践上来看,部分 APP 未提供撤回同意的选项,更遑论与给予同意时一样方便地撤回同意了。

1.2 目的

随着数据价值的凸显,APP 提供者就有了尽可能多收集数据并将数据合法或非法用于各种商业用途的内驱力。工信部和国家计算机病毒应急处理中心提到的 APP 违规现状,私自收集用户信息、注销难、未明示申请的所有隐私权限等属于问题高发区, APP 通过主动行为获取用户同意,如果同意是符合法律规定,该数据行为是合规的,除却同意外,若数据行为确"为履行契约所必需",自然也是合规的。从工信部公布的 APP 违法行为中可以看到,我国的 APP 大多以履行契约为由要求获得用户授权,但这些数据处理行为是否真为履行契约所必需仍需进一步讨论。

在《个人信息保护法(草案)》中,处理个人信息,是采用同意,还是合同所必需,存在一个重大的差别:其第 16 条规定,基于个人同意而进行的个人信息处理活动,个人有权撤回其同意。第 17 条规定,个人信息处理者不得以个人不同意处理其个人信息或者撤回其对个人信息处理的同意为由,拒绝提供产品或者服务;处理个人信息属于提供产品或者服务所必需的除外。

可以认为:

(1)如果个人信息处理者采用了合同所必需这个合法性基础,则个人没有撤回同意的选项。

(2)个人要求使用特定的产品或者服务,可以认定为个人与特定的个人信息处理者订立合同,特定个人信息处理者开始履行合同。

(3)对于该特定的产品或者服务所必需的个人信息,应当采用合同所必需这个合法性事由。如果个人信息处理者采用了同意这个合法性事由,就面临几个具体的困难:同意的高标准(第 14 条)、个人撤回同意的权利(第 16 条)、特定情形下应取得单独同意的要求。

换言之,采用合同所必需这个合法性基础,可以"规避"同意带来的难题。这也是为何我国几乎所有的 APP 运营者都选择了将数据用途概括为"为履行合同所必需"。

但是否为履行合同所必需并非 APP 运营者单方决定,这需要根据服务的性质和内容确定,信息安全标准化技术委员会 2020 年 9 月发布了《移动互联网应用程序(APP)系统权限申请使用指南》,明确了 APP 申请、使用系统权限的基本原则和通用要求,以及通信录、短信、通话记录、位置等 10 类安卓系统典型权限的申请使用要求。

信息安全标准化技术委员会发布的所有指南都仅仅是指南,与 EDPB 的指南(guideline)效力存在较大区别,执法中也未见有进行引用的案例,实践中,信息安全标准化技术委员会的指南以及标准化委员会的标准对于我国的 APP 运营者缺乏约束力,APP 运营者也基本上没有按照相应指南和标准制定其合规策略。

EDPB 2019 年 4 月 12 日公布了《关于在向数据主体提供在线服务时依据 GDPR 第 6(1)(b)条规定处理个人数据的第 2/2019 号指引征求意见稿》(以下简称征求意见稿)。该征求意见稿为如何判断"履行与数据主体签订的合同或在签订合同前应数据主体的请求采取的行动所必需的数据处理行为"提供了指引。

EDPB 在该征求意见稿中明确在何种情况下数据处理行为可以使用 GDPR 第 6 条第 1 款第 b 项作为合法性基础,并且对该条规定中的"必要性"作了限缩解释。换言之,并非在线服务提供商写入合同中的所有与服务相关的数据处理行为都可以被理解为履行合同或签订合同所必需。此外,通过在合同内规定某项"数据处理行为属于本合同所必需"也并不意味是该数据处理行为客观上确实是履行或者订立该合同所必要的。虽然该征求意见稿目前仅对在线服务的场景提出指引,但相信 EDPB 也会对在履行或者订立与数据主体签订的纸质合同或其他场景的合同时所"必要"的数据处理行为持有同样的观点。

1.2.1 必要性的"客观性"问题

"必要性"必须是客观上的必要(objectively necessary),而并不单纯是制定合同的在线服务提供商所认为的必要,而是要通过客观的事实来进行判断。必要性的概念在欧盟法中有其独立的含义,其必须能反映数据保护法立法目的。[1]

判断这种必要性是假定了一个合理的数据主体在其与数据控制者订立合同时,就客观上期待和判断这项服务中必须要进行的数据处理行为。数据控制者需要承担举证责任来证明某一项数据处理行为如果没有进行,合同就会无法履行或者无法订立。

---

〔1〕 Heinz Huber v. Bundesrepublik Deutshland.

仅在合同中引用或者提及数据处理行为是不足以适用 GDPR 第 6 条第 1 款第 b 项的。当数据控制者希望说明数据处理行为系基于履行与数据主体间的合同时,需要评估什么是履行合同的客观上必要("objectively necessary")。这一点同样与 GDPR 第 7 条第 4 款[1]有关,该条规定区分了为履行合同的必要进行数据处理和将进行特定但客观上非合同履行的必要的数据处理作为提供服务的条件。"履行合同的必要"的要求显然高过一般的合同条件。

履行与数据主体间合同的必要必须被严格解释,是数据控制者单方面施加给数据主体的情况。事实上,合同中包含了某些处理活动并不意味着数据处理活动系履行合同的必要。

我国《个人信息安全规范》(2020)第 5.2 条规定,对个人信息控制者的要求包括:(1)收集的个人信息的类型应与实现产品或服务的业务功能有直接关联;直接关联是指没有上述个人信息的参与,产品或服务的功能无法实现;(2)自动采集个人信息的频率应是实现产品或服务的业务功能所必需的最低频率;(3)间接获取个人信息的数量应是实现产品或服务的业务功能所必需的最少数量。

一旦合同终止后,因为不再存在任何履约的"必要性",所以数据处理行为必须停止。合同一旦终止后,后续的储存行为在 EDPB 看来是一项单独的数据处理行为,并且一般需要依据法律法规的规定(如为了满足最低储存期间的法定要求)或者是数据控制者自己的合法正当利益(如储存合同直至过了诉讼时效)作为该等储存行为的合法性事由。

1.2.2　必要性的合同目的判断

在指引中,EDPB 强调数据处理行为的"必要性"需要基于合同目的本身进行判断,而并非将数据处理行为作为合同的目的或标的之一。

按照洪延青博士的观点,该条规定与《个人信息安全规范》(2020)第 5.6 条规定相关,该条规定,"以下情形中,个人信息控制者收集、使用个人信息不必征得个人信息主体的授权同意:……(g)根据个人信息主体要求签订和履行合同所必需的(注:个人信息保护政策的主要功能为公开个人信息控制者收集、使用个人信息范围和规则,不宜将其视为合同)"。

EDPB 认为个人信息不是用来交易的对象(tradable commodity),因此不是合同的标的。个人理解,这句话的本质其实与 GDPR 第 7 条第 4 项有关,应当理解为合同所涉及的数据处理行为应当仅限于契约所用,如果还涉及非契约履行所必需

---

[1]　该款内容为:分析同意是不是自由做出的,应当最大限度地考虑一点是:对契约的履行——包括履行条款所规定的服务——是否要求同意履行契约所不必要的个人数据处理。

的数据处理行为,这一部分数据及相关行为就可能被视为交易,即数据主体自愿或不自愿地将数据交给数据控制者以换取服务或产品。如果是这种情形,就违背了合同必要性。

1.2.3　直接关联

除第 6 条第 1 款第 6 项外,可能存在与数据处理行为的客观情况更相匹配或更恰当,更能平衡各方利益的合法性基础,确定合适的合法性基础与符合公平原则及目的限制原则是紧密相关的。

也就是说,必须是"以履行合同所必需"作为数据处理的法律基础是最为恰当的。

1.3　结语

在上述原则外,在判断数据处理行为的"必要性"上 EDPB 也给出如下指引,例如:提供给数据主体服务的本质是什么? 该服务有什么显著特征? 合同的确切目的是什么(其内容及基本目标)? 合同的必要要素是什么? 合同各方的相互理解和期待是什么? 服务是怎样推广或宣传给数据主体的? 一个普通用户考虑到服务的性质,是否会合理地设想到数据处理行为会因为履行他们之间的合同而发生?

总体而言,存在多个维度判断数据行为的目的是否符合法律要求,也需要企业具有数据伦理道德,目前我国法律对数据收集规定得较为简洁,其细节往往体现在标准中,但从《个人信息保护法(草案)》来看,草案延续了大多标准中的内容,若法律正式施行,后续的司法解释可能也会吸收相应标准对于具体行为的阐述,所以可以参照相应标准进行体系建设,规范数据行为。

2. 数据存储

数据存储是 APP 运营的关键环节,也是网络黑客攻击窃取数据的切入点,可靠的数据存储为用户个人信息的正常使用提供重要保障[1]。

IDC 预测,全球数据圈将从 2018 年的 33ZB(泽字节)[2]增至 2025 年的 175ZB,大量数据产生带来的挑战就是数据存储问题,IDC 预测到 2025 年,全球已存储数据的 49% 将停留在公共云环境中,中国的数据量预计在未来 7 年将平均增长 30%,并且在 2025 年将成为数据量最大的区域。[3] IDC 认为数据圈的核心在于企业和云服务商专门的云计算数据中心。其中涵盖所有种类的云计算,包括公共、私有和混合云。此外,还包括企业运营数据中心,如运行电网和电话网络的数

---

〔1〕　参见中国信息通信研究院:《移动应用(APP)数据安全与个人信息保护白皮书(2019 年)》。

〔2〕　1ZB = 10,000 亿 GB。

〔3〕　See IDC:DATA AGE 2025—The Digitization of the World From Edge to Core.

据中心。[1]

由于自建服务器存储数据成本较高,大量 APP 的业务数据通过租用云服务商的服务将信息保存在云上,自有服务器仅存储敏感数据及重要数据,将数据存储在自有服务器上的法律风险主要是安全问题,但因服务器拥有方完全控制数据,其身份自然是数据处理者或控制者,在我国则是个人信息处理者。但当将数据存储到云上,由于资源的离域化,不经过云服务提供者,用户就不能自主地访问数据。

移动设备和云计算相辅相成,共同构建了环境智能和物联网的基础。移动设备提供了对云服务无处不在的访问,云服务允许移动访问高度复杂的服务和巨大的数据收集,超越了移动设备的物理限制。访问云提供了使用智能手机和平板电脑的新机会,因为浏览器和应用程序可以用作云服务的接口。[2]

但 APP 产生或收集的数据固然因为云服务降低了成本并使服务更方便快捷,但却带来了相当复杂的其他问题,如数据的归属、知识产权侵权、APP 运营者对于用户的承诺如何与 APP 运营者与云服务提供者之间的协议达到契合等。

2.1 云计算/云存储的概念

根据 NIST 定义,云计算是一种模型,用于方便地对可配置计算资源(如网络、服务器、存储、应用程序和服务)的共享池进行按需网络访问,这些资源可以通过最小的管理工作或服务提供者交互来快速供应和发布。[3]

根据 GB/T 31916.1—2015《信息技术云数据存储和管理——第 1 部分 总则》中的定义,云存储(cloud storage)指按照指定的具有可扩展性的服务水平,通过网络将虚拟的存储和数据服务以按需使用、按量计费的方式提供的服务交付方式。该交付方式无须配置或以自服务方式配置。

云存储是云计算技术中云基础设施作为服务(IaaS)的具体应用。这里的基础设施主要指 IT 设施,包括计算机、存储、网络,以及其他相关的设施。

IaaS 所指的服务,是指用户通过网络,按照实际需求所获得 IaaS 云服务供应商所提供的上述 IT 设施资源服务,用户可以将自己的应用部署到上面,开展业务。[4]

随着云计算逐渐成为主流,个人数据在云上的讨论越来越受到各国立法的关注,但在我国,虽然云计算频繁出现在各级部门的文件中,但法律体系仍未形成,欧

---

[1] See IDC:DATA AGE 2025—The Digitization of the World From Edge to Core.

[2] See US NIST SP 800 – 145,The NIST Definition of Cloud Computing,2011.

[3] 参见 https://nvlpubs.nist.gov/nistpubs/Legacy/SP/nistspecialpublication800 – 145.pdf.

[4] 参见雷方云等:《云计算——技术、平台及应用案例》,清华大学出版社 2011 年版,第 104 页。

洲数据保护监管机构(European Data Protection Supervisor, EDPS)在其《欧洲数据保护监管机构对欧盟委员会关于"释放欧洲云计算潜力"的意见》指出,云计算为企业、消费者和公共部门提供了许多新的机会,通过使用远程外部 IT 资源来管理数据。同时,它提出了许多挑战,特别是对在其中处理的数据提供适当程度的数据保护。

云计算不是新技术,而是一种全新的交付模式。[1] 从法律关系上讲,云存储可以理解为"存储空间"的租赁服务。云服务商提供不同等级的存储服务,而数据持有者或收集者向其租赁存储空间进行数据存储,并在用户发出指令时返回相应数据。

APP 运营者将收集的用户数据部署到云端,从成本及实践角度来看,这是被动与主动兼有的选择。全球主流 IaaS 供应商有 Amazon、IBM、Google 以及微软,我国自科学技术部十二五计划部署了关于物联网、云计算发展的专项战略至今,大型云计算供应商主要有阿里巴巴、百度和腾讯以及在此之前的中国移动、中国联通、中国电信、浪潮、联想。[2] 在与云服务商的谈判中,APP 运营者处于相对弱势的地位,事实上,云服务商与用户之间(无论是 To C 还是 To B)都基本上采用"点击即接受"(click‐through)合同,没有传统商业谈判过程,只有接受谁的问题,而不存在接不接受的问题。

例如,百度推出的 BOS(Baidu Object Storage)服务,可以为其用户提供数据分发、数据备份、数据分析以及数据处理等服务,还可将其应用在数据上云、Bucket 管理、多用户访问控制、Object 管理、域名及发布管理、数据处理、事件通知、监控服务等。而 APP 运营者可以通过百度提供的 BOS Android SDK(Software Development Kit)帮助移动开发者实现在 Android 端简单便捷地使用 BOS 存储服务,通过该 SDK,开发者开发的 APP 可以直接从终端向 BOS 发送请求并与 BOS 进行交互操作。

同时,云计算与现有硬件设备的结合,包括云服务商提供的服务,使 APP 开发更为简单,任何拥有足够技术知识、基本计算设备和互联网接入的个人都可以开发并提供在社交媒体服务提供的环境中运行的应用程序。[3]

APP 运营者选择云存储,面临对终端用户的违约与不合规,即无法明确告知数

---

〔1〕 参见雷方云等:《云计算——技术、平台及应用案例》,清华大学出版社 2011 年版,第 12 页。

〔2〕 参见青岛英谷教育科技股份有限公司编著:《云计算与大数据概论》,西安电子科技大学出版社 2017 年版,第 21~25 页。

〔3〕 See US NIST SP 800‐145, *The NIST Definition of Cloud Computing*, 2011.

据存储地与存储方,而且由于实践表明,云服务商大多数情况下并不会遵守约定而访问用户数据,将数据存储到云上是否"将数据共享给第三方"有待商榷。同时,APP 运营者还可能无法满足与云服务商之间的合同约定(如知识产权约定)。

更为重要的是,如果 APP 运营商严格按照《移动互联网应用基本业务功能必要信息规范》的要求收集信息并存储,那么即便是采用云存储,一般而言也不存在知识产权等其他合规风险,但根据中国信息通信研究院《移动应用(APP)数据安全与个人信息保护白皮书(2019 年)》显示,42% 的 APP 超范围收集用户数据,40% 的 APP 私自共享数据,[1] 目前对于云计算如何规范也未建立完善的法律规范体系,政策导向偏宽松,在涉及终端用户、个人信息处理者、云服务商三方关系时,数据本地化存储便出现了诸多法律问题。

2.2　云存储法律问题

2.2.1　本地化存储

《网络安全法》第 37 条规定,关键信息基础设施的运营者在中华人民共和国境内运营中收集和产生的个人信息和重要数据应当在境内存储。

《个人信息保护法(草案)》第 40 条规定,关键信息基础设施运营者和处理个人信息达到国家网信部门规定数量的个人信息处理者,应当将在中华人民共和国境内收集和产生的个人信息存储在境内。也相当于要求个人信息应当存储于境内。

基本上,有数据/个人信息保护要求的国家都提出了本地化存储要求。欧盟 GDPR 也要求数据进行本地化存储,除非满足了 GDPR 转移条件。新加坡《个人数据保护法》(2012 年)第六章第 26 条也规定原则上"机构不得将任何个人数据转移给新加坡以外的国家和地区"。加拿大 2003 年《个人信息保护法》第九部分第 34 条虽然没有明确规定数据的本地化存储,但是要求"组织必须保护个人信息,使其在组织的管理或控制之下"。巴基斯坦《个人数据保护法》(2020 年)第 14.1 条也规定"关键的个人数据只能在位于巴基斯坦的服务器或数据中心处理"。

但从云存储来看,当数据在云端时,虽然数据仍由 APP 运营者处理,但是数据存储地是由云服务商决定的,阿里云的《对象存储(OSS)服务条款》[2] 中,云服务商并没有注明其数据存储地。当然,按照法律要求,国内的云服务商都必须将其数据存储中心建立在国内,且数据流通至国外应当也有专门的规定,也并不容易。

数据本地化存储本质上是技术问题,如要求保证数据完整性与可用性,第三方

---

〔1〕　参见中国信息通信研究院:《移动应用(APP)数据安全与个人信息保护白皮书(2019 年)》。

〔2〕　参见 https://help. aliyun. com/document_detail/31821. html,最后访问日期:2020 年 5 月 20 日。

访问限制处理、建立容错中心等,但当数据量达到一定程度后,本地化存储成本急剧上升,对软、硬件的要求大幅提升,不得不引入云服务商提供存储服务,单纯技术问题就成为技术与法律混合的问题。

2.2.2 技术锁定现象

云计算的一个主要特征是信息技术资源的离域化,这是云计算与以前所使用的技术模型的区别,这也导致了"技术锁定"。换句话说,尽管作为数据的唯一拥有者有权限随时访问基础设施,但用户自己不存储数据,如果不经过云服务提供者,他们就不能自主地访问数据,即使经过云服务商这一过程是自动发生的。因此仅存储数据的云提供商是能够对数据进行实质性访问。[1]

数据的物理不可用性,以及数据以只有云提供商拥有的格式存档的情况,就将使用户面临"技术锁定现象",当技术上迫使用户继续使用相同的技术来创建或制作数据时,就会发生这种情况,除非他们愿意承担将计算机或数据用于另一种技术的巨额费用。这些条件意味着,在撤回或终止合同的情况下,将数据转移给其他供应商在经济上是不可行的,或者在任何情况下,用户行使其使用权都会受到限制。由于这些原因,锁定现象对消费者构成了巨大威胁。

GDPR 第 20 条涵盖了利害关系方的"数据可携权",即将个人数据从一个电子系统传输到另一个电子系统的权利,而不会妨碍数据的控制者。作为前提条件并旨在改善数据主体对他们自己的个人数据的访问权限,GDPR 规定:"数据主体应有权接收其提供给控制人的有关他或她的个人数据,采用结构化,常用且机器可读的格式"。

显然,欧洲立法机关在 GDPR 中引用的"数据"是个人数据,而不是计算机数据。但是,实际上通常被称为计算机数据的数据中包含大量的个人数据。

这种现象对于 APP 运营者而言,一方面是由于云存储本身的技术问题,另一方面也是由于云存储市场并未充分竞争,当 APP 运营者所拥有的数据达到一定规模时,都可能面临技术锁定带来的风险,而目前还没有法律规范,相关保障主要有赖于合同约定,但云服务商提供的格式合同往往缺乏此类约定。

总体而言,单纯就数据存储地点而言,"看不见的手"明显较法律调整更为有效,使目前云上数据能满足本地化存储要求,同时,头部企业的垄断地位也使云服务用户并没有转移数据存储地点的需求。

---

〔1〕 See Davide Mula:*Personal Data in Competition*, *Consumer Protection and Intellectual Property Law*, The Right to Data Portability and Cloud Computing Consumer Laws, p. 397 – 410 (2018).

2.3　云上数据合规

2.3.1　现实与法律的脱节

通常而言,IaaS 的用户比 PaaS 或 SaaS 的用户有更强的控制权和更高的灵活度。[1] APP 运营者若仅仅通过 IOS/ Android SDK 接入各云服务商,从而直接在 APP 端与云服务商进行数据交互,此时可以认为云服务商是通过 IaaS 向用户提供服务。

克里斯托弗·米勒德认为云服务商不会因为虚拟化的运用而成为其用户的数据的处理者,资源可能是通过各种方式提供给用户的,[2]但用户自己才是使用它的人。[3] 但云服务与传统外包服务之间的关键区别之一在于(对数据性质的)"知情程度",在传统外包中,用户信任处理者有能力处理特定的数据或数据类型。在云上,由于服务的被动性,服务商可能甚至在用户利用其服务处理时仍对数据性质(如个人数据)或者用户处理数据的方式一无所知。[4]

当 APP 运营者通过用户安装并使用 APP 收集到大量信息后,如何确定这些信息的所有者呢? 在对个人信息性质的认定上,主要有"所有权说""隐私权客体说""资料权客体说""人格权客体说",现在大多数学者认为,个人信息应当被视为一种人格权客体。[5] 将个人信息视为人格权的客体固然相较于其他学说更能做到理论内部的自洽,但这更多的是在论证"个人信息处理者"与"数据主体"之间的关系时采用,而在讨论"个人信息处理者"与云服务商之间的关系时,这套理论就显得不够用了。

Netwrix《云数据安全报告》(2019)中称,根据其对 2019 年至少经历过一次云安全事故的企业进行威胁云数据安全的参与者分布调查,被调研者认为内部人员是最大威胁,占比 58%,内部人员包括其业务用户(31%)以及 IT 团队成员(16%),其次是能够合法访问内部网络的第三方合作伙伴和承包商(11%)。这些数据仅仅旨在说明一个问题,当 APP 运营者因其自身规模和成本的考虑,不得不将数据存储在云上时,无论是从技术层面还是理论层面,云服务商都不太可能是"个人信息处理者",云服务商声称其没有权利也不会访问云上的数据。但事实上,云上数据的安全问题往往是由于云服务商的内部问题导致,事实上的访问是常见

---

〔1〕　参见[英]克里斯托弗·米勒德编著:《云计算法律》,陈媛媛译,法律出版社 2019 年版,第 40 页。

〔2〕　此处的用户指云服务商的用户,即 APP 运营者之类,而非终端的用户。

〔3〕　参见[英]克里斯托弗·米勒德编著:《C 云计算法律》,陈媛媛译,法律出版社 2019 年版,第 45 页。

〔4〕　参见[英]克里斯托弗·米勒德编著:《云计算法律》,陈媛媛译,法律出版社 2019 年版,第 46 页。

〔5〕　参见谢远扬:《个人信息的私法保护》,中国法制出版社 2016 年版,第 209 页。

的,这也就导致了现实与法律的脱节。司法实践中也并不倾向于将云服务商认定为"个人信息处理者"。

此外,我国《个人信息保护法(草案)》第4条将匿名化处理后的信息排除在个人信息之外,并要求第三方不得采用技术手段重新识别个人身份,GDPR鉴于条款第26条也认为GDPR不保护匿名信息,但在大数据的时代,有学者称是没有能够完全匿名化或者去标识化的数据的,技术上也可能无法完全实现匿名化。在实践层面上,作为掌握信息量最大的云服务商,事实上对数据进行了处理。若APP运营者声称其已将个人信息匿名化,并储存在云上,从法律上看,这样的数据就可以被无限使用,而通过技术手段实现匿名化,这些技术手段往往都将被称为企业的"商业秘密",用户也无法得知具体的处理过程且是否真的匿名化。目前由于个人信息保护水平较低,明文储存个人信息的保护体系尚未建立,远无法顾及匿名化的个人信息保护。

由于商业地位的严重不对等并为了使法律关系明晰化,所有人都不得不相信云服务供应商不会违背其承诺,这就导致现实与法律存在一定的脱节,其中存在的合同违约和侵权问题都未引起重视。

2.3.2 云服务供应商的身份

阿里云计算有限公司(以下简称阿里云公司)与北京乐动卓越科技有限公司(以下简称乐动卓越公司)侵害作品信息网络传播权纠纷案中(下节详述),法院认为云服务供应商的身份是原《侵权责任法》第36条规定的网络服务提供者,如此认定,相较于云服务商行为及权利,其所应承担的义务就显得极为轻微了。但这种认定具有当时特定的政策背景和社会背景,并不能认为在个人信息保护领域,云服务商作为可能拥有最多数据的商业主体,可免受法律拘束。

我国《个人信息保护法(草案)》没有采用GDPR数据控制者与数据处理者的概念,也没有采用《个人信息安全规范》(2020)中的"个人信息控制者"的概念,而是直接采用了个人信息处理者的概念。而个人信息的处理包括个人信息的收集、存储、使用、加工、传输、提供、公开等活动。根据这一定义,理应将云服务商视为个人信息处理者。

GDPR第4条第7项规定,数据控制者(controller)是指单独或与他人共同决定个人数据处理的目的和方式的自然人、法人、公共权力机关、代理机构或其他机构。

此概念包括三部分:其一,自然人、法人、公共权力机关、代理机构或其他机构;其二,单独或与他人共同;其三,决定个人数据处理的目的和方式。"数据控制者"

的核心在于"决定"（determines）个人数据处理的目的和方式，明确何为"决定"是明确这一概念的关键。根据云服务供应商与 APP 运营者的合同，云服务供应商明显是无法决定个人数据处理的目的和方式的。

GDPR 第 4 条第 8 项规定，数据处理者（processor）是指代表数据控制者处理个人数据的自然人、法人、公共权力机关、代理机构或其他机构。从概念来看，数据处理者最为重要的特征就是"代表数据控制者"（on behalf of the controller）。

"代表"意味着为了他人的利益而服务，且与法律概念"委托"（delegation）息息相关，数据处理者需要根据数据控制者的指示而采取行动，且应符合数据控制者所要求的处理目的和方式。APP 运营者与云服务供应商之间是服务合同，也不存在委托与被委托的关系。

为满足与隐私或数据的监管要求，云安全联盟（Cloud Security Alliance，CSA）在 2013 年发布了《欧盟云服务销售隐私级别协议大纲》（PLA［V1］），在 2015 年发布了《隐私级别协议：欧盟云服务合规工具》（PLA［V2］），在 GDPR 施行后，2019 年 5 月又发布了《GDPR 合规行为准则》（Code of Conduct for Gdpr Compliance，CoC、GDPR CoC）。

在 CoC 中认为，云客户是数据的"控制者"，云服务供应商（Cloud Service Provider，CSP）是数据的"处理者"。而且还有可能 CSP 作为共同数据控制者的情况，这种身份的认定与法院认定阿里云公司为"网络服务提供者"存在较大区别，当然这并不是说"网络服务提供者"就不可能是数据处理者，但很明显的是如果直接认为数据处理者，其义务更为明显且更重。

2019 年 5 月国家互联网信息办公室关于《数据安全管理办法（征求意见稿）》中，认为网络运营者是指网络的所有者、管理者和网络服务提供者，该办法要求网络运营者保障数据活动、数据安全的义务。2020 年 8 月《网络数据处理安全规范（征求意见稿）》中也可以得出网络服务提供者可以成为数据处理主体的结论。

阿里云上述判决的结果是从法律上推定云服务供应商会遵循其自身的宣称，不会对客户数据进行窥探或有更多的行为，但根据调研数据的显示，事实可能与法律推定相反且云服务用户无法提供证据证明，这从某种意义上造成了法律在一定程度上的落空。

我国对于网络活动参与者身份以及参与数据活动时可能产生的权利义务分配上在法律上还没有更深入的讨论，从目前大环境来看，因为云计算产业具有相当大的发展空间，不应当对新出现的商业力量和商业模式以旧有的法律眼光进行审视，司法上也给予了相关产业更宽松的法律环境。但随着数据法律体系的完善，云服务市场又明显属于卖方市场的前提下,不排除对其赋予更重的义务,在涉数据案件或争议中,应当对云服务提供商是否有数据处理行为等进行进一步明确与调查,要求其承担与其权力相应的义务。

2.3.3 云上信息知识产权与侵权

APP 运营者将大量的信息存储在云上,首先,Facebook 用户每月上传超过 20 亿张照片到服务器上,微信也无时无刻不在将用户分享的图片上传到云上。即使理论上这些文件的最初权属是确定的,但由于消费者共享信息的形态太过复杂,几乎不可能去确定何者为权利人(区块链存证似乎可以解决这一问题)。从短视频软件中可以更直观地感受到这一现象,理论上是可以确定权利人的,但确定原始著作权人成本过高导致事实上的不可能。

其次,云之外还会产生的信息,这种信息主要包括:(1)由云服务关系中的一方(无论是用户还是云服务商)产生的信息;(2)由第三方产生而被服务商或用户置于云上的信息。[1]

这些信息知识产权权属更为复杂,而且可能涉及专利技术或商业秘密。例如,用户可能设计出一种新的商业方法,并将其全部或者部分置于云上实施,那么它必然将作为保密信息或商业秘密受到保护,在某些法域甚至可以申请专利保护。[2]

在仅涉及 APP 运营者和云服务商时会稍显简单,对于云之外的信息,克里斯托弗认为可以通过合同的方式解决版权与保密之间的关系,[3]但是若涉及终端用户时,同意收集信息明显无法替代知识产权许可。而 APP 运营者与其客户之间通过服务协议可就知识产权权属进行一定的约定,但涉及复杂的信息共享时,厘清其中的知识产权问题变得不太可能,因为用户也无法保证上传信息的知识产权权属清晰。

法律上更为模糊的地带在于个人信息可能产生的知识产权问题,理论上争论不断,《个人信息保护法(草案)》也未明确个人信息赋权模式,但其中一种观点即以知识产权保护个人信息相关的权利,尤其是个人数据的知识产权已经出现,通过隐私法,特别是在欧盟,澳大利亚和新加坡。[4]

我国对于个人信息仍未明确赋予知识产权的保护,也未出现类似可能性,通过大众点评网与百度不正当竞争案等一系列与企业数据利用有关的案件可以看出,

〔1〕 参见[英]克里斯托弗·米勒德编著:《云计算法律》,陈媛媛译,法律出版社 2019 年版,第 209 页。
〔2〕 参见[英]克里斯托弗·米勒德编著:《云计算法律》,陈媛媛译,法律出版社 2019 年版,第 210 页。
〔3〕 参见[英]克里斯托弗·米勒德编著:《云计算法律》,陈媛媛译,法律出版社 2019 年版,第 213 页。
〔4〕 See Leon Trakman, Robert Walters & Bruno Zeller: *Is Privacy and Personal Data Set to Become the New Intellectual Property*?, Researchgate (2019).

由于数据本身并不属于我国版权法上的客体,但不可否认企业为获得大量的数据并进行数据活动需要付出极大的人力、物力,且极具经济价值,因此我国法院一般通过《反不正当竞争法》进行类似知识产权的保护。

国外有学者在推动将个人数据可商业化部分采用知识产权进行保护,在目前国内外的成文法中,均不认可单纯个人信息属于狭义的知识产权(专利权、商标权及著作权)客体。APP 运营者在服务时大多要求可以查询甚至提取终端用户的存储数据,并将这部分包括音频、视频、图片的资料保存到云上,并且大部分的数据是明文保存在网络上的,这不仅仅是对个人隐私的侵犯,更是一种与知识产权相关的行为。在这种情况下,终端用户是无法以合同条款约束云服务商的。通过反不正当竞争可以解决 APP 运营者和云服务提供商以及其他商业活动参与者之间的问题,但却无法解决终端用户与 APP 运营者之间可能产生的问题。

以阿里云《产品服务协议》(通用)[1]为例,该协议第 6.1 条约定:"阿里云理解并认可,您通过阿里云提供的服务,加工、存储、上传、下载、分发以及通过其他方式处理的数据,均为您的用户业务数据,您完全拥有您的用户业务数据。"第 7.2 条约定:"您应保证提交阿里云的素材、对阿里云服务的使用及使用阿里云服务所产生的成果未侵犯任何第三方的合法权益。阿里云应保证向您提供的服务未侵犯任何第三方的合法权益。"

在相对于终端用户强势的 APP 运营者在面对更为强势的云服务供应商时,对于类似的格式条款只能接受,但是事实上是无法做到双方协商确定合同条款的,云服务供应商也试图通过这样的格式条款减轻自身承担共同侵权或者帮助侵权的责任。

阿里云公司与乐动卓越公司侵害作品信息网络传播权纠纷案[2]作为中国首例云服务器侵权案备受关注,该案涉及云计算行业发展、数据隐私保护等热点问题。

2015 年 10 月,《我叫 MT 畅爽版》游戏所有者乐动卓越公司因某游戏公司在云服务器上运营侵权游戏而控告云服务商阿里云公司侵权。乐动卓越公司认为,阿里云公司的行为涉嫌构成共同侵权,就此向北京市石景山区人民法院提起诉讼,请求法院判令阿里云公司断开链接,停止为《我叫 MT 畅爽版》游戏继续提供服务

---

〔1〕 参见 https://help. aliyun. com/knowledge _ detail/146261. html? spm = 5176. 13910061. 0. 0. 5ccb254aFM8B8h,最后访问日期:2020 年 5 月 21 日。

〔2〕 一审:北京市石景山区人民法院(2015)石民(知)初字第 8279 号;二审:北京知识产权法院(2017)京 73 民终 1194 号。

器租赁服务,将存储在其服务器上的游戏数据库信息提供给乐动卓越公司,并赔偿经济损失共计 100 万元。

2017 年 6 月,北京市石景山区人民法院作出一审判决。法院认定被告阿里云公司构成侵权,赔偿乐动卓越公司经济损失和合理费用约 26 万元。

石景山区人民法院审理认为,阿里云公司作为云服务器提供商,虽然不具有事先审查被租用的服务器中存储内容是否侵权的义务,但在他人重大利益因其提供的网络服务而受到损害时,其作为云厂商应当承担相关义务,采取必要、合理、适当的措施积极配合权利人的维权行为,防止权利人的损失持续扩大。

阿里云公司认为,按照一审判决,云服务商在接到投诉后应当审查用户数据,将给数以百万级的用户的数据安全、商业秘密、用户隐私带来挑战。作为云服务器提供商,既没有任何权利去查看用户的信息内容,也没有任何理由去调用用户的数据。只有收到司法部门的正式裁决和通知,阿里云公司才会依照法律要求配合司法部门协助调查。

阿里云公司不服一审判决,向北京知识产权法院提起上诉。

北京知识产权法院审理后首先认为:"云服务器租赁服务与信息存储空间服务属于性质完全不同的服务,阿里云公司提供的云服务器租赁服务不同于《信息网络传播权保护条例》第 22 项规定的'信息存储空间服务',其次云服务器租赁服务也不同于《信息网络传播权保护条例》规定的自动接入、自动传输和自动缓存服务。进一步认为阿里云公司属于《侵权责任法》第三十六条规定的网络服务提供者。"

北京知识产权法院判决驳回乐动卓越公司诉讼请求的理由在于:"虽然可以认定《我叫 MT 畅爽版》经营者在其向阿里云公司租用的云服务器中存储了其从乐动卓越公司获取的服务器端程序及账号管理平台程序,但是,乐动卓越公司向阿里云公司发出的通知不符合法律规定,属于无效通知。因此,本院认为,阿里云公司就其出租的云服务器中存储侵权软件的行为,在本案中不应承担侵权责任。"

而且法院进一步认为:"若本案侵权投诉系合格通知,阿里云公司应否采取与'删除、屏蔽或者断开链接'等效的'关停'服务器措施必要措施的认定,应结合侵权场景和行业特点,秉持审慎、合理之原则,实现权利保护、行业发展与网络用户利益的平衡。根据阿里云公司提供的涉案云服务器租赁服务的性质,简单将'删除、屏蔽或者断开链接'作为阿里云公司应采取的必要措施和免责事由,与行业实际情况不符。

本院亦认为,即使接到有效通知,阿里云公司亦非必须采取'关停服务器'或'强行删除服务器内全部数据'的措施,而应当基于通知内容所能提供的信息及根据该信息所能作出的一般性合理判断,采取与其技术管理能力和职能相适应的措施。

本案侵权民事责任规则之设定,涉及当事人之间利益之平衡,亦会影响整个云计算行业的发展。从我国云计算行业的发展阶段来看,若对云计算服务提供者在侵权领域的必要措施和免责条件的要求过于苛刻,势必会激励其将大量资源投入法律风险的防范,增加运营成本,给行业发展带来巨大的负面影响。动辄要求云计算服务提供者删除用户数据或关闭服务器,也会严重影响用户对其正常经营和数据安全的信心,影响行业整体发展。故结合云计算行业的技术特征和行业监管及商业伦理的要求,本案中若乐动卓越公司的投诉通知属于合格通知的,要求阿里云公司履行转通知的义务,属于比较公允合理的必要措施。"

按照二审法院对阿里云公司的定性,网络服务提供者收到侵权通知后也应该"删除、屏蔽或者断开链接",但北京知识产权法院基于对新技术、新业态的考虑以及若判决阿里云败诉的可能后果,认为阿里云公司仅根据权利人通知即采取后果最严厉的"关停服务器"或"强行删除服务器内全部数据"措施有可能给云计算行业乃至整个互联网行业带来严重的影响,并不适当,不符合审慎、合理之原则。

从上述案件法院的态度可以看出,因法院的种种考虑,对云上知识产权给予了一定的宽容。

云上数据的知识产权问题就更为复杂,涉及数据的产生、数据的归属以及云服务商、云服务商的用户以及终端用户的利益平衡,但法律终究是为了解决现实问题而制定,目前实践上并没有产生解决上述问题的迫切需求,对于能产生极大经济利益的著作权客体,如游戏、软件或其他文字作品,法院可以参照上述判决进行认定,而对于与个人信息/数据相关的知识产权,囿于现行法律规范体系,对 APP 运营者而言,在云上信息知识产权的义务,主要体现为合同义务(包括与用户之间的合同以及与云服务供应商之间的合同)。

2.4 存储期限

《个人信息保护法(草案)》第 20 条规定,个人信息的保存期限应当为实现处理目的所必要的最短时间。法律、行政法规对个人信息的保存期限另有规定的,从其规定。

《个人信息安全规范》将存储期限的"必要原则"细化提出了"时间最小化"的要求,即个人信息存储期限应为实现个人信息主体授权使用目的所必需的最短时间,法律法规另有规定或者个人信息主体另行授权同意的除外,超出上述个人信息存储期限后,应对个人信息进行删除或匿名化处理。

这要求企业对数据资产进行定期排查,对过期数据进行删除或匿名化处理;同时如果数据存储期限超过业务需要,企业可能将承担额外的管理义务和法律风险。

此外,还有网络运营者运营过程中系统自己产生的数据,如网络日志。

根据《网络安全法》《互联网安全保护技术措施规定》《互联网信息服务管理办法》《互联网电子邮件服务管理办法》《网络出版服务管理规定》等规定,网络运营者应当保留网络日志至少6个月。

3. 数据传输(transfer)

数据传输需要与数据共享进行区分,数据传输一般指从一个数据储存地传输至另一储存地,一般涉及数据跨境流动,属于地域变化。而数据共享则主要是指不同机构、平台之间的数据交换,且一般不包括政府的数据公开行为,属于主体变化。数据共享包括数据在同一控制者控制的不同主体间流动,如阿里系企业的数据共享(蚂蚁科技IPO审核问询中还专门提到了阿里系数据共享与数据安全),还包括通过数据交易所进行交易。本节主要讨论数据跨境传输问题,而数据共享在数据使用中详细阐述。

国务院《关于印发促进大数据发展行动纲要的通知》中认为:"大数据已成为国家重要的基础性战略资源",在国务院和各部门的发文中,够得上"基础性战略资源"的只有数据(或大数据)和档案。

但凡资源,必然存在"占有"和"限制他人拥有"的内驱力。具体到数据行为上,就是"数据本地化存储"和"限制数据出境"。

但"本地化存储"和"限制数据出境"与互联网"互联互通"存在一定矛盾。如何在保证国家安全、公共安全及网络空间安全的前提下,进行数据流通,是数据传输最重要的一点。同时,也正因为数据的出境关乎国家安全、公共安全及网络空间安全,数据传输也属于监管重点环节。

世界上首次规定数据跨境流动的是《瑞典信息保护法》,1980年,经合组织发布《关于保护隐私与个人数据跨境流动准则》。此后欧盟、美国及其他各国也陆续公布适合自身国情的法令、条例或指南,GDPR也是对1995年《数据保护指令》的发展。

《网络安全法》施行前,人民银行《关于银行业金融机构做好个人金融信息保护的通知》(2011年)规定了个人金融信息的禁止跨境流动,《征信业管理条例》(2013年)规定了征信机构对于信息的整理、保存和加工应当在境内进行,《公共及商用服务信息系统个人信息保护指南》虽然规定了不得将个人信息跨境传输,但是却并非法律规范,缺乏强制力。《网络安全法》在法律层面上进行了规定,但却缺乏具体操作细则。

《个人信息保护法(草案)》第 38 条规定,个人信息处理者因业务等需要,确需向中华人民共和国境外提供个人信息的,应当至少具备下列一项条件:

(1)依照本法第 40 条的规定通过国家网信部门组织的安全评估;

(2)按照国家网信部门的规定经专业机构进行个人信息保护认证;

(3)与境外接收方订立合同,约定双方的权利和义务,并监督其个人信息处理活动达到本法规定的个人信息保护标准;

(4)法律、行政法规或者国家网信部门规定的其他条件。

3.1 中国数据跨境综述

洪延青博士认为数据保护一般存在三个层次,分别为数据安全、个人数据保护以及国家层面,[1]具体来讲,数据安全指保密性(confidentiality)、完整性(integrity)以及可用性(availability),个人数据保护可以认为是数据安全、个人信息收集和使用基本保护原则(合法、正当、必要、透明等)、个人删除或更正的权利等的集合,而国家层面主要指数据安全、重要数据的控制、数据出境安全评估。

《网络安全法》施行前,除金融信息以及信用信息外,限制出境的还有与遗传资源、[2]人口健康信息、[3]位置和地图数据[4]以及按照《保守国家秘密法》进行规范的信息,当然,按照《保守国家秘密法》规范的信息,并非对出境行为的规范,更主要的是对信息本身的保密性的要求。

但是,相关规范位阶较低,执法力度较弱,缺乏归口部门,导致数据管控要求并没有落实。

《网络安全法》第 37 条规定,关键信息基础设施的运营者在中华人民共和国境内运营中收集和产生的个人信息和重要数据应当在境内存储。因业务需要,确需向境外提供的,应当按照国家网信部门会同国务院有关部门制定的办法进行安全评估;法律、行政法规另有规定的,依照其规定。

国家互联网信息办公室 2019 年 6 月就《个人信息出境安全评估办法(征求意见稿)》向社会征求意见,将境内存储要求的对象扩大至网络运营者。《网络安全法》中的关键信息基础设施的运营者替换为了网络运营者。此前已讨论过 APP 运营者是否属于"网络运营者",虽然 APP 运营者在概念上似乎不能被网络运营者

---

〔1〕 参见洪延青:《评〈网络安全法〉对数据安全保护之得与失》,载《信息安全与通信保密》2017 年第 1 期。

〔2〕 参见《人类遗传资源管理条例》第 7 条。

〔3〕 参见《人口健康信息管理办法(试行)》第 10 条。

〔4〕 参见《地图管理条例》第 34 条。

所涵盖,但在实践监管中并未严格区分。

在《个人信息出境安全评估办法(征求意见稿)》之前,互联网信息办公室还就《个人数据和重要数据出境安全评估办法》征求过社会公众意见,信息安全标准化技术委员会也就《数据出境安全评估指南》征求过社会公众意见,但都未形成正式文本,而此后的《个人信息出境安全评估办法(征求意见稿)》(2019年6月)又对其中内容进行了较大修改,在该稿中,摒弃了原有的"自评估 + 监管机构评估"的双轨路线,改而采用监管部门的全面审批机制。尽管这有利于保障跨境传输中的数据安全、推动数据的有效治理,但一定程度上也加大了企业运营成本与市场监管成本。

我国目前是以"数据本地化存储"为原则,"境外流通"为例外,与 GDPR 中对于数据流通相对开放的态度不一致。APP 运营者如果没有出境要求,则只需要满足本地化存储要求,注重与云服务商之间的协议履行与合规,而有出境要求的运营者一方面需要关注 GDPR 与美国"云法案"的域外执法,另一方面又要注意不违反我国的数据规范。

《网络安全法》实施前,国家互联网信息办公室网络安全协调局负责人答记者问时强调,我国对于限制数据出境仅仅是针对关键信息基础设施运营者,而不是所有的网络运营者,并且不是所有的数据都被限制,只限于个人信息和针对国家而言的重要数据。

事实上,若将 APP 运营者视为一个整体,其掌握和控制的个人信息可能比国家公共机关掌握得更为全面,自然属于《网络安全法》涵摄范围中,而《个人信息保护法》若正式施行,APP 运营者掌握的个人信息则将面临更为全面的规范。

3.2 数据出境具体要求

《个人信息保护法(草案)》第 40 条规定,关键信息基础设施运营者和处理个人信息达到国家网信部门规定数量的个人信息处理者,应当将在中华人民共和国境内收集和产生的个人信息存储在境内。确需向境外提供的, 应当通过国家网信部门组织的安全评估;法律、行政法规和国家网信部门规定可以不进行安全评估的,从其规定。

对于安全评估,可以体现相关要求的文件主要如下:

(1)《网络安全法》,2016 年 11 月 7 日公布,2017 年 6 月 1 日起施行。

(2)《个人信息和重要数据出境安全评估办法(征求意见稿)》,国家互联网信息办公室 2017 年 4 月 11 日公布,以下简称《17 评估办法》。

(3)《数据出境安全评估指南(征求意见稿)》,信息安全标准化技术委员会

2017 年 8 月 30 日公布,以下简称《评估指南》。

(4)《数据安全管理办法(征求意见稿)》,国家互联网信息办公室 2019 年 5 月 28 日公布。

(5)《个人信息出境安全评估办法(征求意见稿)》,国家互联网信息办公室 2019 年 6 月 13 日公布,以下简称《19 评估办法》。

3.2.1 主体

《网络安全法》第 37 条将数据出境涉及主体限定于"关键信息基础设施的运营者"。但随后出台的《17 评估办法》《评估指南》《19 评估办法》均将数据出境涉及主体明确扩展为"网络运营者",要求全部网络运营者在进行个人信息出境活动之前必须承担安全评估义务。此次《个人信息保护法(草案)》重新明确为"关键信息基础设施运营者和处理个人信息达到国家网信部门规定数量的个人信息处理者"。

《19 评估办法》第 20 条规定,境外机构经营活动中,通过互联网等收集境内用户个人信息,应当在境内通过法定代表人或者机构履行本办法中网络运营者的责任和义务。《19 评估办法》将收集境内用户个人信息并出境的境外机构纳入规制范围,要求境外机构应在境内通过法定代表人或机构履行网络运营者的责任和义务。

3.2.2 客体

《17 评估办法》具体指出了出境数据的范围,这也可以认为是此后相关办法正式生效后认定《个人信息保护法(草案)》中的"处理个人信息达到国家网信部门规定数量的个人信息处理者"的标准:

(1)含有或累计含有 50 万人以上的个人信息;(2)数据量超过 1000GB;(3)包含核设施、化学生物、国防军工、人口健康等领域数据,大型工程活动、海洋环境以及敏感地理信息数据等;(4)包含关键信息基础设施的系统漏洞、安全防护等网络安全信息;(5)关键信息基础设施运营者向境外提供个人信息和重要数据;(6)其他可能影响国家安全和社会公共利益,行业主管或监管部门认为应该评估。行业主管或监管部门不明确的,由国家网信部门组织评估。

3.2.3 安全评估

《19 评估办法》第 3 条规定,个人信息出境前,网络运营者应当向所在地省级网信部门申报个人信息出境安全评估。

《评估指南》规定了两种数据出境安全评估方式:

(1)安全自评估

网络运营者依照相关国家法律法规和标准的规定,自行组织或委托网络安全服务机构对数据出境开展安全评估。

（2）主管部门评估

国家网信部门、行业主管部门依照相关国家法律法规和标准的规定组织对数据出境开展主管部门评估。

申请安全评估至少应当提供：（1）申报书；（2）网络运营者与接收者签订的合同；（3）个人信息出境安全风险及安全保障措施分析报告；（4）国家网信部门要求提供的其他材料。而且在数据出境后，网络运营者应当建立个人信息出境记录并且至少保存 5 年。

在提交的安全保障措施分析报告中至少应当：（1）网络运营者和接收者的背景、规模、业务、财务、信誉、网络安全能力等；（2）个人信息出境计划，包括持续时间、涉及的个人信息主体数量、向境外提供的个人信息规模、个人信息出境后是否会再向第三方传输等；（3）个人信息出境风险分析和保障个人信息安全和个人信息主体合法权益的措施。

第 20 条针对境外机构进行了单独规定，境外机构经营活动中，通过互联网等收集境内用户个人信息，应当在境内通过法定代表人或者机构履行本办法中网络运营者的责任和义务。

《19 评估办法》第 6 条也指出了个人信息出境安全评估的重点内容：

（1）是否符合国家有关法律法规和政策规定。

（2）合同条款是否能够充分保障个人信息主体合法权益。

（3）合同能否得到有效执行。

（4）网络运营者或接收者是否有损害个人信息主体合法权益的历史、是否发生过重大网络安全事件。

（5）网络运营者获得个人信息是否合法、正当。

（6）其他应当评估的内容。

上述内容也可以视为《个人信息保护法（草案）》第 38 条的进一步细化。

3.3　GDPR 数据出境规则

"欧洲是多极化世界的重要一极，也是中国最重要的合作伙伴之一。"[1]中欧经贸发展则必然涉及数据的交流。我国尚未与欧盟就数据流通达成相关协议。

欧盟在《欧洲数据战略》中认为通过其数据领域的立法及数据经济的投入等，使欧盟成为世界上最具有吸引力、最安全、最具有活力的数据经济体。

---

〔1〕　霍小虎、郝薇薇：《行久以致远——习近平主席 2019 年首访赴欧洲三国纪实》，载《人民日报》2019年 3 月 28 日。

GDPR 将欧盟境内合法的数据跨境传输方式分为以下三类:在充分性认定基础上的传输(Transfers on the basis of an adequacy decision)(第45条)、适当保障下的传输(第46条、第47条和第48条)及特殊情况的克减(Derogations for specific situations)(第49条)。

以上主要针对的是个人数据,对于非个人数据,欧盟通过《非个人数据自由流动条例》(Regulation on the free flow of non-personal data,FFD)尽可能地禁止本地化,促进自由流动。

对于"在充分性认定基础上的传输",我国目前未进入欧盟充分性认定国家白名单,GDPR第45条无法适用。若非根据第45条第3项而作出的决定,控制者或处理者只有提供适当的保障措施,以及为数据主体提供可执行的权利与有效的法律救济措施,才能将个人数据转移到第三国或其他国际组织,即"适当保障下的传输",而具体的保障措施包括以下措施:

(1)具有约束力的集团企业规则(Binding Corporate Rules,BCR);

(2)符合欧盟公布的标准合同条款(Standard Contractual Clauses,SCC);

(3)符合欧盟批准的行为准则(Codes of Conduct,CoC);

(4)经批准的认证机制、封印或者标识。

以及特殊情况的克减,包括:

(1)明确告知风险后的数据主体同意;

(2)履行数据主体与控制者契约之必要以及为数据主体之利益,数据控制者与另一主体契约履行之必要;

(3)公共利益;

(4)确立、行使或辩护法律性主张是必要的;

(5)登记册(Register Which According to Union or Member State law)的个案克减;

以及更特别的例外克减,即前述所有条件都不符合,但有以下情况:

(1)转移是非重复性的;

(2)关乎很小一部分数据主体的权利;

(3)对于实现控制者压倒性的正当利益是必要的,并且不会违反数据主体的有限性的利益或权利与自由;

(4)控制者已经对围绕数据传输的情形进行评估,而且基于这种评估对个人数据保护采取了合适的安全保障;

(5)控制者除了提供GDPR第13条、第14条所规定的信息之外,应当将转移和追求的压倒性正当利益告知数据主体。

就目前而言,提交 BCR 审核申请的内部合规成本相对较高,而且大部分数据控制者/处理者并无这方面的需求,尤其是对我国 APP 运营者而言,在国内立法和执法体系暂未完善前,BCR 也很难得到认可。

从这个角度讲,对于我国与欧盟之间的数据跨境流动,仍有待于国家顶层设计,在目前的法律体系下,短时间内,两者之间的数据交流相对于已经与欧盟达成协议的日本、韩国而言,中欧之间数据交流仍存在法律上的障碍。

3.4 GDPR 域外执法

对于我国 APP 运营者而言,与 GDPR 等域外立法关系不甚紧密,但 GDPR 施行后,尽管批评较多,但目前世界各国,包括我国,都在着手制定或者修订各自的"个人信息保护法"[当然各国称呼不完全一致,韩国(2011)/日本(2015)/加拿大(2003 年)在各自的法案中采用 personal information 的说法,澳大利亚(2013)/新西兰采用的是 privacy,新加坡采用 personal data 等],而无论立法还是修法,大多以GDPR 为蓝本。

同时,数据的价值一方面来自量,即所谓的大数据,另一方面来自流动,数据孤岛难以产生价值,这自然将引起法律域外适用的问题。不单 GDPR 有域外适用指南,巴西刚公布了该国,同时也是拉丁美洲的第一部《通用数据保护法》(LGPD),同样具有域外效力,一家公司无须设在巴西,也无须拥有其他实体即可适用法律。我国《个人信息保护法(草案)》第 3 条第 2 款也规定,在中华人民共和国境外处理中华人民共和国境内自然人个人信息的活动,有下列情形之一的,也适用本法:(1)以向境内自然人提供产品或者服务为目的;(2)为分析、评估境内自然人的行为;(3)法律、行政法规规定的其他情形。相当于也规定了域外适用效力。

虽然由于各自情况不同,全球各国家和地区对于域外执法会存在一定差异,但是基于数据价值来源于流动性的根本特质而言,各国家和地区的"个人信息保护法"的域外适用终将在某个合理的区间存在。

根据 EDPB 的年度报告以及 GDPR 执法跟踪统计[1]显示,GDPR 目前执法重心仍然是各成员方对 GDPR 的落实以及对于本国监管措施是否符合 GDPR 要求,其次是对于大型跨国企业的监察,而对于未建立条约关系的国家以及影响力不大的事件,由于管辖和执法资源的问题,暂时未给予关注。

对于意在为全世界提供服务或产品的现代数字服务企业而言,或许当下还无

---

〔1〕 参见 https://enforcementtracker.com/,最后访问日期:2020 年 5 月 26 日。

须过度关注法律域外适用的问题,但由于数据的特殊性,数据法律的域外效力必将形成国际惯例,关注数据法的域外适用应当成为网络运营者合规体系建设的重要一环。同时了解 GDPR 的域外效力,也可以作为我国个人信息保护法域外效力的解读参考。

就我国 APP 运营者所能提供的服务而言,无论是公司本身涉及跨境业务、跨境电子商务还是为因旅游或公务出境人员提供服务,本身就可能受 GDPR 约束,本节根据 GDPR 域外适用指南对其域外效力简述。

欧盟将个人信息视为对人权的一种保障。我国仍未明确个人信息的法律属性,但至少没有把与个人相关的信息都视为与人权相关的权利,行政法规、各部门规章中都存在对个人信息、数据的权利限制。从目前的法律环境来看,即便企业完全遵守了中国的法律规范,仍有可能被 GDPR 认定需要承担责任。虽然现在海外运营的 APP 都是海外主体独立运营的,如支付宝海外版、抖音国际版等,但由于互联网服务以及电子商务的国家化,也并不排除国内运营主体属于他国法律域外适用的范围。

GDPR 第 3 条规定了 GDPR 适用的地域范围,EDPB 又发布了《GDPR 适用地域指南》(2.1 版),对 GDPR 第 3 条进行了进一步明确。EDPB 还认为,若个人数据处理属于 GDPR 管辖范围,则应适用 GDPR 全部规定。

GDPR 第 3 条反映出立法者想要在欧盟境内确保对数据主体的全面保护,并尝试在全球数据流动的背景下,基于数据保护要求,为活跃在欧洲市场的公司营造公平竞争的环境。

GDPR 第 3 条基于两个主要标准确定了 GDPR 的地域适用范围:一是第 3 条第 1 款规定的"实体"(establishment)标准;二是第 3 条第 2 款规定的"针对性"(targeting criterion)标准。如果相关的数据控制者或者处理者满足其中一个条件,GDPR 的有关条款就适用于其对个人数据的相关处理。此外,第 3 条第 3 款规定,若根据国际公法,成员方法律适用于某一数据处理行为,则 GDPR 也同样适用。

3.4.1 第 3 条第 1 款规定的"实体"(establishment)标准

GDPR 采用"主体标准 + 行为属性"判断是否属于"实体"标准,即首先确认该"实体"是否落入 GDPR 所定义的欧盟"实体"范围内(主体标准),其次判断该实体是否"在其活动范围内对个人数据进行处理"(行为属性)。无论该处理行为是否在欧盟境内进行,一旦满足这两点,则确认 GDPR 适用。[1]

---

[1] See Guidelines 3/2018 on the territorial scope of the GDPR(Article 3), Version 2.1, 12 November 2019.

3.4.1.1   "在欧盟境内的实体"判断

在判断"在欧盟境内的实体"之前,首先必须确定谁是数据处理行为的控制者或处理者。根据 GDPR 第 4 条第 7 款的定义,控制者是指"单独或与他人共同决定处理个人数据目的和方式的自然人或法人、公共权力机构、代理人或其他机构"。根据 GDPR 第 4 条第 8 款的规定,处理者是指"代表控制者处理个人数据的自然人或法人,公共权力机构、代理人或其他机构"。根据欧洲法院(CJEU)判例和 WP29(29 条工作组)的观点,[1]确定实体是不是《欧盟数据保护法》规定的控制者或处理者,是评估该实体处理个人数据的行为能否适用 GDPR 的关键要素。

尽管 GDPR 第 4 条第 16 款中定义了"主要实体"(main establishment),但并未对第 3 条中的"实体"作出定义。但鉴于条款第 22 款阐明,"'实体'意味着通过稳定的安排(stable arrangements)实施真实有效的数据处理活动(the effectiveandreal exercise of activities)。无论是以分支机构还是具有法人资格的子公司的结构形式,都不是确定实体的决定性因素"。

形式主义分析方法认为只有在注册地成立的才能被称为"实体",欧盟法院判决认为,"实体"概念扩展到通过稳定形式进行的任何实际有效活动的组织,即使是规模最小(minimal)的活动,[2]为了确定欧盟境外的主体在成员方中是否设有实体,必须根据经济活动的特殊性和服务行为来考虑其经济活动安排的稳定性和在该成员方有效开展活动的程度。这种考量尤其适用于仅通过网络提供服务的企业。

负责数据处理的非欧盟实体在成员方中没有分支机构或子公司的事实并不排除其拥有 GDPR 所指的实体机构。但尽管实体的概念很广泛,并非没有限制。不能仅仅因为可在欧盟境内访问某经营主体的网站而得出该非欧盟主体在欧盟境内已设立实体的结论。

如何判断某一主体是否受 GDPR 管辖的"实体"? 如果其符合 GDPR 对于数据处理者或控制者的概念,则以其活动的稳定性和程度为标准,认定是否属于 GDPR意义上的实体,然后进入"行为判断"。

3.4.1.2   在实体"活动范围内"进行的个人数据处理行为

一旦确定控制者或处理者是在欧盟境内设立的(在欧盟境内有实体),就应具体分析数据处理行为是否发生在该实体的经营活动范围之内,以确定是否能适用

---

〔1〕   See WP169 - Opinion 1/2010 on the concepts of "controller" and "processor".

〔2〕   参见 http://curia. europa. eu/juris/documents. jsf? num = C - 230/14#,最后访问日期:2020 年 5 月 26 日。

GDPR 第 3 条第 1 款。[1] 在欧盟境外设立的控制者或处理者无论以何种法律形式（如子公司、分支机构、办公室等）通过"稳定安排"在欧盟境内进行"一项真实有效的活动，即使活动规模很小"，就可以被视为该控制者或处理者在该成员方中设有实体。因此，正如鉴于条款第 22 款强调要考虑个人数据处理行为是否发生在实体的"活动"范围内。

GDPR 第 3 条第 1 款规定，数据处理行为并不必然由欧盟境内实体本身进行；只要处理行为发生"在欧盟境内实体的活动范围内"，那么控制者或处理者就需要承担 GDPR 规定的义务。EDPB 建议，在基于第 3 条第 1 款确定数据处理行为是否发生在"在欧盟境内设立的控制者和处理者的实体活动范围内"时，应根据个案，具体情况具体分析。

EDPB 认为，应根据相关判例来理解"在控制者或处理者的实体活动范围内进行数据处理"的含义。一方面，为了实现有效和全面的保护，不能对"在控制者或处理者的实体活动范围内进行数据处理"进行限制性解释。另一方面，不应将 GDPR 规定的"实体"解释得过于宽泛，以致在欧盟境外主体的数据处理行为与欧盟境内实体存在任何联系，甚至是微弱关联时，都使此数据处理行为落入欧盟数据保护法的管辖范围。非欧盟主体在某个成员方中进行的某些商业活动可能实际上与该主体的个人数据处理行为并无联系，所以在欧盟境内存在商业活动这一事实并不足以让其数据处理行为也落入 GDPR 的适用范围。

考虑以下两个因素可能有助于确定数据处理行为是否发生在控制者或处理者的欧盟境内实体的活动范围之内：

（1）欧盟境外数据控制者或处理者与其欧盟境内实体的关系

在欧盟境外设立的数据控制者或处理者的数据处理行为可能与成员方境内的一个本地实体的活动密不可分。在这种情况下，即使该本地实体实际上并没有在数据处理活动中扮演任何角色，该处理行为也可能触发 GDPR 的适用。

如果基于事实进行个案分析后发现，非欧盟控制者或处理者对个人数据的处理行为与欧盟境内实体的活动之间有密不可分的联系，那么无论该欧盟境内实体是否在数据处理过程中发挥作用，该数据处理行为都将适用欧盟法律。

（2）欧盟境内收入增加

当欧盟境外的控制者或处理者在欧盟境外的个人数据处理行为，与欧盟境内实体的活动存在"不可分割的联系"，且该实体在欧盟内的收入由于该活动增加，则

---

〔1〕 该款内容为：本法适用于设立在欧盟内的控制者或处理者对个人数据的处理，无论其处理行为是否发生在欧盟内。

境外控制者或处理者在欧盟境外的个人数据处理行为可能会被认定为在"欧盟境内实体的活动范围内",从而落入欧盟法律的管辖。

EDPB建议非欧盟境内组织对其数据处理行为进行评估,首先是确定处理的是不是个人数据,其次是确定数据处理行为与任何欧盟实体之间的潜在关联。如果存在类似关联,则该关联的性质将是确定GDPR是否适用于该数据处理行为的关键。

如前文所述,目前大多数APP是线下服务的升级,改变了服务形式,但并未改变服务的本质,如航空业、国际物流运输、旅游服务等APP,其运营者一方面是对APP进行运营,另一方面是对其主营业务进行运营,当涉及欧盟时,不可避免可能会有处理欧盟个人数据的行为,在不涉及跨境传输数据的情况下,位于中国的运营实体仍有可能被GDPR的规定涵盖。

《域外适用指南》对该情况进行了举例说明:

"一家运营电子商务网站的中国公司。该公司的个人数据处理行为仅在中国进行。这家中国公司已在柏林设立了欧洲办事处,以领导并实施针对欧盟市场的商业开发和营销活动。在这种情况下,只要该驻柏林欧洲办事处针对欧盟市场的商业开发和市场营销活动促进了该电子商务网站服务的收入增加,就可以认为该办事处的活动与中国公司进行的、有关欧盟销售的个人数据处理行为有不可分割的联系。因此,可以认为中国公司进行的、与欧盟境内的商业开发和市场营销活动有关的个人数据是在欧洲办事处(欧盟境内实体)的活动范围内进行的。中国公司因此需在GDPR第3条第1款的规定下处理个人数据。"

3.4.1.3　GDPR适用于在欧盟境内建立的控制者或处理者,而无论该个人数据处理行为是否在欧盟境内进行

本条主要适用于在欧盟建立有公司法或类似于公司法意义上实体的,如建立有子公司、分公司等,并参与了数据收集或处理的任何一个阶段,而此前两条适用于未建立实体,但是有可能被认定为"实体"的雇员或办事处等。若APP运营者本身注册于中国,且未在欧盟境内设立分公司、子公司等实体,仍需关注是否在欧盟境内进行数据收集或处理等与个人数据相关的行为。

根据GDPR第3条第1款的规定,若控制者或处理者在欧盟建立了实体,则该实体在活动范围内进行的个人数据处理行为,会落入GDPR的管辖并需遵守有关数据控制者或处理者的相关义务。

《域外适用指南》认为,GDPR适用于欧盟实体活动范围内的个人数据处理行为,而"无论该个人数据处理行为是否在欧盟进行"。数据控制者或处理者在欧盟境内建立实体,同时该实体在活动范围内进行了个人数据处理行为,使该个人数据

处理行为落入 GDPR 管辖。因此,该数据处理行为发生的地理位置与该行为是否落入 GDPR 管辖范围无关。

根据 GDPR 第 3 条第 1 款的规定,如下与实体有关的地理位置在确定 GDPR 效力范围时至关重要:

(1)控制者或处理者本身(是在欧盟境内还是境外建立的);

(2)与欧盟境外控制者或处理者的业务实体(在欧盟境内是否存在实体)。

但是,GDPR 第 3 条第 1 款并不关注数据处理行为或数据主体的地理位置。其并未将 GDPR 适用范围限定在对欧盟境内数据主体的个人数据处理行为。因此,EDPB 认为,在控制者或处理者的欧盟境内实体活动范围内进行的任何个人数据处理行为都将落入 GDPR 的管辖,而不论数据主体的国籍或地理位置。

GDPR 鉴于条款第 14 款指出:"本指南保护与个人数据处理行为有关的自然人,无论该自然人的国籍或居住地为何地。"

3.4.1.4 实体标准对控制者和处理者的应用

对于落入 GDPR 第 3 条第 1 款范围内的数据处理行为,EDPB 认为该规定适用于在欧盟各自实体的活动范围内进行个人数据处理活动的控制者和处理者。在确认控制者与处理者之间的关系与控制者或处理者所建立的实体地理位置无关的同时,EDPB 认为,必须对每个实体的数据处理行为进行单独判断,从而确定是否应当适用 GDPR 规定的义务。

GDPR 对数据控制者和处理者有不同规定。因此,落入 GDPR 第 3 条第 1 款管辖的数据控制者或处理者,应当承担不同义务。

EDPB 特别指出,在这种情况下欧盟境内处理者不应仅因其代表控制者,就被认定为第 3 条第 1 款意义下的数据控制者的实体。如果控制者或处理者两者之一未在欧盟境内建立实体,则控制者和处理者之间存在关系并不一定会使两者均落入 GDPR 管辖。

代表并根据另一组织(客户公司)的指令处理个人数据的组织,将作为该客户公司(控制者)的处理者。若该处理者在欧盟境内设立,它需遵守 GDPR 处理者义务。如果指示处理者的控制者也位于欧盟境内,则该控制者必须遵守 GDPR 控制者义务。控制者进行的个人数据处理行为,若根据 GDPR 第 3 条第 1 款落入 GDPR 管辖,则不会因为该控制者指示欧洲境外处理者代表它进行数据处理行为,而免受 GDPR 管辖。

(1)欧盟境内控制者指示欧盟境外处理者进行个人数据处理行为

如果受 GDPR 管辖的控制者选择指示欧盟境外处理者进行个人数据处理,则控制者仍然有必要通过合同或其他法律行为确保处理者根据 GDPR 来处理数据。GDPR 第 28 条第 3 款规定,处理者的个人数据处理行为应受合同或其他法律行为的约束。因此,控制者需与处理者签订满足第 28 条第 3 款中所有规定的合同。

此外,为了确保控制者遵守第 28 条第 1 款的义务,即以控制者名义进行数据处理的,控制者只使用处理者实施适当的技术和组织措施提供充分保证,使处理满足 GDPR 要求,并确保对数据主体权利的保护。

控制者需要考虑通过合同将 GDPR 所承担的义务加于受其约束的处理者。也就是说,控制者必须确保不受 GDPR 约束的处理者,遵守由欧盟或成员方法律规定的合同或其他法律行为所约束的义务。

因此,根据第 28 条规定的合同安排,欧盟境外处理者将间接受到由 GDPR 约束的控制者所施加的某些义务约束。此外,GDPR 第五章的规定可能同样适用。

就此种情形而言,涉及欧盟个人数据向欧盟外转移,则如前文"GDPR 的数据出境规则简述"中所述,我国目前并不在欧盟认可的"充分保护"白名单之中,而其他的跨境方式存在诸多障碍。受 GDPR 约束的控制者几乎不太可能委托我国 APP 运营者进行个人数据的处理。

(2)处理者在其欧盟境内实体的活动范围内进行的数据处理行为

尽管判例法清晰表明了控制者在其欧盟境内实体的活动范围内处理数据的效果,但处理者在其欧盟境内实体的活动范围内处理数据的效果并不明朗。

EDPB 强调,在确定控制者与处理者是否各自在欧盟境内设立时,必须将控制者与处理者的实体分开考虑。

首要问题是控制者本身在欧盟境内是否有一个实体,并且是否在这个实体活动范围内进行数据处理。假设控制者不被认定为在其自身实体的活动范围内进行数据处理,那么这个控制者就不受 GDPR 规定的控制者义务约束,但仍有可能适用第 3 条第 2 款。[1] 除非有其他因素影响,欧盟境内处理者的实体将不会被认定为是控制者的实体。

另一个由此产生的问题是处理者是否在其欧盟境内实体的活动范围内进行数据处理。如果是,处理者将适用 GDPR 第 3 条第 1 款的规定。但是,这并不意味着非欧盟控制者将受 GDPR 规定的控制者义务的约束。换言之,一个非欧盟控制者不会仅仅因为利用了欧盟境内的一个处理者而需要适用 GDPR。

---

〔1〕 该款内容为:本法适用于对欧盟内的数据主体的个人数据处理,即使控制者和处理者没有设立在欧盟内,其处理行为:(a) 发生在向欧盟内的数据主体提供商品或服务的过程中,无论此项商品或服务是否需要数据主体支付对价;或 (b) 是对数据主体发生在欧盟内的行为进行监控的。

　　控制者自身通过指示欧盟境内的处理者处理数据而不受 GDPR 约束。在这种
情形下,控制者并不是在"欧盟境内处理者的活动范围内"进行数据处理。该处理
是在控制者自己的活动范围内进行的,处理者仅是为控制者提供了一项处理服务,
且该服务并不必然与控制者的活动范围相联系。

　　当欧盟境内设立的数据处理者代表欧盟境外设立的控制者处理数据且不受
GDPR 第 3 条第 2 款的约束时,EDPB 并不会仅凭控制者与处理者之间的代理关系
就认为该控制者的数据处理行为落入 GDPR 的地域适用范围之内。但是,即使控
制者没有在欧盟境内设立,并且也不适用 GDPR 第 3 条第 2 款,欧盟境内设立的数
据处理者将受 GDPR 第 3 条第 1 款约束。

　　当在欧盟境内设立的数据处理者代表在欧盟境内没有实体的数据控制者进行
数据处理,且这种情形不适用 GDPR 第 3 条第 2 款时,处理者将直接适用以下 GD-
PR 的相关规定:

　　①根据第 28 条第 2 款至第 6 款的规定,除了协助数据控制人遵守 GDPR 规定
的控制人义务的情形,处理者被要求订立数据处理协议。

　　②根据第 29 条和第 32 条第 4 款的规定,处理者和在控制者或处理者授权下
采取行动的有权访问个人数据的任何人,除非欧盟法或成员方法律另有要求,否则
不得在没有控制者指示的情况下处理这些个人数据。

　　③根据第 30 条第 2 款的规定,在适用的情形下,处理者应当保留代表控制者
进行的所有数据处理类别的记录。

　　④根据第 31 条的规定,在适用的情形下,应监管当局要求,处理者应与其合作
执行任务。

　　⑤根据第 32 条的规定,处理者应采取技术和管理措施以确保适当的安全性。

　　⑥根据第 33 条的规定,处理者应在得知个人数据泄露后立即通知控制者,不
得过分延迟。

　　⑦根据第 37 条、第 38 条的规定,在适用的情形下,处理者应指派数据保护人
员。

　　⑧第五章有关向第三方国家或国际组织转移个人数据的规定。

　　此外,由于此类数据处理将发生在欧盟境内设立的处理者的活动范围内,ED-
PB 再次强调,处理者必须确保其处理行为仍然符合其他欧盟或成员方的法律规
定。GDPR 第 28 条第 3 款也规定,"如果处理者认为控制者的指令违反了本条例
或其他欧盟或成员方的数据保护规定,则处理者应立即通知控制者"。

　　根据 WP29 先前的立场,EDPB 认为,不能将地域适用范围用作"安全港"。例

如,当数据处理行为涉及严重的道德问题,并且涉及的法律责任远比欧盟数据保护法的适用更重要时,尤其涉及欧盟及各成员方关于公共秩序的法规时,无论数据控制者在何处设立,数据处理者都必须尊重并遵守欧盟和各成员方的这些规定。这个结论还考虑到了这样一个事实,即通过执行欧盟法律,GDPR 和成员方相关法律所产生的规定就会遵守《欧盟基本权利宪章》。但这并不会对不属于 GDPR 地域适用范围内的控制者施加额外的义务。

3.4.2　第 3 条第 2 款规定的"针对性标准"(targeting criterion)

在欧盟境内没有实体并不意味着在第三方国家设立的控制者或者处理者进行的数据处理将被排除适用 GDPR 的规定,因为第 3 条第 2 款依据数据处理行为规定了欧盟境外设立的控制者或处理者适用 GDPR 的情形。

在这类情形中,EDPB 认为若在欧盟境内没有实体,控制者或处理者将无法从 GDPR 第 56 条规定的一站式服务机制中受益。GDPR 的合作机制仅适用于在欧盟境内拥有一个或多个实体的控制者和处理者。

根据 GDPR 第 3 条第 2 款的规定,未在欧盟境内设立实体的控制者或处理者在处理欧盟境内数据主体的个人数据时,只要该数据处理行为与该条规定的任一活动类型有关,就需要适用这条"针对性标准"。除此之外,适用这条"针对性标准"很大程度上还需要在个案中具体判定处理行为与这些活动类型的"关联性"。

EDPB 强调,控制者或处理者可能只就其部分处理行为适用 GDPR。适用 GDPR 第 3 条第 2 款的决定性因素在于对数据处理行为的考量。

因此,在评估适用"针对性标准"的条件时,EDPB 建议采取两步法,首先需要评估该数据处理行为是否与欧盟境内数据主体的个人数据有关,其次评估该处理行为是否与提供商品、服务,或监视欧盟境内数据主体的行为有关。

3.4.2.1　欧盟境内的数据主体

GDPR 第 3 条第 2 款的措辞是"欧盟境内数据主体的个人数据"。因此,"针对性标准"的适用并不局限于拥有国籍、合法居留或拥有合法身份的个人。GDPR 鉴于条款第 14 款规定:"本条例所提供的保护应适用于涉及处理自然人个人数据的情形,无论其国籍或居住地在何处。"

GDPR 的这一规定体现了欧盟的基本立法《欧盟基本权利宪章》的精神,该法律也为个人数据保护提供了不局限于欧盟公民广泛的适用范围。该立法第 8 条规定,"个人信息的保护针对'每个人'"。

尽管"数据主体位于欧盟境内"是适用 GDPR 第 3 条第 2 款的决定因素,但

EDPB 认为,欧盟境内数据主体的国籍或法律地位不能限制 GDPR 地域适用范围。

当数据主体位于欧盟境内时,无论提供商品或服务的行为以及监控行为持续多久,有关机构必须在这些行为发生时进行评估。但就与提供服务相关的处理活动而言,第 3 条第 2 款旨在针对那些有意将欧盟境内的个人作为目标的数据处理行为。因此,如果某项与数据处理有关的服务仅针对欧盟境外的个人,当此类个人进入欧盟却未撤销该服务时,则相关数据处理行为将不受 GDPR 的约束。在这种情况中,数据处理行为并不是有意针对欧盟境内的个人,而是针对欧盟以外的个人,因为无论他们是在欧盟外还是进入欧盟内,这种处理行为都会持续进行。

举例而言,我国 APP 运营商向我国用户提供服务并要求用户提供其在我国手机号码,而这些用户在欧盟区域内旅游期间,虽然针对该用户手机号码的收集和处理发生在欧盟地区,且用户将在欧盟境内使用该服务,但该服务并非"针对"欧盟境内的个人,而是针对位于中国的个人。因此,我国 APP 运营者处理个人数据的行为不适用 GDPR。甚至可以将信息范围从手机号码扩展到类似于个人健康信息等,但不涉及"监控"(monitoring)。

但若 APP 运营者是在我国成立的一家企业,在欧盟没有任何业务或实体,主要为游客提供城市地图应用程序。一旦游客在访问的城市中使用该程序,该程序就会开始处理与客户(数据主体)位置有关的个人数据,以便为他们提供与景点、餐厅、酒吧和酒店有关的针对性广告。该应用程序可供游客在中国境内和欧盟境内使用。

在此时,APP 运营者通过其城市地图应用程序有针对性地为欧盟境内(巴黎和罗马)的个人提供服务。根据 GDPR 第 3 条第 2 款第 a 项规定,在提供服务的前提下,与这类服务相关的处理欧盟境内个人数据的行为应当适用 GDPR。此外,通过处理数据主体的位置信息以便根据其位置提供有针对性的广告,也涉嫌监控欧盟境内个人的行为。因此,根据该款第 b 项的规定,该 APP 运营者的数据处理行为也属于 GDPR 的适用范围之内。

更形象地讲,如果 APP 收集的信息涉及与欧盟人、物、地址等的交互,那么就有可能被 GDPR 所涵摄。

EDPB 还强调,有针对性地处理欧盟境内个人的数据并不足以让在欧盟境外设立实体的控制者或处理者适用 GDPR 的规定。这个针对行为的要素必须同时包含了提供商品、服务或监控行为。

例如,一位美国公民在假期期间要穿越欧洲。在欧洲期间,他下载并使用了一家美国公司提供的新闻应用程序。从该应用程序的使用条款和以美元作为唯一可付款货币可知,该应用程序只针对美国市场。因此,该美国公司通过应用程序收集美国游客个人数据的行为不受 GDPR 约束。

也可以理解为,若 APP 不针对欧盟市场,与欧盟无涉,即便数据的收集发生在欧盟境内(非针对具有欧盟成员方国籍的人),也不受 GDPR 约束。

此外,当在第三方国家处理欧盟公民或居民的个人数据时,只要该数据处理行为与针对欧盟境内个人提供的具体服务没有联系,也不涉及监控欧盟境内个人的行为,就不会受 GDPR 的约束。

也可以理解为,APP 运营商针对我国境内的具有欧盟成员方国籍的外国人提供服务,只要该服务不涉及欧盟市场,也不受 GDPR 约束。

3.4.2.2　向欧盟境内的数据主体提供商品或服务,无论是否需要该数据主体支付对价

适用 GDPR 第 3 条第 2 款第 1 项活动是"提供商品或服务"。这一概念已在欧盟法律和判例法中得到进一步强调,并应在适用"针对性"(targeting)标准时予以考虑。服务提供还包括提供信息社会服务,在欧盟 2015/1535 指令中定义服务指"任何信息社会服务,即通常通过电子方式在一定距离之外并应服务接收方的个人请求而提供的任何服务"。

GDPR 第 3 条第 2 款第 a 项规定,无论数据主体是否支付对价,与提供商品或服务有关的数据处理行为均适用针对性标准。因此,是否将未在欧盟境内设立实体的控制者或处理者的活动视为提供商品或服务,并不取决于是否通过付款来交换该商品或服务。

在确定是否可以满足该款第 a 项"针对性标准"时,评估的另一个关键要素是商品或服务的提供是否针对欧盟中的某个人。换句话说,决定了数据处理方式和目的的控制者的部分行为,是否表明了其向欧盟境内数据主体提供商品或服务的意图。GDPR 鉴于条款第 23 款确实阐明了"为了确定这样的控制者或处理者是否正在向欧盟境内数据主体提供商品或服务,应确定控制者或处理者是否显然打算向位于一个或多个欧盟成员方的数据主体提供服务"。

鉴于条款进一步规定:"可在欧盟境内访问控制者、处理者或中介的网站、电子邮件地址或其他联系方式,或使用控制者所在的第三国通常使用的语言,都不足以确定这种意图。但其他因素,例如使用一个或多个成员方通常使用的一种语言或货币,并有可能以该种语言订购商品和服务,或者提及欧盟境内的客户或用户,可能会明显表明控制者有意图向欧盟中的数据主体提供商品或服务。"

该鉴于条款所称之标准与以欧盟理事会第 44/2001 号条例《关于民商事案件

的管辖权和判决的承认及执行的理事会规例》,尤其是其第 15 条第 1 款第 c 项[1]为基础的欧洲法院判例法相呼应,并与之相符。

欧盟法院认为,为了确定交易者是否可以视为将其活动"引导"到消费者居住的成员方,交易者必须已经表明了与此类消费者建立商业关系的意图。在这种情况下,欧盟法院认为有证据表明该交易者正在设想与一个成员方内的消费者开展业务。

同时,《域外适用指南》指出,在考虑到案件的具体事实时,除其他外,可以考虑以下因素(可能相互结合):

(1)提供的商品或服务中至少提及欧盟或至少一个成员方;

(2)数据控制者或处理者向搜索引擎运营商支付互联网检索服务的费用,以便欧盟境内的消费者访问其网站,控制者或处理者针对欧盟国家的受众发起了营销和广告活动;

(3)有关活动具有国际性质,如某些旅游活动;

(4)提到可联系的欧盟国家或地区的专用地址或电话号码;

(5)使用除控制者或处理者所在的第三国家或地区以外的顶级域名,如".de",或使用中立的顶级域名,如".eu";

(6)从一个或多个欧盟成员方到服务提供所在地的旅行说明的介绍;

(7)提及由多个欧盟成员方的客户组成的国际客户,特别是通过展示此类客户撰写的理由;

(8)使用交易者所在国家或地区以外的其他语言或货币,特别是一个或多个欧盟成员方的语言或货币;

(9)数据控制者可在欧盟成员方内交付货物。

如果单独考虑上述所列因素可能不足以明确表明数据控制者向欧盟境内数据主体提供商品或服务的意图,但是,在具体分析与数据控制者商业活动有关的多个因素的组合是否可以共同去证明向欧盟境内数据主体提供商品或服务的意图时,每个因素都应被纳入考虑。

但重要的是,GDPR 鉴于条款第 23 款确认了仅可以访问欧盟境内控制者、处理者或中介的网站,在网站上提及其电子邮件或地理位置,或其没有国际代码的电话号码,本身并未提供足够的证据来证明控制者或处理者打算向位于欧盟境内的

---

[1]　该项规定内容为:在所有其他情况下,合同与在消费者住所成员方内从事商业或专业活动的人订立,或以任何方式与该成员方或包括该成员方在内的若干国家中管理此类活动的人订立,该合同均属于此类合同的范围。

数据主体提供商品或服务的意图。在这种情况下,EDPB 认为如果无意或偶然地向欧盟境内的个人提供了商品或服务,则有关个人数据的处理行为不属于 GDPR 的范围。

3.4.2.3　监控数据主体的行为

触发适用 GDPR 第 3 条第 2 款第 2 项活动是监视数据主体在欧盟境内的行为。鉴于条款第 24 款认为:"由在欧盟中设立实体的控制者或处理者处理欧盟境内数据主体的个人数据,在与监控此类数据主体行为有关时,只要该行为发生在欧盟境内,也应受本法规的约束。"

为适用 GDPR 第 3 条第 2 款规定,所监视的行为必须首先与欧盟境内数据主体相关,同时,所监视的行为必须在欧盟境内发生。鉴于条款第 24 款进一步规定了可以被视为行为监控的处理活动的性质,其中指出:"为了确定是否可以将处理活动视为监控数据主体的行为,应确定自然人是否在互联网上被跟踪,包括后续可能使用的个人数据处理技术,其中包括对自然人进行用户画像,特别是为了做出有关她或他的决定,或分析或预测她或他的个人喜好、行为和态度。"尽管鉴于条款第24 款完全与通过在互联网追踪一个人的监视行为有关,认为在确定处理活动是否等同于行为监控时,也应考虑通过其他类型网络或技术进行的涉及个人数据处理的跟踪监视行为,如通过可穿戴设备和其他智能设备。

与第 3 条第 2 款第 a 项相反,该条第 b 项和鉴于条款第 24 款都没有明确规定数据控制者或处理者必须有一定的"针对意图",以确定监视活动是否将触发适用 GDPR。但是,"监视"一词的使用意味着控制者有一个特定的目的,即收集和随后复用有关个人在欧盟境内行为的相关数据。EDPB 认为,在欧盟对个人数据的任何在线收集或分析都不会自动被认为是"监视"。必须考虑控制者处理数据的目的,尤其是涉及该数据的任何后续行为分析或性能分析技术。EDPB 考虑了鉴于条款第 24 款的措辞,该措辞表明互联网上对自然人的追踪(包括随后可能使用的分析技术)是确定数据处理行为是否涉及监视数据主体的一个关键考虑因素。

因此,GDPR 第 3 条第 2 款第 b 项对数据控制者或处理者监视欧盟境内数据主体的行为的适用可能包括广泛的监视活动,特别是:

(1)行为广告;

(2)地理定位活动,尤其是用于营销目的;

(3)通过使用 Cookie 或其他跟踪技术(如指纹识别)进行在线跟踪;

(4)在线个性化饮食和健康分析服务;

(5)闭路电视监控(CCTV);

（6）根据用户画像进行市场调查和其他行为研究；

（7）监视或定期报告个人的健康状况。

3.4.2.4　未在欧盟境内设立实体的处理者

若处理行为与 GDPR 第 3 条第 2 款规定的针对性活动"有关"，则其受 GDPR 约束。EDPB 认为处理行为与提供商品和服务之间应当存在联系，但是控制者和处理者的处理行为均是有关的并均应纳入考虑。

当判断在欧盟境外设立的数据处理者的处理行为是否应根据第 3 条第 2 款适用 GDPR 时，有必要查看该处理者的处理行为是否与控制者的针对性活动相联系。

EDPB 认为，在控制者的处理行为与提供商品和服务存在联系，或者与监控欧盟境内个人行为（"针对性"）相关联的情形中，任何受到指示以控制者名义实施处理行为的处理者，都应基于其处理行为，依据第 3 条第 2 款适用 GDPR。

处理行为的"针对性"特征与行为目的和方式有关。只有作为控制者的主体才能作出将欧盟境内个人作为目标的决定。但这并不排除处理者可能会积极参加并实施与针对性标准有关的处理行为（处理者提供商品或服务，或者以控制者的名义或按控制者指示实施监控行为）。

因此，EDPB 认为应当重点关注处理者实施的处理行为与数据控制者实施的针对性活动的关联性。

GDPR 第 3 条第 3 款规定，如根据国际公法的规定须适用欧盟成员方法律，则应当适用 GDPR。

第 3 条第 3 款规定："本条例适用于虽在欧盟境外设立，但基于国际公法仍适用成员方法律的控制者的个人数据处理行为。"这一规定在鉴于条款第 25 款得到进一步解释："本条例适用于在欧盟外设立的，但基于国际法仍适用成员方法律的地域，例如成员方大使馆或领事馆。"

还存在一种特殊情况，即基于国际公法，依照 1961 年《维也纳外交关系公约》[1]、1963 年《维也纳领事关系公约》或者包括国际组织之间、国际组织位于欧盟内的所在国之间签订的总部协定，设立在欧盟境内的特定主体、机构和组织享有特权和豁免权。就此种情况，EDPB 重申 GDPR 的适用不妨碍国际公法的条款效力，如规定非欧盟大使馆、领事馆和国际组织的特权和豁免权的条款效力。同时，有必要重申任何受 GDPR 约束的控制者或处理者的处理行为，在上述主体、机构和组织交换个人数据时也须遵守 GDPR，包括适用有关向第三国或国际组织传输个

---

〔1〕　参见 http://legal.un.org/ilc/texts/instruments/english/conventions/9_1_1961.pdf。

人数据的规定。

就本条而言,与我国 APP 运营者之间的关系就更为遥远了。

3.4.3　结语

欧盟 GDPR 的域外适用相较于我国《个人信息保护法(草案)》第 3 条的规定更为详细且复杂,但本质上仍有脉络可循,与我国公民与我国地域有关的行为都可纳入域外执法范围。此前,《网络安全法》等法律法规主要将适用范围限定在境内网络运营者。但实践中,许多境外运营者未在境内设立运营主体,但通过跨境服务直接收集中国境内自然人的个人信息,在此情况下是否仍需遵守中国个人信息保护相关法律法规常存在争议。

《个人信息保护法(草案)》第 3 条则弥补了上述缺陷,第 3 条第 2 款规定,以向境内自然人提供产品或者服务为目的,或者为分析、评估境内自然人的行为等发生在我国境外的处理我国境内自然人个人信息的活动,也适用本法。该条的规定与 GDPR 第 3 条第 2 款所规定的域外适用所确立的"针对性"(targeting)与"监控"(monitoring)标准颇为类似。参考 GDPR 相关的解释及我国发布的《信息安全技术数据出境安全评估指南(征求意见稿)》,境外运营者如使用中文、以人民币作为结算货币、向中国境内配送物流、向中国境内用户开展定向营销或推广,或对中国境内自然人进行画像分析均可能落入《个人信息保护法(草案)》第 3 条第 2 款规定的适用范围。

《个人信息保护法(草案)》第 52 条进一步规定了境外个人信息处理者应在境内设立专门机构或者指定代表,专门负责个人信息保护相关事务,并将有关机构的名称或者代表的姓名、联系方式等报送履行个人信息保护职责的部门。

3.5　美国云法案简介

当地时间 2018 年 3 月 23 日,美国总统特朗普签署《澄清境外数据合法使用法案》(the Clarifying Lawful Overseas Use of Data Act,CLOUD Act,以下简称《云法案》),美国 1986 年生效的《存储通信法案》(Stored Communication Act,SCA)中限制向包括美国政府在内的第三方披露存储的电子数据,而《云法案》在第一部分规定,在某些情况下,美国执法机构可以合法地要求美国管辖范围内的实体提供存储在外国的数据。

该法案并没有赋予 FBI 对个人数据的不受限制的执法,执法部门只有在主体同意或获得美国法院根据《云法案》(CLOUD Act)发出的授权令,或在符合双方商定的执行协议的情况下,才可以要求服务提供商提供内容。而且根据《联合国宪章》的规定,国际法原则禁止主权国家干涉其他国家的主权。虽然《云法案》对美国执法部门存在一些限制,但首先也是最重要的,向其发出云法案请求的实体必须是受美国管辖的适用服务提供商;其次,该实体必须对数据具有"占有、保管或控制"(possession、custody or control);再次,该要求必须符合 SCA 法定约束,并在适用情况下符合《美国宪法》第四修正案;最后,任何逮捕令或传票都应受《云法案》的法定礼让框架以及美国最高法院在其"法国兴业航空航天法院裁决"中阐明的国际礼让普通法原则的管辖。而且《云法案》明确保留了提供商根据"普通法……礼让分析"(common law...comity analysis)向 SCA 授权发起挑战的权利。但无论如何,《云法案》提供了这样的一种可能性,即存储于本法域的个人数据由位于美国的实体向美国执法部门提供。

欧盟与美国 2000 年签订的《安全港协议》(Safe - Harbour Agreement)允许网络运营商忽略欧盟各国法规差异,在美国与欧盟国家间合法传输网络数据。

一直以来,Google、Facebook 等 4000 多家美国科技公司的欧洲运营模式受到该协议的保护,将欧洲用户数据输往美国存储及分析。但以斯诺登事件为导火索,该协议最终被认定无效,虽然此后欧美之间又签订了更为严格的《欧美数据隐私护盾》(EU - U. S. Privacy Shield),根据欧盟《关于欧盟和美国隐私盾执行的年度报告》,欧盟委员会认为效果并不理想,FTC 对于实质性违反欧盟美国隐私盾的行为执法措施处于明显缺乏的状态,该协议也于 2020 年 7 月 16 日被欧洲联盟法院(CJEU)宣布无效。

我国 APP 运营商并非受美国管辖的服务提供商,我国 APP 运营商在没有海外运营实体或海外实体单独运营的情况下,《云法案》并不构成实质性合规障碍。

4. 数据使用

毫无疑问的是,数据最大的价值来源于使用,而数据最常用于"用户画像""程序化广告"以及"数据共享",其中用于程序化广告将在本书"广告法律实务"一章详细讨论,本节主要讨论"用户画像"与"数据共享"。

4.1　用户画像

用户画像被广泛运用于娱乐、商品销售、医药、教育、医疗保健等领域,使企业细分市场,节约推广成本且取得更好的效果。部分用户可能因企业调整服务和产品以符合其个人需求而受益,但可能更多的用户会对此表示拒绝,用户画像不仅仅推送了用户可能感兴趣的话题和商品,更可能使隐藏在用户内心的欲望与想法在自身都没有意识的情况下被发掘。

用户画像是一种可能会涉及一系列数据演绎推导的程序。它常被用于对人们进行预测,即基于多种来源的数据,根据其他人在统计上表现相近的性质,推导出某个人的一些方面。GDPR 指出用户画像是为了评估(自然人的)私人方面而针对个人数据进行的自动化处理,尤其指对个人的分析或预测。

从广义上说,用户画像是指对一个自然人(或自然人群体)信息的整合,并分析他们的特征或行为模式以将其纳入特定的类别或群组中,并/或对他们的信息(如完成一项任务的能力、兴趣或可能的行为)进行预测或评估。

《个人信息安全规范》第 3.8 条定义用户画像(user profiling)为"通过收集、汇聚、分析个人信息,对某特定自然人个人特征,如职业、经济、健康、教育、个人喜好、信用、行为等方面作出分析或预测,形成其个人特征模型的过程"。并在注释中认为,直接使用特定自然人的个人信息,形成该自然人的特征模型,称为直接用户画像。使用来源于特定自然人以外的个人信息,如其所在群体的数据,形成该自然人的特征模型,称为间接用户画像。

GDPR 第 4 条定义用户画像(profiling)指的是:"为了评估自然人的某些条件而对个人数据进行的任何自动化处理,特别是为了评估自然人的工作表现、经济状况、健康、个人偏好、兴趣、可靠性、行为方式、位置或行踪而进行的处理。"

但是"用户画像"过程是不透明的,包括与之相关的自动化决策过程,用户很可能不知道他们正在被画像或者不清楚自己陷入何种情形,而这又可能导致商业歧视等问题。

4.1.1　用户画像与自动化决策

《个人信息保护法(草案)》并未规定用户画像,第 69 条规定,自动化决策,是指利用个人信息对个人的行为习惯、兴趣爱好或者经济、健康、信用状况等,通过计算机程序自动分析、评估并进行决策的活动。

《个人信息安全规范》(2020)指出自动决策的特征之一是决策必须能够显著影响个人信息主体权益。例如,能够决定个人信用及贷款额度、面试筛选的决策属于自动决策。《个人信息保护法(草案)》则突破自动化决策需对个人权益造成重大影响的要求,着眼于决策过程的自动化,未提及"用户画像",似乎是"用户画像"作为自动化决策的一个环节,从而要求如果个人认为自动化决策中使用用户画像对其权益造成重大影响的,有权要求个人信息处理者予以说明,但这似乎存在一定问题,用 WP29 所举的例子进行说明,即开具超速罚单可以仅仅基于速度记录摄像机提供的证据,这是一个无须识别分析介入的自动化决策,但上述情况可能变成一个基于用户画像的决策——假如司机的驾驶习惯被持续监测,并且,如罚单金额的计算结果引入了掺杂其他因素(如司机是否超速惯犯或其近期是否有其他交通违规情况)的评估。

GDPR 认为用户画像与自动化决策存在一定区别,根据 GDPR 用户画像定义,用户画像(profiling)由三要素组成:(1)它必须是一种自动化的处理形式;(2)它的实施必须是针对个人数据的处理;以及(3)用户画像的目的必须用来评估关于某个自然人的私人方面。

自动化决策(automated decision‐making)与用户画像范围有不同之处,但也可能会有部分重叠。单独地自动化决策是指在无人干预的前提下通过技术手段作决策的能力。自动化决策可以基于任何形式的数据,如:(1)由感兴趣的个人直接提供的数据(如针对调查问卷的回复);(2)针对个人监测出的数据(如通过应用软件收集的位置数据);(3)衍生或推导出的数据,如已经由某个人产生的画像(如信用分数)。

自动化决策的制定并非必须经过用户画像,用户画像也不必然导致自动化决策,自动化决策可能与用户画像部分重叠或基于用户画像分析产生,但也可不基于用户画像而进行。

GDRP 第 4 条第 4 款的定义涉及的是所有用户画像形式,而非"单独地"自动化处理。用户画像是通过自动化方式使用个人信息进行分析或预测个人特征的过程,用户画像必须引入某种形式的自动化处理,定义之外的人类行为干预并非必要。基于已知的特征,如年龄、性别、身高等对个人进行的分类并不必然构成画像,关键在于分类是否为了对个人进行预测或分析。因此即使排除任何预测目的,仅是基于个人特征如性别、年龄和身高进行的评估或分类,也可能被认定为用户画像。

4.1.2 用户画像的使用限制

GDPR 认为有三种用户画像的潜在使用方式:

(1)一般用户画像;

(2)基于用户画像的决策,例如,由信贷审核人员以自动化方式生成的申请人用户画像(profile)为根据决定其是否同意这笔贷款;

(3)单独的自动化决策(solely automated dicision‐making),例如,一种算法无须通过任何具有意义的人工输入(human input)就决定这笔贷款申请是否可以通过并把这个决定自动传输给申请人。

《个人信息保护法(草案)》第 25 条规定,利用个人信息进行自动化决策,应当保证决策的透明度和处理结果的公平合理。个人认为自动化决策对其权益造成重大影响的,有权要求个人信息处理者予以说明,并有权拒绝个人信息处理者仅通过自动化决策的方式作出决定。

通过自动化决策方式进行商业营销、信息推送,应当同时提供不针对其个人特征的选项。

《个人信息安全规范》规定,除为实现个人信息主体授权同意的使用目的所必需外,使用个人信息时应消除明确身份指向性,避免精确定位到特定个人。例如,为准确评价个人信用状况,可使用直接用户画像,而用于推送商业广告目的时,则宜使用间接用户画像。

从我国法律规范上看,对于用户画像而言,主要的限制来源于个人权利的保护,避免对个人权益造成重大影响。GDPR 第 22 条第 1 款也规定,数据主体有权不接受单独地基于自动化处理得出决定的制约。这种自动化处理包括会对他或她产生法律影响或近似重大影响的画像分析。

由此可以看出,对于用户画像或自动化决策而言,主要是避免对数据主体权益产生重大影响,GDPR 和《个人信息保护法(草案)》都没有对重大影响、法律影响等进行详细说明,在 WP29 发布的《关于自动化个人决策目的和识别分析目的准则》中对"法律影响"和"重大影响"进行了进一步说明。即法律影响可以被认为是一种对某个人的法律权利会产生影响的处理活动(processing activity),如自由地与其他人进行联系、在选举中投票或采取某种法律行为,而重大影响则很难界定,如定向广告(也就是程序化广告)是否构成重大影响可能根据不同案件的具体情况,而有不同的结论。

除此之外,为应对所谓的"大数据杀熟",《数据安全管理办法(征求意见稿)》在第 13 条规定,网络运营者不得依据个人信息主体是否授权收集个人信息及授权范围,对个人信息主体采取歧视行为,包括服务质量、价格差异等。但是基于自动化决策本身的不透明性,这样的规定很难保障实施。

4.1.3　GDPR 下控制者进行用户画像时应履行的义务

对用户进行画像通常涉及三个阶段:(1)数据收集;(2)自动分析以识别相关性;(3)将识别出的相关性应用于个体以分析、预测该个体当前或未来的行为特征。用户画像作为一种数据处理活动而需要满足 GDPR 的合规要求,贯彻 GDPR 对于数据处理活动的一般原则,主要包括:

(1)作为一种数据处理活动,控制者必须向数据主体提供关于其个人数据用于画像的简洁、透明、易懂和易于获取的信息。

(2)目的的兼容性,由于用户画像会使用最初基于其他目的而收集的个人信息,所以进行画像时,需要评估生成画像的处理程序是否与最初收集数据时的目的相兼容。例如,一些移动应用程序提供定位服务,允许用户找到附近的餐馆。同时,收集的定位数据也被用来建立关于数据主体的画像,画像中所确定的用户食物偏好就可能被用于营销目的。数据主体可以预知其数据将被用于寻找餐厅,但不会预期到在发现他们回家晚时会被推送外卖广告。这种对位置数据的进一步使用可能与最初收集位置数据的目的不兼容,因此需要有关个人的再次同意。工作组建议在评估兼容性时参考收集数据的目的与画像目的之间的关系、收集数据的场景以及数据主体对其进一步画像使用的合理预期、数据的性质、画像对数据主体的影响等。

(3)数据最小化要求。考虑到画像创造的商业机会可能鼓励企业收集比实际需要更多的个人数据。GDPR 要求控制者必须确保和证明自身对数据的处理(包括画像)符合数据最小化原则,以及用途限制和存储限制原则的要求。

(4)确保用户画像具有合法性基础:如果控制者将同意作为用户画像的基础,需要证明数据主体准确理解其同意的内容并向数据主体提供足够的相关信息,告知数据主体关于画像处理的预期用途和后果,以确保数据主体的同意确实是在充分知情基础上作出的选择。如果控制者以履行合同、法定义务的必要性或保护重大利益的必须性等其他事由作为画像处理的合法性基础,具体是否能够运用该基础,可参考本书关于同意与合同必要性的相关阐述。

用户画像运用如此之广泛,我国相关的规范体系相对而言缺乏更细致且具有强制力的指导,《个人信息保护法(草案)》出于概念准确性等顾虑也没有提及用户画像,仅仅规定了数据主体拒绝对完全自动化作出决策带来制约的权利。但在通过 APP 提供产品或服务时,很难分清是采用了自动化决策还是用户画像,用户画像对于商业活动促进的重大意义令政府几乎不可能对其作出有效限制,如何在法律上认识用户画像和怎么规范用户画像仍有待理论与实践的进一步发展,但现阶段对于 APP 运营者而言,可以认为用户画像的合规关键在于以下三点:

(1)用户画像或自动化决策是一种数据利用方式,最本质的要求是满足数据主体对于个人信息的权利,符合个人信息保护规范体系的一般原则,在数据收集、数据存储、数据传输和共享等环节中充分保障数据主体的权利,如知情权、访问权以及拒绝的权利等。在自动化决策时,保障数据主体对数据控制者的决定进行人为干预来表达个人观点并对决定提出异议的权利。数据控制者必须为数据主体提供一种简单的方式去行使这些权利。

(2)在利用数据进行用户画像时,尽可能采取技术手段进行脱敏、匿名化等,避免产生直接的识别性,落入个人信息的范畴。

(3)减少人为干预,尽可能采用单独的自动化决策,避免人工参与决策并影响数据主体权益。

4.2　数据共享

《个人信息安全规范》将"个人信息的委托处理、共享、转让、公开披露"作为第九节,委托处理、转让、公开披露与共享具有相同的本质属性,即基于法律或合同将数据交由第三方,在本节中均作为数据共享进行阐述。

数据共享本身是极为庞大的课题,包括数据内部共享(企业内部跨组织、部门的数据交换)、外部流通(企业之间的数据交换)、对外开放等,拥有海量数据是企业开展数据资产运营的前提条件。[1]

英国信息专员办公室(Information Commissioner's Office,ICO)就GDPR下的数据共享发布了《数据共享行为准则(征求意见稿)》,对数据共享提出了大致六项具体要求,主要包括:

(1)开展数据共享活动评估,主要内容包括数据共享目的、共享数据类型、目的实现是否可以通过不共享数据或共享匿名化数据方式达成、对社会公共利益及个人权利的侵害或收益及风险、共享数据的方式等。

(2)订立数据共享协议,协议主要内容应当包括数据共享活动评估中的内容,如数据类型、目的、方式、参与组织,还需要确保参与数据共享的组织满足与数据有关的基本原则,如确保参与数据共享的组织满足共享数据最小化原则,确保数据共享准确,使用兼容格式的数据集,共同的保留或删除共享数据规则。

(3)明晰各方责任,无论是接收数据方还是共享数据方,要求各方采取必要的措施和合理的制度规范来确保数据保护原则的落实,并保护数据主体个人权利,确保关键文档的留存等。

(4)最重要的应当是明确数据共享的合法性基础(例如,是以同意作为披露数据的合法基础,那么协议可以提供一份同意书的模板,并解决有关拒绝或撤回同意的问题),如果涉及敏感数据,还应当满足敏感数据的规范要求,如个人金融数据。GDPR规定了6项进行数据处理活动的合法性基础,数据共享前应至少确定一个合法性基础。

(5)确保数据共享的公平性和透明度,保障数据主体法定权利。确保不会以对数据主体产生不合理影响的方式使用他们的数据,必须确保共享个人数据是合理和相称的,确保个人知道他们的数据正在如何被共享、处理,哪些组织在共享或获取、访问这些数据,除非适用豁免或例外情形。共享数据之前,必须以可访问和易

〔1〕　中国信息通信研究院:《数据资产管理实践白皮书(4.0版)》,2019年6月。

于理解的方式告知将如何处理他个人数据。

(6)安全的处理个人数据,安全措施必须与数据处理的性质、范围、背景和目的以及对个人权利和自由构成的风险相适应。

需要注意的是,数据共享是在个人信息保护框架下的一种特殊行为,应当符合相应法律基本要求和基本原则,数据共享协议是本身并不会"向你提供任何形式的法律保障,使你免于根据数据保护立法或其他法律采取行动",但至少使执法机构在执法时考虑企业在合规层面上的努力。

在数据共享方面,蚂蚁科技掌握了大量的个人敏感信息,阿里系企业也几乎渗透到了我们生活的每个角落,蚂蚁科技可以看作目前我国企业数据共享的典型实践,蚂蚁科技在 IPO 时对审核问询函的回复几乎代表了国内顶尖企业的数据安全观念和策略。

蚂蚁科技 IPO 过程中,主管机关要求发行人说明:(1)发行人与阿里巴巴集团的数据共享是否符合各自与客户的协议约定,是否存在侵害客户合法利益的情况;结合发行人与阿里巴巴等相关主体的数据共享协议,说明该等安排是否违反有关互联网用户信息保护的有关法律法规及规范性文件。(2)发行人对于业务开展过程中获取的海量数据如何进行管理和运用,是否存在侵犯其他方数据隐私的情况,是否履行了与其他方关于数据安全的约定,对于数据的获取、管理和使用是否合法合规。

蚂蚁科技则回复道:

"一、发行人说明

(一)发行人与阿里巴巴集团的数据共享是否符合各自与客户的协议约定,是否存在侵害客户合法利益的情况;结合发行人与阿里巴巴等相关主体的数据共享协议,说明该等安排是否违反有关互联网用户信息保护的有关法律法规及规范性文件

根据《数据共享协议》,发行人与阿里巴巴集团数据共享需遵守适用的法律法规,不得违反发行人和阿里巴巴集团各自与客户的协议约定。发行人与阿里巴巴集团在进行数据共享时符合各自与客户的约定,不存在侵害客户合法利益的情况。

发行人遵循适用的法律法规及部门规章,如《网络安全法》《消费者权益保护法》《电子商务法》《电信和互联网用户个人信息保护规定》《中国人民银行金融消费者权益保护实施办法》等关于数据和个人信息保护的要求。除此之外,发行人根据《个人信息安全管理规范》《个人金融信息技术保护规范》等国家标准建设合规治理能力。发行人的众多业务系统通过国家信息安全等级保护三级认证、ISO27001、TRUSTe 等权威数据安全和个人信息保护认证。

（二）发行人对于业务开展过程中获取的海量数据如何进行管理和运用,是否存在侵犯其他方数据隐私的情况,是否履行了与其他方关于数据安全的约定,对于数据的获取、管理和使用是否合法合规

发行人对业务开展过程中获取的数据依据适用的法律法规及监管规定进行独立的管理和运用。发行人制定了贯穿业务全流程的数据和个人隐私保护的内控制度,覆盖数据全生命周期的各项合规要求;实施了必要的管理措施和技术手段,并建立了与所面临的安全风险相匹配的安全能力。"

联席保荐机构及发行人律师通过获取并查阅《数据共享协议》,获取并查阅蚂蚁集团及阿里巴巴集团相关隐私政策、对发行人相关人员进行访谈等程序对数据共享问题进行了核实。

虽然回复函并没有对"必要的管理措施和技术手段"等进行具体说明,但至少可以认为在数据共享上,对于企业而言,要制定完善的企业制度、通过国际或国内的隐私安全体系认证,来证明自身的合规性。

大部分 APP 运营者面临的数据共享问题较数据共享这一话题要简单得多,可以根据实际情况简单总结如下:

（1）云上数据,即将数据存储至云服务器,根据目前的司法实践,这并不认为是一种数据共享行为,但不排除在未来法律将其作为一种特殊的共享行为进行规范。事实上,不对云服务提供者进行约束,可能是数据失控的重要风险源。

（2）与第三方 SDK 之间的信息交换,当然是一种数据共享行为,但目前主要是SDK 自身的不规范以及缺乏具体指导要求。APP 开发使用 SDK 是大势所趋,主要是 SDK 的合规问题,最近工信部的会议上也指出要加强对 SDK 的监管,当然APP 运营者在 SDK 违规收集个人信息过程中也扮演了不光彩的角色。

（3）数据脱敏、匿名化、去标识化后进行数据交易,对合规提出了巨大的挑战,但数据价值部分在于流动,国家数据政策也支持发展数据交易,这种方式的数据共享仍需要技术和法律上的进一步探索。

（4）违法向第三方提供,即将个人信息进行倒卖等,这已是明显的违法犯罪行为,在此不进行合规讨论。

（5）商业活动中,商业主体之间的合规数据共享,如阿里系公司之间的数据共享,其要点也正如上文所述,即寻求合法前提、签订数据共享协议、保障数据主体权益、承担各自责任以及保障安全等。

我国个人信息安全影响评估刚刚起步,相应规范还在征求意见中,数据监管体系与方式也在探索之中,除了如阿里、腾讯这样的头部企业外,几乎没有企业重视

这一点,但我国的"数据共享"行为相较于国外却一点不少,如何做到数据共享合规仍是互联网企业此后需要面临的问题。但目前只能参照国外隐私体系进行合规层面设计。相较于广泛的数据共享行为,我国就数据交易这一类更为特殊的数据共享研究更为深入一些,以下进行简述。

4.2.1　数据交易

2014 年 3 月,"大数据"一词被首次写入政府工作报告中,中国大数据元年开启,一时间"大数据"成为社会各界最为关注的话题。

在政府积极支持的环境下,全国首个大数据交易平台——中关村数海大数据交易平台在中关村成立。2014 年,全国乃至全球第一家大数据交易所在贵阳成立,并于 2015 年 4 月 14 日正式挂牌运营。

《网络安全法》于 2017 年 6 月 1 日起施行,第 42 条规定,网络运营者不得泄露、篡改、毁损其收集的个人信息;未经被收集者同意,不得向他人提供个人信息。但是,经过处理无法识别特定个人且不能复原的除外。

2017 年 5 月,最高人民法院、最高人民检察院发布《关于办理侵犯公民个人信息刑事案件适用法律若干问题的解释》,侵犯公民个人信息罪的定罪量刑标准得到明确,国家的刑法执法力度加大,这导致大数据交易产业的发展形势急转直下。

2020 年 7 月 3 日,《数据安全法(草案)》的颁布,使"数据交易"这一行为正式进入国家法律,不仅提及国家要建立健全数据交易管理制度以规范数据交易行为和市场,还对从事数据交易中介服务的机构提出相应要求以及规定了数据交易中介机构的法律责任。

《数据安全法(草案)》发布后,7 月 15 日深圳市司法局就发布《深圳经济特区数据条例(征求意见稿)》,7 月 22 日最高人民法院、国家发展和改革委员会联合发布《关于为新时代加快完善社会主义市场经济体制提供司法服务和保障的意见》第 23 条规定,加强数据权利和个人信息安全保护。尊重社会主义市场经济规律及数据相关产业发展实践,依法保护数据收集、使用、交易以及由此产生的智力成果,完善数据保护法律制度,妥善审理与数据有关的各类纠纷案件,促进大数据与其他新技术、新领域、新业态深度融合,服务数据要素市场创新发展。贯彻落实《民法典》人格权编关于人格利益保护的规定,完善对自然人生物性、社会性数据等个人信息权益的司法保障机制,把握好信息技术发展与个人信息保护的边界,平衡好个人信息与公共利益的关系。

在《中国数字经济发展白皮书(2020 年)》中,中国信通院虽然认为我国已经形成了各式各样的平台,但数据确权、数据定价规则以及数据要素市场都还处于探索阶段。法律制度也并未建立,就更谈不上合规建设了。

大数据交易平台大致通过以下渠道采集数据:一是政府数据的开放共享;二是数据提供者发布数据,包括企业、科研机构及个人;三是互联网数据爬取;四是基于业务范围内平台沉淀、产生的数据。

事实上,上述四种途径中,在包含个人信息部分,即便是通过公开途径获取的,也不代表可以进行交易,但本书暂无意讨论数据交易本身的模式及问题,仅仅是由于目前数据交易发展如火如荼,部分 APP 运营者以数据交易为名行个人信息买卖之实,故对其行为提出法律建议,即如果试图合规参与数据交易,需要解决以下问题,或至少对这些问题按照现有交易所提供的方式进行一定程度的回应。

4.2.2　数据交易的前提

首先,所有合法交易的前提都必须保证交易双方的安全,对于卖方而言,需保证其享有处分交易物的权利,最常见的是所有权,虽然数据所有权这一概念尚未明确,但由于数据作为无形物,无法现实占有,即便不享有所有权,只要拥有即可交易。所以目前大多数数据买卖双方对此也不甚在意。

其次,数据交易还涉及隐私问题,很多类型的数据涉及个人隐私,个人隐私数据关系到个人的生活安宁,隐私泄露甚至影响到生命财产安全,个人隐私数据是禁止交易的,然而,数据最有价值的部分也正在于其包含个人信息和隐私。

有些交易所通过对数据脱敏、清洗,使用户只能看到清洗后的数据,用以保护隐私和数据所有权,但这种方式要么只能让买家以特定的方式使用数据,限制了数据使用,要么就是掩耳盗铃,仍可通过技术手段使数据重新具有识别性。

再次,数据交易还面临数据失控问题,目前数据交易市场基本都是明文交易,数据买家会为了利益将数据进行二次销售,这几乎是必然发生的,也没有人为此承担责任。

最后,数据交易还面临数据价值问题,也就是数据定价问题。影响数据定价因素较多,包括数据种类、数据深度、数据完整性与实时性等,目前国内外大数据交易平台普遍采取可信第三方定价,但由于数据价值不在供给侧,而在于需求侧,数据价值很难在交易时确定,数据价值取决于最终使用途径,数据最可能同时也是收益最好的使用途径往往是违法使用,所以买家也几乎不可能事先向交易所及卖家告知数据的应用途径及可能产生的价值。

4.2.3　数据交易合规

《数据安全法(草案)》颁布之前或之后,各地都有过相关的数据交易相关立法,总体原则差异不大,如《贵州省大数据发展应用促进条例》提出数据交易的原则:遵循自愿、公平和诚实信用的原则开展数据交易活动,遵守法律、法规及本条例的规定,不得损害国家利益、社会公共利益或者他人合法权益。

海南省人大常委会、山西省人大常委会发布的《海南省大数据开发应用条例》《山西省大数据发展应用促进条例》,基本都借鉴了《贵州省大数据发展应用促进条例》对数据交易原则的表述以及数据交易的形式。

2020 年 7 月 15 日,深圳市司法局发布的《深圳经济特区数据条例(征求意见稿)》,还提出数据交易的方式包括自主交易、交易平台等,以及如果数据交易通过平台实现时平台应当开展的相关工作,除参照之前的地方性法规外,还提出要将数据交易平台规则报市数据统筹部门批准后实施,并且提出了数据交易平台对交易定价的规定:从实时性、时间跨度、样本覆盖面、完整性、数据种类级别和数据挖掘潜能等多个维度构建数据资产定价指标,并协同数据价值评估机构对数据资产价值进行合理评估。

在现行法律框架下,若要涉及个人信息的数据合法交易,仅有两种途径:要么获得用户同意,而且在数据交易和共享环节要单独再做一次授权同意;要么实现个人数据的匿名化,经过处理无法识别特定个人且不能复原。

但目前两种路径都不能完全行得通:征得用户同意这种方式,对于大量的数据交易而言,企业几乎不可能承担得起获得用户同意的成本;而法律要求的匿名化从技术角度来看,有学者认为是无法实现的。

对于手中拥有大量数据的 APP 运营者来说,通过数据交易机构进行数据交易存在各种阻碍,而通过各种名目的"推广、广告"进行违规数据交易的情形屡见不鲜,他们以共享为名,从事违法交易为实。从刑法角度而言,APP 运营者在数据共享阶段几乎是最有可能涉及犯罪的阶段,在向第三方共享信息时,是否可能具有非法提供、买卖个人信息等行为,是否可能构成他人其他网络犯罪的帮助行为等,这一方面依赖于技术措施,另一方面依赖于企业内部数据资产管理体系以及与第三方之间的共享协议是否有效合法等。

数据的价值来源于流通,我国也在大力发展数字经济,为数字经济发展营造良好的政策法律环境,数据要素市场也未广泛建立,就数据共享与交易仍未有明确进路,对于 APP 运营者的建议只能是避免自身构成相关刑事犯罪。

5. 数据销毁

数据销毁是数据安全的终点,但《个人信息安全规范》与 GDPR、CCPA 中,均未提及数据的销毁,当数据控制者失去运营能力,无法持续运营,且未被第三方收购时,如何处理其在提供服务或产品过程中所取得的原始数据和经过分析处理后的数据,是否应当销毁,以及谁来承担数据销毁的成本,目前都未有规范。

《个人信息安全规范》第6.4条规定,当个人信息控制者停止运营其产品或服务时,应及时停止继续收集个人信息,将停止运营的通知以逐一送达或公告的形式通知个人信息主体,并对其所持有的个人信息进行删除或匿名化处理。

在数据控制者不再运营时,若未对数据进行处理,法律后果与数据失控、泄露类似,但可能因为责任主体失去法律上的资格,导致执法层面无意义。

若APP持续运营,对于过期数据、冗余数据按照数据存储期限等进行删除处理。若APP无法持续运营,由于主体资格丧失,似无必要关注数据销毁。但企业法人资格丧失,企业投资人、股东在企业注销后还可能进行商业活动。对于拥有大量数据的APP运营者,在企业注销时,清算责任中是否应当赋予清算组销毁数据等的法律责任,有待《公司法》的进一步考量,目前还没有法律规定。此外,还有在云服务用户停止运营后,云服务商的数据销毁责任如何分配等问题。

目前存储介质中,磁盘和移动存储设备存主导地位,磁盘、U盘和光盘是电子信息存储的主要载体。无论从磁盘存储机制看还是从磁盘的物理特性看,存储介质被擦除后都可能留有一些物理特性使数据能够被重建,从而导致残留在其中的数据信息可能被攻击者非法获取。目前数据销毁主要有软销毁和硬销毁两种方式。

数据软销毁即通过软件方法进行数据销毁的方式,分为数据删除和数据覆写两种方式。在计算机操作系统中,大多数用户所使用的删除命令,例如,常用的Delete删除命令或者稍显安全的Shift + Delete命令,都是通过调用操作系统中的Delete File函数来实现的,该方法的主要目的是让用户删除一些文件,腾出磁盘空间。Windows操作系统使用FORMAT.EXE程序(格式化操作)主要功能是在存储介质上建立新的文件系统。

FORMAT命令因为其所消耗的时间很长而且格式化后的磁盘里面看上去又没有任何数据,似乎是删除了原有数据,但实际上FORMAT.EXE只是删除了目录与文件之间的链接,把可见的数据变得不可见,而使用户以为磁盘上所有数据都被彻底破坏了。常规的Delete删除和格式化不能从根本上解决数据销毁的问题,于是产生了数据覆盖技术。

数据覆盖技术就是把磁盘上的数据用新的数据覆盖,从而把原数据从磁盘上擦除。数据覆写法是目前比较通用的数据销毁方法,应用于可重复写入数据的存储介质,操作方法是用无意义、无规律的数据反复写入介质,对原有数据进行覆盖,随着覆写次数增多,原有数据被恢复的概率趋近于零。

数据硬销毁是指从根本上破坏存在涉密信息的物理载体,是一种非常彻底地解决信息泄露问题的销毁方法。数据硬销毁包括物理销毁和化学销毁两种方法。

物理破坏是指借助外力将介质的存储部件损坏,使数据无法恢复。

化学腐蚀的概念是运用化学物质溶解、腐蚀、活化、剥离磁盘记录表面信息的销毁方法。

由此可见,数据销毁关键问题是成本问题,而从法律上看就是谁应当承担数据销毁的义务。对此,法律上目前还没有明确的规范。

但从理论上讲,当 APP 运营者利用自有服务器存储数据时,当不再运营时,应当负责销毁数据。对于存储在云上的数据,应当在停止运营时及时通知云服务商,云服务商应当承担数据销毁的义务。

四、权利框架

王泽鉴先生认为,权利乃享受特定利益的法律之力。[1] 我国目前从学界至国家标准再到法律法规的层面,暂时没有全面具体定义个人信息主体权利的权威说法,但总体认为大致包括知情权(查询权)、更正权、删除权、自决权等。虽然个人信息是财产权还是人格权抑或二者兼有仍不确定,但数据权利至少可以是一种要求个人信息处理者为或者不为某种行为或者为数据主体的某种行为提供某种帮助的权利,数据规范的意义也正在于使数据利益最大化的同时保障数据主体权利的实现。

GDPR 试图给数据主体持续了解其数据被收集和使用情形的权利(知情权和访问权),纠正错误个人数据权利(更正权),同时在满足一定条件时取回数据控制者处理后的数据并转移给其他人的权利(数据可携权),最后在特定情形下,中止、拒绝处理甚至清除其数据的权利(限制处理权、拒绝权、删除权以及被遗忘权)。

《个人信息保护法(草案)》相较于 GDPR 规定的权利更少一些,第四章规定了知情权、查阅复制权(访问权)、更正权、删除权等。

CCPA 主要是针对消费者权利保护,其规定了五种消费者权利,用户有权要求企业公开其个人数据收集及出售情况,包括个人可识别信息(PII)的类型、来源、用途以及是否与第三方共享、用户有权要求企业提供过去 12 个月内收集的个人可识别信息之副本、用户有权要求企业删除所收集的个人可识别信息、用户有权要求企业不得出售其个人数据、用户有权不受歧视地行使上述权利,CPRA 基本上延续了这一规定,与 GDPR 及我国《个人信息保护法(草案)》差异较大。

---

〔1〕 参见王泽鉴:《民法总则》(增订新版),中国政法大学出版社 2001 年版,第 84 页。

（一）权利概述

关于数据的法律属性，目前有三种主流意见，分别是财产属性、人格属性以及复合属性，还包括以知识产权相关理念保护的非主流意见，而权利归属也有三种意见，分别是类比传统理论确定权属、根据不同的场景分类确定以及弱化数据产权理论，由于数据的价值——抛开隐私对于人类本身生活安宁的意义——从某种意义上是来源于技术发展，由于大数据等现代信息技术的发展，数据才能够创造出如此大的价值，引领数字经济时代。

从数据本身而言，我们现在所产生的健康信息、基因信息、位置信息、生活习惯信息，从古至今都在持续不断地产生，只是以前的技术条件无法进行搜集和分析。

数据不是新生事物，数据是否赋权、赋予什么样的权利，与传统的赋权存在巨大的差别，根源不在于立法，而在于科技、商业利益和人们生存生活空间之间的利益权衡。GDPR虽被众多国家作为"个人信息保护法"起草或修订的蓝本，但是仍未解决"最根本的值得法律保护的权益是什么"的问题，而是通过外围数据主体权利圈地以及对数据处理者或控制者的限制来逐渐逼近"最根本的值得法律保护的权益"，虽然对数据主体赋予了权利，但本质更近于行为法规范模式。

知情权、访问权和更正权三种权利是针对任何个人数据处理行为，贯穿数据生命周期的基本权利，这三种权利赋予个人的并不是对个人数据使用的控制，而是维护数据主体的尊严和法律基本权利，避免错误不当的处理。

删除权、被遗忘权、限制处理权、数据可携权和反对权，是赋予数据主体控制个人数据使用的权利，但是这些权利并非一种概括式的适用于一切情形的绝对权，而是针对不同条件或情形，赋予数据主体要求数据处理者为或者不为某种行为的一种个别控制。

GDPR所赋予对数据控制使用的各种权利，主要是针对数据控制者特定情形下不当使用个人数据情形或者危害个人尊严或自由的情形，其目的是防范个人数据使用对个人基本权利的侵犯。因此，当我们承认数据主体具有某些控制性权利的时候，我们应当分析这些权利具体适用条件或情形，它不是绝对的、不受限定的权利，这种限制意在个人基本权益与数据使用的商业或公共利益之间达成一种平衡。

（二）权利各述

1. 知情权、访问权、更正权

无论数据处理基于何种合法性基础，都应当保障数据主体的知情权、访问权、更正权,在"同意模式"下,首先按照法律规定取得数据主体同意或进行告知,并给予用户得知其数据是否处理的途径,无论是电子的还是纸质的,需告知处理目的、数据类型、相关方、费用及影响等。在信息错误的情况下,向数据主体提供修改的途径。

对于 APP 运营者而言,提供相应的功能模块并积极响应用户需求即可。

2. 被遗忘权与删除权

《个人信息保护法(草案)》并未规定"被遗忘权",仅规定了"删除权",但被遗忘权作为理论热点,欧盟与美国采取了截然不同的态度,在此简单予以阐述。

2.1　概念厘清

首先需要厘清"被遗忘权"(Right to erasure,Right to be Forgotten)与删除、注销等词汇的区别与联系。

《欧盟数据保护指令》在 1995 年规定了"删除权",2012 年修订《数据保护指令》时首次提出"被遗忘权",GDPR 第 17 条规定了"被遗忘权"。[1]

欧盟官方文本中,"被遗忘权"是指"right to be forgotten",此后 2019 年 11 月 11 日发布的公众咨询版本的《GDPR 项下搜索引擎案例中被遗忘权的标准(第一部分)》中,将该项权利描述为"Right to request delisting",字面意思是"从列表中删

---

〔1〕　第 17 条擦除权("被遗忘权"):

1. 数据主体有权要求控制者擦除关于其个人数据的权利,当具有如下情形之一时,控制者有责任及时擦除个人数据:

(a)个人数据对于实现其被收集或处理的相关目的不再必要;

(b)处理是根据第6(1)条(a)点,或者第9(2)条(a)点而进行的,并且没有处理的其他法律根据,数据主体撤回在此类处理中的同意;

(c)数据主体反对根据第21(1)条进行的处理,并且没有压倒性的正当理由可以进行处理,或者数据主体反对根据第21(2)条进行的处理;

(d)已经存在非法的个人数据处理;

(e)为了履行欧盟或成员方法律为控制者所设定的法律责任,个人数据需要被擦除;

(f)已经收集了第8(1)条所规定的和提供信息社会服务相关的个人数据。

2. 当控制者已经公开个人数据,并且负有第 1 段所规定的擦除个人数据的责任,控制者应当考虑可行技术与执行成本,采取包括技术措施在内的合理措施告知正在处理个人数据的控制者们,数据主体已经要求他们擦除那些和个人数据相关的链接、备份或复制。

3. 当处理对于如下目的是必要的,第 1 和第 2 段将不适用:

(a)为了行使表达自由和信息自由的权利;

(b)控制者执行或者为了执行基于公共利益的某项任务,或者基于被授予的官方权威而履行某项任务,欧盟或成员方的法律要求进行处理,以便履行其法律职责;

(c)为了实现公共健康领域符合第9(2)条(h)和(i)点以及第9(3)条的公共利益而进行的处理;

(d)如果第 1 段所提到权利会受严重影响,或者会彻底阻碍实现第89(1)条的公共利益目的、科学或历史研究目的或统计目的;或者

(e)为了提起、行使或辩护法律性主张。

除的权利"。根据该标准,"Right to request delisting"包含两项权利,一项是 GDPR 第 17 条的"被遗忘权",另一项是 GDPR 第 21 条规定的"反对权"(Right to object)。

"被遗忘权"可以被视为一种请求权,即数据主体或者与数据相关的利害关系人请求搜索引擎的运营者通过删除统一资源定位符(Uniform Resource Locator, URL)的方式"擦除"(erase)互联网上与其相关的信息。数据主体或相关人一般无法通过自己的行为达到擦除效果。

被遗忘权一般涉及删除特定时间的公众已知信息并且不允许第三方访问信息,是要求第三方进行"擦除"。而删除一方面是指数据主体通过其自主行为消灭其数据,另一方面是指在实现日常业务功能所涉及的系统中去除个人信息的行为,使其保持不可被检索、访问的状态。

GDPR 项下与擦除权相关的其他两个权利分别是第 7 条第 3 项中,控制者依赖个人同意而处理其数据的,个人有权撤回其同意;第 21 条第 1 项中,控制者依赖正当利益来处理个人数据的,个人有权拒绝这一数据处理。

即"被遗忘权"主要是向搜索引擎运营者的请求权利,而删除则适用于所有个人信息处理者。

2005 年 6 月,《个人信息保护法示范法草案学者建议稿》首次提出"删除权",明确"删除"即"消除已储存的个人信息,使其不能重现";[1] 2012 年 12 月,全国人大《关于加强网络信息保护的决定》,明确个人在信息受到侵害时,有权要求网络服务商采取删除等必要措施予以制止。2017 年 6 月,《网络安全法》第 43 条规定,个人发现网络运营者违反法律、行政法规的规定或者双方的约定收集、使用其个人信息的,有权要求网络运营者删除其个人信息;发现网络运营者收集、存储的其个人信息有错误的,有权要求网络运营者予以更正。网络运营者应当采取措施予以删除或者更正。

此次《个人信息保护法(草案)》第 47 条也规定了特定情形下的删除权,如果将同意作为处理数据的合法性基础,那么个人有权撤回同意,而如果将正当利益作为处理数据的合法性基础,那么个人有权拒绝处理。这两项权利都与删除权相关,因为都需要停止处理个人数据,这在很多情况下也意味着要删除这些个人数据。个人可以提出撤回同意/拒绝权的请求或删除权的请求,也可以一并提起两个请求。

登录(login)是个人获得对计算机系统访问权限的凭据,而与之相反的是注销(logout),根据《个人信息安全规范》(GB/T 35273—2017),"注销"指向系统发出

---

〔1〕 齐爱民:《中华人民共和国个人信息保护法示范法草案学者建议稿》,载《河北法学》第 23 卷第 6 期。

清除登录的用户的请求,清除后即可使用其他用户来登录你的系统。

在计算机技术的角度,"注销"只可以清空当前用户的缓存空间和注册表信息。但在个人信息保护语境下,注销具有更特别的意义,注销具有上述的含义,但更重要的含义是"注销账户",即彻底离开该服务或产品提供者,支付宝隐私政策[1]中约定:"当您符合约定的账户注销条件并注销某支付宝账户后,您该账户内的所有信息将被清空,我们将不会再收集、使用或对外提供与该账户相关的个人信息,但您在使用支付宝服务期间提供或产生的信息我们仍需按照监管要求的时间进行保存,且在该保存的时间内依法配合有权机关的查询。"

也就是说,注销账户后,事实上此前的信息在一定时间内仍将保留。所以注销是否会附带一定的删除义务值得讨论,或者是注销一段时间后,APP 运营者是否应当将用户数据进行主动删除。

"被遗忘权"和数据的删除、账户的注销,针对不同主体和对象,具有不同内涵。数据的删除和账户的注销自由是个人信息保护的应有之义,按照杨立新教授的观点,我国目前立法为被遗忘权制度的确立预留了空间。同时,由于《民法典》第 6 条第 1 款侵权责任一般条款适用的普遍性,即使没有确立被遗忘权,救济被遗忘权的损害仍然是有法可依的,并非法律空白。[2]

2.2 "被遗忘权"实践及发展

中国"被遗忘权第一案"是任甲玉诉百度公司被遗忘权案,[3]原告任某以百度公司搜索引擎的"相关搜索"处有"陶氏教育任某"等字样的关键词,进而侵犯了其姓名权、名誉权和一般人格权(被遗忘权)为由,请求法院判决被告百度公司删除相关关键词、赔偿损失并赔礼道歉。

被告百度公司则以技术中立作为抗辩理由,否认存在侵权行为,认为原告所主张的被遗忘权没有法律依据。一审法院的法官认为,首先,在事实层面上,以百度公司"相关搜索"服务显示的涉及任某的检索词没有受到该公司的人为干预为由,认定百度公司没有实质性侵权的目的。其次,在法律评价层面上,以"陶氏教育任某"等反映的是真实信息为由,认定百度公司不构成对任某名誉权的侵犯;以百度公司不存在干涉、盗用、假冒任某姓名的行为,认定百度公司不构成对原告姓名权的侵犯;以公众知情权的优先保护为由,认定任某主张的应"被遗忘"(删除)信息

---

〔1〕 参见 https://render. alipay. com/p/c/k2cx0tg8,最后访问日期:2020 年 11 月 26 日。

〔2〕 参见杨立新、韩煦:《被遗忘权的中国本土化及法律适用》(上),载《法律适用》2016 年第 2 期。

〔3〕 北京市海淀区人民法院(2015)海民初字第 17417 号民事判决书,北京市第一中级人民法院(2015)一中民终字第 09558 号民事判决书。

的利益不具有正当性和法律保护的必要性。

就最终效果而言，"删除权"实质上是"使个人信息在信息系统中不可用"。与"被遗忘权"有本质区别，"删除权"让权利人得以要求网络服务提供者彻底删除个人信息，为其个人信息提供了专门保护。只是数据主体要求删除的前提是需要提供损害、伤害、不实等证据，对于从公共渠道获得的准确的消息，数据主体似乎无权要求删除，这也是"被遗忘权"与单纯的"删除权"的重要区别之一。

在美国，"被遗忘权"通过法律手段赋予公民（信息主体）可要求搜索引擎运营商在搜索结果中对涉及自身的"不好的、不相关的、过分的"链接予以删除的权利，被认为是与《美国宪法》第一修正案第1条关于"国会不得制定剥夺言论自由或出版自由的法律"的规定相违背的。[1] 所以，"被遗忘权"在美国几乎没有生存空间。

根据目前法律规范来看，在我国，APP运营者不用面临"被遗忘权"的挑战，主要合规事项在于储存期限、储存必要性、应对删除权以及完善"账户注销"后的个人信息处理，以此构建数据管理合规体系。

3. 限制处理权与反对权

GDPR第18条规定了数据主体有权要求控制者对处理进行限制，[2] 第21条规定了反对权，[3] 这两项权利是赋予数据主体控制个人数据使用的权利。

---

[1] 参见杨立新、韩煦：《被遗忘权的中国本土化及法律适用》（上），载《法律适用》2016年第2期。

[2] 当存在如下情形之一时，数据主体有权要求控制者对处理进行限制：

(a) 数据主体对个人数据的准确性有争议，并给予控制者以一定的期限以核实个人数据的准确性；

(b) 处理是非法的，并且数据主体反对擦除个人数据，要求对使用其个人数据进行限制；

(c) 控制者不再需要个人数据以实现其处理的目的，但数据主体为了提起、行使或辩护法律性主张而需要该个人数据；

(d) 数据主体根据第21(1)条的规定而反对处理，因其需要确定控制者的正当理由是否优先于数据主体的正当理由。

[3] 1. 对于根据第6(1)条(e)或(f)点而进行的关乎数据主体的数据处理，包括根据这些条款而进行的用户画像，数据主体应当有权随时反对。此时，控制者须立即停止针对这部分个人数据的处理行为，除非控制者证明，相比数据主体的利益、权利和自由，具有压倒性的正当理由需要进行处理，或者处理是为了提起、行使或辩护法律性主张。

2. 当因为直接营销目的而处理个人数据，数据主体有权随时反对为了此类营销而处理相关个人数据，包括反对和此类直接营销相关的用户画像。

3. 当数据主体反对为了直接营销目的而处理，将不能为了此类目的而处理个人数据。

4. 至晚在和数据主体所进行的第一次沟通中，第1段和第2段所规定的权利应当让数据主体明确知晓，且应当与其他信息区分开来，清晰地告知数据主体。

5. 在适用信息社会服务的语境中，尽管存在2002/58/EC指令的规定，数据主体仍可以使用技术性条件、通过自动化方式行使反对权。

6. 当个人数据是为了第89(1)条所规定的科学目的或历史研究目的或统计目的的，数据主体基于其特定情形应当有权反对对关乎其的个人数据进行处理，除非处理对于实现公共利益的某项任务是必要的。

限制处理权是希望在以下两个方面达成一种"利益的平衡",一方面是数据主体更正或删除其个人资料的利益,另一方面是信息控制者在继续处理有关个人数据上的利益,限制处理权是前述利益冲突的媒介,是否存在擦除或改正的理由,需要进一步核实在数据控制者与数据主体之间存在争议。[1]

GDPR 规定的"限制处理权"所意图达到的法律后果在于防止相关的个人数据以一种防止它受到处理活动影响的方式进行标记,且主要通过以下方式进行:

(1)将选定的数据临时移动到另一个处理系统;

(2)使其选中的个人资料不可用;

(3)暂时删除网站上公布的数据。

至于自动存档系统,有关系统应清楚显示处理的限制,并须以技术手段确保个人资料不再受处理程序的影响(GDPR 鉴于条款第 67 款)。

《个人信息保护法(草案)》第 44 条规定了"个人有权限制或者拒绝他人对其个人信息进行处理",该条规定对应了 GDPR 的"限制处理权"和"反对权",该项权利是个人在决定是否请求司法救济或者要求个人信息处理者删除、更正个人信息时的中间步骤。限制处理权的功能是在删除权和更正权之间,为个人信息主体行使删除权、更正权提供必要的准备时间和机会,也为数据处理者预留核实相关利益冲突的时间,平衡数据主体选择自由和个人信息处理者运营成本之间的冲突。"反对权"的目的主要是"个人信息的展示"反对,降低个人信息在展示环节的泄露风险,针对的场景可以是匿名化或脱敏技术的运用以及对用户画像的限制,我国数据主体对于个人信息处理者的限制是通过使用目的、使用方式等进行限制,缺乏更明确的指引,缺乏个人信息限制处理权的内容、行使条件和程序及其后果。

《个人信息保护法(草案)》将匿名化后的信息排除在个人信息以外,《网络安全法》和《个人信息安全规范》以同意作为个人信息处理基础,以匿名化作为豁免同意的条件之一,但数据绝对匿名从技术上又难以实现,而且通过技术实现匿名的过程是不透明的,虽然法律上通过删除、更正等可以完成自洽,但从实践上看,仍有必要规定限制处理权与反对权。

按照《网络安全法》第 42 条与《个人信息保护法(草案)》的定义,我国个人数据匿名化,至少应满足三个要件:个人信息必须经过处理、处理后的数据无法识别特定个人、该数据不能复原。需要注意的是,去标识化后的数据以及 GDPR 规定的假名数据并不属于匿名数据。假名化数据结合特定信息便会恢复身份属性,仍应

---

〔1〕 转引自 Paul Voigt, Axel von dem Bussche: *The EU general data protection regulation(GDPR)—A Practice Guide*, p. 164。

属于个人数据,仍要适用个人数据保护的相关法律规定。

首先,"经过处理"指个人数据经过匿名化技术处理,目前主要有两种不同技术路径实现匿名化:(1)随机化(Randomization),随机化是通过改变数据精确性而移除数据与个人之间强联系的技术。(2)一般化(Generalization),该方法通过修改数据规模或者数量级,从而归纳、稀释、数据主体属性。

其次,"无法识别特定个人"是指数据匿名化处理后的最终法律效果,也是制定数据匿名化法律标准应实现的目标。要达到这一目标,至少应当满足两个条件:一是匿名数据无法单独识别特定个人;二是匿名数据与其他信息结合也无法识别特定个人。

最后,"不能复原"是指采用匿名技术后的数据不存在复原的可能性。从该条款的表述看,数据匿名化要求绝对匿名,即从法律层面看数据不具有复原的可能性。但从技术上看数据的绝对匿名是不可能的。可以明确的是,我国《网络安全法》采取的是法律层面下的数据绝对匿名。在这一点上,美国的"去身份"(De-identification)显然采取的是技术层面的标准,即技术层面的再识别。

《个人信息保护法(草案)》将匿名化后的信息排除在个人信息以外,《网络安全法》和《个人信息安全规范》以同意作为个人信息处理的基础,以匿名化作为豁免同意的条件,但数据绝对匿名又从技术上不可实现,而且通过技术实现匿名的过程是不透明的,虽然法律上通过删除、更正等可以完成自洽,但从实践上看,仍有必要规定限制处理权。

4. 数据可携权

数据可携权,是指数据主体可以要求数据控制者向数据主体提供其此前提供给控制者的相关个人数据,且所获得的个人数据应当是经过结构化的、常用的和机器可读的,数据主体有权无障碍地将此类数据从其提供给的控制者那里传输给另一个控制者。[1]

----

〔1〕 GDPR 第 20 条规定:1.满足以下情景时数据主体有权获得其提供给控制者的相关个人数据,且其获得个人数据应当是结构化的、常用的和机器可读的,数据主体有权无障碍地将此类数据从其提供给的控制者那里传输给另一个控制者,如:

(a)处理是建立在第 6(1)条(a)点或第 9(2)条(a)点所规定的同意,或者第 6(1)条所规定的合同的基础上的;

(b)处理是通过自动化方式的。

2.在行使第 1 段所规定的携带权时,如果技术可行,数据主体应当有权将个人数据直接从一个控制者传输到另一个控制者。

3.行使第 1 段所规定的权利,不能影响第 17 条的规定。对于控制者为了公共利益,或者为了行使其被授权的官方权威而进行的必要处理,这种权利不适用。

4.第 1 段所规定的权利不能对他人的权利或自由产生负面影响。

这样的数据传输可以在私有云或专用服务器上进行,而不必将数据传输到另一个数据控制者,在一定程度上可以应对前文所提到的"技术锁定现象"。

在这方面,数据可移植性补充了访问权。数据可携性的一个特点是,它为数据主体管理和再用个人资料提供了一种简便的方法。这些数据应该以"结构化的、常用的和机器可读的格式"接收。

例如,数据对象可能对从音乐流媒体服务中检索当前播放列表(或听过的歌曲的历史)、查找他听过的特定歌曲的次数,或者检查他想在另一个平台上购买或听哪些音乐。例如,从酷狗音乐到网易云音乐的歌单传输。

该规定目的在于容许数据主体尽可能简单地更改服务提供者,虽然主要针对社交网络运营商,但完全适用于其他数据控制者。在为数据主体提供服务的目的下,将关于特定服务所需要的信息方便地转移给相同或类似服务提供者,可促进用户在机构之间有控制和有限制地共享个人数据,从而丰富服务和客户体验。数据可携性可促进有关用户的个人资料在他们感兴趣的各项服务之间传送和再用。有观点认为就 GDPR 第 20 条的规定而言,首先是"提供给控制者的相关个人数据"的范围并不是十分明确,由于数据主体向数据控制者提供的信息通常会被进一步处理,如根据某些标准进行修改或分类,修改后的数据可能反映了所述控制者的业务时间或底层处理活动。因此,由于竞争原因,控制者作为"处理"的一部分生成的任何数据,如个性化或推荐过程、用户分类或分析,都不受数据可移植性权利的保护。另外,任何仅仅观察到的数据都在其适用范围,包括控制者收集的未更改或分类的"原始"数据。

根据 GDPR 第 20 条第 1 款的规定,在数据可携性权利的范围内,处理行为必须基于:

(1)数据主体的同意(根据 GDPR 第 6 条第 1 款第 a 项,或第 9 条第 2 款第 a 项的规定,当涉及特殊类别的个人数据时);或者,

(2)根据 GDPR 第 6 条第 1 款第 b 项的规定,履行数据主体为缔约方的合同。

例如,个人从在线书店购买的书籍的标题,或通过音乐流媒体服务收听的歌曲通常都属于数据可携权范围内的个人数据,因为它们的处理是基于履行数据主体为缔约方的合同。

依据 GDPR 第 20 条第 1 款的规定,在数据可携权范围内,数据必须为用户向数据控制者提供的与其相关的个人数据,包括有关数据主体的个人数据以及数据主体提供的数据。

4.1　有关数据主体的个人数据

针对有关数据主体的个人数据,任何匿名或者与数据主体无关的数据不在数据可携权请求范围内。但可以明确与数据主体对应起来的假名数据(pseudony-mous data)仍处于数据可携权请求范围内,例如,用户提供的各自的识别符。

在多种情况下,数据控制者处理的信息包含多个数据主体的个人数据。在此种情况下,数据控制者不应当对"与数据主体有关的个人数据"这句话作出过于限制性的解释。例如,电话、人际信息传递或网络通话记录可能包含第三方人员的呼入和呼出信息。因此,尽管用户账户记录的数据涉及多名人员的个人数据,在提出数据可携权请求时,用户应能够获得这些数据记录,因为这些记录(也)与数据主体相关。

4.2　数据主体提供的数据

针对数据主体提供的数据,如通过在线表格提交的账户数据(如收件地址、用户名、年龄),由于数据主体提供的数据也源自对数据主体活动的观察,因此,为了使这项数据可携权充分发挥价值,"提供"(provided by)还应包括从用户活动中观察到的个人数据,如智能电表或其他联网装置处理的原始数据、活动日志、网站使用或搜索活动历史记录。但后一类数据不包括数据控制者(利用观测获取的数据或者直接通过输入提供的数据)创建的数据,如通过分析智能电表收集的数据而产生的用户信息,应当按照数据来源对不同类型的数据进行辨别,以确定相关数据是否属于数据可携权范畴。

以下数据类型可以被确定为"数据主体提供的数据":

(1)数据主体有意和主动提供的个人数据(如收件地址、用户名、年龄等)。

(2)数据主体通过使用服务或者设备所提供的观测数据。此类观测数据可以包括个人搜索记录、交通数据和位置数据,还可以包含其他原始数据,如可穿戴设备记录的心跳数据。

与之相反,推测数据和派生数据是数据控制者以"数据主体提供的数据"为基础而创建的数据。

例如,用户健康状况评估结果或者在风险管理和金融监管场景下生成的用户信息(如信用评分)不能被视为数据主体提供的数据。即便此类数据是数据控制者持有的用户信息的一部分,并且是利用数据主体提供的数据进行推导或分析(如通过数据主体的行为)而获得的,这些数据也不应当被认为是"由数据主体提供的",因此也不处于数据可携权范围内。

通常而言,考虑到数据可携权的目标,必须从在广义上进行理解"数据主体提供的数据",并且应该排除"推测数据"和"派生数据",这些数据包括由服务提供商创建的个人数据(如算法结果)。数据控制者可以排除此类推测数据(inferred data)和"派生数据"(derived data),但应当包括数据主体通过控制者所提供的技术手段而提供的其他个人数据。

相较于 GDPR 及 WP29 对数据可携权复杂而细致的定义和解释——包括"数据可携权"对其他权利的影响、一般规则的适用、数据格式的选用、如何提供可携数据、如何处理大量的收集事务、如何保护可携数据的安全进行了详细规定,《个人信息保护法(草案)》根本未提及这一权利。此前的《个人信息安全规范》第 8.6 条有类似于 GDPR"数据可携权"的规定,[1]但极其简单,而且限定范围极为狭窄,并非严格的"数据可携权",仅仅是数据主体自身获取信息副本,并非要求数据控制者向第三方提供。

从欧盟的立法演进来看,数据可携权肇始于 1995 年《个人数据保护指令》中首次规定的访问权,《个人信息安全规范》第 8.1 条规定的查询权便是对访问权的效仿。在该条的注释条款[2]中限缩了个人信息主体提出查询的个人信息范围,将"非其主动提供的个人信息"排除在外,使可携数据范围与欧盟规定趋同。

《个人信息安全规范》第 3.12 条定义了"转让"(transfer of control),是指将个人信息控制权由一个控制者向另一个控制者转移的过程。但该定义又未反映在第 8.6 条"个人信息主体获取个人信息副本",而且从英文翻译上讲,transfer of control 指控制的转移,从 GDPR 第 20 条的描述来看,数据可携权的内容包括两个方面:一是副本获取权(right to obtain a copy);二是数据转移权(right to data transfer)。数据转移权就是将数据从一处转移至另一处的权利。可以说,这是数据可携权与数据主体访问权最核心的区别。

GDPR 项下,数据主体有权将其提供的个人数据无障碍地从一个控制者处转移至另一个控制者处。比如,Facebook 用户可以基于该权利将其提供给 Facebook 的个人数据,包括聊天记录、图片、个人动态等转移至 Google + 或 WeChat 等其他

---

〔1〕 个人信息主体获取个人信息副本根据个人信息主体的请求,个人信息控制者宜为个人信息主体提供获取以下类型个人信息副本的方法,或在技术可行的前提下直接将以下类型个人信息的副本传输给个人信息主体指定的第三方:

a) 本人的基本资料、身份信息;

b) 本人的健康生理信息、教育工作信息。

〔2〕 个人信息主体提出查询非其主动提供的个人信息时,个人信息控制者可在综合考虑不响应请求可能对个人信息主体合法权益带来的风险和损害,以及技术可行性、实现请求的成本等因素后,作出是否响应的决定,并给出解释说明。

社交应用之中。

国外市场中社交 APP 包括有 Facebook、WhatsApp、Twitter、Instagram 等,我国也有微信、qq、钉钉等一些其他的社交软件,由于某些 APP 具有事实上的垄断地位,数据可携权确实可以方便用户转移服务提供者,而且具有极其重大的现实意义,但是同样是对既得利益的一种损害,所以这期间的平衡如何掌握,仍有待于继续对 GDPR 的可携权实施效果进行观察,作为我国的立法参考。

假设现在有一款 APP 诞生,其功能与微信相似,假如法律也规定了数据可携权,用户要求微信按照 GDPR 所规定的可携权进行数据转移,这是无法想象的。

(三)结语

个人信息是一种无形物,但又切实关切到人们生活的每个角落,传统的财产权模式,无形资产的知识产权模式以及人格权的隐私权模式,都无法逻辑完美地对个人信息进行确权,科技飞速发展带来了个人信息保护的挑战,一方面是其蕴含的巨大利益,另一方面是人们在数据分析下的无所遁形,目前国内外立法都通过在个人信息处理者与数据主体之间进行权力划分,平衡商业利益并回应人们诉求,数据主体的权利就是对个人信息处理者行为的限制,也就是说,权利越细化,对于行为的规制也就越多,就更倾向于人们利益的保护,对于 APP 运营者而言,合规要求也就越高。从《个人信息保护法(草案)》来看,虽然社会加强个人信息保护的呼声越来越高,但政府仍倾向于弱保护,将主动权交给了网络运营者和执法部门,对 APP 行业发展目前仍是较为有利的环境。

Chapter 3

第三部分

广告法律实务

从目前投入及产出的趋势来看,数字广告,尤其是数字广告中的程序化广告,是现代广告业发展的必然趋势。

从用户数量及广告终端来看,截至 2020 年 6 月,我国网民规模达 9.40 亿,手机网民规模达 9.32 亿,网民使用手机上网比例达 99.2%,而使用台式电脑上网、笔记本电脑上网比例分别为 37.3%、31.8%。[1] 我国网络视频(含短视频)用户规模 8.88 亿,占网民整体的 94.5%,短视频用户 8.18 亿,占网民整体的 87%。[2] Pub-Matic 在《2020 年全球网络广告趋势报告》中预计,到 2023 年,全球网络广告支出中将有近 80% 来自移动设备。

上述数据反映出的是,信息时代的广告决胜高地是在移动设备上的程序化广告。

在广告业自身发展得越来越适应信息社会时,法律却出现了明显的滞后性,我国《广告法》1994 年 10 月 27 日公布,虽历经 2015 年 4 月、2018 年 10 月两次修订,但似乎仍无法满足现代广告业规范的需要。互联网广告导致的恶性事件层出不穷,尤其是在互联网医疗、互联网金融等涉及公民健康、财产安全等领域,互联网广告不断试探法律及社会底线,打赌博、色情等"擦边球"的广告在手机端完全无法彻底断绝。

国家监督管理部门也试图以各种执法行动或规章改变此种现状,2019 年 6 月 17 日,国家市场监督管理总局等部门联合印发《2019 网络市场监管专项行动(网剑行动)方案》,以网络广告为原点,横向覆盖门户网站、搜索引擎、电子商务平台、互联网媒介等绝大部分网络广告载体,纵向包含医疗、药品、保健食品、房地产、金融投资理财等网络广告类别,要求市场监督管理总局、工业和信息化部、公安部、网络安全和信息化办公室各部委按职责分工协作,加大案件查处力度。

2019 年 7 月 10 日,国家市场监督管理总局就《严重违法失信企业清单管理办法》向社会公开征求意见,其中规定,发布虚假广告,造成严重后果,社会影响恶劣,被市场监督管理部门行政处罚的,列入严重违法失信名单。

2019 年 12 月 20 日,国家互联网信息办公室发布的《网络信息内容生态治理规定》要求网络信息内容服务平台加强对本平台设置的广告位和在本平台展示的广告内容的审核巡查,依法处理违法广告。

---

〔1〕 参见中国互联网络信息中心:《第 46 次中国互联网络发展状况统计报告》,2020 年 9 月。
〔2〕 参见中国互联网络信息中心:《第 46 次中国互联网络发展状况统计报告》,2020 年 9 月。

2020 年 3 月 9 日，国家市场监督管理总局等十一部门印发《整治虚假违法广告部际联席会议 2020 年工作要点》和《整治虚假违法广告部际联席会议工作制度》，要求继续加强广告监管执法工作，并启动相关规范文件的修订，探索广告领域跨部门失信联合惩戒工作机制。

互联网广告自身发展如火如荼，其监管却陷入运动式执法泥沼，将互联网广告纳入网络信息内容生态治理范畴也没有本质性的改变，其根本原因在于，互联网广告进入信息时代后，广告制作方式、发布流程、传播路径、计费方式等传统广告要素已经发生了革命性的变革，但广告法律规范的逻辑思路仍是传统规范思路，故二者之间显得格格不入。

由于程序化广告是互联网广告的主要呈现方式，也是未来的发展趋势，虽然 APP 仍然可以接受传统排期广告，但现实中大量的 APP 的广告投放都是通过程序化购买方式进行，这其中虽然也有接入广告联盟或者自建平台等方式的区分，但广告投放的本质方式都是程序化购买，所以本部分以程序化广告为例就 APP 的互联网广告法律实务进行阐述。

一、程序化广告

程序化购买（Programmatic Buying）概念最早来自证券交易市场，证券市场的程序化购买是指通过既定程序或特定软件自动生成或执行交易指令的交易行为。延伸到广告领域，程序化购买则指"通过广告技术平台，自动地执行广告资源购买的流程"。[1]

程序化购买网络上定义是"程序化购买就是基于自动化系统（技术）和数据来进行的广告投放"。

《程序化广告实战》作者认为"程序化广告是运用技术手段，对整个数字媒体广告投放过程中的各个环节进行信息化，并通过技术手段衔接为一体的一种工具"。[2]

程序化购买广告，是指通过广告技术平台，自动地执行广告资源购买的流程，程序化购买的实现通常依赖于广告需求方平台和广告信息交换平台，并通过实时竞价模式（Real – Time Bidding，RTB）和非实时竞价模式（Non – RTB）两种交易方式完成购买。

---

〔1〕 黄杰：《大数据时代程序化购买广告模式研究》，载《新闻知识》2015 年第 4 期。
〔2〕 吴俊：《程序化广告实战》，机械工业出版社 2017 年版，第 17 页。

独特销售主张(Unique Selling Propositon,USP)首倡者罗瑟·瑞夫斯提出:"广告是一门以尽可能低的成本让尽可能多的人记住一个独特的销售主张主体的艺术。"[1]从实践效果来看,在程序化广告前,广告主只能寄希望于广告内容、广告代言人能够吸引尽可能多的关注,制作精良的广告内容和精心挑选的代言人是最大的投资,而程序化广告让广告主的广告精准推送到希望看到这个广告的用户设备中。那么如何获得用户、如何保证广告到达最想购买这个产品的用户手中最为关键,也是现在广告投入最大的部分,广告主不需要更多的关注广告内容,因为接收到这条广告的用户对广告的产品一定是有兴趣的。

这就是程序化广告。

2016年9月1日起施行的《互联网广告管理暂行办法》中,首次将"程序化购买广告"的概念纳入我国法律体系,该办法第13条规定,互联网广告可以以程序化购买广告的方式,通过广告需求方平台、媒介方平台以及广告信息交换平台等所提供的信息整合、数据分析等服务进行有针对性的发布。这明确了这种互联网广告投放形式的合法地位。

该办法第14条规定,广告需求方平台是指整合广告主需求,为广告主提供发布服务的广告主服务平台。广告需求方平台的经营者是互联网广告发布者、广告经营者。媒介方平台是指整合媒介方资源,为媒介所有者或者管理者提供程序化的广告分配和筛选的媒介服务平台。广告信息交换平台是提供数据交换、分析匹配、交易结算等服务的数据处理平台。

这是对"程序化购买广告"流程中的各参与主体进行梳理和定义,主要涉及"广告需求方平台"(Demand - Side Platform,DSP)、"媒介方平台"(Sell - Side Platform,SSP)和"广告信息交换平台"(Ad - Exchange,ADX)、"媒介方平台成员"(以下简称SSP成员)。

由于该办法是《广告法》的下位法,并没有改变《广告法》第2条规定的"广告主""广告经营者""广告发布者""广告代言人"的基本治理格局,该办法对于各参与主体的权利义务分配仍没有完全匹配实践中规范互联网广告的需求。

二、程序化广告实现途径

程序化广告的核心逻辑在于获取数据→分析数据→建立模型→预测未知,广

---

〔1〕 〔美〕罗瑟·瑞夫斯:《实效的广告》,张冰梅译,内蒙古人民出版社1999年版,第202页。

告出现在 APP 中的具体过程如下：

（1）在特定用户首次访问某网站时，网站会向用户终端发送名为 Cookie 的代码（这也可能是其他类似 Cookie 的技术）。该代码通常经过加密而存储于用户终端。当该用户第二次点击该网站时，网站就可以凭借此前记录，识别用户的特定信息。

（2）广告位要求展示广告，向广告交易平台发送广告请求，同时携带用户数据，这一广告需求即告知 ADX 在该用户网页上存在可执行拍卖的广告位以及用户个人信息。

（3）交易平台读取广告需求，并在首次投放广告后向用户终端发送 Cookie 以便追踪用户信息。通过 Cookie，交易平台就掌握了包含网页信息与用户信息的广告位信息，并将这一具体广告位信息发送给不同的竞标者，即 ADX 向各 DSP 发送竞价请求（bid request），竞标者基于此前用户的浏览而在特定用户设备上存储过 Cookie，即其可以将交换平台的广告位信息与自身掌握的用户信息相结合，作出是否竞标以及如何出价的判断（已通过程序预先设定），并向交易平台发送竞标指令。

（4）DSP 根据用户数据和点位资源进行算法决策决定广告返回（bid response），交易平台评价所有竞标者的出价，决定中标者（通常采荷兰式拍卖或维克里拍卖），并返回 Win Notice 给胜出的 DSP，同时将胜出的 DSP 的广告内容推送给 APP。在此之前，广告主需要将自己的广告需求放到 DSP 平台上，互联网媒体将自己的广告流量资源放到广告供应方平台。在这里，DSP 与 SSP 通过 ADX 和数据管理平台（Data Management Platform，DMP）完成对接。

（5）APP 展出该广告内容。用户产生浏览、点击、转化的数据，再进行数据回调，返回数据给 DSP，目标用户的内容检索和广告浏览行为也会被 Cookie 记录，并根据用户偏好，在用户下次浏览网页时通过广告交易平台推送符合偏好的广告。

（6）中标者发布广告代码至用户设备并呈现广告内容。由于前述所有过程均由程序自动实时完成，所以用户打开特定网页时，最终中标广告会和网页主内容同时出现。

简单地讲，程序化购买广告就是 APP 将用户数据输送到 ADX，ADX 根据数据分析该用户最感兴趣的商品和广告，广告主通过 DSP 将广告发布在 APP 上，这一过程完全由计算机自主进行，时间不超过 100 毫秒。

在部分广告从业者眼中，我国程序化购买市场与国外程序化购买市场存在较大区别，我国程序化购买缺乏透明度，主要商业模式仍然是赚取媒体成本差价，缺乏没有透明的 RTB 过程，广告主出于各种考虑，没有真正参与程序化广告。

造成这种区别的主要原因在于程序化广告极其需要个人数据的流通。如美国,已经形成了较为成熟的数据交易市场,只要 DMP 能够证明用户数据获取过程合法合规,广告主与 DMP 之间合同合法且约定清晰,就不用担心承担与个人信息相关的法律责任,这使程序化广告成为一种很正常的商业模式。虽然我国从刑法规范到行政执法都强调个人数据保护,但不可否认的是,我国用户的身份信息、电话号码、家庭住址、行踪、IMEI、MAC 地址等信息买卖基本上已形成了黑灰产业链,而这些信息在国外都属于不能用于广告的个人隐私数据(Personally Identifiable Information,PII),这就使用于程序化广告的数据来源可能并非完全合法的渠道,整个行业自然就缺乏透明度了。

三、APP 在程序化广告中的法律定性

《广告法》第 2 条规定,本法所称广告主,是指为推销商品或者服务,自行或者委托他人设计、制作、发布广告的自然人、法人或者其他组织。

本法所称广告经营者,是指接受委托提供广告设计、制作、代理服务的自然人、法人或者其他组织。

本法所称广告发布者,是指为广告主或者广告主委托的广告经营者发布广告的自然人、法人或者其他组织。

本法所称广告代言人,是指广告主以外的,在广告中以自己的名义或者形象对商品、服务做推荐、证明的自然人、法人或者其他组织。

《互联网广告管理暂行办法》第 14 条规定,广告需求方平台是指整合广告主需求,为广告主提供发布服务的广告主服务平台。广告需求方平台的经营者是互联网广告发布者、广告经营者。

在讨论 APP 相关的程序化广告时,APP 运营者本身当然可以成为广告主,但由于广告主的法律属性在程序化广告中并没有发生任何变化,与传统广告的区别只在于计费方式和竞买广告位的方式发生了变化,本质上仍然是支付对价来购买广告位。广告代言人主要是体现在广告内容中,与是否进行程序化广告关系不大。从法律角度来讲,由于程序化广告与传统广告传播途径和分发方式发生了巨大的变化,导致了广告经营者与发布者的身份模糊化,并进一步导致责任的"真空"地带,由此带来了监管的难点。所以本节不讨论广告主和广告代言人相关的问题,仅讨论 APP 作为互联网广告呈现平台时的法律定性。

在传统广告的语境中,从概念上讲,广告经营者指接受委托,提供广告设计、制

作、代理服务的自然人、法人或者其他组织。在互联网时代以前,其义务主要是确保设计的广告不侵犯第三方权利或进行不正当竞争等,除专门进行广告设计、制作的主体之外,其他的广告经营者更多情况是以居间方、渠道方、代理人的形象出现。广告发布者指为广告主或者广告主委托的广告经营者发布广告的自然人、法人或者其他组织,传统广告发布者的义务主要是审查广告主提供的广告素材的合规性,除特殊产品的广告由特定行政机关进行事前审查以外,〔1〕一般的内容审查由广告发布者完成。《广告法》第34条还要求广告发布者按照国家有关规定,建立健全广告业务的承接登记、审核、档案管理制度,并依据法律、行政法规查验有关证明文件。

在程序化广告的语境下,《互联网广告管理暂行办法》第11条在《广告法》对于广告发布者的概念下,对互联网广告领域中的广告发布者进行了限缩规定,规定"为广告主或者广告经营者推送或者展示互联网广告,并能够核对广告内容、决定广告发布的自然人、法人或者其他组织,是互联网广告的发布者"。由此很明显地可以得出,该办法第14条所称的"广告需求方平台的经营者是互联网广告发布者、广告经营者"是指,广告需求方平台的经营者是该办法中所称的广告发布者,而非广告法中所称的广告发布者。

《互联网广告管理暂行办法》该条规定通过广告发布行为的外在表现和内在特征对广告发布者进一步定义,突破了《广告法》的规定,增加了广告发布者的认定要件,缩小了互联网广告发布者的范围。这也是为了解决《广告法》无法解决的互联网广告存在问题的无奈之举,如自媒体的发达,使广告发布不再需要冗长复杂的流程,若按照《广告法》的定义,绝大部分自媒体无法履行《广告法》项下的法律义务。《互联网广告管理暂行办法》就只能限缩广告发布者的范围,认为无法对广告内容进行核对的人就不是广告发布者,避免责任主体的无限扩大化。这也是学者比较认同的一种看法,目前在实务中出于各种考虑,执法时一般也如此认为。

实践中一般认为,互联网广告的广告发布者,主要包括以下几种情形:一是为互联网广告提供了推送服务并且能够核对广告内容、决定广告发布的;二是为互联网广告提供了展示服务并且能够核对广告内容、决定广告发布的;三是既推送又展示了互联网广告,并且能够核对广告内容、决定广告发布的。

并不是每一个推送或者展示的经营者都是广告发布者,只有那些在广告最终被消费者看到之前有机会也有能力核对广告内容、决定广告发布的自然人、法人或

---

〔1〕 主要是指《药品、医疗器械、保健食品、特殊医学用途配方食品广告审查管理暂行办法》。

者其他组织,才是互联网广告的广告发布者,才应当依法承担预先审核查验的义务。[1] 上述定义可以进一步概括为"两种行为,一种能力",即"推送、展示的行为之一"+"核对广告内容、决定广告发布的能力"。

2016 年 7 月 8 日,原国家工商总局广告司司长在解读《互联网广告管理暂行办法》答问时也指出:"《暂行办法》第 11 条把它解释一下,你对发布有决定权。这个决定权,说的是你不但能决定是否发布广告,还有时间、有可能对要发布的广告内容进行核对,是互联网的广告发布者。例如,对于视频网站上视频播放前所插播的广告,视频网站对广告的发布并且对内容核对都有这种掌控权的,这样的就是互联网广告的广告发布者。还有一些现象,比如像一些大 V,粉丝比较多的,他在自己的群里、在自己的社交媒体上发广告,他对这种广告是否发布也是具有掌控能力的,他们应当尽到广告发布者的义务,核对自己所发布的广告内容。"

从《广告法》的定义来看,APP 作为广告的最终呈现平台,其运营者毫无疑问应当属于广告发布者,但从上述的规定和解释来看,APP 运营者没有"核对广告内容、决定广告发布"的能力,不符合《互联网广告管理暂行办法》中广告发布者的定义,并不是广告发布者。此外,APP 虽然是媒介,但并不属于媒介方平台,因为媒介方平台的功能主要是帮助媒体主(在移动端主要指 APP)进行流量分配管理、资源定价、广告请求筛选,使其可以更好地进行自身资源的定价和管理,优化营收。也就是说,媒介方平台是为 APP 运营者服务的。而且 APP 运营者也不能是《互联网广告管理暂行办法》第 17 条所称的"未参与互联网广告经营活动,仅为互联网广告提供信息服务的互联网信息服务提供者"。虽然按照《互联网信息服务管理办法》第 2 条的规定,即"本办法所称互联网信息服务,是指通过互联网向上网用户提供信息的服务活动",APP 运营者可能是互联网信息服务提供者,但《互联网广告管理暂行办法》第 17 条的前提是"未参与互联网广告经营活动",APP 运营者很明显是参与了互联网广告经营活动,并且从中获利,所以 APP 作为广告呈现平台,是互联网广告的重要组成环节,却没有明确的法律定性,除明显地涉嫌帮助违法犯罪的情形外,在互联网广告中,几乎没有对其进行规范的法律。

这也是程序化广告在目前的广告法体系下理论与现实的矛盾。由于 APP 缺乏核对广告内容、决定广告发布的能力,不是广告发布者,但最终广告又确确实实地发布在 APP 上,这也就导致法律责任的真空地带,也是我国 APP 普遍用户体验不够好的原因之一。

---

〔1〕 水志东:《互联网广告法律实务》,法律出版社 2017 年版,第 49 页。

法律上,民事活动法律主体"法无禁止即可为",在这种法律空白暂时没有规范进行补足的情况下,目前行政执法确实也没有过于苛责 APP 运营者,除具有核对广告内容、决定广告发布的能力的运营者以外,行政执法中并没有对 APP 运营者进行处罚,典型案例如江苏万圣广告传媒有限公司代理涉赌游戏类广告案[1],暴风影音 APP 作为最终的广告呈现者,并没有受到处罚。

如前所述,程序化广告在用户打开 APP 的 100 毫秒内就可以呈现在 APP 上,APP 运营者所能知晓的仅仅是广告位可能出现广告,但出现什么广告是按照设定的竞价模式进行,APP 运营者是无法预先得知竞价成功的广告主到底是谁,而且针对不同用户所出现的广告也是不同的,若在某一时刻在某一用户使用 APP 时,出现了内容违法的广告,在广告消失后,下次再出现的广告也未必是同样的广告,在现有技术条件下,广告主还可以随时随地地修改广告内容,法律虽然规定了相应的通知义务,[2]但现实很难如法律预设的进行。即在广告发布事前、事中、事后,APP 运营者针对客户端难以知晓违法行为并采取合理措施。

"法律不强人所难",APP 运营者事实上没有能力监控出现在其 APP 上的广告是否违法,也正因为这样的困境,大量违法广告在 APP 上呈现。意图解决此类问题,应当也只能从广告主、广告经营者和程序化广告平台着手,单纯从 APP 着手难以取得实效。

对于此问题,有学者认为,广告法律规范体系所采用的"审核 + 控制"标准和其他的与消费者相联系的法律规范体系所采用的标准本质上也存在区别,主张应当从"审核 + 控制"标准转向"呈现"标准,[3]从根本上改变广告产业参与主体的责任配置,倒逼广告合规的主张。

但本书暂不进行更深入的讨论,只是针对 APP 通过程序化广告参与广告产业的法律属性进行说明,在目前的法律规范体系下,法律赋予 APP 运营者的责任就仅在于明知或者应当明知违法广告时,应当采取删除、屏蔽、断开链接等技术措施和管理措施,予以制止。

---

[1] 参见沪监管普处字(2019)第 072018004525 号。

[2] 《互联网广告管理暂行办法》第 10 条第 3 款规定:互联网广告主委托互联网广告经营者、广告发布者发布广告,修改广告内容时,应当以书面形式或者其他可以被确认的方式通知为其提供服务的互联网广告经营者、广告发布者。

[3] 王玉凯:《互联网广告发布者的认定标准与责任配置》,载《网络法律评论》2016 年第 1 期。

四、程序化广告的合规挑战

虽然在现有《广告法》规范体系下,APP 运营者并不用承担太重的义务,但这并不意味着 APP 在互联网广告领域不用面临任何挑战,APP 最大的合规风险来自个人信息和隐私。

程序化广告最大的优势在于广告的精准投放,广告的精准送达依赖于数据管理平台提供的数据,数据管理平台通过各种途径收集用户数据(主要是通过 Cookie 及类似技术),并对用户数据进行分析、挖掘和应用,这也就构成了程序化广告的核心技术之一,即用户定向(Audience Targeting)。

程序化广告的另一核心技术是实时竞价(Real – Time Bidding,RTB),RTB 带来了广告业革命性的变化。它改变了广告按照广告位来投放的方式,RTB 在采购广告的时候,是以受众为目标。RTB 购买的不是广告位而是受众。当用户来到具有 RTB 的网页时,呈现的广告内容是根据技术判定的个人属性及兴趣爱好来确定的,不同的人打开页面时,看到的广告是不同的,可以做到千人千面。与此类似的还有非实时竞价(Non – RTB)、私有交易市场(Private Marketplace,PMP)等概念,但其本质并无变化。

用户定向和实时竞价在程序化广告中的广泛且必要的运用,在欧美导致了用户对于其个人信息及隐私泄露的担忧,事实上确实也导致了用户个人信息的泄露,Google 因此也被处以巨额罚款,同时还引发了一些影响较大的诉讼。

如前文所述,要实现广告的精准送达,依靠的是相关的计算机技术,而计算机技术的实现需要海量且具有识别性的个人数据,明确的知悉广告将呈现设备主人的兴趣。无论程序化广告技术如何变迁,如使竞价技术更能兼顾效率与质量,计费技术更为精确与合理等,这些都不是广告主愿意将广告预算用于程序化广告最核心的理由,其核心竞争力一直在于程序化广告将广告精准推送到对广告商品最有兴趣的客户的设备中,而完成这一任务的前提在于获取用户数据。根据程序化广告实现的技术原理,APP 向广告交易平台发送广告请求,同时携带用户数据,而这些用户数据获取是否合法及合乎商业伦理一直处于争议之中。

由于移动端用户行为习惯固定且精准,程序化广告参与者希望 APP 能够获得设备标识符以及一切其他具有标识意义的信息,将线下、线上(包括手机、电脑等各种上网媒介)的数据勾连起来,将用户进行唯一性标识,实现跨屏识别,并将用户在各种途径表达过兴趣的商品的广告推送给该用户,程序化广告参与者未必愿意确切的知道用户具体是谁,但一定要知道用户的行为特征和唯一性。

若 APP 不收集用户信息,尤其是具有标识意义的信息,能够提供的广告资源转化率可能较低,通过广告途径获取的收入将锐减,最终导致无法继续生存。所以,APP 在利益的驱动下,为实现程序化购买广告的目的,大量收集与其提供的服务或产品有关或无关的信息,这也是为何我国 APP 违规收集用户数据屡禁不止的根源所在。

这些数据中最为典型的就是 Cookie,当然实践中由 Cookie 执行的功能也可以通过其他方式实现。例如,使用某些特征来识别设备,以便分析对网站的访问。一般对于 Cookie 的分析也适用于用户设备上存储或访问信息的任何技术。例如,HTML5 本地存储,本地共享对象和指纹技术。设备指纹识别能够识别、链接或推断的信息元素的例子包括(但不限于):从设备的配置中获得的数据、因使用特定网络协议而暴露的数据、CSS 信息、JavaScript 对象、HTTP 头信息、时钟信息、TCP 协议栈的变化、浏览器内已安装的插件、使用任何 API(内部和/或外部)。还可以将这些元素与其他信息(如 IP 地址或唯一标识符等)组合在一起。

这些个人数据在各法域越来越被认为属于个人信息,在不符合法定要件时,擅自使用这些信息进行程序化广告将面临极大的合规风险。

本部分以 Cookie 及 RTB 相关问题为例阐述 APP 在程序化广告中涉及的个人信息合规风险。

(一)相关技术及我国的态度

1. Cookie 概述

Cookie 是为了解决 HTTP 无状态的问题而产生,由于绝大多数网站是通过 HTTP 协议进行传输,其特点之一就是"无状态",即服务器无法知道两个请求是否来自同一个浏览器,即服务器不知道用户上一次做了什么,每次请求都是完全相互独立。在用户与网页进行交互时,无状态就导致服务器无法记录用户做过什么。网景公司员工 Lou Montulli(卢·蒙特利)在 1994 年将"Cookie"的概念应用于网络通信,用来解决用户网上购物的购物车历史记录,而当时最强大的浏览器正是网景浏览器,在网景浏览器的支持下其他浏览器也渐渐开始支持 Cookie。

Cookies 是一小段信息,通常仅由字母和数字组成,在线服务在用户访问它们时会提供。用户设备上的软件(如 Web 浏览器)可以存储 Cookie,并在下次访问时将其发送回网站。它们最初的用途主要是保存购物车中的记录、方便用户登录、分析访问量,但现在似乎其更重要的用途是跟踪用户的浏览行为。

当用户访问网站时,该网站会请求用户的浏览器以将 Cookie 存储在计算机或移动设备上。一个 Cookie 是网站生成的一小段数据(文本文件),用于记住有关用户和网站使用情况的信息,如语言首选项或登录信息。Cookie 都是特定于浏览器的。例如,如果您使用 Chrome 访问网站并选择了记住账号和密码,这可能会将 Cookie 放置在您的计算机上,以便您日后访问此网站时,它可以不用再次输入账号密码。但是,如果下次访问该网站,使用 360 浏览器或者其他浏览器,该网站可能并不知道账号和密码。

举例来说,网站使用 Cookie 来:

(1)识别用户;

(2)记住用户的自定义首选项(如语言、偏向选项);

(3)当用户从一个页面浏览到另一个页面或稍后访问该网站时,无须重新输入信息,即可完成任务。

但从目前的实践来看,Cookie 仍然被用于浏览器的上述目的,但其更重要的以及更为普遍的是被用于程序化广告,并出现了一些新类型 Cookie。

从 Cookie 的用途角度可以将 Cookie 分为五类:

(1)绝对必要 Cookie(Strictly necessary cookies):此类 Cookie 是为网站正常运作而启用的基本 Cookies,用于执行基本功能。没有这些 Cookies,网站可能无法正常运行。

(2)效果 Cookie(Performance Cookies):此类 Cookie 主要用于收集访问者如何使用网站的信息——通常是不涉及个人身份的聚合信息。收集的信息用于向发布者提供关于站点的统计信息。通常,分析型 Cookie 就在这个类别中。

(3)功能型 Cookie(Functional Cookies):此类 Cookie 通常用于支持对用户或他们的网站体验有利的网站功能,它们使网站能够记住选择并提供更个性化的体验。

(4)定位 Cookie(Targeting Cookies,主要用于广告);此类 Cookie 是在行为广告的背景下启用的,它们通常是由数字广告公司设定的,主要或唯一的目的是管理广告的表现,展示广告,并建立用户档案。通常,此类 Cookie 是由第三方购买网站上的广告空间设置的。

(5)其他类型的 Cookie,如 Flash Cookie。Flash Cookie 就是跟踪方法的一个例子,这种方法不太容易被发现,也很难被移除。Flash Cookie 是 Cookie 删除后重新出现或"重生"。这是一个标准的 HTTP Cookie,由存储在附加文件中的数据备份,当用户再次访问原始站点时,这些文件用于重建原始 Cookie。它们存储在设备或线上的不同位置,这意味着即便删除了浏览器 Cookie,它们也不会被删除。

从 Cookie 的存续期间的角度可以将 Cookie 分为会话型 Cookie(session cook-ie,也称临时 Cookie)和持久型 Cookie。

会话型 Cookie 指用户关闭浏览器时就会被删除的 Cookie,持久型 Cookie 指在用户的设备上会保留一段预定义时间的 Cookie。

从 Cookie 所属的域名(domain)的角度可以将 Cookie 分为第一方 Cookie 和第三方 Cookie,第一方 Cookie 是由用户访问的网站直接设置的并与其共享同一域名,第三方 Cookie 是由用户正在访问的域名以外的域名设置的。这通常发生在网站整合了其他网站的元素时,如图片、社交媒体插件或广告。它是由一个你正在访问的网站以外的网站放置在用户设备上的。最常见的第三方 Cookie 是由社交媒体平台、营销人员、广告商和广告技术公司提供的。第三方 Cookie 将他们网站的"片段"嵌入另一个网站中,这允许他们在你的设备上存储 Cookie。举例而言,如果你访问一个有广告的新闻网站,新闻网站本身可以储存 Cookie 在你的设备中(第一方 Cookie),但是你的浏览器同时也在与另一个网站进行通信,这个网站有广告,并在新闻网站上显示。这个网站也可以在你的设备上存储一个 Cookie,这是一个第三方 Cookie。

第三方 Cookies 被用于追踪用户的上网行为和用户体验,以便其根据用户的兴趣投放了个性化广告。通常,第三方通过一个实时竞价(RTB)购买网站上的广告空间。

对于用户个人信息的威胁主要来自定位型、持久型、第三方 Cookie 以及具有类似追踪定位分析功能的其他 Cookie。

2. RTB 概述

RTB 是在网站上出售和购买广告空间的过程。这是通过用户访问网站时,以程序性即时招标的形式实时在线拍卖广告空间来实现的。一旦出价请求被触发,拍卖就会开始,广告空间被出价最高的投标者获得,并在页面上提供广告。投标请求通常会生成一个关于用户的数据集,包括用户数据统计特征、浏览历史、位置和正在加载的页面等信息,这些信息被广告主用于发布定向广告。通过该技术,广告商可以在几毫秒内围绕可用的数字广告空间展开竞争,通过自动化方式在网页和应用上推送数十亿的在线广告。

RTB 过程主要涉及三个主体:

(1)发布者:他们通常是 GDPR 中定义的个人数据的控制者,并且是通过每次用户加载网页时发送投标请求来发起拍卖的人。

（2）广告技术供应商：当网站加载到用户设备上时，竞标广告空间的各方。竞价请求从发布者（用户正在加载的网站）传递到广告交易平台。

（3）广告交换平台（ADX）：让广告商获得信息，从而确定特定广告空间的价值，并在更大范围内针对特定用户群体精准营销。

就RTB而言，由于其复杂性和规模性，各国的监管部门尤其担忧其对于数据主体权利和自由造成的风险，具体如下：

（1）透明度和同意

首先，RTB中使用的协议包括构成敏感数据的字段，需要获得数据主体的明示同意。此外，即使删除了敏感数据，目前的做法在处理数据主体的个人信息方面仍然存在问题。例如，找到RTB中处理个人数据的合法性依据仍然具有挑战性，因为"合法利益"可以适用的情形是有限的，而在数据保护合规方面，获得授权的方法通常是不充足的。

其次，向数据主体提供的隐私通知缺乏明确性，并不能让数据主体完全了解他们的数据发生了什么。

再次，在RTB中创建和共享用户画像的情形似乎是失衡的、侵扰性的和不公平的，特别是在许多情况下，数据主体对数据的处理并不知情。

最后，目前尚不清楚RTB参与者是否能够充分掌握需要处理何种数据才能达到对特定数据主体进行定向广告的预期目的，而生态系统的复杂性意味着可以断定参与者是在没有完全理解所涉及的隐私及道德问题的情况下进行操作的。

（2）数据供应链

主要依赖合同协议来保护竞价请求数据的共享、存储和删除方式。但鉴于共享的个人数据类型和数量，这种方式似乎并不适宜。总体而言，自动化广告行业似乎尚未完全了解数据保护的相关要求。RTB合规性普遍存在以下问题：

①由于确信"合法利益"的例外情形可适用于存储和/或阅读缓存数据或其他技术，因此对非敏感数据的处理从收集时就是缺乏合法性基础的。

②未经明示同意（且没有其他例外情形），任何敏感数据的处理都是违法的。一般而言，由于敏感数据对数据主体造成伤害的可能性更高，处理此类数据需要更高要求。

③即使可以使用"合法利益"作为依据，生态系统内的参与者也无法证明他们已经适当地进行了数据保护影响评估并采取了适当的保障措施。

④对于数据保护立法要求的数据保护影响评估义务缺乏了解及遵守。并不能确定参与者对与RTB相关的风险得到充分评估并采取了措施。

⑤提供给数据主体的隐私处理信息过于复杂、缺乏清晰度。当前的保护框架不足以确保有关个人信息的透明度和公平处理,也不能确保充分知情。

⑥用户画像非常详细,并且为了同一个竞价请求在数百个组织中被反复共享,而这些都是在数据主体不知情的情况下进行的。

⑦每周都有成千上万的组织在处理数十亿的竞价请求,却采取不一致的技术性和组织性措施来保护数据的运输和存储,而很少或根本不考虑法律规定的个人信息国际传输。

⑧关于数据最小化和存储管理的应用存在类似的措施不一致的情形。

⑨数据主体无法得到其数据在生态系统内安全的保障。

3. 其他类似技术概述

一般而言,跟踪和存储人们在网络上的偏好的技术都依赖于 HTTP Cookie,但还有许多其他类似的技术存在,在此予以简述。

例如,网络信标(也称 web bug 或像素标记),通常是透明的图形、图像,大小不超过 1 像素×1 像素,通过放置在一个网站或电子邮件中监控用户访问网站或发送电子邮件的行为。该技术通常与 Cookie 结合使用,例如,网络信标可以让公司和在线营销机构知道用户是否打开了他们收到的 html 电子邮件。当网络信标加载(这发生在电子邮件打开时),网络信标无形地嵌入电子邮件图形,因此公司可以查明收件人是否打开了电子邮件,以及何时打开。这同样可以帮助收集用户信息,如计算机的 IP 地址、信标所在网页的 URL(Uniform Resource Locator,全球资源定位器)等。

再如,设备和浏览器指纹技术,这是比 Cookie 更微妙的常见跟踪技术。设备指纹技术通过收集存储在本地安装的应用程序中的信息来识别设备。本地应用程序存储的信息可能包括唯一的标识符,如 MAC 地址和序列号,这使识别用户成为可能。即使 Cookies 被关闭或删除,这项技术也能识别用户。

浏览器指纹技术包括收集大量不同且稳定的信息,这些信息对于每个系列的 web 浏览器来说都是独一无二的。此外,通过使用这种技术可以检索有关浏览器插件和扩展、浏览历史和硬件属性的信息。

4. 我国对于 Cookie 的态度

朱某诉北京百度网讯科技有限公司隐私权纠纷案[1]被称为中国"Cookie 第一案",一审法院审理认为"个人隐私除了用户个人信息外还包含私人活动、私有领

---

〔1〕 参见南京市鼓楼区人民法院(2013)鼓民初字第 3031 号、江苏省南京市中级人民法院(2014)宁民终字第 5028 号。

域。朱某利用三个特定词汇进行网络搜索的行为，将在互联网空间留下私人的活动轨迹，这一活动轨迹展示了个人上网的偏好，反映个人的兴趣、需求等私人信息，在一定程度上标识个人基本情况和个人私有生活情况，属于个人隐私的范围，故Cookie 信息属于个人隐私"。而二审法院认为，"网络用户通过使用搜索引擎形成的检索关键词记录，虽然反映了网络用户的网络活动轨迹及上网偏好，具有隐私属性，但这种网络活动轨迹及上网偏好一旦与网络用户身份相分离，便无法确定具体的信息归属主体，不再属于个人信息范畴。经查，百度网讯公司个性化推荐服务收集和推送信息的终端是浏览器，没有定向识别使用该浏览器的网络用户身份。虽然朱某因长期固定使用同一浏览器，感觉自己的网络活动轨迹和上网偏好被百度网讯公司收集利用，但事实上百度网讯公司在提供个性化推荐服务中没有且无必要将搜索关键词记录和朱某的个人身份信息联系起来。因此，原审法院认定百度网讯公司收集和利用朱某的个人隐私进行商业活动侵犯了朱某隐私权，与事实不符。"

上述案件发生之时，法律尚未明确具体什么是"个人信息"，不仅是普遍公民，法院可能也不是特别清楚 Cookie 的技术概念，但是 Cookie 技术普遍运用导致用户个人信息被网站肆意使用。

目前，GDPR、CCPA 都明确了 Cookie 可作为用户标识符，属于个人信息，虽然不一定能被进一步认定为隐私，但其不应当被毫无限制的利用是毫无疑问的。

我国在法律及相关标准中，虽然没有明确 Cookie 应当作为个人信息保护，但Cookie 毫无疑问属于"能够单独或者与其他信息结合识别特定自然人身份或者反映特定自然人活动情况的"，属于个人信息，而且"如一旦泄露、非法提供或滥用可能危害人身和财产安全，极易导致个人名誉、身心健康受到损害或歧视性待遇等的信息，属于个人敏感信息"，认为 Cookie 属于敏感信息也可无异议。

在目前的司法层面上，上海市静安区人民法院 2019 年 11 月 22 日发布的《2018 年度商事案件审判白皮书——广告行业纠纷现状审视与法律风险应对》通报了 2016 年 1 月至 2019 年 6 月审结的广告合同纠纷案件审判情况。该白皮书中提到程序化购买涉及的内容有广告与联盟会员网站匹配、联盟广告数据监测和统计、联盟广告付费方式、联盟分成等。

常见纠纷主要是广告主与平台之间的纠纷，如广告主因平台未如约履行广告投放义务为由起诉平台返还广告费用，以及联盟会员与平台之间的纠纷，如联盟会员起诉平台未及时支付相应费用。此外，由于各类主体之间，一般都签订平台制定的电子合同，案件中格式条款的效力也成为审理难点。

但诉讼案件还没有产生与数据相关的纠纷,既没有用户提起诉讼或投诉,也没有公益诉讼。

从目前舆论反馈上来看,公众对于个性化广告对隐私的侵犯、个人信息的滥用有一定意见(尤其是涉及短信、电话时),但一方面囿于法律规范的不健全,实践中也缺乏具有可操作性的指引;另一方面我国互联网服务以免费为主,与国外以付费为主不同,这种现实盈利或生存压力客观上也促使了个人信息的滥用。

在目前的行政执法层面上,我国目前还没有因为数据违法违规问题对相关参与者进行行政处罚的案例。从公开的行政执法文书以及广告行业的判决书来看,程序化广告目前还没有进入执法的视角,2020 年 3 月 1 日生效的《网络信息内容生态治理规定》要求网络信息内容服务平台加强对本平台设置的广告位和在本平台展示的广告内容的审核巡查,依法处理违法广告。这标志着广告信息被正式纳入网络信息内容生态的治理范畴,但这仍然主要是对内容本身的规范,而不涉及用户个人信息的问题。

程序化广告无法回避的问题就是数据隐私的保护,但监管方向上的不同取舍,如何平衡产业发展和用户权益的保护,最终取决于我国如何看待世界各法域的数据规范以及是否有需求、有必要以及有意愿与世界各法域交流融合,也取决于世界其他各法域如何看待我国出海的互联网参与者,当然更重要的取决于我国具体的国情和政策取向并兼顾商业利益。与欧洲相比,美国在数据治理的立场是将选择权交给用户和市场并尊重市场规律,兼顾产业发展。欧盟意图建立最规范的数据市场,以保障个人权利为主。

我国《个人信息保护法(草案)》参考了 GDPR 的基本规定,但具体对权利的保障、权利的落地还有待于立法、司法实践的进一步发展。

在程序化广告的进程中,我国可能还需加强和发达国家及地区的交流,还有相当多的空白领域需要探索。

(二)国外立法及典型案例

1. 欧盟法律及规范框架的要求

欧洲目前对 Cookie 的要求来自 2011 年生效的《隐私指令》(ePrivacy Directive)。《隐私指令》于 2002 年首次推出,并于 2009 年进行了修订。该修订对 Cookie 和类似技术的监管产生了较为重大的影响。即在设置 Cookie 时引入了选择加入同意(opt - in)的要求。

《隐私指令》第 5 条第 3 款规定,成员方应确保仅在向有关订阅用户或用户提供了清晰而全面的信息的情况下，才允许使用电子通信网络存储信息或获取用户终端设备中存储的信息。这在业界被认为是引入了"同意"作为"存储或检索"（写入或读取）的合法性前提，除非是技术必要性的。并认为由于所有的 Cookie 都存储在用户终端设备上，因此第一方 Cookie 和第三方 Cookie 都受该规则的调整。所有类型的 Cookie 需要用户给予同意，网站发布者负责收集用户的同意。

唯一允许的例外情况是，网站的操作必须使用 Cookie，即是"严格必要的"。该豁免范围是相当狭窄的，程序化广告所使用的用户 Cookie 几乎都不可能得到豁免。

但由于指令与 GDPR 这种条例（Regulation）的效力不同，指令不直接适用于成员方，必须转化为国内法方可适用。所以欧盟成员方对于 Cookie 的解释标准不一，各国监管机构也发布了自己的指导意见，以不同的方式解释有关 Cookie 的规则，包括何时以及如何获得/给予同意，以及什么类型的 Cookie 可能属于同意的豁免。监管机构在执行方面的权力和方式也大相径庭，以至于同一个网站使用相同的 Cookie，但服务于不同的国家市场，提供给用户的信息和选项可能有所不同。

在 GDPR 中，鉴于条款第 30 款认为："自然人可能与由他们的设备、应用、工具和协议（如因特网协议地址，Cookies 或者诸如射频标识别标签的其他标识符）所提供的在线标识符相关联。这可能会留下痕迹，尤其是当与独特的标识符和其他服务器接收到的信息相结合时，这些痕迹可以用于创建自然人的档案并且识别他们。"

即 GDPR 认为用于唯一标识设备和/或与使用设备相关的个人的 Cookie 应被视为个人数据。即便是使用假名标识符（如数字字符串或者字母），Cookie 通常包含这些数据并赋予其唯一性，也应当被视为个人数据，故根据 GDPR，任何"Cookie"或其他识别码，若只属于设备或用户，因而能够识别个人，或即使没有实际识别，也能将其视为唯一，与此相关的过程应当被视为处理个人数据。这在 GDPR 鉴于条款第 26 款[1]也得到了确认。

这也就涵盖了几乎所有广告和目标 Cookie、网页分析 Cookie 等 Cookie。

在 GDPR 发布后，欧盟为了确保隐私规则和 GDPR 之间的一致性，根据新的市场和技术现实以及解决执行不一致和碎片化的问题，欧洲委员会 2017 年 1 月提出《关于隐私和电子通信法规》草案（EU Regulation on Privacy and Electronic Communications，ePR），意图取代《隐私指令》，并与 GDPR 一同生效，但由于欧盟理事会并

---

〔1〕 该款第一句内容为：数据保护的原则适用于有关已识别和可识别的自然人的任何信息。假名化机制下通过使用附加信息可以连接到某个自然人的个人数据，应当被视为可识别的自然人的信息。

未确定其自身立场,该法案具体条文仍未达成共识,2019 年 9 月 18 日,理事会发布了又一轮草案,该草案中仍然专门提到了 Cookie 的问题,其序言第 23 条提出,"应当为最终用户提供一组隐私设置选项,范围从较高(如'从不接受 Cookie')到较低(如'始终接受 Cookie')和中级(如'拒绝第三方 Cookie'或'仅接受第一方 Cookie'),此类隐私设置应以易于查看和理解的方式呈现"。

在 2020 年 2 月 21 日发布的最新 ePR 草案中,又引入了服务提供者的合法权益作为设置 Cookie 的新的法律依据(该版本草案第 8 条第 1 款第 g 项),其前提是该利益不受最终用户权益或基本权利和自由的支配。在这种情况下,服务提供者必须:

(1)避免将收集到的信息分享给除其处理者以外的任何第三方,除非信息已被匿名;

(2)就处理和存储能力的使用或从用户的终端设备收集信息进行数据保护影响评估(Data Protection Impact Assessment,DPIA);

(3)通知用户拟进行的处理以及用户有权反对该处理;

(4)实施适当的技术和组织措施,如假名化、加密等。

修订后的规则特别针对立法者所称的对网络行为的"暗中监视",这要求在默认情况下阻止所有第三方存储和处理。考虑到现代网站的构建方式,通常有许多由第三方服务提供的标签和代码元素,这将严重限制第三方 cookie 和跟踪的使用,对程序化广告将产生深远的影响。

此外,上述草案意图与 GDPR 保持一致性,虽然其作为特殊法,一旦通过,在电子通信领域优先于 GDPR 适用,但该草案明确指出,"同意"的定义将参照 GDPR,对于同意的认定将与 GDPR 相一致(在数据法律实务中已详述),与 GDPR 在同意问题上的立场相呼应的是,该草案将要求网站证明征得了访问者的同意,而且他们的同意可以在任何时候撤回。

2. 典型案例

就 Cookie 与 RTB 在欧盟及其成员方是否合规,从司法及行政执法上都有一些影响较大的案件,简述如下:

(1)Case C–673/17(the Planet 49 Judgment')

欧盟法院(Court of Justice of the European Union,CJEU)2019 年 10 月 1 日就 Case C–673/17 作出判决。

此裁判主要涉及在线游戏公司 Planet 49 组织的彩票活动,德国消费者组织联合会向德国法院就德国公司 Planet 49 在推广在线游戏中使用预选框取得用户同意以保存 Cookie 的形式提起诉讼,德国联邦法院请求欧盟法院就欧盟有关保护电子通信隐私的法律进行解释。[1]

该判决解决的第一个问题是:如果存储信息或访问已经存储在用户终端设备中的信息是通过预先选中的预选框允许的,用户必须取消选择以拒绝他们的同意,是否构成有效的同意?

法院在判决中强调,在实践中,如果不取消预先选中的预选框,或者在任何情况下,是否已告知该同意,就不可能客观地确定网站用户是否真的同意处理其个人数据。同时法院指出,可以想象,用户在访问的网站上活动之前,不会阅读预先选中的预选框所附带的信息,甚至不会注意到该预选框。

通过"预选框"的方式取得的用户同意,数据处理者无法假设未取消要求的人会积极参与。按照 GDPR 的要求,此种同意缺乏明确的意思表示,无法构成有效同意。

该判决解决的第二个问题是:为了应用《隐私指令》第 5 条第 2 款,结合《数据保护指令》第 2 条第 h 项(指令 95/46/EC,the Data Protection Directive),存储或访问的信息是否构成个人数据有区别吗?

法院在判决中强调,对于《隐私指令》的解释不应根据用户在网站终端设备上存储或访问的信息是否构成个人数据而有所不同。特别是根据《隐私指令》鉴于条款第 24 款,[2]存储在用户终端设备上的任何信息都是他们自己私人领域的一部分,需要受到《欧洲人权公约》第 8 条的保护。因此,存储在电子通信网络用户终端设备上的信息必须受到保护,无论它是否属于《数据保护指令》和 GDPR 项下的个人数据。

该判决解决的第三个问题是:根据《隐私指令》第 5 条第 3 款的规定,在向用户提供清晰和全面的信息的范围内,服务提供商必须提供哪些信息? 这是否包括 Cookie 的运行时间以及是否允许第三方访问 Cookie 的问题。

法院在判决中强调,Cookie 策略必须详细说明任何 Cookie 的预期使用期限,以及是否允许第三方访问 Cookie。并且为了使资料清楚和全面,必须取得用户同意,以便同一用户能够很容易确定其同意的后果。

---

〔1〕 吴沈括、崔婷婷:《欧盟法院(CJEU)关于 Cookie 运用的最新司法规则及其启示》,载《中国审判》2020 年第 8 期。

〔2〕 该款内容为:电子通信网络用户的终端设备以及储存在此类设备上的任何信息属于需要根据《欧洲保护人权和基本自由公约》予以保护的用户的私人领域。所谓的间谍软件、网络漏洞、隐藏标识等设备,可以在用户不知情的情况下进入用户的终端,获取信息、存储隐藏信息或跟踪用户的活动,可能严重侵犯这些用户的隐私。只有在有关用户知情的情况下,才允许为合法目的使用这些设备。

欧盟法院的上述裁决为企业在商业层面上的合规操作提供了直接的行为指引：企业必须修改"继续浏览本网站即表示您同意使用 Cookie"或类似形式的 Cookie 通知，以实现明确的"选择—进入"同意。在获得明确的"选择—进入"同意之前，应确保没有设置 Cookie。如果提供或访问服务必须给予同意，则应确保特定的个人数据是提供服务所必需的。[1]

（2）Google 案

欧盟境内各国数据保护机构也越来越重视 Cookie 合规，包括在线行为广告及各类场景中的应用程序。德国巴伐利亚州数据保护机构对 40 家大型公司在各个领域的涉 Cookie 做法进行了审查，没有发现任何一家公司的 Cookie 做法完全合规。对于此类行为进行处罚的案件中，Google 案由于罚款金额巨大，在整个欧洲都具有较大影响力。

法国数据保护监管机构（CNIL）以 GDPR 规则对 Google 相应行为进行了处罚。Google 在欧洲向其合作伙伴提供用户信息，以便于其客户投放个性化广告。2018 年 5 月，无业务组织（NOYB）和维权组织 La Quadrature du Net（LQDN）的团体对其行为进行投诉。这两起投诉均指责 Google 没有有效的法律依据来处理其服务用户的个人数据，特别是出于广告个性化目的。2019 年 1 月 21 日，CNIL 对 Google 处以 5000 万欧元的高额罚款，因其违反 GDPR 的透明性原则、提供充分信息以及针对个性化广告缺乏数据处理的合法性基础。

CNIL 认为 Google 在两个关键领域违反了新的隐私规则：

首先，违反透明性原则（GDPR 第 22 条）和提供充分信息的义务（GDPR 第 13 条），用户无法轻易访问 Google 提供的信息。当用户登录 Google 时，基于个性化的广告会轮番出现在页面上，用户为了进入下一个步骤，必须多次点击按钮和链接（5~6 次），才能读懂个性化广告使用什么数据等必要信息。此外，某些用户数据没有提供有关保留期的信息。这实际上意味着，如果用户不被动接受广告，服务将无法提供。同时，隐私政策内容中用途、数据类型、处理后果等的描述比较模糊，不符合法律规定要求的清晰、可理解。例如，目的描述为在内容和广告方面提供个性化服务、确保产品和服务的安全、提供和开发服务等。

其次，违反了为广告个性化处理提供法律依据的义务。虽然 Google 在 Android 系统开机引导中提供了个性化广告的选项，但是选项位置位于"更多选项"，需要用户主动点开才能看见，且该选项为默认勾选。

─────────

〔1〕 参见吴沈括、崔婷婷：《欧盟法院（CJEU）关于 Cookie 运用的最新司法规则及其启示》，载《中国审判》2020 年第 8 期。

CNIL 还认为,由于以下原因,Google 方面无法"有效"获得同意:

(1)用户的"同意"并未充分了解情况。Google 隐私政策多个文件中对个性化广告的描述是:Google 可能会根据您在 Google 服务中的活动向您展示广告(如在搜索或 YouTube 以及谷歌网站和合作伙伴应用中)。因 Google 涉及超过 20 个服务,用户其实无法通过隐私政策内容描述了解使用了什么数据、也无法了解使用的数据量,甚至连广告展示在哪里都无法准确获知,个人信息在多个文件中被过度传播。这违反了法律要求同意所需要的"明知"前提。

(2)对于个性化广告的选项是在更多选项中,且个性化广告的开关是默认勾选。如果用户不点击更多选项且勾选掉个性化广告的开关,则用户必须选择确认。所以不能认定用户同意个性化广告的数据处理。

(3)用户的"同意"既不是具体的也不是明确的。创建账户后,用户可以通过单击"更多选项"按钮修改与账户关联的某些选项,在"创建账户"按钮上方访问。实际上,用户不仅必须点击"更多选项"按钮来访问配置,而且还预先勾选了广告个性化的显示。但是,根据 GDPR 的规定,只有用户明确肯定行动(如勾选未预先勾选的方框),同意才是"明确的"。最后,在创建账户之前,要求用户勾选"我同意 Google 的服务条款"框和"我同意如上所述处理我的信息,并在隐私政策中进一步说明"才能完成创建账户的过程。Google 的同意机制是针对公司整体服务的同意,包括个性化广告,而非给用户每个特定目的的特定同意。CNIL 提出如果采取一并同意的机制,应当以单独的方式向用户展示不同的处理目的,且要求用户通过明确的行为而非默认勾选的方式。

除上述案件外,类似的案件还有网络浏览器 Brave 首席政策和产业关系官约翰尼·瑞安(Johnny Ryan)、开放权利组织的前主任吉姆·基洛克(Jim Killock)以及伦敦大学学院数据和政策研究人员迈克尔·韦勒(Michael Veale)提起的实时竞价诉讼,称"行为广告行业内,Google 等公司大范围且系统性地违反了数据保护制度"。并称个性化广告行业"催生了一种大规模数据传播机制",它会收集相关广告所需信息以外的大量个人数据。此外,它还会将"这些信息提供给许多第三方企业用于多种用途"。而且还提交了额外证据来证明,Google 以及 IAB 使用的广告类别列表中包含的敏感性标示都是系统性生成的。

RTB 发生的速度意味着这种特殊类别数据在传播过程中也许未经用户同意或是无法控制。鉴于这类数据很有可能会被传播给无数希望整合各类数据的组织,在数据主体不知情,更别说同意的情况下,这些组织便会针对个人生成非常复杂详细的个人档案。

欧洲互动广告局(IAB)还提出诉讼,指控 Google 违反 GDPR 给用户加注高度敏感的个人隐私信息标签,并向数千家第三方企业分享,帮助他们投放广告。

英国数据保护监管机构(Information Commissioner's Office,ICO)2019 年 6 月 20 日发布的 Update report into adtech and real time bidding(自动化广告和实时竞价报告)也认为 RTB 违反了 GDPR 及 ICO 相关规定。认为自动化广告已经失控,数据主体无法得到其数据在生态系统内安全的保障。

(三)合规框架

如前文所述,国内目前对于 Cookie 及 RTB 并没有相关的法律进行规范,也就谈不上相应的合规框架建立,但欧盟及各成员方、IAB 都对 Cookie 等的实践提出了相关的要求,在此予以简述,我国目前也正逐步加强广告监管,或可从他国经验中获取一定启示,对于 APP 运营企业的合规也具有相当的指导意义。

1. 欧盟委员会的合规建议

(1)确认对于给定的功能,Cookie 的使用是否必不可少,是否没有其他非侵入性的替代方法。

(2)如果认为 Cookie 是必不可少的,请确认其对于个人信息的侵入程度。即每个 Cookie 包含哪些数据? 它是否与用户的其他信息相链接? 它的存续期间与其目的是否相称? 这是什么类型的 Cookie? 这是第一方还是第三方设置的 Cookie? 谁控制数据?

(3)评估每个 Cookie 是否需要知情同意:第一方会话型 Cookie 不需要知情同意。第一方持久型 Cookie 确实需要知情同意。仅在必要时使用。有效期不得超过 1 年。所有第三方会话型和持久型 Cookie 都需要知情同意。

(4)在储存 Cookie 之前,如有需要,请在任何使用 Cookie 并需要用户同意的网站的所有页面中实施 Cookie 同意工具包,以获得用户的同意。

2. 英国 ICO 的合规建议

(1)继续浏览网站不是表达同意的有效方式。

(2)不要把同意捆绑到一般条款和条件或隐私通知上。事实上,这项请求必须与其他事项分开。

(3)分析型 Cookie 并不是严格必需的。因此,他们需要同意。

(4)不允许使用 Cookie 墙。

(5)在同意机制中,旨在影响用户选择的"轻推"设计(nudging designs)是不允许的。

3. 法国 CNIL 合规建议

（1）继续浏览、预选框、Cookie 墙和一般条款和条件都不是获得同意的有效方式。

（2）用户监测和其他没有过度侵扰的分析型 Cookie 可能被认为是严格必要的，因此可以免于收集同意。

（3）使用 Cookie 的第三方可能对其使用的 Cookie 负有完全和独立的责任，这意味着其应直接获得用户的同意。

4. 德国数据保护局建议

（1）同意并不是 Cookie 的唯一法律依据。合同的履行或数据控制者或第三方的合法权益是设置 Cookie 的进一步可能的法律依据。

（2）Cookie 提示仅仅提供"OK"按钮，没有选择拒绝设置 Cookie 是不合法的。

5. CCPA 项下的 Cookie 合规建议

如上文所述，CCPA 对"唯一标识符"定义进行举例，列举"IP 地址、Cookie、信标、像素标签、移动广告标识符和类似的跟踪技术"，虽然仍不确定 Cookie 是否被认为是一个独立的标识符，但如果使用 Cookie 或其他跟踪技术收集和处理的信息可以合理地与消费者、家庭或设备联系在一起，则处理必须符合 CCPA 的规定。而且必须特别注意使用跟踪技术的个性化广告等。此类处理可构成个人信息的销售（例如，通过在网站上启用第三方 Cookie，允许这些方读取或写入 Cookie 中包含的信息）。

CCPA 项下，Cookie 应当包括以下信息：

（1）有关 Cookie 使用的信息，包括关于在本网站使用 Cookie 的目的的详细信息，以及本网站是否与第三方公司共享这些信息。

（2）接受或拒绝 Cookie 的选项。虽然 CCPA 不要求消费者在网站删除 Cookie 之前选择加入（opt－in）Cookie，但最好的做法仍然是告知用户它所收集的数据。这还可以包含一个到 Cookie 设置页面的链接，用户可以在那里选择加入或退出（opt－out），还可以查看需要使用哪些 Cookie。

（3）消费者必须有能力在本网站容易找到的地点，随时撤回对出售其个人资料的同意。

（四）程序化广告的进路

2014 年，苹果在 iOS8 上将 MAC 地址设为私有，这一决策目的在于希望把获得更多隐私的消费者需求，置于需要更多数据的广告商的需求之上。2017 年 9 月，作为 iOS11 升级的一部分,苹果推出了最新的反广告技术:Safari 浏览器会删除所有 30 天以上的 Cookie。苹果这一举措意味着苹果的选择与大部分商业活动主体的商业模式相悖。在 iOS14 升级时,iOS14 要求开发人员必须通过提示询问用户:你希望分享你的 IDFA 吗?所谓 IDFA,是 Identifier for Advertising(广告标识符)的英文缩写,是与设备相关的唯一标识符。iOS 设备真正唯一的标识符当然是 UUID (Unique Device Identifier),而 UUID 是不可变的,但 IDFA 是可以改变的,因苹果禁止应用程序获取 UUID,所以 IDFA 成为苹果手机用户标识符的标准。若 iOS 用户不同意外部应用获取 IDFA 的话,则可以认为程序化广告在这部分用户手机中一定程度上消失,广告商有可能失去使用苹果手机的客户,同时也意味着苹果手机用户可能在一定程度上免受程序化广告骚扰。这也导致了 Facebook 等严重依赖于程序化广告的公司对苹果公司的抱怨。

苹果公司 CEO 库克认为,"眼下,似乎没有信息能保持私密,能不被监视、不被货币化、不被聚合成对一个人的 360 度全景展示。也许有人认为,分享这些信息是值得的,因为它们能让广告投放更精准;但我猜,也有很多人并不这么想"。

也就是说,在商业角度和技术方面,在一定程度上可以减少程序化广告对于用户的侵扰。但除了苹果公司外,其他手机制造商似乎缺乏为用户隐私问题与其他科技巨头抗争的能力与勇气。所以,商业角度和技术角度可能不是解决这一问题最有效的手段,至少现在不是。

同时,程序化广告的优势是传统广告无法比拟的,其发展趋势似乎也是不可阻挡的,如时代洪流滚滚而来,对参与其中主体的规范,可能更多的还是要从法律角度进行。

如前文所述,程序化广告导致了一定程度的责任真空,互联网语境下的广告发布者与经营者难以履行传统广告法语境中的审核义务,广告的呈现平台(主要指移动终端、APP)更无法如传统的广告平台(如电视台、报纸)那样对广告内容进行筛选与追踪。在这样的背景下,有学者认为,互联网广告发布者的认定不应以运营商是否能够核对广告内容为标准,而应采用"呈现"标准,将消费者感知考虑在内。运营商需要对呈现于其界面的广告内容承担广告发布者责任。《广告法》对广告发布者民事责任的非终局性规定能够有效限制广告发布者的经营风险。司法实践与规则完善中,对于广告发布者承担行政、刑事责任则应采用严格的主观要件,避免在特定广告模式中运营商在客观上不知广告内容违法的情况下面临被吊销营业执照等较大风险。在此限定下,采用"呈现"标准并据此完善广告发布者的责任体系不会对互联网广告产业的健康发展造成障碍,而有利于规范广告活动和保护消费者权益。

互联网广告发布者的认定与责任,在规范意义上事关既有价值判断结论与规则体系在新环境中的适用,也是法律与技术、经济关系的一个缩影。技术进步和相关经济的发展,至少在短期来看有排斥法律干预的倾向,尤其是《广告法》这种以市场秩序与消费者保护等传统价值目标为取向的规则。资本具有迫切的逐利性,企业对利用新技术探索和完善盈利模式具有敏锐嗅觉,对公平、诚信等基本价值追求和弱势消费者的保护却并无相当关切。但技术进步和新的经济模式,在法律面前却并不具有相对于基本价值目标的当然优势。互联网广告法律秩序的构建,依然应当以诚实信用的广告内容和对消费者信赖的有效保护为基本取向。我国互联网产业要实现从野蛮生长到持续繁荣的转变,秩序构建与责任承担是互联网运营商必须重视的成本。[1]

在我国,由于互联网企业集中程度较高,根据 eMarKeter 的数据,百度、阿里巴巴和腾讯程序化展示广告市场份额高达 90%,占中国整个数字展示广告支出的2/3,所以若按照前述观点对广告法体系进行调整,可能效果更为明显,这种机制若能倒逼百度公司、阿里巴巴集团和腾讯集团被良好规范,上述问题也许可以大为缓解,从而促进市场的健康发展,避免用户利益受损。

五、广告内容

前述以程序化广告为切入点,对互联网广告进行了较为详细的阐述,但除此之外,还有一些与广告内容有关的注意义务,在此简要阐述。

现行《广告法》被称为史上最严《广告法》,该法对广告内容提出了较高要求,内容详尽,具有较高的可直接执行性。《广告法》第 8 条至第 14 条规定了所有类别广告禁止性内容或情形,此外,其他部门法及各种行政法规对医疗广告、医药广告、医疗器械广告、烟草、酒类、化妆品等特殊行业广告内容进行了特别规定。

对互联网广告除《广告法》一般要求外,其他要求主要是:

（1）不得以介绍健康、养生知识等形式变相发布医疗、药品、医疗器械、保健食品广告;

（2）利用互联网发布、发送广告,不得影响用户正常使用网络;不得违反在互联网页面以弹出等形式发布的广告应当显著标明关闭标志规定,确保一键关闭;

---

〔1〕　王玉凯:《互联网广告发布者的认定标准与责任配置》,载《网络法律评论》2016 年第 1 期。

（3）互联网广告不得违反应当具有可识别性，显著标明"广告"的规定，使消费者能够辨明其为广告；

（4）不得以欺骗形式诱使用户点击广告内容；

（5）未经允许不得在用户发送的电子邮件中附加广告或者广告链接。

此外，还有对于互联网金融的一般要求：

（1）不得对未来效果、收益或者与其相关情况作出保证性承诺，不得明示或者暗示保本、无风险或者保收益；

（2）不得夸大或者片面宣传金融服务或金融产品，在未提供客观证据的情况下，对过往业绩作虚假或夸大表述；

（3）不得利用学术机构、行业协会、专业人士、受益者的名义或者形象作推荐、证明；

（4）不得对投资理财类产品的收益、安全性等情况进行虚假宣传，欺骗和误导消费者；

（5）未经有关部门许可，不得以投资理财、投资咨询、贷款中介、信用担保、典当等名义发布吸收存款、信用贷款内容的广告或与许可内容不相符；

（6）不得引用不真实、不准确数据和资料；

（7）不得宣传国家有关法律法规和行业主管部门明令禁止的违法活动内容；

（8）不得宣传提供突破住房信贷政策的金融产品，加大购房杠杆。

由于上述内容的规定并无任何需特殊说明之处，仅在于整理收集，出于内容精简性的考虑，本书不将每部法律法规对广告内容限制一一罗列。2020 年 6 月 29 日，重庆市市场监督管理局发布《关于印发广告活动负面清单的通知》，用 1.3 万余字详细罗列了《广告法》等 22 部法律法规文件中涉及广告活动的各类禁止性规定问题。该通知罗列了 257 种广告违法行为，覆盖药品、教育培训、互联网金融等 23 类商品与服务，涉及户外、互联网、新闻媒体等不同载体。该《负面清单》较为全面地涵盖了现行广告相关法律法规中各类禁止性行为，为企业提供了一份自查自纠的"体检表"，对于广告内容的审查可参照执行。

Chapter 4

第四部分

知识产权法律实务

　　知识产权从诞生之日起,一直试图通过提高除行政许可外的行业准入门槛而使知识产权权利人处于竞争优势地位,同时良好的知识产权运营可以产生持续的现金流。在我国部分从业者的认知中,由于互联网更新换代的节奏过快,互联网相关的知识产权并不重要也不值得被尊重,其表现之一便是大部分软件从业者都在使用盗版软件,行业中也充斥着模仿与抄袭。

　　但事实并非如此,互联网作为造富最为成功的行业,资本推动了那些在传统知识产权中被认为不具有可版权性、可专利性的客体逐渐被接纳为知识产权的客体或者通过知识产权的手段保护这些本不是知识产权客体的智力成果,如算法、商业模式等,这既可能导致更严重的垄断,但也可能给予创业者以机会。

　　据有关文献记载,"知识产权"作为一个名词提出,到现在只有300多年的历史,而将其作为法学领域的学术概念或者法律规范中的法律概念的时间则更为短暂。[1]

　　从学术理论研究到立法、司法实践,知识产权的概念和内涵都没有一个确定而无争议的概念,英国剑桥大学教授科尼什(Cornish)指出:"'知识产权'一词过去很少用来描述商标以及类似的市场经营手段,但现在已为国际上所接受。"王迁教授认为知识产权的定义应当为:"知识产权是指关于创造性智力成果和区别性商业标志的专有权利。"

　　《世界知识产权组织公约》第2条中认为,"知识产权"包括:

　　(1)关于文学、艺术和科学作品的权利;

　　(2)关于表演艺术家的演出、录音和广播的权利;

　　(3)关于人们努力在一切领域的发明的权利;

　　(4)关于科学发现的权利;

　　(5)关于工业品式样的权利;

　　(6)关于商标、服务商标、厂商名称和标记的权利;

　　(7)关于制止不正当竞争的权利;

　　(8)在工业、科学、文学或艺术领域里一切其他来自知识活动的权利。

　　《与贸易有关的知识产权协议》第1条第2项规定,"知识产权"一词指在第二部分的第一节至第七节中涉及的所有知识产权类型,包括著作权及其相关权利、商

---

〔1〕　参见王迁:《知识产权法教程》(第4版),中国人民大学出版社2014年版,第4页。

标、地理标记、工业品外观设计、专利、集成电路布图设计、未公开信息的保护。

作为一个国家或地区特定阶层利益的反映,知识产权法必然会在一定程度上受到国家或民族功利主义的制约和实用主义的影响。[1] 这反映在我国司法实践上,则是我国知识产权范围甚至还囊括了特有商品装潢、具有识别意义的角色姓名等,而且与竞争法中的内容存在一定重合,以及在互联网时代的游戏画面保护、游戏转播信号等一些传统知识产权无法涵盖的新类型、新形式。

APP 行业属于智力密集型行业,处于充分竞争市场,每一细分领域同质化较为严重,市场上很容易出现模仿者。互联网行业因为竞争激烈,要想突出重围,除了优质的产品与服务以外,还需要大量的资本支持,而最好的资本支持莫过于上市融资,由于互联网企业最重要的资产往往都是智力成果,上市过程中相当数量的企业由于知识产权问题被否。

鸿合科技在 IPO 过程中,视源股份(002841. SZ)全资子公司在美国得州东区法院对其提起专利侵权诉讼。我国科技企业目前积极追求科创板上市,其中安翰科技被重庆金山专利阻击,白山科技被网宿科技专利阻击,安翰科技和白山科技最终都被迫终止上市审核。前事不忘后事之师,由此凸显出科技公司更需要保证其知识产权的合法性与有效性。

本部分主要阐述与 APP 相关的知识产权及其保护。

一、著作权及其相关权利

著作权,有的国家称版权,有的国家称著作权。"版权"一词,英文为"Copyright",直译为"复制权",强调复制的权利,最早出现于英国 1709 年的安娜法令。当今英美法系国家均使用"版权"一词。法国认为著作权包括人格权和财产权,采用"Droitd'auteur"一词,直译为"作者权",而不采用"版权",以突出作者权利。

对于我国,著作权和版权的名词都是"舶来品"。版权就是指复制的权利,其法律意义就在于保护出版人对著作物享有的独家复制的垄断权和财产权。大陆法系国家采用著作权而没有采用版权,绝非名称问题,著作权是作者权,它既含人身权又含财产权,所以著作权是"两权一体"的权利。[2]

但从世界各国的立法体例来看,称著作权法的国家,其保护的客体既包括文字作品,也包括其他作品,还包括邻接权的内容。称版权法的国家,保护的内容主要

---

〔1〕 参见王迁:《知识产权法教程》(第 4 版),中国人民大学出版社 2014 年版,第 14 页。
〔2〕 参见姚新华:《著作权与版权异议献释》,载《政治与法律》1986 年第 6 期。

也不是出版者的权利,而是作者的权利,其保护的客体和称著作权法的国家基本一致。因此,称著作权法还是称版权法,从各国的历史条件出发,其细微处可能有点差别,但从实质看,两者的含义是一致的。

在国际法领域,"著作权"一词和"版权"一词是通用的,可以互换。以大陆法系国家为主发起的《伯尔尼公约》,其第 2 条两款中使用 Author's Right,日文转译为著作权,在该公约英文文本中,这几处都换为 Copyright,日文转译为版权。

从我国的使用上看,"著作权"一词和"版权"一词也是通用的,其含义一致。2001 年修订的《著作权法》第 56 条也明确了"本法所称的著作权即版权",这也结束了学术界长期以来对二者的争论。

所以对于行文而言,著作权与版权一般是通用的,并没有特别的区别。著作权及其相关权利主要指我国《著作权法》[1]第 10 条规定所指的权利以及《著作权法实施条例》第 26 条规定的邻接权,在此不再赘述。

APP 包含的著作权客体包括源代码和 APP 呈现界面。本部分所指 APP 著作权仅指 APP 本身所享有的著作权,APP 中的内容及资源享有的知识产权问题在本书"互联网信息内容法律实务"中有讨论。

（一）源代码

1. 源代码的来源与保护模式概述

源代码的来源包括开源软件、教科书中获取、与硬件搭配的企业示例源代码、第三方源代码、[2]业界通用的源代码、表达唯一的源代码[3]等,源代码还可以通过反编译获得源代码、通过 B/S（Browser/Server,浏览器/服务器）下浏览器获得、计算机自动生成,[4]这些代码一般可以通过代码文件的版权信息、开发者信息等注释内容加以区分。[5] 当然,作为计算机软件开发者,通过技术人员对代码及产品功能的理解,自己编写代码也是源代码的重要来源。

源代码既是著作权保护的客体,又可以构成企业的核心商业秘密,而且根据我

---

〔1〕 2020 年 11 月 11 日,全国人民代表大会常务委员会通过关于修改《中华人民共和国著作权法》的决定,本书中若无特殊说明,《著作权法》均指修改后的《著作权法》(2020)。

〔2〕 第三方源代码是指程序设计人员由于使用了特定的软硬件平台,从平台服务商获得的平台开发相关的、能够节省开发周期的源代码。

〔3〕 需要注意的是,此种表达唯一并不是真正只有这一种表达,而是以函数为划分单元,判断源代码是否表达唯一,不应孤立的判断某一行代码是否为唯一表达。

〔4〕 比如,IDE 自动生成的窗体源代码、基于数据库结构的代码生成器生成的数据库操作源代码、基于 UML 同一建模语言生成的源代码。

〔5〕 参见刘玉琴:《软件知识产权司法鉴定技术与方法》,知识产权出版社 2018 年版,第 36~53 页。

国《专利审查指南》第二部分第九章第 1 节:本章所说的计算机程序本身是指代码
化指令序列,或者可被自动转换成代码化指令序列的符号化指令序列或者符号化
语句序列,计算机程序本身属于智力活动的规则和方法,系我国《专利法》第 25 条
第 1 款第 2 项予以排除的主题。但是,对于"涉及计算机程序的发明",如"介质 +
计算机程序流程"的发明,不属于所述排除的主题,应进一步判断其是否符合我国
《专利法》第 2 条等其他法律规定。在我国的《专利法》[1]语境下,"介质 + 计算机
程序流程"是具有可专利性的,也就是源代码在一定程度上可以是专利的组成部
分,这也与国际公约以及其他国家的做法较为一致。

2. 软件著作权保护脉络

源代码著作权保护与软件著作权保护并不完全等同,软件著作权还包括软件
界面等的著作权,权利范围更广。但本质上,软件著作权保护很大程度上通过源代
码保护实现,从历史上看,软件著作权保护发展脉络较为清晰,在此通过软件著作
权的梳理从侧面说明源代码的著作权保护。

1968 年,英国的 D. A. Senhenn 提议把计算机程序作为一种新作品,增加到著
作权法的保护中,1972 年,菲律宾成为世界上第一个以版权法保护计算机软件的
国家,美国也在 1976 年和 1980 年修改其《版权法》,明确以《版权法》保护计算机
软件。

美国 1980 年《版权法》修正案中,第 101 条对计算机程序作了原则性的界定,
计算机程序是"旨在直接或间接用于计算机以取得一定结果的一组语句或指令"。
在 1983 年美国第三巡回上诉法院对 Apple Computer Inc. v. Franklin Computer
Corp. 案所作出的判决中,上诉法院对美国《版权法》中关于"计算机程序"的定义
作了如下解释,任何能够借助于某种机器或设备而被人们感知、复制及传播的作
品,均应受到《版权法》的保护,《版权法》中所定义的"直接用于计算机"的指令,就
是指目标代码表达的程序,因此目标程序应当受《版权法》保护。同时,该判例把源
代码、目标程序、只读存储器中固定的程序、系统程序和应用程序都列入了版权保
护,并明确其属于计算机程序的范围。[2]

鉴于软件行业的巨大利益,从 1985 年开始,美国通过外交、经济、法律等多种
途径,推进全世界的软件可版权化。关贸总协定乌拉圭回合后,基本上达到了美国
的目的,1994 年的 TRIPs 协议和 1996 年的《世界知识产权组织版权公约》都将软

---

〔1〕 2020 年 10 月 17 日,全国人民代表大会常务委员会通过关于修改《中华人民共和国专利法》的决
定,本书中若无特殊说明,《专利法》均指修改后的《专利法》(2020)。

〔2〕 参见董雪兵:《软件知识产权保护制度研究》,浙江大学出版社 2009 年版,第 11 页。

件纳入知识产权保护范围,并将其与版权领域中最具影响力的《伯尔尼公约》联系,软件也就在世界上全面进入可版权化时代。

著作权法一般通过"表达与思想的二分"规则来确定著作权的边界,但这种区分对于软件作品非常困难,软件作品的表达同其思想极为接近。与其他文字作品不同,文字作品可以通过层层抽象将具体的细节与作者本身的思想进行拆分,即便是表达同一思想,在非抄袭前提下,表达的形式也可能存在极大差别。但是软件的代码本身具有极强的逻辑性,同一编程语言对于大致相同的功能设计,有可能存在相似的表达过程,思想的代码化受限于算法与逻辑,在思想、构思或者意图达到的功能较为一致的前提下,表达往往受限,编程也可以认为是将思想代码化的过程汇总,不需要太多创造性,创造性在构思整个逻辑与算法的过程中实现。

但无论是出于利益还是法理,软件的可版权性已成为不容置喙的事实,著作权保护表达而不保护思想,代码的编写就是最基础的表达,而代码所意图实现的算法以及代码背后所体现的数据结构应当认为是思想。

所以从著作权的视角来看,对于软件的保护主要可以认为就是对源代码的保护,当然软件著作权的客体更为广泛一些,还包括软件界面。

3. 软件著作权侵权判定原则

美国作为软件产业发达、软件著作权法律保护相对完善的国家,通过多个典型判例,确立了比较科学的软件侵权判断标准。在这一过程中,美国也走过弯路,如美国曾确立了 SSO(Structure, Sequence, Organization, 结构、顺序、组织)标准,将软件著作权的范围从文字编码扩大到软件的结构、顺序、组织,软件的结构、顺序、组织不再被视为软件作品的思想,而是被作为软件作品思想的表达形式加以保护。

美国法院又在 Computer Associates International, Inc. v. Altai, Inc. 案中推翻了 SSO 标准,确立了"抽象、过滤和比较"三步判断法。这一标准在多年的司法实践中得到认可并进一步发展,目前仍是美国认定软件著作权侵权的权威标准。

"抽象、过滤和比较"三步判断法严格地区分了表达形式和技术思想,认为著作权法只能保护软件的表达形式,不能扩大到技术思想。首先,对计算机程序进行抽象,把原告的软件按其层次和结构分解为相应的部分,从代码、子模块、模块……直到最高层次的功能设计,对程序分层次逐级抽象,将不受著作权法保护的思想抽象出来;其次,再过滤出程序表达中不属于著作权法保护范围的内容(如已经进入公有领域的表达形式、由于表达形式有限而存在的仅有的几种表达,也即所谓"功能限定的有限表达"),在此基础上,再对过滤后的受保护部分与被控侵权程序进行实质相似性对比。

三步判断法所要完成的任务是在量化基础上对两程序进行比对,最后作出是否具备实质相似性的判断。实质相似性的判断不仅要求复制的成分达到一定的量,而且要比对复制成分在被复制软件中的重要程度。若复制成分与被复制软件实质部分的重合达到一定量,则可作出二者具备实质相似性的判断。

在通过三步判断法认定了实质相似性之后,为了避免独立开发时出现的技术方面的选择设计巧合,美国法院又创设出了更为完善的"实质相似性加接触"原则,即在确认两个程序实质相似的基础上,还要考虑被告是否接触或有可能接触了原告的作品。所谓接触,是指被控侵权软件的开发者以前有"研究、复制对方计算机软件产品"的机会。因为实践中有可能出现两个程序构成实质相似,但双方的作品都是独立创作产生的情况,此时如不能证明被告接触或可能接触了原告的作品,则不能被认定为侵权。

侵犯著作权的行为有很多种,因为著作权以作品为载体,又因为侵权行为排除了偶然性相似的因素,因此,在构成侵权的问题判断上,要求侵权人具备接触作品的可能性,同时也要求作品构成实质性相似,其中任何一个条件不符合就不可能构成侵权。[1]

在计算机软件著作权侵权判定领域,我国在美国判定标准上有进一步的发展,且更为科学合理,在我国司法审判中,基本使用的是"实质性相似 + 接触 + 排除合理解释",即在认定了实质性相似和接触的情况下,仍允许被告通过对"实质性相似"的合理解释来否认侵权。这可以说是在对美国标准修正后产生的新标准。较为典型的两个案件就是"番茄花园"软件侵权案(刑事)、[2]奥托恩姆科技有限公司(Alt – N Technologies,Ltd.)诉宁波凯信服饰股份有限公司侵害计算机软件著作权纠纷案(民事)。

这一标准的适用前提是,首先明确权利人主张权利的软件的保护范围。在此,软件的思想部分、不具有独创性的部分和已经进入公有领域属于公知公用的部分被排除在外,由于表达形式有限而存在的仅有的几种表达也被排除在外。这一过程相当于三步判断法中的过滤。

在确定了权利保护范围之后,再对两软件进行比对,作出是否具备实质相似性的判断。我国司法实践对软件的比对总结出的步骤是:

(1)对被控侵权软件与权利人的软件直接进行软盘内容对比或者目录、文件名对比;

---

〔1〕 参见宋鱼水主编:《著作权纠纷诉讼指引与实务解答》,法律出版社 2014 年版,第 161 页。
〔2〕 参见成都共软网络科技有限公司、孙某等侵犯著作权案(番茄花园案)。

（2）对两软件的安装过程进行对比，注意安装过程中的屏幕显示是否相同；

（3）对安装后的目录以及各文件进行对比，包括对比文件名、文件长度、文件建立或修改的时间、文件属性等表面现象；

（4）对安装后软件使用过程中的屏幕显示、功能、功能键、使用方法等进行对比；

（5）对两软件的程序代码进行对比。程序代码比对是最为重要的阶段。因为软件的目标程序由源程序代码编译而成，源代码作为软件的最基本要素，是进行实质相似性认定的最重要资料。

3.1　接触

一般而言，非公司员工难以接触到公司保密的源代码，在证明"接触"的过程中，一般要求企业提供人事档案、相关人员的项目资料或者会议资料，以便证明员工的接触。

非开源源代码一般不太可能通过公共媒体或者直接可见的方式被社会公众接触，所以接触源代码的一般是单位员工、合作方或基于其他业务需要可能获取的人员，而只有具有一定的不可接触性，方可证明接触性，唯有通过接触过程中的存证，才可直接证明接触。

在细节上，对于在公司内部公开源代码或开发过程中的技术会议上，需要留存相应的签字文件及保密要求签字资料，以便证明相应员工不仅接触了相应的源代码，也清晰地知道该源代码的秘密性。当然也有通过内部办公系统、邮件往来或者移动存储设备进行接触或传输的可能。

对于公司内部人员，权利人可以通过制定规章制度，明晰不同职位、不同职位的接触权限，并且在接触过程中进行存证。对于离职人员签订相应的竞业禁止协议、做好硬件设备的交接工作、制定交接清单等。

对于公司外部人员，如存在代理、委托关系等的合作方，注重合同履行过程中的存证，制定详细的信息披露规则等。

在这里需要注意的是商业秘密的保密措施与接触过程的存证，其手段与此处所称的存证过程本身是相似的，但目的不同。在证明保密措施的过程中，上述存证程序主要是为了证明单位采取了手段；而在证明接触的过程中，上述程序主要是证明行为人有接触享有权利的代码的可能性。前述措施对于以版权方式保护的源代码是可行的，但是难以达到商业秘密案件中"保密措施"的强度。

3.2　实质性相似

就实质性相似而言，主要有三个层面的相似：

首先是源代码实质性相似,这主要针对的是权利人通过证据保全或者其他方式获取了行为人的源代码,而且双方源代码可能是由同一种语言进行编程的。当然,不同语言间的源代码可以通过专门的软件进行对比,但这种情形不太多见,此类案件主要是离职员工、项目核心人员或其他合作方通过其他手段获取了竞品的源代码而直接使用的情形。

其次是目标代码的相似,这主要是针对嵌入式软件以及由不同的编程语言进行编程的源程序而言。

以上两种一般都可以通过同一性鉴定进行证明。同一性鉴定源于主张著作权的民事诉讼或刑事诉讼,其对象既可以是软件源代码,也可以是目标代码,还可以是整个软件产品。《计算机软件保护条例》第2条及第6条明确了软件著作权保护的客体,因此,就软件同一性鉴定的对象而言,主要是目标代码以及相关文档。

源代码的同一性鉴定一般需要对源代码进行预处理,统一源代码书写格式,预处理过程主要包括去除第三方源代码、确定文件对应关系、规范空行和注释行的处理、规范源代码换行的格式、以函数为单元重新组织代码顺序或重新拆分源代码文件。

对于源代码的比对,一般通过形式比对、功能比对完成,形式比对一般比对双方代码相同行数、不同行数、各自独有的行数以及其在总行数中的比例,在形式对比中,比对双方相同比例较高的情况下,可以给出同一性鉴定意见。但即便双方比对相同比例不够高的情况下,也可以进入功能性比对进行鉴定。

功能性比对可以逐行比对,也可以按函数逐一比对,一般按照以下顺序进行:

(1)标注行号;

(2)确定函数对应关系,按对应关系调整代码顺序;

(3)阅读源代码,以函数为单元,进行代码功能比对。

上述对比主要针对单一源代码的比对,对于源代码文件集合的情形相对而言更为复杂一些,但本质上并无差别。所谓源代码文件集合主要指双方源代码由多种计算机语言设计,包含多种类型、多个源代码文件的集合。对于源代码文件集合的同一性的比对,在确定功能模块对应关系、代码文件对应关系、代码预处理、单一文件比对基础上,对相应结果进行整体层面的统计,最终得出鉴定意见。

鉴定意见一般表述为相同、不同、基本相同、实质相同、实质性相似等表达,但除相同和不同外,其他的表述并没有特别明确或统一的标准,这也是在实务中容易产生争议的地方。

最后是在无法提供源代码但也无法进行目标代码比对的前提下,就非文字部分的整体相似进行判定。非文字部分的相似,强调两个对比软件整体上的相似,包括软件的组织结构、处理流程、所用数据结构、所产生的输出方式、所要求的输入形式等方面的相似,不是单纯地以程序代码相似来判断。

总的来说,所谓实质性相似应当是指软件整体上的相似,并不单纯以引用的文字百分比来判断。

传统版权法上"实质性相似"的判断一般采用汉德法官在 Nichols 案中提出的"抽象观察法",[1]在美国司法实践中,还有一种"整体观察法",即从整体概念和感觉出发,将多种创作元素(包括不受保护的作品要素)作为一个整体,以识别讼争作品是否构成实质性相似。[2]

在对于传统版权法保护客体的"实质性相似"判定上,一般是以"抽象观察法"为主,以"整体观察法"为辅,即仅在前者无法适用或适用结果明显不合理的情况下才能适用后者。[3]

当然,在此之外,鉴于"抽象观察法"通过剔除不受保护的内容进行对比,尽管形式上适用了思想表达原则,但不可避免的降低版权的保护力度,而"整体观察法"过于主观,对于被侵权作品中的独创性元素可能未被保护,非独创性元素却可能被保护的适用矛盾,甚至可能出现无法说清所保护的内容为何的问题,仅仅是整体的相似太过于依赖主观判断。

前述两种方式各有其局限性,在司法实践中,又提出了读者标准判定原则,并主张根据不同的作品属性采用不同的判定原则,这无疑是正确的。但是,鉴于源代码、目标代码本身的复杂性,以及源代码的来源不仅仅是编程人员写入,还包括机器生成等,其创作过程与传统版权法保护的客体创作过程存在明显区别,读者标准也可能存在一定偏差。

此外,源代码初次创作完成后,基本上都会更新迭代,理论上讲,每个版本的源代码及其文档都享有独立的著作权。著作权自作品完成时便享有,诉讼程序中,权利人可以提供原始开发记录、开发合同、项目计划等创作过程记录及相应资料证明其享有著作权,也可以通过向版权局提交资料取得著作权证书以证明其享有权利,但是对于迭代更新较快的软件或程序,通过上述方式较为麻烦,目前可以通过区块链技术对原始文档及源代码加入时间戳,进行区块链存证,相对而言,效率更高也更为快捷。

---

[1] 参见何怀文:《著作权侵权的判定规则研究》,知识产权出版社2012年版,第81页。
[2] 参见《美国版权法》第102(b)条。
[3] 参见吴汉东:《试论"实质性相似+接触"的侵权认定规则》,载《法学》2015年第8期。

3.3　合理解释

对于合理解释,一般认为有以下三种意味:

(1)"接触"的证明责任

在现实生活中,无论是因为权利人管理的缺失还是行为人手段的隐蔽,对"接触"的证明常常是难以把握的,侵权人何时何地接触过软件,权利人难以知晓,因此,法律没有将过多的举证责任分配至权利人一方,而是将部分举证责任转嫁给侵权人。权利人只需举证侵权人有接触软件的可能性,如权利人的软件作品公开发表过,此后由侵权人提出"合理来源的解释",如提不出,即可认定构成侵权。

(2)表达与思想混同导致的单一表达

《计算机软件保护条例》(2013)第 29 条规定,软件开发者开发的软件,由于可供选用的表达方式有限而与已经存在的软件相似的,不构成对已经存在的软件的著作权的侵犯。

在实践中,合理解释最主要的就是表达方式有限。如果计算机软件仅能通过固定的或者有限的表达方式来表述其思想,可以认定表达与思想混同,不给予著作权保护。

(3)著作权法上的合理使用与法定许可

合理解释还可引用著作权法上的合理使用与法定许可。软件的著作权保护依旧是遵循著作权法的基本逻辑。

知识产权项下的法律制度固然是给予权利人相应的垄断权,但同样就知识产权正当性而言,知识产权制度本质是一种典型的利益平衡机制,兼顾知识产权人专有权和社会公众自由接近信息的利益,最终使知识产权制度通过对信息接近的有限的抑制,扩张了信息的总量,为更大程度的信息自由提供了保障。

合理使用与法定许可就是对著作权的法定限制,《著作权法》(2020)第 24 条规定,在下列情况下使用作品,可以不经著作权人许可,不向其支付报酬,但应当指明作者姓名或者名称、作品名称,并且不得影响该作品的正常使用,也不得不合理地损害著作权人的合法权益:(一)为个人学习、研究或者欣赏,使用他人已经发表的作品;……(六)为学校课堂教学或者科学研究,翻译、改编、汇编、播放或者少量复制已经发表的作品,供教学或者科研人员使用,但不得出版发行;(七)国家机关为执行公务在合理范围内使用已经发表的作品……

第 25 条规定,为实施义务教育和国家教育规划而编写出版教科书,可以不经著作权人许可,在教科书中汇编已经发表的作品片段或者短小的文字作品、音乐作品或者单幅的美术作品、摄影作品、图形作品,但应当按照规定向著作权人支付报酬,指明作者姓名或者名称、作品名称,并且不得侵犯著作权人依照本法享有的其他权利。前款规定适用于对与著作权有关的权利的限制。

上述两条规定针对的主要仍然是版权法意义下的传统客体,如文字作品、美术作品或音乐作品等,但正如前文所述,软件著作权的保护核心是具有原创性的源代码,源代码作为一种技术人员熟知的编程语言进行的一种表达,与文字作品相似,如果行为人对于源代码的使用符合著作权法对于合理使用或法定许可的规定,也属于法定的抗辩事由。

(二)APP 界面著作权

APP 的开发流程大致可以分为:基础调研→产品分析→交互设计→视觉设计(UI 设计)→研发→测试→交付,[1]其中,界面涉及的就是交互设计与视觉设计,用户与 APP 的交互、看到的 APP 展示流程与界面,都是设计师的精心设计与引导,设计师需要绘制大量纸面原型图,当然也有很多纸面原型图来源于网络公开资源、第三方资源甚至是侵权资源。在 UI 设计过程中,还需要搜集图片素材,建立具象图库等,无论这些素材本身是否侵犯第三方知识产权,最终 APP 呈现在用户面前的界面与素材都可能属于著作权的客体。

1. APP 的名称及功能呈现短语

APP 名称及一些具有引导或宣传性质的短语都可以呈现在 APP 界面上,除了功能性描述以外,其语句较短但具有一定的广告宣传性质,甚至一些宣传短语及APP 名称具有一定的创造性(当然 APP 名称可以作为注册商标使用,但其与传统商标保护并无二致,本书不予讨论),但如果两款 APP 的名称或一些广告宣传语较为相似的话,可以主张不正当竞争行为,而且 APP 运营者一般都会将 APP 图标及名称注册为商标,也可以通过商标法寻求救济,寻求著作权救济一般不会成为首选。

对于作品标题等短语或短句是否享有著作权,我国没有明文规定。如果该短语或短句能够满足独创性的要求,理论上属于著作权法的客体。但世界各国的理论界、实务界都没有办法确立一个关于"独创性"的统一标准,各国判决大多基于作品的经济、社会价值,模仿者与被模仿者是否具有竞争关系等对案件进行判决。但通常而言,作品所使用的文字越少,越容易与公众惯常使用的语言表达重合,越难满足独创性的标准。

---

〔1〕　Carol 炒炒、刘焯琛主编:《一个 APP 的诞生》,电子工业出版社 2016 年版,第 64 页。

在司法实践中,如果仅针对 APP 名称、APP 各模块功能名称等较为简短和功能性的文字内容,由于名称较短且是根据功能需求而设定,是对该功能的高度浓缩介绍,使思想与表达重合,一般认为其不具有独创性,因此不能作为文字作品获得著作权的保护。而且针对 APP 名称,司法上一般认为,企业可以通过注册为企业名称或者商标的形式来取得保护,也就无须对其赋予范围更广的著作权保护。

2. APP 呈现界面

源代码和目标代码(以及程序结构的非字面要素)可作为文字作品获得版权保护,屏幕显示(计算机程序的输出)可以作为视频作品或图形作品加以保护。鉴于这两个规则,很明显用户界面(作为计算机程序输入和输出媒介的屏幕显示)也应当受到版权保护。[1]

但实践上并非如此简单明了。

APP 呈现界面,参照专利法的概念,可以称为图形用户界面(Graphic User Interface,GUI),按照《著作权法》(2020)规定的作品类型,只能将其作为美术作品或者按照"符合作品特征的其他智力成果"认定。其与《专利法》意义下的 GUI 也存在区别。在《著作权法》意义下表示图形用户界面,相较于《专利法》意义下的 GUI,其涵盖的内容更多,《著作权法》意义下的图形用户界面包括界面显示的内容、图片、特殊设计,而针对《专利法》下的 GUI,《审查指南》第一部分第三组 4.4 中定义 GUI 专利权的客体是指"产品设计要点包括图形用户界面的设计"。

无论是我国还是国外,GUI 的外观设计专利都得到了确认,但 GUI 是否能够作为一种著作权法意义上的作品,在实践中是存在争议的。

在上海视畅信息科技有限公司与广州欢网科技有限公司重庆有线电视网络有限公司著作权权属纠纷案[2]中,法院认为:

"根据《微信公众平台开发者文档》的陈述,微信公众平台是运营者通过公众号为微信用户提供资讯和服务的平台。微信公众平台的开发需遵循腾讯公司对微信公众平台的基本设定,如'最多包含3个一级菜单,每个一级菜单最多包含5个二级菜单'。原告主张的'看客影视'的界面设计、网页架构和关于'功能'的一句话文字说明均不符合作品独创性的要求,表达方式有限,不受著作权法的保护。理由在于:

第一,'看客影视'微信公众号的首页底端有三个菜单栏,自左向右依次为'功

---

[1] 参见[美]马克·A. 莱姆利:《软件与互联网法》(上),张韬略译,商务印书馆 2014 年版,第 122 页。

[2] 重庆市渝北区人民法院(2016)渝 0112 民初 17495 号。

能'、'微电视'和'看客中心'……本院认为……一方面,单个菜单是根据功能的需要而设定的,其名称均为单词或词组,是对该菜单功能的高度浓缩介绍,因其思想与表达重合,故单个菜单栏不具有独创性;另一方面,由于手机端屏幕不同于电脑端屏幕,其可供布局的空间有限,故腾讯公司对每级菜单的数量均进行了限制,在每级菜单数量有限的前提下,将多个菜单的排列组合也仅仅是一种简单的罗列,不能体现设计者独特的思想,也不具有独创性。故原告无权主张单个菜单以及多个菜单排列布局的著作权。

第二,关于点击'搜索'后该公众号推送的内容为'您好,请在聊天对话框中输入搜索关键字……'该消息仅两句话,58个字,且该消息仅是对搜索方式的罗列,表达方式有限,不具有独创性,不能构成文字作品,不受著作权法保护。

第三,关于点击'意见反馈'后微信公众号进入标题为'意见反馈'的页面能否构成作品。本院认为,该页面内容分为反馈类型;联系方式;意见反馈三项,该页面构成要素有限,其选择、编排仅仅是一种简单的排列组合,不能体现设计者独特的思想,也不具有独创性。

第四,关于标题为'看客影视'页面及其子页面能否构成作品。本院认为,判断上述页面能否构成作品在于判断该页面的构成要素的选择、编排是否具有独创性。……关于上述页面构成要素的选择是否具有独创性,本院认为,在三网融合的背景下……按照'央视'、'卫视'、'地方台'等对直播内容进行分类亦属于通常分类标准。故原告对上述页面构成要素的选择均具有普遍通用性,不具有独创性。关于上述页面构成要素的编排是否具有独创性,本院认为,囿于手机端屏幕的局限性,手机端视频网站内容自上而下显示均为一张大图,剩下的并排两张或三张小图。故在手机端页面空间布局有限的情况下,上述设计较为简单,不具有独创性。综上,原告主张的上述页面也不能获得著作权法的保护。

第五,原告开办的'看客影视'微信公众号与被告重庆有线公司开办的'来点微电视'微信公众号均是向消费者提供手机端与电视端互联互通的功能,两者功能相似,用户需求亦相似,且上述公众号均是围绕用户需求并在腾讯公司对微信公众号的基本设定前提下进行设计的,这必然导致两个微信公众号的内容具有一定的相似性。但不能因为两公众号具有相似性,就认定被告构成侵权。原告不能禁止他人在设计公众号时使用属于公有领域的表达,否则会违背著作权法鼓励作品创作和传播的立法目的,从而损害公众的利益。

综上所述,原告主张享有著作权的客体不属于著作权法规定的作品,不能得到著作权法的保护,故原告指控被告侵权也不能成立。"

但在深圳市腾讯计算机系统有限公司等与北京青曙网络科技有限公司著作权权属、侵权纠纷案[1]中,法院认为:

"从整体上看,涉案'微信红包聊天气泡和开启页'的颜色与线条的搭配、比例,图形与文字的排列组合,均体现了创作者的选择、判断和取舍,展现了一定程度的美感,具有独创性,构成我国著作权法意义上的美术作品。"

而在上述两案之前的北京久其软件股份有限公司与上海天臣计算机软件有限公司著作权纠纷案[2]中,法院也认为:

"1. 关于菜单命令的名称及按钮名称

'久其软件'设置的菜单与用户界面中的按钮,均表明了相应的功能,是用户操作'久其软件'的方法,菜单中命令的名称及用户界面中按钮的名称均是操作方法的一部分,而操作方法不受著作权法保护。

2. 关于信息栏目名称及组成图形用户界面的各要素

原、被告软件均是财务报表软件,'封面表''资产负债表'等具体信息栏目名称,均是根据财政部或上海市国资委的具体要求设定,并非原告独创。组成图形用户界面的菜单栏、对话框、窗口、滚动条等要素,均是设计者在设计用户界面时共同使用的要素。因此,信息栏目名称及组成图形用户界面的各要素也不应获得著作权法保护。

3. 关于按钮功能文字说明、表示特定报表的图标、界面布局

按钮功能文字说明是对'久其软件'某个按钮功能的简单解释,其表达方式有限,不具有独创性。表示特定报表的图标则为用户区分不同类型的报表,图标本身仅是一种简单的标记。至于组成'久其软件'用户界面的各要素在界面上的布局,仅是一种简单的排列组合,也不具有独创性。因此,按钮功能文字说明、表示特定报表的图标、界面布局均不符合著作权法对作品独创性的要求。

庭审中,原告提供了'久其软件''天臣软件'的业务流程图,以此证明'天臣软件'用户界面总体结构及排序与'久其软件'相同。本院认为,业务流程图是设计软件的构思。而且,'久其软件'与'天臣软件'均属财务报表管理软件,其用户需求基本相同,两个软件在用户界面总体结构及排序的表达方式方面均为有限。因此,即使两个软件用户界面总体结构及排序相同,亦不能证明原告'久其软件'用户界面总体结构及排序具有独创性。

---

〔1〕 北京互联网法院(2019)京 0491 民初 1957 号。
〔2〕 上海市第二中级人民法院(2004)沪二中民五(知)初字第 100 号。

综上，本院认为，著作权法立法的目的是鼓励作品的创作和传播，促进社会主义文化和科学事业的发展与繁荣。著作权法保护作品的表达而不保护作品反映的思想，并要求作品的表达具有一定的独创性。虽然原告对'久其软件'用户界面的设计付出了一定的劳动，但该软件的用户界面并不符合作品独创性的要求，不受我国著作权法保护。因此，本院对于原告认为其'久其软件'的用户界面系作品，要求判令被告停止侵犯原告'久其软件'用户界面著作权的诉讼请求，难以支持。"

在本案二审[1]中，上海市高级人民法院认为：

"我国著作权法所称作品，是指文学、艺术和科学领域内，具有独创性并能以某种有形形式复制的智力创作成果。著作权法保护的是具有独创性的表达，并不保护思想、工艺、操作方法或数学概念。用户界面是计算机程序在计算机屏幕上的显示和输出，是用户与计算机之间交流的平台，具有较强的实用性。用户界面的实用性要求用户界面的设计必须根据用户的具体需求，并尽可能借鉴已有用户界面的共同要素，以符合用户的使用习惯。

通过对上诉人'久其软件'用户界面的分析，本院认为上诉人'久其软件'用户界面不符合作品独创性的要求，不受我国著作权法的保护。理由如下：第一，'久其软件'用户界面的各构成要素本身并不受著作权法的保护。上诉人'久其软件'用户界面中，菜单命令的名称与按钮的名称属于对操作方法的简单描述，不具有独创性，不受著作权法保护；组成图形用户界面的菜单栏、对话框、窗口、滚动条等要素是图形用户界面通用的要素，不具有独创性，不受著作权法保护；有关按钮功能的文字说明是对按钮功能的简单解释，表达方式有限，不受著作权法保护；表示特定报表的图标仅仅是一种简单的标记，不具有独创性，不受著作权法保护。第二，从'久其软件'用户界面的整体来看，'久其软件'用户界面各构成要素的选择、编排、布局，仅仅是一种简单的排列组合，并无明显区别于一般图形用户界面的独特之处，不具有独创性，不受著作权法保护。第三，上诉人的'久其软件'与被上诉人的'天臣软件'均属于财务报表管理软件，两者的功能相似，用户需求亦相似，而软件的用户界面是按照用户需求进行设计的，并要求尽可能地方便用户使用，这必然导致两个软件的用户界面具有一定的相似性。不能仅因为'天臣软件'用户界面与'久其软件'用户界面具有相似性，就认定被上诉人构成侵权。上诉人并不能禁止他人在设计软件用户界面时使用属于公有领域的表达，否则会违背著作权法鼓励作品的创作和传播的立法目的，从而损害公众的利益。"

---

[1]　上海市高级人民法院(2005)沪高民三(知)终字第38号。

本案因软件是财务软件,本身具有一定的特殊性,与此类似的美国案例莲花发展公司诉宝蓝国际案[1]中,地方法院判决莲花程序的菜单指令层级是可版权化的表达,认为莲花程序的菜单指令层级因其对指令术语的特别选择和排列,构成了思想的表达,即以层级排列的菜单和下级菜单的指令操控一项计算机程序,在上诉中,宝兰公司对其复制了莲花程序菜单指令层级的事实并无争议,但认为莲花1-2-3程序中的菜单并不受版权保护。第一巡回法院认为,计算机菜单指令层级是否构成可版权保护的主题也是无先例的,但是通过参考阿尔泰案以及盖茨橡胶公司诉坂东化学工业案所采用的"抽象—过滤—比较"测试法,认为莲花程序的菜单指令层级是一种操作方法,这种创造性是符合 Feist 案所确立的创造性要求的,但是却不认为"选择按下1、2或3键来选择答复"的做法能够构成不可版权保护的操作方法之外的东西。但第九巡回法院在 Brown Bag Software Corp. v. Symantec Corp. 案中,认为"菜单和按键"是可版权化的。而这其中区别在于莲花案中菜单指令层级既起到计算机程序功能性部件的作用,又起到用户界面的作用,可以看作一个较为连续的过程,是一种操作方法的实现,而单纯的一个仅包括"菜单和按键"的页面,若在 Feist 确立的"额头流汗"低创造性要求的下,当然也是可版权化的,但这与今天我国乃至世界主流的著作权独创性判断标准并不相符,而且对于会计软件、现代社会流行的社交软件等,剔除了内容后,因手机端的尺寸等因素,很容易得出"表达的唯一性"结论。

在深圳市普联技术有限公司与深圳市吉祥腾达科技有限公司、张亚波侵犯计算机用户界面著作权纠纷案[2]中,深圳市中级人民法院认定路由器的操作界面是一种汇编作品,具有独创性,被告生产的路由器的操作界面部分剽窃了原告享有著作权的作品。本案二审中,广东省高级人民法院则认为,用户界面是否构成中国《著作权法》所保护的作品,应当根据用户界面具体组成予以客观分析。在本案中,TL-R460 路由器用户界面各构成要素的选择、编排、布局,仅仅是一种简单的排列组合,并无明显区别于一般路由器用户界面的独特之处,不具有独创性,也不应该获得著作权法保护。

从 APP 界面设计本身而言,APP 的 UI 设计流程就是一个产品的实现过程,即便不考察其调研、产品控件、方案制订等流程,仅就方案的实现过程而言,仍需经历

---

〔1〕 Lotus Devolopment Corp. v. Borland International, United Court of Appeals for the First Circuit, 49 F. 3d 807(1 st Cir. 1995)

〔2〕 一审:深圳市中级人民法院(2004)深中法民三初字第 549 号;二审:广东省高级人民法院(2005)粤高法民三终字第 92 号。

原型图、视觉设计、色彩搭配、机型适配等,不可否认的是其过程具有相当的智力劳动参与,而且除了一些常用的按钮、功能界面外,具有特色或显著识别的界面都是设计人员通过软件对适当的素材进行加工并最终在 APP 的界面上实现,不可否认其构成美术作品的可能性。

但从另一个角度而言,正如重庆渝北区人民法院以及上海市第二中级人民法院所认为的,《著作权法》立法的目的是鼓励作品的创作和传播,促进社会主义文化和科学事业的发展与繁荣。《著作权法》保护作品的表达而不保护作品反映的思想,并要求作品的表达具有一定的独创性。在互联网时代,受限于主流手机操作系统仅有 iOS 以及 Android 系统,大部分 APP 界面首先是要适配于该系统,表达容易受到限制,上述案例中也并未对用户图形界面需要达到何等的独创性才可成为著作权保护的客体进行充分说理。而且从法理学角度来看,目前法律已为 APP 用户界面提供 GUI 外观设计专利保护、反不正当竞争法下的保护,已经保障其权益,再给予更广范围的著作权保护似无必要。

此外,《著作权法实施条例》第 2 条规定,著作权法所称作品,是指文学、艺术和科学领域内具有独创性并能以某种有形形式复制的智力成果。也就是说,我国著作权法意义上的作品除独创性要求外,还需能够以某种有形形式复制,而用户图形界面是通过代码显示的,不存在直接从设备上不复制代码而直接复制图像的手段,而这也是所有计算机作品可版权化的一个问题,但这个问题在全面进入互联网时代已经不再是问题,谁也无法否认通过计算机呈现的作品是著作权法保护的客体,也就是说,"固定标准(以有形形式复制)"这一要求最终可能被放弃。

从上述案件出发,也许可以得出这样的一个倾向性原则:若要寻求著作权法上的保护,APP 界面应当尽可能体现非功能性设计与独有的特征,否则容易落入"思想表达有限性"的考察,而非功能性的设计应当尽可能靠近美术作品,提供原始设计底稿以证明创作过程,可以证明用户图形界面是现实中美术作品的电子呈现方式,最终意欲寻求的是现实中美术作品的著作权保护。

二、商业秘密

TRIPs(《与贸易有关的知识产权协议》)第 39 条规定:自然人和法人应有可能防止其合法控制的信息在未经其同意的情况下以违反诚实商业行为的方式向他人披露,或被他人取得或使用,只要此类信息:

(1)属秘密,即作为一个整体或就其各部分的精确排列和组合而言,该信息尚

不为通常处理所涉信息范围内的人所普遍知道,或不易被他们获得;

(2)因属秘密而具有商业价值;并且

(3)由该信息的合法控制人,在此种情况下采取合理的步骤以保持其保密性。

世界知识产权组织《反不正当竞争示范法》列举的商业秘密包括:生产方法、化学配方、图样、模型、营销方法、分配方法、合同格式、商业计划表、价格协议细节、消费者情况介绍、广告策略、供应商或顾客名单、计算机软件和数据库。

美国《统一商业秘密法》中将商业秘密定义为特定信息,包括配方、样式、编辑产品、程序、设计、方法、技术或工艺等,其:(1)由于未能被可从其披露或使用中获取经济价值的他人所公知且未能用正当手段已经可以确定,因而具有实际或潜在的独立经济价值;同时(2)是在特定情势下已尽合理保密努力的对象。

我国第一部为商业秘密提供保护的法律是 1987 年 11 月 1 日起施行的《技术合同法》(已失效),这是为商业秘密提供债权保护,最早出现商业秘密这一用语的法律文件是 1991 年 4 月公布实施的《民事诉讼法》,全面确立商业秘密保护制度的是 1993 年 9 月 2 日公布的《反不正当竞争法》。虽然成体系的保护商业秘密的时间远远短于美国、德国等国家,但是在我国立法时一定程度的借鉴了各法域的成果,而经过近 30 年的司法实践,无论是理论还是实践都较为成熟,我国目前对于商业秘密的认定一般要求满足以下四个要件:

(1)该信息不为公众所知悉,即具有秘密性;

(2)该信息具有商业价值;

(3)权利人采取了相应保密措施;

(4)该信息应当是技术信息或者经营信息。

《反不正当竞争法》第 10 条〔1〕第 3 款规定:"本条所称的商业秘密,是指不为公众所知悉、能为权利人带来经济利益、具有实用性并经权利人采取保密措施的技术信息和经营信息。"在范围上,主要包括技术信息和经营信息两大类。1995 年,原国家工商行政管理局在《关于禁止侵犯商业秘密行为的若干规定》中对作为商业秘密的技术信息和经营信息作出了如下解释,即技术信息和经营信息,包括设计、程序、产品配方、制作工艺、制作方法、管理诀窍、客户名单、货源情报、产销策略、招投标中的标底及标书内容等信息。

2020 年 8 月 24 日通过,9 月 12 日施行的最高人民法院《关于审理侵犯商业秘密民事案件适用法律若干问题的规定》中,第 1 条重新定义了技术信息、经营信息

---

〔1〕 2019 年 4 月 23 日第十三届全国人民代表大会常务委员会第十次会议《关于修改〈中华人民共和国建筑法〉等八部法律的决定》修正,在新法中是第 9 条。

和客户信息：

"与技术有关的结构、原料、组分、配方、材料、样品、样式、植物新品种繁殖材料、工艺、方法或其步骤、算法、数据、计算机程序及其有关文档等信息，人民法院可以认定构成反不正当竞争法第九条第四款所称的技术信息。

与经营活动有关的创意、管理、销售、财务、计划、样本、招投标材料、客户信息、数据等信息，人民法院可以认定构成反不正当竞争法第九条第四款所称的经营信息。

前款所称的客户信息，包括客户的名称、地址、联系方式以及交易习惯、意向、内容等信息。"

虽然 APP 运营者一般不涉及生产方法、配方、制作工艺等，但其拥有的算法、数据等技术信息可作为商业秘密客体进行保护，而且同样地，APP 运营者作为市场经济的参与者，同样可将经营信息和客户信息作为商业秘密进行保护。

源代码是其中最有价值的部分，需要指出的是，此次司法解释中将算法、计算机程序并列作为商业秘密保护客体，但本质上，计算机技术语境下，算法仍旧是通过代码实现。

（一）源代码的商业秘密保护

1. 概述

1930 年至 1939 年是没有软件的，但因军事需要，软件底层逻辑思想以及物理计算设备的设计日臻成熟。[1] 直到 20 世纪 70 年代后期 80 年代早期，"版权作品新技术利用联邦委员会"仍在讨论版权是否保护计算机程序。[2] 在 1972 年的戈特沙尔克诉本森（Gottschalk v. Benson, 409U. S. 63）案中，美国联邦最高法院认为计算机程序不具有可专利性，而直到 1998 年，美国联邦法院才毫不含糊地同意"纯"软件可获得专利。[3]

1979 年年初，美国统一州法委员会公布了《统一商业秘密法》，而前述因素就导致了软件最初出现时，都通过商业秘密的形式进行保护，直至今日，以商业秘密作为核心代码的保护方式也仍然存在。但以商业秘密保护源代码以及不正当竞争法进行保护，也是无法通过专利与版权保护下的无奈选择。

---

〔1〕 参见[美]卡珀斯·琼斯：《软件工程通史 1930—2019》，李建昊等译，清华大学出版社 2017 年版，第 39 页。

〔2〕 参见[美]马克·A. 莱姆利等：《软件与互联网法》（上），张韬略译，商务印书馆 2014 年版，第 3 页。

〔3〕 参见[美]马克·A. 莱姆利等：《软件与互联网法》（上），张韬略译，商务印书馆 2014 年版，第 4 页。

同时,造就早期软件公司商业成功的软件通过不断迭代更新,从市场占有率、兼容性以及代码量本身来说,模仿这样的软件在事实上已经不现实,例如,Windows 操作系统的代码预计在 5000 万~7000 万行,是微软数代工程师智慧的结晶,若要模仿 Windows 系统,在短时间内完成如此大代码量就不现实。由于硬件的进步,算力升级极快,要求软件实现的功能越来越多,这就使代码量本身远远超出软件刚出现的样子,参与软件开发的人员增多、外包服务也蓬勃发展,同时开源也正逐渐成为软件发展的趋势,以商业秘密保护源代码的方式逐渐无法满足软件开发公司的需求,专利撰写技巧还可以使技术获取更大保护范围。这也从侧面证明版权保护与专利保护的背后推动力量。

但毋庸置疑的是,初创公司或者小型创新软件开发,通过商业秘密进行保护核心代码,从成本以及估值预期而言,同样具有极其重要的意义。

将商业秘密作为源代码保护方式的优势在于简单方便且低成本,企业通过一定的内部制度使意图保密的源代码满足商业秘密的定义,即可成为一种保密方式,门槛较低,而且保护期限可以认为是永久。

但是其劣势在于若以商业秘密方式保护的源代码被窃取或者以其他方式泄露,无论是民事立案还是刑事立案都较为困难,尤其是通过刑事手段追究相应行为人的责任时,很难举证证明损失达到立案标准。[1] 而且由于互联网行业人员流动性大,部分公司成立时间较短,内部制度不够完善,根据商业秘密的定义及源代码组成的复杂性,多数企业在无法举证证明源代码中哪些内容构成商业秘密,最终导致民事诉讼与刑事手段都无法奏效。

2. 商业秘密要件

2.1 秘密性

商业秘密要件之一在于其秘密性,一般的商业秘密信息的保密性证明较为容易,如经营信息、工艺流程、客户名单、配方等可以通过商业秘密保护的信息,其秘密性可以通过公司内部管理制度明示、标识涉密符号、存储于涉密载体、在制度中定义并严格控制接触权限等方式证明。

源代码与其他类型的商业秘密存在明显区别在于源代码之中必定存在不具有

---

〔1〕 最高人民检察院、公安部《关于〈公安机关管辖的刑事案件立案追诉标准的规定(二)〉的通知》第 73 条 〔侵犯商业秘密案(《刑法》第 219 条)〕侵犯商业秘密,涉嫌下列情形之一的,应予立案追诉:
　　(一)给商业秘密权利人造成损失数额在五十万元以上的;
　　(二)因侵犯商业秘密违法所得数额在五十万元以上的;
　　(三)致使商业秘密权利人破产的;
　　(四)其他给商业秘密权利人造成重大损失的情形。

秘密性的部分,复杂软件的代码几乎不可能由工程师完全原创,其不具有秘密性的代码来源包括开源代码、反编译代码、教科书中的代码或者其他类型的已属于公知的代码,由于这一特殊性,若要证明源代码秘密性,则必须就源代码哪些部分构成商业秘密进行说明,而这要求 APP 开发过程有极高的统筹能力,对于企业内部的开发标准要求较高。

无论在民事侵权案件还是刑事追诉案件中,若原告或者被害人无法直接举证证明相应的事实,即源代码的非公知性(也可称为秘密性)与同一性,一般需要通过司法鉴定(刑事程序中一样如此)进行确认。

软件源代码的非公知性鉴定过程一般如下:

(1)判断源代码是否容易取得,比如,B/S 架构软件浏览器可获得的源代码、自动生成的源代码、反编译获得的代码都属于容易获得的源代码,非公知性较易被否定。当然,如果是软件的话,还涉及与购买者之间的协议,判断是否容易获取该软件的源代码,虽然 APP 是免费下载,但是同样涉及向他人提供产品,若安装过程中或者使用过程中,可以很容易获取源代码,同样不能满足秘密性的要求。

(2)判断源代码是否为常识和行业惯例。在不进行检索的前提下,阅读代码功能含义,根据鉴定人的知识和经验,依次判断源代码是否唯一表达、是否业界通用。

(3)判断源代码是否公开,也即是否属于开源社区贡献的密码等,通过现有的检索工具等进行检索。

软件的同一性鉴定主要是行为人窃取或以其他不法方式取得了作为商业秘密的源代码后,进行或不进行一定的更改使用时,权利人要求对双方源代码进行比对,如果能够通过上述测试,一般可以认为软件源代码具有非公知性,具有秘密性。

2.2　保密措施

商业秘密是一种特殊的知识产权,是通过权利人自己保护的方式而存在的权利,权利人不具有排他的独占权。保密性是商业秘密的构成要件之一,保密性包括主、客观两方面的内容:主观方面,当事人有保护商业秘密的意愿;客观方面,当事人已采取了合理的保密措施。[1]

最高人民法院《关于审理不正当竞争民事案件应用法律若干问题的解释》第11 条第 1 款规定:"权利人为防止信息泄露所采取的与其商业价值等具体情况相适应的合理保护措施,应当认定为反不正当竞争法第十条第三款规定的'保密措施'。"这为保密措施设置了一个程度的要求,即保密措施与商业价值等具体情况相

---

〔1〕　参见郭俭主编:《不正当竞争纠纷诉讼指引与实务解答》,法律出版社 2014 年版,第 113~114 页。

适应。

第 11 条第 2 款、第 3 款规定："人民法院应当根据所涉信息载体的特性、权利人保密的意愿、保密措施的可识别程度、他人通过正当方式获得的难易程度等因素,认定权利人是否采取了保密措施。""具有下列情形之一,在正常情况下足以防止涉密信息泄露的,应当认定权利人采取了保密措施:(一)限定涉密信息的知悉范围,只对必须知悉的相关人员告知其内容;(二)对于涉密信息载体采取加锁等防范措施;(三)在涉密信息的载体上标有保密标志;(四)对于涉密信息采用密码或者代码等;(五)签订保密协议;(六)对于涉密的机器、厂房、车间等场所限制来访者或者提出保密要求;(七)确保信息秘密的其他合理措施。"

根据孔祥俊教授的观点,最高人民法院《关于审理不正当竞争民事案件应用法律若干问题的解释》第 11 条提供了相对具体的判断规则和操作方法,关键是要判断保密措施是否达到以下两点要求:

(1)该措施表明了权利人保密的主观愿望,并明确了作为商业秘密保护的信息的范围,使义务人能够知悉权利人的保密愿望及保密客体。如果企业仅与职工签订保密合同或者单方面发布保密规章制度,但在保密合同和保密规章制度中没有明确商业秘密的范围,对所期望保密的信息的载体也没有采取物理保密措施,则上述泛泛的保密约定或者要求不能认定是采取了保密措施。这里需要明确的是,并非要求权利人针对每一项商业秘密均订立一份保密协议,只要保密措施针对的保密客体是具体、明确的即可。

(2)该措施在正常情况下足以防止涉密信息泄漏。如果单纯在有关资料上标明"保密"字样或者在资料室门口写有"闲杂人等、禁止入内",而任何人无任何障碍即可进入,不得认定为采取了合理的保密措施。[1]

换言之,虽然针对每个具体的案件、不同价值的保密信息,保密措施的程度要求不一,但保密措施本身应当具有最低要求,也即物理上的隔离以及制度上的完善。就物理隔离而言,因为既然有使用的需要,自然不可能达到绝对隔离,无论是出于项目的需要还是技术上的实现,都会有不同的人接触到保密信息,所以需要从制度上确定接触范围和接触对象,同时仅仅有制度上的要求,却缺乏实际的行动,同样不会被法院认可。

虽然各地高级人民法院与相关行政机关为了司法或行政实践,试图通过进一步规定将主观性较强的保密措施细化,如江苏省高级人民法院《关于审理商业秘密

---

[1] 参见孔祥俊主编:《商业秘密司法保护实务》,中国法制出版社 2012 年版,第 41 页。

案件有关问题的意见》第7条规定,权利人采取的保密措施应当合理。在合理性判定时应考虑以下因素:

(1)权利人应明确作为商业秘密保护的信息的范围;

(2)制定相应的保密制度或以其他方式使他人知晓其掌握或接触的信息系应当保密的信息;

(3)采取一定的物理防范措施,除非通过不正当手段,他人轻易不能获得该信息。

北京市高级人民法院《关于审理反不正当竞争案件几个问题的解答(试行)》第12条认为,采取保密措施是信息构成商业秘密的要件之一。这个要件要求,权利人必须对其主张权力的信息对内、对外均采取了保密措施;所采取的保密措施明确、具体地规定了信息的范围;措施是适当的、合理的,不要求必须万无一失。

但总体而言,这些规定都将具体的判定交由法官,仍旧是偏主观化,缺乏标准化的操作规程。

最新施行的《关于审理侵犯商业秘密民事案件适用法律若干问题的规定》较为全面的回应了上述问题,第5条规定:"权利人为防止商业秘密泄露,在被诉侵权行为发生以前所采取的合理保密措施,人民法院应当认定为反不正当竞争法第九条第四款所称的相应保密措施。

人民法院应当根据商业秘密及其载体的性质、商业秘密的商业价值、保密措施的可识别程度、保密措施与商业秘密的对应程度以及权利人的保密意愿等因素,认定权利人是否采取了相应保密措施。"

第6条规定:"具有下列情形之一,在正常情况下足以防止商业秘密泄露的,人民法院应当认定权利人采取了相应保密措施:

(一)签订保密协议或者在合同中约定保密义务的;

(二)通过章程、培训、规章制度、书面告知等方式,对能够接触、获取商业秘密的员工、前员工、供应商、客户、来访者等提出保密要求的;

(三)对涉密的厂房、车间等生产经营场所限制来访者或者进行区分管理的;

(四)以标记、分类、隔离、加密、封存、限制能够接触或者获取的人员范围等方式,对商业秘密及其载体进行区分和管理的;

(五)对能够接触、获取商业秘密的计算机设备、电子设备、网络设备、存储设备、软件等,采取禁止或者限制使用、访问、存储、复制等措施的;

(六)要求离职员工登记、返还、清除、销毁其接触或者获取的商业秘密及其载体,继续承担保密义务的;

(七)采取其他合理保密措施的。"

由此可知,权利人采取的措施达不到一定程度,在正常情况下无法防止涉密信息泄露的,视为未采取保密措施,同时,也不能脱离商业秘密的价值等具体情况,一律要求权利人采取极其严密、成本高昂的保密措施。

通过本司法解释,将章程、培训、规章制度、书面告知等单方面告知方式,作为保密措施,相较于此前对于商业秘密持有方的要求更低,对于商业秘密持有方是利好消息。不过,此前最高人民法院在判决中认为单纯的竞业限制协议不构成恰当的保密措施,但在此次司法解释生效后,笔者认为若在竞业限制协议中约定了保密义务,应当可以认为采取了保密措施。

我国虽然没有制定商业秘密保密措施行为标准,但是对于军工、党政以及其他的保密单位,都有一整套的保密体系规范及认证要求。固然,对于一般的企业而言,无法按照军工企业、党政机关的保密要求或标准投入保密成本,但是一般的企业完全可以参照相应的国家标准进行保密制度设计,比照保密企业的自查自纠体系进行风险防控,进行保密体系化建设。

2.3 价值性

之所以保护商业秘密,根源在于商业秘密具有商业价值。商业秘密的价值性首先是指该信息能够给经营者带来经济利益或者竞争优势。其次,具有商业价值的信息,可以是能够带来直接的、现实的经济利益或者竞争优势的信息,例如,可以马上投入生产的产品配方、技术改良方案;也可以是能够带来间接的、潜在的经济利益或者竞争优势的信息,例如,证明某些思路不可行的科研资料,可以帮助经营者调整研发思路、缩短研发周期、降低研发成本。[1]

相较于商业秘密的其他构成要件,其价值性的证明较为容易,事实上,只要证明对于该信息投入了成本,都可以认为其具有价值性。价值这一同样较为主观化,但是客观地投入以及其与实际的生产联系较为紧密,证明较为容易。

最高人民法院、最高人民检察院《关于办理侵犯知识产权刑事案件具体应用法律若干问题的解释》第7条第1款规定,实施《刑法》第219条规定的行为之一,给商业秘密的权利人造成损失数额在50万元以上的,属于"给商业秘密的权利人造成重大损失",应当以侵犯商业秘密罪判处3年以下有期徒刑或者拘役,并处或者单处罚金。

在刑事立法及司法解释上,没有对计算方法的进一步说明,在刑事司法实践中,较多参考相关民事立法及民事司法解释确定的认定方法。目前涉及或可参照

---

〔1〕 参见王瑞贺、杨红灿:《〈中华人民共和国反不正当竞争法〉释义》,中国民主法制出版社2017年版,第48页。

计算商业秘密损失数额方法的民事立法主要有两个：

一是给被侵害的经营者造成损害的，应当承担损害赔偿责任；被侵害的经营者的损失难以计算的，赔偿额为侵权人在侵权期间因侵权所获得的利润。

二是侵犯专利权的赔偿数额按照权利人因被侵权所受到的实际损失确定；实际损失难以确定的，可以按照侵权人因侵权所获得的利益确定。权利人的损失或者侵权人获得的利益难以确定的，参照该专利许可使用费的倍数合理确定。

民事司法解释中涉及侵犯商业秘密损失数额的认定方法主要有以下三种：

一是最高人民法院于2007年发布的《关于审理不正当竞争民事案件应用法律若干问题的解释》第17条规定，确定《反不正当竞争法》第10条规定的侵犯商业秘密行为的损害赔偿额，可以参照确定侵犯专利权的损害赔偿额的方法进行，因为侵权行为导致商业秘密已为公众所知悉的，应当根据该项商业秘密的商业价值确定损害赔偿额。

二是最高人民法院发布的《关于审理专利纠纷案件适用法律问题的若干规定》等相关司法解释规定了侵犯专利权行为的损害赔偿额的确定方法，即人民法院依照《专利法》的规定追究侵权人的赔偿责任时，可以根据权利人的请求，按照权利人因被侵权所受到的损失或者侵权人因侵权所获得的利益确定赔偿数额。权利人因被侵权所受到的损失可以根据专利权人的专利产品因侵权所造成销售量减少的总数乘以每件专利产品的合理利润所得之积计算。权利人销售量减少的总数难以确定的，侵权产品在市场上销售的总数乘以每件专利产品的合理利润所得之积可以视为权利人因被侵权所受到的损失。侵权人因侵权所获得的利益可以根据该侵权产品在市场上销售的总数乘以每件侵权产品的合理利润所得之积计算。侵权人因侵权所获得的利益一般按照侵权人的营利利润计算，对于完全以侵权为业的侵权人，可以按照销售利润计算。

三是最高人民法院于2009年发布的《关于审理侵犯专利权纠纷案件应用法律若干问题的解释》第16条关于侵犯专利行为赔偿数额的认定方法，即人民法院根据《专利法》第65条第1款的规定确定侵权人因侵权所获得的利益，应当限于侵权人因侵犯专利权行为所获得的利益；因其他权利所产生的利益，应当合理扣除。侵犯发明、实用新型专利权的产品系另一产品的零部件的，人民法院应当根据零部件本身的价值及其在实现成品利润中的作用等因素合理确定赔偿数额。侵犯外观设计专利权的产品为包装物的，人民法院应当按照包装物本身的价值及其在实现被包装产品利润中的作用等因素合理确定赔偿数额。

根据上述立法及解释规定，实践中的主要认定方法有：

（1）对于导致商业秘密已为公众所知悉的，按照商业秘密的商业价值确定损失数额；对于商业价值难以认定的，根据研发成本来确定损失数额。

（2）根据侵权导致销售量减少造成的利润损失来认定损失数额。

（3）按照侵权人的侵权产品在市场上销售量确定侵权人所获得的利润来认定损失数额。

（4）在上述方法均无法确定的情况下，按照商业秘密的许可使用费来确定。

最新施行的《关于审理侵犯商业秘密民事案件适用法律若干问题的规定》又从司法解释层面上规定了赔偿标准：

第20条第1款规定："权利人请求参照商业秘密许可使用费确定因被侵权所受到的实际损失的，人民法院可以根据许可的性质、内容、实际履行情况以及侵权行为的性质、情节、后果等因素确定。

人民法院依照反不正当竞争法第十七条第四款确定赔偿数额的，可以考虑商业秘密的性质、商业价值、研究开发成本、创新程度、能带来的竞争优势以及侵权人的主观过错、侵权行为的性质、情节、后果等因素。"

第23条规定："当事人主张依据生效刑事裁判认定的实际损失或者违法所得确定涉及同一侵犯商业秘密行为的民事案件赔偿数额的，人民法院应予支持。"

从我国的司法实践来讲，由于商业秘密民事诉讼周期长而且赔偿低，对于相关行为人缺乏威慑力，出现了动辄以刑事手段解决侵犯商业秘密纠纷的趋势，特别是对违反保密协议与竞业禁止协议有关的商业秘密纠纷。凡出现此类纠纷，权利人大多首先向公安机关举报，通过国家公诉方式对侵犯商业秘密行为人进行刑罚处罚。华为案、肖日明案等一度引起业界强烈关注和热议的案件也多少印证了这一趋势。2006年《最高人民法院公报》将"西安市人民检察院诉裴国良侵犯商业秘密案"作为公报案例，在一定程度上强化了将刑事手段作为商业秘密保护的优先手段观念。

姑且不论刑事手段优先是否与刑法的谦抑性相适应以及是否存在一定程度的滥用，但不可否认通过刑事手段维护商业秘密的权利能够更快，同时也更具有威慑力。

虽然目前商业秘密的立案标准仍旧很难达到，尤其是对于软件行业，源代码本身就具有多个来源，所有人都知道其有价值，但其价值性却不如配方、经营信息等那么明显，而且大多数软件项目属于短平快的项目，依据产出确定投入限度，在源代码被窃取或通过其他不法方式泄露时，大部分项目并未投入运营，无论是从市场前景还是产出，损失都是难以确认的。

2021 年 3 月 1 日生效的《刑法修正案（十一）》中，将《刑法》第 219 条修改为：

"二十二、有下列侵犯商业秘密行为之一，情节严重的，处三年以下有期徒刑，并处或者单处罚金；情节特别严重的，处三年以上十年以下有期徒刑，并处罚金：

（一）以盗窃、利诱、欺诈、胁迫、电子侵入或者其他不正当手段获取权利人的商业秘密的；

（二）披露、使用或者允许他人使用以前项手段获取的权利人的商业秘密的；

（三）违反保密义务或者违反权利人有关保守商业秘密的要求，披露、使用或者允许他人使用其所掌握的商业秘密的。

明知前款所列行为，获取、使用或者允许他人使用该商业秘密的，以侵犯商业秘密论。

本条所称权利人，是指商业秘密的所有人和经商业秘密所有人许可的商业秘密使用人。

二十三、在刑法第二百一十九条后增加一条，作为第二百一十九条之一：'为境外的机构、组织、人员窃取、刺探、收买、非法提供商业秘密的，处五年以下有期徒刑，并处或者单处罚金；情节严重的，处五年以上有期徒刑，并处罚金。'"

首先，在行为方式中，第一类新增"欺诈、电子入侵"作为获取权利人商业秘密的不正当手段，第三类新增"违反保密义务"，披露、使用或允许他人使用其所掌握的商业秘密。

其次，删去了"造成重大损失""造成特别严重后果"的表述，转为"情节严重""情节特别严重"。同时对于"情节特别严重"的，将法定刑从 3 年至 7 年升格为 3 年至 10 年。

在进行上述修改后，侵犯商业秘密罪的入罪门槛大幅度降低，这无疑会加强企业以商业秘密模式保护源代码等信息的信心，《反不正当竞争法》第 31 条中规定"违反本法规定，构成犯罪的，依法追究刑事责任"，与《刑法》第 219 条侵犯商业秘密罪相呼应。从法律条文的对应上来看，此次修改使侵犯商业秘密罪与 2019 年新《反不正当竞争法》所规定的经营者不得实施的侵犯商业秘密行为相一致。从法律体系的统一性角度分析，得以更好达成两法的衔接配合。且呼应了 2020 年 1 月 15 日签署的《中美第一阶段经贸协议》的相关内容，部分落实了《中美第一阶段经贸协议》第 1.4 条、第 1.7 条、第 1.8 条有关商业秘密的约定。这体现了在知识经济的大数据时代，对商业秘密加强保护的时代性需求。

2.4 信息性

《反不正当竞争法》第 9 条第 4 款规定，本法所称的商业秘密，是指不为公众所知悉、具有商业价值并经权利人采取相应保密措施的技术信息、经营信息等商业信息。

据此，也有观点认为，商业秘密限于技术信息、经营信息等商业信息，具有信息性的特征。在《关于审理侵犯商业秘密民事案件适用法律若干问题的规定》出台前，技术信息法律上的定义是缺乏的，原《技术合同法实施条例》第3条对技术成果的界定是："技术合同法所称的技术成果，是指利用科学技术知识、信息和经验作出的产品、工艺、材料及其改进等技术方案。"

《深圳经济特区企业技术秘密保护条例》第4条规定："本条例所称的技术秘密，是指不为公众所知悉、能为企业带来经济利益、具有实用性并经企业采取保密措施的非专利技术和技术信息。"这是仿照法律界定商业秘密的方式界定技术秘密的，其中"非专利技术"本身是"技术信息"的一部分。该条例第5条对技术和技术信息的进一步界定是："本条例所称的技术和技术信息，包括以物理的、化学的、生物的或其他形式的载体所表现的设计、工艺、数据、配方、诀窍、程序等形式。"

但如上所述，本次司法解释重新定义了技术信息、经营信息和客户信息，根据这样的定义，几乎被企业认为是商业秘密的，都可以被认定为技术信息、经营信息或客户信息，在此不存在法律上的障碍，也几乎未出现过因为信息属性无法认定导致无法被认定为商业秘密的案例。

（二）算法商业秘密保护

算法的拥有者只是希望对于算法进行保护，其不需要也没有意愿了解算法在法律上意味着什么。但在"算法即剥削"的时代大背景下，算法拥有者所要追求的就是算法最大限度的法律权利，无论是基于商业秘密或是专利还是其他什么权利，必须明白算法的法律表达是什么，算法的法律表达决定算法可能享有的权利。

算法英文名称为"algorithm"，算法原为"algorism"，意思是阿拉伯数字的运算法则，18世纪演变为"algorithm"。欧几里得算法被人们认为是史上第一个算法。第一次为算法编写程序是 Ada Byron 于1842年为巴贝奇分析机编写求解伯努利方程的程序。从技术上讲，算法是一系列解决问题的清晰指令，算法代表着用系统的方法描述解决问题的策略机制。但这仅仅是技术层面的表达，对于解释算法的法律表达意义有限。

1. 算法与言论

当我们在讨论算法时，会下意识将算法作为一种技术。但在《美国宪法》第一修正案的指引下，美国的商业巨头们认为并且美国的法院也认为，算法是一种言论,受言论自由的保护。

在纽约南区法院审理的 Zhang v. Baidu 案中,主审法官非常明确地表示,该案直接涉及的先例有且只有两个:Search King, Inc. v. Google Tech. 案和 Christopher Langdon v. Google Inc. 案。

在 Search King, Inc. v. Google Tech. 案中,Search King 认为,Google 是在得知其分支业务"PRAN"高度依赖网页排名系统营利后的有意为之,而网页排名上的降序和删除给自己的生意带来了"无法估量的损失"。Google 对此毫不否认并提出了一系列观点,但其中最主要的是"网页排名代表了谷歌的言论,应受言论自由保护"。并且,该案对算法的定义不仅是"言论",更是"意见",与"言论"相比,"意见"让算法可以享受更多豁免。Search King, Inc. 一直主张,哪怕算法属于言论,也是虚假和不真实的言论,而不真实的言论不应受到保护。但通过把"意见"的身份赋予算法,由于"第一修正案下没有错误的意见",所以 Google 对于算法的应用将不受节制。

上述三个案件都始于如何规制算法,但言论自由却改变了案件走向。在此之后,规制算法的首要问题不再是如何规制以及用何种标准规制,而必须先讨论"算法是否属于言论"。"言论自由测试"变成了规制算法的前置程序。并且,算法的言论自由主张在这一系列判决中都取得了压倒性的胜利。算法对搜索结果的选择和呈现,被等同于报纸对内容的编辑。三个不同地区法院在同一问题上如此高度一致、态度坚决,使"言论自由测试"这道门槛变得高到难以逾越。[1]

当然,在此更深入的讨论是"算法是否是可适用言论自由的主体""算法是一种表达方式而非表达本身,即算法是否属于言论"等从主体、客体的法律符合性及是否与现实相适应等问题,[2] 但这种更深入的讨论较偏离本节主旨,在此我们需要了解的仅是算法的一种可能性解释。

上述的可能性解释未必适用于我国及美国以外的大部分国家,《美国宪法》第一修正案仅在美国具有毋庸置疑的效力,正如被遗忘权被认为与言论自由相悖而在美国没有生存空间,但却得到了欧洲的认可。但"言论自由"总是一个强有力的理由,我们生活在算法社会中,算法使绝大部分普通人生活在"信息茧房"中,商业巨头为了商业利益,肆无忌惮的"算法歧视",当算法被认为是一种言论甚至是一种意见时,相关侵权立法则可能落空。从社会规范的角度来讲,认为算法是一种言论

---

〔1〕 参见左亦鲁:《算法与言论——美国理论与实践》,载《环球评论》2018 年第 5 期。

〔2〕 更详细的内容参见左亦鲁:《算法与言论——美国理论与实践》、陈道英:《人工智能中的算法是言论吗?》等文章。

并不是好的进路,但从商业角度讲,算法如果是言论或意见,那么商业活动参与者将处于对于消费者的绝对优势地位。

2. 算法与技术

在讨论算法时,非专业技术人员,直觉地认为我们是在讨论一项与计算机相关的技术,虽然算法是一个数学概念。

在备受国人瞩目的"TikTok"在美国被禁及收购事件中,商务部、科学技术部2020年8月28日迅速发布《关于调整发布〈中国禁止出口限制出口技术目录〉的公告》,其中"(十五)计算机服务业"中新增"在信息处理技术(编号:056101X)项下增加控制要点:……21.基于数据分析的个性化信息推送服务技术"。

"基于数据分析的个性化信息推送服务技术"本质就是算法,如前所述,算法代表着用系统的方法描述解决问题的策略机制,严格地讲,与其认为其是一种技术,不如将其认为是一种智力活动的程序化。

法律的终点绝不仅是为了法条之间的自洽,而是解决社会和现实问题。对于算法的看法,表面上看是法律问题,本质上却是社会问题,这里涉及更多的商业选择。将算法视为一种技术,则可能寻求专利法上的保护,将算法视为一种智力活动规则的程序化,则只可能作为商业秘密进行保护。为了商业利益的最大化,将算法的实现作为一种技术对于商业更为有利,而且将其视为一种技术也并不妨碍其作为商业秘密进行保护。

将算法作为商业秘密保护最大的优势在于诉讼中可以以涉及商业秘密而拒绝出示算法,从而避免算法歧视等可能带来的侵权责任。

美国司法实践中,技术信息的所有人通常以商业秘密为由拒绝披露算法决策过程,如销售 COMPAS 智能风险评估系统的 Northpointe 公司为实现营利目的,以商业秘密为由拒绝披露自动化算法对服刑期间表现良好、符合假释条件的 Rodríguez 作出"高风险"评估的决策过程。[1] 在 Viacom v. YouTube 案中,尽管审查计算机源代码是解决 YouTube 搜索算法是否存有提升排名等不当行为的唯一解决方案,但是法院仍以保护商业秘密为由拒绝了原告强制披露被告计算机源代码的请求。[2] 此外,2016 年威斯康星州的 Loomis 案中,法官将关于量刑的特定算法看作商业秘密来对待。在商业秘密的问题上,美国法官通常认为它应当受到严格的保护,否则相关的知识产权将会受到严重侵犯,而知识产权的被侵犯会阻止科技进

〔1〕 See Kisten E. Martin, *Ethical Implications and Acountability of Algorithms*, Journal of Busines Ethics2018(6):539-547. 转引自孙建丽:《论算法的法律保护模式》,载《西北民族大学学报》2019 年第 5 期。
〔2〕 参见孙建丽:《论算法的法律保护模式》,载《西北民族大学学报》2019 年第 5 期。

步,这将会严重地侵害人民的福祉(well - being)。所以,基于以上考虑,商业秘密获得了如同言论自由一样的法律保护效果,它也将算法操纵视为可以合理付出的代价。于是,法官必然不会要求算法的拥有者公开算法代码,更不会要求拥有者以人们能听懂的方式,向公众说明该算法的工作原理,算法黑箱就因此被视为算法的正常情形。[1]

对于目前的企业而言,大多将算法作为商业秘密进行保护,尤其是美国,而同时,为了商业利益的最大化,又将算法的实现效果通过专利进行保护。较为典型的如字节跳动旗下的抖音及其国际版 TikTok 都未公开过核心算法,但通过国家知识产权局专利检索系统检索可知,2014 年,字节跳动申请并或授权了"用户兴趣发现方法和装置"(授权号:CN104361063A),"基于社交平台的数据挖掘方法及装置"(授权号:CN108197330A)等专利,这从侧面说明了其内在算法的逻辑,也给出了算法专利法的途径,同时也代表了头部企业对于算法的知识产权策略。

(三)结语

虽然有观点认为商业秘密在如今的商业活动中越来越重要,尤其是跨国经济的发展,由于专利的地域性和版权法一定程度的不便性,维权时司法上的不便性,所以,以商业秘密的方式维护自身在跨国合作中自身的商业利益是一种主流方式。

同时,美国最高法院 Alice Corp. v. CLS Bank 和 Mayo Collaborative Services v. Prometheus Laboratories, Inc. 等案宣判后,前沿科技,尤其是软件类专利的不确定性增加,严重动摇发明人及企业对美国专利价值的信心,同时新时代人员交流、信息传播途径多元,有价值的智慧财产也不必然只有传统发明创作形式,包括 AI 及其他新兴技术领域的发明人及企业慢慢发现,至少在美国,专利保护有时不如商业秘密好用。

为统一 USPTO(美国专利商标局)官方立场,USPTO 依法院判例陆续发布多版审查指南及内部通知,在 2019 年《专利适格性审查指南》(2019 PEG)[2]公告后,一发明是否具专利适格性,至少在 USPTO 局内,其可预测性及确定性皆有改善。但总体而言,评估发明专利取得难度太高,改以商业秘密保护相关发明、发现、数据,也是值得考虑的选择。

商业秘密作为一种在知识产权法律体系建立前的传统智慧成果保护方法,其存在仍具有一定的价值和意义,但是在这个开放、快节奏、信息爆炸的时代,已经很

---

〔1〕 参见陈景辉:《算法的法律性质:言论、商业秘密还是正当程序?》,载《比较法研究》2020 年第 2 期。
〔2〕 https://www.govinfo.gov/content/pkg/FR - 2019 - 01 - 07/pdf/2018 - 28282.pdf.

难通过独家的配方、独有的经营信息等获得与此前时代相同的垄断利益。竞争者来自各行各业,依托技术进步带来的商业模式改变可能顷刻间颠覆一个行业,除了行政垄断以及已经建立起的市场地位垄断,商业秘密已经很难再形成相应的垄断地位。包括被视为重要技术及商业秘密的算法都很难独自建立起垄断地位,正如Google 的研究总监 Peter Norvig 所说,我们没有更好的算法,只是有更多的数据而已。数据决定了技术的上限,而最优秀的算法则可以让最终结果接近这一上限。讨论数据与算法谁才是信息社会的决定性力量并没有太大的意义,但毫无疑问,没有数据的支持,单纯的算法只能是"巧妇难为无米之炊"。

目前中国的商业秘密保护与美国商业秘密保护的程度存在较大区别,姑且不论日新月异的软件行业,即便是传统的行业,除了材料领域,其他领域几乎都已经放弃了以商业秘密进行保护的方式,大多数的原理、技术已经很公开,比如顶尖设备、系统的原理(如光刻机、航空发动机)是公开透明的,只是没有办法取得所需材料以及相应制造加工设备,而设备本身大部分技术是通过专利进行保护。而且现在的工业也好、市场也好,已经不单纯是单一孤立的市场,更类似于生态系统,单纯某项技巧或秘密已经无法形成行业壁垒,行业壁垒大多通过专利完成。开放、共享可以取得更好的商业效果,从信通领域的交叉许可及各行业的标准必要专利可见一斑。

微软等巨头对于 LINUX 开源打压封锁数十年,最终自身反而成为开源社区的主要贡献者。所以,商业秘密作为一种知识保护手段,非不得已而用之,而若用,则需要成体系的运用,而非流于表面,依托单纯的规章制度却缺乏相应的细节管控,无疑会导致失败。目前商业秘密侵权主要多见于与竞业禁止相关的企业和员工之间的诉讼。

当然,2020 年 4 月 15 日,最高人民法院下发《关于全面加强知识产权司法保护的意见》,其中第 2 条第 5 项认为,加强商业秘密保护。正确把握侵害商业秘密民事纠纷和刑事犯罪的界限。合理适用民事诉讼举证责任规则,依法减轻权利人的维权负担。完善侵犯商业秘密犯罪行为认定标准,规范重大损失计算范围和方法,为减轻商业损害或者重新保障安全所产生的合理补救成本,可以作为认定刑事案件中"造成重大损失"或者"造成特别严重后果"的依据。加强保密商务信息等商业秘密保护,保障企业公平竞争、人才合理流动,促进科技创新。从该文件可知,司法层面上,仍然是要以加强商业秘密的保护为主,只是在互联网行业的源代码与算法这一细枝上,开放共享是趋势,通过多种途径保护是大势所趋。

三、专利

（一）概述

APP 作为智力密集型产品,专利毫无疑问是知识产权中最具有价值且最具垄断性的一种权利,在被称为中国互联网专利第一案的北京百度网讯科技有限公司与北京搜狗科技发展有限公司等侵害发明专利权纠纷案中,搜狗公司最终全面败诉,搜狗的王牌产品搜狗输入法未能通过专利建立起市场份额的绝对优势,很难说搜狗最终被腾讯收购没有这方面的原因。

软件一开始被认为不具有可专利性。1968 年,美国专利局就宣布计算机程序没有可专利性,联邦最高法院也作出过类似裁决。英国、德国、日本、加拿大等国也采取了同美国一样的态度,法国和波兰还在专利法中作了明确的否定性规定。1973 年欧洲专利公约在慕尼黑签字,也明确把计算机程序排除于专利主题之外。[1] 但随着软件行业的蓬勃发展,寻求软件的专利保护成为软件行业巨头的主要需求。

1991 年 12 月 9 日在日本东京召开的第三次计算机软件法律保护会议上,用专利法保护计算机软件被列为会议的主题之一。会议肯定了国际上用专利法保护计算机软件的趋势,同时达成共识:单独的计算机软件是一种算法,不能得到专利法的保护;和硬件设备或方法结合为一个整体的软件,若它对硬件设备起到改进或控制的作用或对技术方法作改进,这类软件和设备、方法作为一个整体具有专利性。[2]

1981 年美国最高法院对戴蒙德诉迪尔案的最终判决,首次肯定和同意对与计算机硬件密切结合的计算机软件授予专利权。[3] 1975 年 8 月 6 日,迪尔向美国专利局提出"橡胶模压机直接数控"的专利申请。专利局审查后驳回了申请人的申请,理由是申请人要求保护的是橡胶模压机的一种操作方法,因此不属于《专利法》规定的可取得专利的主题。最高法院审查后认为申请人的权利要求是一项模压橡胶产品的工序,而不是意图取得数学公式的专利权。当某项包含数学公式的权利要求是将该公式运用于某结构或工序,而把该结构或工序作为整体来考虑,若其作

〔1〕　参见李贵方:《国外关于计算机软件专利能力的争论》,载《国外法学》1986 年第 5 期。

〔2〕　参见丁国威、李维宜、赵钰梅编著:《计算机软件的版权与保护》,复旦大学出版社 1996 年版,第 223 页。

〔3〕　参见张乃根编著:《美国专利法判例选析》,中国政法大学出版社 1995 年版,第 52～57 页。

为一个整体可以实现美国《专利法》保护的功能,那么该权利要求就满足了《专利法》第 101 条即专利客体的要求。

该案的意义在于首次肯定了只要计算机软件可被解释为一种设备、一个工艺的组成部分,软件运行依赖并影响其外部环境,该计算机软件即具有可专利性。

随后,美国法院对计算机软件发明专利的审查,形成了"二阶段判断法"(二步分析法)[1]据以判断含有数学算法、方程式的软件是否可获得专利。第一步是审查专利申请是否直接或间接描述了一个数学算法;第二步是如果该项专利申请直接或间接地描述了该算法,则该专利申请不是专利法保护客体。但如果该算法以一种特定的方式被实施以达到确定设备内部元件之间结构关系的目的,或者达到简化、限制一个过程所要求的步骤的目的,那么该项申请可获得专利法的保护。同时美国专利界将专利申请的撰写方式确定为"功能定义手段的方式"(means – plus – function),为计算机软件专利保护提供了可能。1996 年美国专利局公布了《与计算机相关的发明的审查指南》(USPTO:Examination Guidelines for Compllter-related inventions,1996 年 5 月 29 日生效),规定欲申请专利的计算机软件符合下列要求即具有可专利性:(1)可经由软件的操作,将一般用途的计算机转换成一种独特的机构;(2)可将该软件与储存该软件的实际媒体结合;(3)可执行该计算机软件并指挥计算机运作。[2]

我国同样经历了对于软件专利从否定到一定程度认可的历史,1993 年专利局《审查指南》引言作出原则规定:"如果发明专利申请只涉及计算机程序本身或者是仅仅记录在载体(如磁带或者其他机器可读介质)上的计算机程序,则就其程序本身而言,无论它以何种形式出现,都属于智力活动的规则和方法,是不能授予专利权的。但如果一件含有计算机程序的发明专利申请的主题能够产生技术效果,构成一个完整的技术方案,就不应仅仅因为发明专利申请含有计算机程序而不授予专利权。例如,将一计算机程序输入一公知计算机来控制该计算机的内部操作,从而实现计算机内部性能的改进;或者使用一计算机程序来控制某一自动化技术处理过程、测量或者测试过程等的发明专利申请的主题只要符合上述要求时都不应排除在可授予专利保护的范围之外。当一件含有计算机程序的发明专利申请的主题能够产生技术效果并构成一完整的技术方案时,表明该申请具备可授予专利权的条件,但该发明是否能授予专利权,要视该发明是否具备《专利法》第 22 条所要求的新颖性、创造性和实用性。"

---

〔1〕　黄勤南、尉晓珂主编:《计算机软件的知识产权保护》,专利文献出版社 1999 年版,第 138 页。
〔2〕　巫玉芳:《美国计算机软件专利法保护的发展趋势》,载《当代法学》2000 年第 6 期。

目前软件的可专利性已成为业界共识,作为一种智力密集型产业,也很难想象不通过专利保护形成技术壁垒。

(二) 我国 APP 专利现状[1]

1. APP 专利保护的法律依据不明确

有关 APP 专利申请,我国现行《专利法》中还找不到对应的规范。国家知识产权局2010 年修订《专利审查指南》时也没有明确规定 APP 等商业方法类的专利地位。2009 年,为了应对实践中商业模式专利保护需求,国家知识产权局在其内部的《审查操作规程》中规定了商业方法发明专利申请的相关事项,并将商业方法分为两种:纯粹的商业方法和与互联网技术相关的发明。按此内部《审查操作规程》,APP 专利当属与互联网技术相关的发明。

由于缺少专门的规范,APP 专利申请时只能参考国家知识产权局《专利审查指南》中最相近似的规定。由于 APP 的各项功能主要依赖于计算机程序完成,因此可纳入计算机软件专利范畴。

按其规定,APP 如属于"纯粹的智力规则"则被排除在专利授权范围之外;如属于一项"技术方案"则被纳入专利授权范围。但在 APP 个案中如何判定"纯粹的智力规则"或是"技术方案"还有待于出台专门的、更加细化的标准。

2. 有关 APP 专利的审查方法不科学

2008 年之后,国家知识产权局针对商业方法专利审查方法提出了三种并行的审查思路:(1)根据专利说明书所描述的背景技术或公知常识来判断是否属于专利保护客体;(2)根据专利检索结果,通过引证对比文件来判断是否属于专利保护客体;(3)依据检索到的现有技术来评述新颖性或创造性。然而,经过对计算机商业方法专利 508 个驳回案件的分析,审查员使用对比文件的仅占 7.5% ,92.5% 未使用对比文件。这说明,审查员主要采用的是第(1)种审查思路,仅根据公知常识作出判断,而没有引用对比文件予以论证。

与此同时,在对我国 681 件涉及商业方法专利复审案件驳回理由分析后,以评述专利创造性为驳回理由的占 19.53% ,以评述专利客体为驳回理由的占 74.6% ,以"属于智力活动的规则和方法"为驳回理由的占 1.17% 。在涉及 APP 等商业方法专利案件审查时,在评述创造性的比例方面,我国知识产权局(19.53%)远远低于美国专利商标局(88%)和欧洲专利局(69.3%)。如此直接根据公知常识作出

〔1〕　参见杨延超:《APP 专利保护研究》,载《知识产权》2016 年第 6 期。

判断,缺少对其创造性的评述,缺少引证文件的论证的审查方法,势必导致驳回决定的科学性和说服力不足。

3. 缺少 APP 专利"新颖性""创造性"具体适用标准

根据我国《专利法》规定,"新颖性""创造性"是发明专利授权的重要条件。所谓"新颖性"是相对于现有技术而言的,如果在申请日之前不属于现有技术,则有新颖性;反之,如果在申请日之前已经公开,则没有新颖性。按照《专利法》规定,技术公开的方式有很多,包括出版物公开或者使用公开等多种形式。世界各国普遍采用的是世界公开标准,即在申请日之前者在世界范围内被公开了,该项发明即失去新颖性。与其他类型专利相比较,APP 专利的新颖性是较难查询对比文件的,它一般不会记载于申请日之前的文献(论文或出版物)中,所以判断 APP 的新颖性则是其审查过程中的一个难题。

"创造性"是 APP 专利被授权的另一个重要条件。一般而言,判断一项发明是否具有创造性,首先是确定最相近的已有技术;然后,从最相近的技术出发,判断该发明对同一领域的一般技术人员而言是否是显而易见的。这里的技术人员只是一种假设,他是指所属技术领域内的一般的、中等水平的技术人员,因此,对于不同技术领域的假设人的标准也会有所区别。然而,在涉及 APP 专利时,问题会变得更加复杂,它既涉及计算机程序领域,又涉及商业方法领域,那么,这里"创造性"的标准是什么,是计算机技术的创造性或是商业方法领域的创造性,都还有待于进一步细化规定。

(三)APP 专利路径

APP 的专利路径大致可分为计算机程序专利、商业方法专利、GUI 专利、算法专利等。

1. 计算机程序专利

2015 年 10 月和 11 月,搜狗基于其所拥有的输入法领域专利向北京知识产权法院、上海知识产权法院和上海市高级人民法院,发起了专利侵权之诉,指控百度旗下的"百度输入法"产品侵犯了其 17 项专利权,诉讼总标的额高达 2.6 亿元。

2018 年 4 月 4 日北京知识产权法院对 6 件搜狗诉百度系列专利侵权案件作出一审判决。在百度发起的专利无效程序中,搜狗 17 个涉诉专利中有 7 个专利被判全部无效,4 个专利被判部分无效;在民事侵权诉讼程序中,搜狗撤诉 10 件,一审法院判定 4 件案件不侵权。搜狗著名的 ZL200710099474.6 号细胞词库技术(词库分类技术)专利所有权利要求被判全部无效,ZL200610127154.2 号专利"一种向应用程序输入艺术字/图形的方法及系统",图片输入专利被判全部无效;艺术字/图形、表情案被判部分无效,直接导致搜狗撤销民事侵权诉讼请求。

核心专利被无效,导致搜狗主动提起诉讼没有取得想要的效果,归根结底在于权利要求不够稳定,上述专利无效原因都是存在"现有技术",也就是缺乏创新性。搜狗若在申请专利时能够相对客观的评估现有技术,在已有分类词库的基础上挖掘针对中文词库的改进方案,而不是通过创造新名词、新概念来获取最大保护范围,该"细胞词库"技术的专利可能会更有价值。

专利诉讼程序中,无论是否有确切的依据,被告方必然会通过专利无效程序挑战专利的稳定性,延长诉讼周期,以时间换空间。同时,在诉讼中,被告还可借助于检索到的现有技术来界定权利要求保护范围或直接进行现有技术抗辩。

要维持专利的有效性,关键在于权利要求的撰写阶段,而目前撰写阶段却并没有引起权利人足够的重视,一切以授权为目标不能说错,但若对获得授权的权利要求保护范围不够大或者存在瑕疵,从某种意义上讲,还不如严格把控撰写阶段,重质不重量。

发明专利在讨论撰写的时候,基本都会从两个角度考虑:一个是发明创造的可授权性,是否符合我国《专利法》和《专利审查指南》的相关规定、是否具有新颖性及创新性、是否符合保护客体要求;另一个是防侵权角度,涉及技术特征的撰写方法,是否容易获取证据、是否容易覆盖被控侵权产品等。具体到软件专利,也不外如此。

1.1 可授权性

可授权性包括专利申请属于专利客体,并且具有新颖性、创造性与实用性,计算机程序专利申请的首要问题就是是否具有可专利性,是否属于《专利法》的保护客体,在实践中,APP相关专利审查中,大部分被驳回也是因为审查员认为所申请的方案不属于专利保护客体。

《专利法》(2020)第25条规定,"对下列各项,不授予专利权:(一)科学发现;(二)智力活动的规则和方法;(三)疾病的诊断和治疗方法;(四)动物和植物品种;(五)原子核变换方法以及用原子核变换方法获得的物质;(六)对平面印刷品的图案、色彩或者二者的结合作出的主要起标识作用的设计。

对前款第(四)项所列产品的生产方法,可以依照本法规定授予专利权。"

软件本身是代码和数据的集合,其可专利性一直面临质疑,虽然现在对其可专利性在实践中已得到了承认,但是在专利撰写过程中,仍然需要注意避免将软件专利撰写落入"智力活动的规则和方法"。

1.2 客体审查基准

欧洲专利公约(EPC)没有对"发明"进行定义,EPC第52条第2款包含了非穷尽性的事项列表,列表中列举的事项本身(claimed as such)排除在可专利性之外,因而不被视为"发明"(参见EPC第52条第3款第3项及EPO指南G-II,3),该列表中的事项或者是抽象的(如智力活动或数学方法),或者是非技术的(如美学创作或信息表述)。EPC第52条第1款第4项的"发明"必须是具体的并且具有技术性。它可以属于任何技术领域。

我国《专利法》第2条第2款给出了"发明"的特定定义:发明,是指对产品、方法或者其改进所提出的新的技术方案。此外,中国国家知识产权局(CNIPA)《专利审查指南》第二部分第一章第2节规定:技术方案是对要解决的技术问题所采取的利用了自然规律的技术手段的集合。技术手段通常是由技术特征来体现的。未采用技术手段解决技术问题,以获得符合自然规律的技术效果的方案,不属于《专利法》第2条第2款规定的客体。

就计算机程序的可专利性而言,我国《专利审查指南》经数次修改,最新《专利审查指南》(国家知识产权局公告第343号,2019年12月31日发布,2020年2月1日起实施)第二部分第九章详细定义了计算机程序发明专利申请的审查基准:

"审查应当针对要求保护的解决方案,即每项权利要求所限定的解决方案。

根据专利法第二十五条第一款第(二)项的规定,对智力活动的规则和方法不授予专利权。涉及计算机程序的发明专利申请属于本部分第一章第4.2节所述情形的,按照该节的原则进行审查:

(1)如果一项权利要求仅仅涉及一种算法或数学计算规则,或者计算机程序本身或仅仅记录在载体(如磁带、磁盘、光盘、磁光盘、ROM、PROM、VCD、DVD或者其他的计算机可读介质)上的计算机程序,或者游戏的规则和方法等,则该权利要求属于智力活动的规则和方法,不属于专利保护的客体。

如果一项权利要求除其主题名称之外,对其进行限定的全部内容仅仅涉及一种算法或者数学计算规则,或者程序本身,或者游戏的规则和方法等,则该权利要求实质上仅仅涉及智力活动的规则和方法,不属于专利保护的客体。

例如,仅由所记录的程序限定的计算机可读存储介质或者一种计算机程序产品,或者仅由游戏规则限定的、不包括任何技术性特征,如不包括任何物理实体特征限定的计算机游戏装置等,由于其实质上仅仅涉及智力活动的规则和方法,因而不属于专利保护的客体。但是,如果专利申请要求保护的介质涉及其物理特性的改进,如叠层构成、磁道间隔、材料等,则不属此列。

(2)除了上述(1)所述的情形之外,如果一项权利要求在对其进行限定的全部内容中既包含智力活动的规则和方法的内容,又包含技术特征,例如在对上述游戏装置等限定的内容中既包括游戏规则,又包括技术特征,则该权利要求就整体而言并不是一种智力活动的规则和方法,不应当依据专利法第二十五条排除其获得专利权的可能性。

根据专利法第二条第二款的规定,专利法所称的发明是指对产品、方法或者其改进所提出的新的技术方案。涉及计算机程序的发明专利申请只有构成技术方案才是专利保护的客体。

如果涉及计算机程序的发明专利申请的解决方案执行计算机程序的目的是解决技术问题,在计算机上运行计算机程序从而对外部或内部对象进行控制或处理所反映的是遵循自然规律的技术手段,并且由此获得符合自然规律的技术效果,则这种解决方案属于专利法第二条第二款所说的技术方案,属于专利保护的客体。

如果涉及计算机程序的发明专利申请的解决方案执行计算机程序的目的不是解决技术问题,或者在计算机上运行计算机程序从而对外部或内部对象进行控制或处理所反映的不是利用自然规律的技术手段,或者获得的不是受自然规律约束的效果,则这种解决方案不属于专利法第二条第二款所说的技术方案,不属于专利保护的客体。

例如,如果涉及计算机程序的发明专利申请的解决方案执行计算机程序的目的是为了实现一种工业过程、测量或测试过程控制,通过计算机执行一种工业过程控制程序,按照自然规律完成对该工业过程各阶段实施的一系列控制,从而获得符合自然规律的工业过程控制效果,则这种解决方案属于专利法第二条第二款所说的技术方案,属于专利保护的客体。

如果涉及计算机程序的发明专利申请的解决方案执行计算机程序的目的是为了处理一种外部技术数据,通过计算机执行一种技术数据处理程序,按照自然规律完成对该技术数据实施的一系列技术处理,从而获得符合自然规律的技术数据处理效果,则这种解决方案属于专利法第二条第二款所说的技术方案,属于专利保护的客体。

如果涉及计算机程序的发明专利申请的解决方案执行计算机程序的目的是为了改善计算机系统内部性能,通过计算机执行一种系统内部性能改进程序,按照自然规律完成对该计算机系统各组成部分实施的一系列设置或调整,从而获得符合自然规律的计算机系统内部性能改进效果,则这种解决方案属于专利法第二条第二款所说的技术方案,属于专利保护的客体。"

欧洲专利局(European Patent Office,EPO)《审查指南》(G-II,3)及其所属小节中给出了 EPO 评价软件相关发明是否为《欧洲专利公约》(EPC)第 52 条第 1 款、第 2 款和第 3 款规定的"发明"的方法。

包含计算机程序的发明可以利用"计算机实施发明"的不同形式加以保护,"计算机实施发明"这种表述旨在涵盖涉及计算机、计算机网络或其他可编程设备的权利要求,其中表面上看所要求保护发明的一个或多个特征是通过计算机程序实现的。

对于计算机程序权利要求,其基本的可专利性考虑原则上与其他主题相同。虽然 EPC 第 52 条第 2 款所列项目中包含"计算机程序",但如果要求保护的主题具有技术性,则根据 EPC 第 52 条第 2 款和第 3 款的规定不排除在可专利性之外。

评估技术性时不应考虑现有技术,即对于技术性做出贡献的特征可以是已知的。如下文所解释的那样,计算机程序特征可能潜在地为要求保护的主题带来技术性。

如果计算机程序在计算机上运行时能够带来超出程序(软件)与计算机(硬件)之间"正常"物理交互的进一步技术效果,则该计算机程序权利要求不排除在可专利性之外。程序执行产生的正常物理效果,如电流,其本身不足以赋予计算机程序技术性,产生技术性需要进一步的技术效果。为计算机程序赋予技术性的进一步技术效果可以在程序作用下的工业过程控制或计算机本身或其界面的内部功能中发现,如该程序可以影响过程的效率或安全性、所需计算机资源的管理或通信链路中的数据传输速率。当计算机程序对所实施的方法本身作出技术贡献时,在计算机上运行的该计算机程序也被认为能够带来进一步的技术效果。评估计算机程序是否带来进一步的技术效果不涉及与现有技术的比较,即进一步的技术效果可以是已知的。从编写代码的意义上讲,编程活动是智力的非技术性活动,因而不会对产生技术效果做出贡献

由于任何包含使用技术手段(如计算机)的方法和任何技术手段本身(如计算机或计算机可读存储介质)具有技术性,因而属于 EPC 第 52 条第 1 款意义上的发明,因此不能依据 EPC 第 52 条第 2 款和第 3 款对计算机实施方法、计算机可读存储介质或装置类权利要求提出反对。这种方法也被称为"任意技术手段法"。此类权利要求不应含有程序列表,但是应当定义所有确保程序在运行时所实施方法可专利性的所有特征。

如果与计算机程序有关的要求保护的主题不具有技术性,则应根据 EPC 第 52 条第 2 款和第 3 款予以拒绝。如果该主题通过技术性的检测,审查员则进行新颖

性和创造性的审查。

根据任意技术手段法,存储介质具有技术性。因此,下述类型的权利要求可被视为 EPC 第 52 条第 1 款意义上的发明:

(1)使用数据格式和/或结构的计算机实施方法;

(2)在介质或电磁载波上体现的数据格式和/或结构。

与计算机系统运行期间所使用的数据结构或格式相关联的技术效果可以是:有效的数据处理、有效的数据存储、基于技术标准的数据检索或增强的安全性。另外,仅描述在逻辑层上数据采集的特征不产生技术效果,即使这样的描述可能涉及所描述数据的特定建模。

因此,在评价物理体现的数据结构和数据格式的创造性时,需要评价其特性。功能数据用于控制处理该数据的设备,并且本质上包含所控制设备的技术特征。另外,认知数据仅与人类用户相关。功能数据可以构成技术效果的基础,而认知数据不可以。

为了确认权利要求是否涉及功能数据,EPO 审查委员会检查所要求保护的数据结构是否本质上包含或反映了构成技术效果基础的系统或相应方法步骤的技术特征。

《美国专利法》第 101 条对权利要求的可专利性作出了规定。其原文比较宽泛:"凡发明或发现任何新颖而实用的方法、机器、产品、物质合成,或任何新颖而实用之改进者,可按本法规定的条件和要求获得专利。"美国专利商标局对可专利性的现行审查标准主要依据联邦最高法院在 Alice Corp. v. CLS Bank 案和 Mayo Collaborative Services v. Prometheus Laboratories, Inc. 案两个判决中设立的框架(Alice/Mayo 测试)。

Alice/Mayo 测试包括两步:第 1 步,确定权利要求是否在法律保护范围,即属于下列四种之一:方法、机器、产品和物质合成。如否,则不具有可专利性。如是,则进行第 2 步。第 2 步分为 2A 和 2B 两步。在 2A 步首先判断所涉权利要求是否指向不可专利的司法例外(自然规律、自然现象或者抽象概念)。在软件领域,最常见的司法例外是抽象概念。如否,则不再讨论 2B 步,具备可专利性。如是,则进入 2B 步分析,寻找所涉权利要求的技术特征或者技术特征的组合是否包含了一种发明性概念,使该专利"远远超出"其所涉及的司法例外本身,从而使指向了司法例外的权利要求具备了可专利性。

美国 USPTO 2019 年发布了《专利主题适格指南修订版》(Patent Subject Matter Eligibility Guidance, 2019 Revised PEG), [1] 最高法院认为,《美国专利法》第 101 条包含了"自然规律,自然现象和抽象概念"的隐含例外,而没有实际定义什么是抽象概念。因此,修订后的指南列出了自 Alice 判例以来基于法院判例的抽象概念分组。

该指南将以下内容列为不符合专利主题适格条件的抽象概念。除非所审查的权利要求中引用的附加要素显著超出司法例外记载的范畴。

(1)数学概念——数学关系,数学公式或方程,数学计算。

(2)组织人类活动的某些方法——基本经济原则或做法(包括对冲,保险,减轻风险);商业或法律互动(包括合同形式的协议,法律义务,广告、营销、销售活动或行为,商务关系);管理个人行为或人与人之间的关系或互动(包括社交活动,教学和遵循规则或指示)。

(3)心理过程——在人类心灵中活动的概念(包括观察,评估,判断,意见)。

不属于上述分组所列举的权利要求通常不应被视为抽象概念。

为了确定权利要求是否落入步骤 2A 中引用的抽象概念,审查员需要:(1)在审查中确定审查员认为权利要求包含抽象概念的具体限制(单独或组合);(2)判断所确定的限制是否属于《专利主题适格指南修订版》第 I 部分列举的抽象概念的主题分组。如果所识别的限制属于第 I 部分中列举的抽象概念的主题分组,则分析应进入步骤 2B 以评估该权利要求是否将抽象概念结合到实际应用中。

在修订的步骤 2A 中,以下示例性参考表明附加要素(或要素的组合)可以将例外结合到实际应用中:

(1)附加要素反映了计算机功能的改进,或对其他技术或技术领域的改进;

(2)附加要素可适用或使用司法例外影响针对疾病或医疗状况进行的特定治疗或预防;

(3)附加要素可与权利要求中的特定机器或制造方法,一起实施司法例外,或一起使用司法例外;

(4)附加要素影响特定物品向不同状态或物体的转换或衰减;

(5)附加要素以某种其他有意义的方式适用或使用司法例外,将司法例外的使用与特定技术环境联系起来,因此权利要求作为一个整体不应仅仅是旨在垄断司法例外的撰写工作。

以上所列并非排除其他可能。但是,法院还确定了司法例外没有纳入实际应

---

〔1〕　https://www.govinfo.gov/content/pkg/FR - 2019 - 01 - 07/pdf/2018 - 28282.pdf.

用的例子：

(1)附加要素仅仅是同司法例外一起引用"应用它"(或等同词)的词语表达，或仅包括在计算机上实现抽象概念的指令，或仅仅使用计算机作为执行抽象概念的工具；

(2)附加要素为司法例外增加了无关紧要的额外解决方案；

(3)附加要素只是惯常地将司法例外的使用与特定的技术环境或使用领域联系起来。

欧洲专利局(EPO)《审查指南》F－Ⅳ,3.9.1给出了权利要求撰写方式的(非穷尽性)示例：

"(1)方法权利要求

一种计算机实施的方法，包括步骤 A,B……

一种由计算机执行的方法，包括步骤 A,B……

(2)装置/设备/系统权利要求

一种数据处理装置/设备/系统，包括用于执行权利要求 1 的方法【步骤】的装置。

一种数据处理装置/设备/系统，包括用于执行步骤 A 的装置，执行步骤 B 的装置……

一种数据处理装置/设备/系统，包括用于执行权利要求 1 的方法【步骤】的处理器。

(3)计算机程序/产品权利要求

一种计算机程序【产品】，包含指令，当该程序由计算机执行时，该指令使计算机执行权利要求 1 的方法【步骤】。

一种计算机程序【产品】，包含指令，当该程序由计算机执行时，该指令使计算机执行步骤 A,B……

(4)计算机可读存储介质/数据载体权利要求

一种计算机可读【存储】介质，包含指令，当由计算机执行时，该指令使计算机执行权利要求 1 的方法【步骤】。

一种计算机可读【存储】介质，包含指令，当由计算机执行时，该指令使计算机执行步骤 A,B……

一种计算机可读数据载体，存储有权利要求 3 的计算机程序【产品】。

一种数据载体信号，载有权利要求 3 的计算机程序【产品】。

'一种存储数据结构的介质……'或'一种载有数据结构的电磁载波……'也

是可接受的权利要求撰写方式。这些计算机数据结构的可专利性将根据 EPO 审查指南 G－Ⅱ,3.6.3 进行审查。审查指南相关规定在 EPO 申诉委员会的相关案例法中得以体现。

由于权利要求书整体上必须简要,EPC 细则第 43 条第 2 款第 6 项规定权利要求书中每类权利要求应只有一个独立权利要求。权利要求的类型为:产品、方法、装置或用途。

EPO 审查指南 F－Ⅳ,3.2 进一步对该规定进行了说明。对于软件相关发明,与产品权利要求相应的计算机程序或计算机程序产品权利要求是允许的,如装置、设备或系统。"

我国《专利审查指南》给出的撰写示例如下:

"(1)一种用于……方法,包括:步骤 a……;步骤 b……;步骤 c……

(2)一种用于……的系统,包括:用于实现步骤 a 的装置;用于实现步骤 b 的装置;用于实现步骤 c 的装置。

(3)一种计算机装置,包括处理器及存储器,所述存储器上存储有计算机程序,其特征在于所述计算机程序当被处理器执行时实现如下步骤……

(4)一种计算机可读存储介质,其上存储有计算机程序,其特征在于所述计算机程序当被处理器执行时实现如下步骤……"

结合我国、欧洲及美国的可专利性客体审查标准及撰写示例,总体而言,计算机程序是否具有可专利性,关键在于是否体现技术与功能,单纯的借助计算机硬件表现一种逻辑、一种程序的运行过程,未能体现出技术与功能的申请,都可能被认为不具有可专利性,同时也建议软件专利尽可能按照示例进行撰写。

2.商业方法专利

2.1　背景简述

商业方法一直以来都被认为是一种智力规则、抽象思想,不是专利法上的客体。信息时代以前,商业方法是否具有可专利性并不重要,彼时的商业方法更多依靠人实施,而人才总是有限的,并且面临执行力的问题。进入信息时代,尤其是金融行业,通过引入计算机设备,更好的商业方法或商业模式往往可以带来巨大的竞争优势,但模仿也更为容易,所以美国的利益既得者积极需求商业方法的专利化。

1998 年,美国联邦巡回上诉法院对 State Street 案确认了商业方法软件的可专利性,此后美国也依据软件专利零星的给一些商业方法授予专利,但纯粹的商业方法是否具有可专利性一直存在争议,直到 BILSKI et al. v. KAPPOS 案(道富银行信托公司诉签记金融集团公司)确定了纯粹商业方法的可专利性。

我国对商业方法专利也一直持保守意见,阿里巴巴自 2006 年开始申请商业方法专利,这是国内申请商业方法专利最早的企业。京东作为头部电子商务企业,2012 年才开始申请商业方法专利。但专利质量还未有实战进行检验,甚至可以说,象征意义大于实际意义。

2015 年发布的中共中央、国务院《关于深化体制机制改革加快实施创新驱动发展战略的若干意见》(国知发管字〔2015〕20 号)指出:研究商业模式等新形态创新成果的知识产权保护办法。同年,国务院《关于新形势下加快知识产权强国建设的若干意见》(国发〔2015〕71 号)指出:要加强新业态新领域创新成果的知识产权保护,研究完善商业模式知识产权保护制度。

2016 年 7 月 8 日公布的《国务院〈关于新形势下加快知识产权强国建设的若干意见〉重点任务分工方案》中,规定的第 33 项重点任务是,"研究完善商业模式知识产权保护制度和实用艺术品外观设计专利保护制度"。

为了更好地贯彻落实党中央国务院的上述文件精神,顺应各行业商业模式创新,国家知识产权局在《专利审查指南》中增加了以下规定:涉及商业模式的权利要求,如果既包含商业规则和方法的内容,又包含技术特征,则不应当依据《专利法》第 25 条排除其获得专利权的可能性。

不同于美国在 Alice 诉 CLS Bank 案后对于涉及商业方法的专利申请和专利在授权和确权程序中有关《美国专利法》第 101 条专利适格性问题上从难从严的审查和裁判尺度,国家知识产权局通过上述修改表明了对于涉及商业方法的专利申请较之过往更加开放的态度。

相较于欧美及日本企业,我国企业的商业方法专利布局要晚得多,早在 2002 年,《南方周末》报道的《花旗中国暗布专利暗器 中资银行何时梦醒?》提到,张红芳在其《金融产品知识产权研究》的论文撰写时发现,从 1996 年起至今,花旗银行居然不动声色地在中国申请了 19 项金融产品商业方法类专类专利,19 项专利的说明书总计长达 1401 页,其中内容最多的是"销售处理支持系统和方法",其说明书长达 165 页。

这 19 项专利主要有三个共同点:其一,其本质上是一些"商业方法",但大多采用"系统""方法"之名;其二,它们主要是配合新兴网络技术或电子技术而开发的金融服务与系统方法;其三,大多是具有一定前瞻性的发明专利。

据第一财经报道,日本电通应用股份有限公司以其在我国的专利被侵权为由,2010 年 12 月 20 日对支付宝(中国)网络技术有限公司和其两家关联公司浙江阿里巴巴电子商务有限公司(B2B)和浙江淘宝网络有限公司(B2C,C2C)提起了诉讼[(2011)一中民初字第411号],又于2011年3月30日对深圳市财付通科技有限公司提起了诉讼[(2011)一中民初字第0677号]。

上述案件虽撤诉处理,但我国作为目前世界上电子商务最活跃的国家,上述事件在业界具有相当大的影响,从侧面推动了我国《专利审查指南》修改。

2.2　商业方法

作为知识产权强国,美国自1998年State Street Bank案(State Street Bank v. Signature Financial Group)起,就开启了对商业方法授权的实践。2000年3月20日,美国专利商标局提出一项商业方法专利行动计划,明确了商业方法专利的归属类目(705)、审查部门和审查措施。[1]

但商业方法在专利领域的具体定义仍未特别明确,商业方法与商业模式又经常被混用,商业方法专利往往在电子商务、金融领域与计算机软件相结合进行申请与运用,也有用商业方法软件专利进行描述的。即便是美国2000年《商业方法专利促进法议案》[2]也没有对商业方法专利进行准确定义,而是对商业方法的种类进行了列举:

"商业方法是指:

(1)管理、经营、运行企业或组织或者处理金融数据的一种专利方法,包括从事商业活动所使用的技术;

(2)任何用于竞技、教授或个人技能培养的技术;

(3)任何由计算机协助实施的(1)或(2)中描述的技术。"

欧洲专利局最早在给美、欧、日三方专利局递交的一份报告中对商业方法的描述是:

"商业方法是与人际社会关系联系紧密而与工程材料无关的方法。"[3]

我国的《专利法》和《专利法实施细则》中没有明确涉及商业方法专利的条款,但是2004年10月国家知识产权局发布的《商业方法相关发明专利申请的审查规则(试行)》(现已废止)中,将商业方法专利定义为:

"商业方法相关发明专利申请是指以利用计算机和网络技术实施商业方法为主题的发明专利申请。"

---

〔1〕　参见卫志远、涂洪文:《美国商业方法专利的演进及对我国的借鉴意义》,载《产业创新研究》2019年第7期。

〔2〕　https://www.congress.gov/crec/2000/10/04/CREC-2000-10-04-pt1-PgE1659.pdf.

〔3〕　参见张平、石丹:《商业模式专利保护的历史演进与制度思考——以中美比较研究为基础》,载《知识产权》2018年第9期。

WIPO 对商业方法专利作出的定义是："对借助数字化网络经营商业的、有创造性的商业方法申请的专利。"

总体而言，在专利法的视角下，商业方法是与计算机和网络技术结合极为紧密的一种特殊的技术方法，案例也从侧面证明了这一观点。

脱离了计算机软件和硬件的载体，单纯的商业方法或商业模式就可能被认为是一种抽象的思想，不具有可专利性，在美国最高法院审理的 BILSKI 案中，案涉方法的权利要求中，并不涉及任何硬件或软件。最终，联邦最高法院的 9 位大法官一致认为，Bilski 所主张的方法因为属于抽象思想，不符合第 101 条规定，不具有可专利性。近年来掀起的"共享经济"热潮，从商业角度来讲，共享经济无疑是一种新型的商业模式，但是若没有相应的载体，单纯将"共享经济"这一模式赋予专利权毫无疑问是没有法律上的依据的。

由上可以看出，商业方法与商业模式之间的区别在于，商业模式是涵盖商业方法的，商业方法是商业模式的具象化，当商业模式有了技术上的载体，可以细化成商业方法，当泛泛地讲如何做生意、如何挣钱、如何锁定客户时，就只是商业模式，而非商业方法。商业方法软件专利也只是商业方法通过与软件硬件结合实现，但并不意味着商业方法只能通过与软件硬件结合来实现。

2.3 商业方法专利的审查基准

我国《专利审查指南》第二部分第九章第 6 节规定："如果权利要求涉及抽象的算法或者单纯的商业规则和方法，且不包含任何技术特征，则这项权利要求属于专利法第二十五条第一款第(二)项规定的智力活动的规则和方法，不应当被授予专利权。例如，一种基于抽象算法且不包含任何技术特征的数学模型建立方法，属于专利法第二十五条第一款第(二)项规定的不应当被授予专利权的情形。再如，一种根据用户的消费额度进行返利的方法，该方法中包含的特征全部是与返利规则相关的商业规则和方法特征，不包含任何技术特征，属于专利法第二十五条第一款第(二)项规定的不应当被授予专利权的情形。

如果权利要求中除了算法特征或商业规则和方法特征，还包含技术特征，该权利要求就整体而言并不是一种智力活动的规则和方法，则不应当依据专利法第二十五条第一款第(二)项排除其获得专利权的可能性。"

"对一项包含算法特征或商业规则和方法特征的权利要求是否属于技术方案进行审查时，需要整体考虑权利要求中记载的全部特征。如果该项权利要求记载了对要解决的技术问题采用了利用自然规律的技术手段，并且由此获得符合自然规律的技术效果，则该权利要求限定的解决方案属于专利法第二条第二款所述的技术方案。例如,如果权利要求中涉及算法的各个步骤体现出与所要解决的技术问题密切相关,如算法处理的数据是技术领域中具有确切技术含义的数据,算法的执行能直接体现出利用自然规律解决某一技术问题的过程,并且获得了技术效果,则通常该权利要求限定的解决方案属于专利法第二条第二款所述的技术方案。"

《日本审查指南》第三部分第一章(Part Ⅲ, Chapter 1, Eligibility for Patent and Industrial Applicability,专利资格及工业适用性)中,在包含商业方法的软件专利申请审查指南中指出:

"审查员应当从计算机软件的角度来审查这种发明是否属于'利用自然规律的技术思想的创造',也就是说,如果'软件的信息处理具体是通过硬件资源来实现的',那么使用计算机软件的行为就是'利用自然规律的技术思想的创造'。

有关商业方法、玩游戏或计算数学公式的发明,由于在某些情况下,所要求的发明的一部分使用计算机软件,在整体上被确定为没有利用自然规律,因此,它们是否属于'利用自然规律创造技术思想',需要仔细审查。"

就审查标准来看,美国在商业方法可专利性上不断修正其审查标准,从最早的商业方法除外原则,认定商业方法不具有可专利性。其后发展为"实用、具体及有形的结果"标准,再到 Bilski 案确立的"机器或转换"标准,当然该案最高法院于2010 年 6 月 28 日作出判决,虽然最高法院同意了联邦巡回上诉法院的结论,即涉案专利不属于可专利客体。但是,最高法院的结论并不是基于"机器或转换测试法"作出的。最高法院认为,"机器或转换测试法"提供了有益的判断工具,但其并非判断方法专利是否为可专利客体的唯一工具,即不能仅依赖该方法对是否属于可专利客体作出判断。

在"机器或转换测试法"标准后,又发展到在本书软件专利部分提到的"Alice/Mayo 测试"法。

欧洲一直都遵循技术特征为主导的标准,再到我国目前的二分法,事实上也是以是否包含"技术特征"且是否构成技术方案为标准来区分拟申请的专利是"抽象的算法或者单纯的商业规则和方法",还是具有可专利性的客体。

2.4 商业方法专利的撰写

由上文可知,对于商业方法专利来说,其既包括由商业模式、商业思维等形成的非技术性特征,也包括由计算机或网络技术形成的技术性特征,这是商业方法专利的特点。但是从授权专利的权利要求来看,其商业的非技术特征比重很小,利用计算机和网络的技术特征比重很大或者关联很大。这也呈现出了目前我国审查员对商业方法专利更偏重于技术特征的审查。偏向于技术特征也是我国《专利审查指南》的要求。

故若意图以商业方法专利来对 APP 进行保护,首先是要明确商业模式、商业方法之间的区分,为具有创新性的商业模式寻找最恰当的载体,通过方法、系统(包含硬件)进行权利要求的撰写,相对而言保护范围更窄,对侵权的取证也更难,但若单纯以方法作为主题,虽然保护范围更大,但也更难以获得授权,容易被审查员以发明申请是"智力活动的方法和规则"为由驳回。此外,权利要求本质上要以解决技术问题为导向,是"技术方案"的描述,在目前国家对商业方法专利审核环境较为友好的大环境下,为企业获得竞争优势。

以阿里巴巴集团控股有限公司 2009 年 12 月申请,2016 年 6 月获得授权的 CN101599156B 号专利"一种广告展现方法、装置和系统"(申请号 200810110488.8)为例,其权利要求第一项为:

"1. 一种广告展现方法,其特征在于,包括以下步骤:展现当前广告;通过获取当前时间与当前广告开始展现的时间之间的差值判断所述当前广告是否完全展现,所述当前广告完全展现时,则向广告引擎请求展现下一广告;否则,添加所述当前广告的标识到优先展现广告信息中,使所述广告引擎在下次分配广告时优先分配所述当前广告;

所述请求展现下一广告,具体包括:收集浏览器的信息;根据所述浏览器的信息生成展现请求;向所述广告引擎发送所述展现请求;接收所述广告引擎返回对所述展现请求的反馈信息;所述浏览器的信息,具体包括:近期展现过的广告信息和所述优先展现广告信息。"

该发明专利申请因原审查部门认为权利要求 1 - 21 的方案不构成技术方案,不具有可专利性而被驳回,但经过复审又给予了授权。

一种新的商业模式的实施必然需要解决一个或多个相关的技术问题。为解决这些技术问题,商业模式中的商业手段中必然采用了相应的技术手段,从而新商业模式带来的商业改善实现了有益的技术效果。

上述权利要求中,根据其说明书的说明,是要解决"广告展现过程中推广内容不能及时更新的问题,提高了推广内容对受众的覆盖率",从专利的角度讲,虽然最终目的是提高广告覆盖率,但从技术上体现的是解决内容不能及时更新的问题,而这也是这一专利最终与"智力活动的规则"存在区别的本质原因所在。

在实践中,部分商业方法专利申请无法获得授权,就在于没有区分出商业方法在商业上的目的与在专利法视角下的目的,商业上的目的或效果是通过技术上的改进而实现,虽然最终目的在于商业上的成功,但在权利要求中的表现一定是为了实现技术上的创新,通过技术手段解决了某一技术问题。

因而,对于涉及商业模式或商业方法的发明,在撰写时重要的是确定拟保护的商业模式或商业方法中涉及的技术问题,不能把"提高广告覆盖率"等商业或经济问题当作技术问题。

又如,著名的 CN102063766A "无固定取还点的自行车租赁运营系统及其方法",其权利要求7:

"一种无固定还点的自行车租赁方法,应用权利要求1所述的无固定取还点的自行车租赁运营系统,其特征包括……"

其权利要求1:

"一种无固定取还点的自行车租赁运营系统,其特征是它包括用户终端、多台装有车载终端的自行车、运营业务管理平台和车辆搬运系统,其中:

车载终端,用于车辆定位、防盗、接收平台的认证信息、进行用户认证、计价收费;它包括定位模块、车辆信号发射模块、车辆信号接收模块、车辆信号输入模块、车辆信号输出模块、自行车锁模块、存储模块和处理器……"

该专利本质上就是"共享单车"商业方法的专利化,通过模块化的功能限定,解决了共享单车的定位、识别、自动取还的技术问题。从权利要求来看,通过系统与硬件的结合避免了落入"智力活动的规则"的范围。

"一种广告展现方法、装置和系统"权利要求6:

"一种广告展现系统,其特征在于,包括:广告展现装置,用于展现广告,通过获取当前时间与当前广告开始展现的时间之间的差值判断当前广告的展现情况,向广告引擎发送展现请求;广告引擎,用于接收所述广告展现装置发送的所述展现请求,执行广告展现算法,向所述广告展现装置分配广告;所述广告引擎,具体包括:

接收模块,用于接收所述广告展现装置发送的所述展现请求;

运算模块,用于根据所述接收模块接收的所述展现请求执行广告展现算法;

发送模块,用于根据所述运算模块的运算结果,向所述广告展现装置发送所述展现请求的反馈信息。"

由上述两项专利来看,抽象的商业规则和方法为了能够申请专利保护,必须要结合到技术特征中,而技术特征要保护抽象的商业规则和方法,一般又只能通过功能和效果来限定技术特征,即通过技术特征实现的功能和效果,来保护一套完整的商业规则和方法。

故商业模式专利权利要求一般体现为功能性特征,而功能性特征又往往在权利要求中以功能模块的方式出现,一方面是为了满足技术特征的定义,另一方面也是为了保护范围的扩大化。最高人民法院《关于审理侵犯专利权纠纷案件应用法律若干问题的解释》第 4 条规定,对于权利要求中以功能或者效果表述的技术特征,人民法院应当结合说明书和附图描述的该功能或者效果的具体实施方式及其等同的实施方式,确定该技术特征的内容。也就是说,单纯的功能性描述并非一定就是功能性特征,应当按照发明创造的技术特点和技术背景具体分析,实践中,部分人员认为只要是通过功能性描述的方法对技术特征进行记载,则该技术特征为功能性特征,这种理解上的误区导致了对专利保护范围的不恰当限制。最高人民法院《关于审理侵犯专利权纠纷案件应用法律若干问题的解释(二)》第 8 条规定,功能性特征,是指对于结构、组分、步骤、条件或其之间的关系等,通过其在发明创造中所起的功能或者效果进行限定的技术特征,但本领域普通技术人员仅通过阅读权利要求即可直接、明确地确定实现上述功能或者效果的具体实施方式的除外。所以在撰写商业方法类专利权利要求时需要注意对功能性特征和功能性描述进行区分。

3. 图形用户界面(Graphical User Interface,GUI)专利

3.1 GUI 简述

以软件为基础的创新和人工智能相关科技导致了联网设备在专业和私人领域的迅速发展。图形用户界面(GUI)对用户在所有形式的带有电子屏的电子设备(包括智能手机、家用电器和医疗用具)操作的重要性使 GUI 设计发展显著。

我国《专利法》第 2 条规定,外观设计,是指对产品的形状、图案或者其结合以及色彩与形状、图案的结合所作出的富有美感并适于工业应用的新设计。

图形用户界面(Graphical User Interface,GUI)是指用户通过图标、下拉菜单、指针、指点设备、按钮、滚动条、窗口、过渡动画和对话框等可视元素与计算机进行互动的"计算机环境"。[1]

1963 年,Ivan Sutherland 为完成博士毕业论文而开发的程序 Sketchpad 被认为是图形用户界面出现的标志。鼠标发明者 Douglas Engelbart 在 20 世纪 60 年代开发了多窗口的 on‑line 系统。Douglas Engelbart 所在的国际斯坦福研究院有几位研究人员于 20 世纪 70 年代初加入了施乐帕罗奥托研究中心(Xerox Palo Alto Research Center,Xerox PARC),完成了 WIMP(Window,Icon,Menu,Pointing device)

〔1〕 See Rachel Stigler,Ooey GUI:*The Messy Protection of Graphical User Interfaces*,Northwestern Journal of Technology and Intellectual Property,Vol.12,Issue 3,2014,p.216. 转引自李宗辉:《论人工智能时代图形用户界面的外观设计专利保护》,载《电子知识产权》2020 年第 6 期。

范式的开发。WIMP 范式包含窗口、图标、菜单和指点设备等早期图形用户界面的人机交互元素。[1]

GUI 在智能终端通电后显示,本质上,GUI 是通过计算机程序编译的一种软件产品,包括界面外观属性和界面交互属性。

界面外观属性是面向用户单向输出的显示属性,计算机程序运行后,设备可以面向用户单向显示提示信息或者运行结果。也就是在使用如智能手机、平板电脑的产品时,显示在界面上的各种画面。界面外观属性能够由我们直观地进行接收、认知和判断。

界面交互属性是以界面为交互媒介的双向操作属性,设备可以接收用户在界面上输入的操作指示或数据,控制计算机指令执行相应操作,并向用户输出或显示执行结果。例如,界面的滑动、图标的拖动等。

在界面交互属性中,通常包含两个方面:界面交互规则和界面交互技术。其中,界面交互规则是人为制定的人机交互规则,例如,用户操作手势与所调用的设备操作指令之间的对应关系,或者,界面显示状态的变化规则;界面交互技术则是为了实现界面交互规则的人机交互过程以及该人机交互过程所涉及的后台处理过程。

3.2 GUI 发明专利

在本书前文提及的莲花诉宝兰案、久其诉天臣案中,美国法院和我国法院分别从不同的角度(美国法院认为 GUI 是属于思想的操作方法,我国法院认为 GUI 不满足作品独创性),部分排除了 GUI 成为受著作权法保护的作品的可能性。于是专利保护成为企业努力的方向。

但《专利法》规定发明专利需要是一种"新的技术方案"。而 GUI 设计并非利用自然规律,只是一种人为设定的规则。专利复审委对 HTC 公司申请号为200810098546.X 的"使用者界面的产生方法"专利申请作出的复审决定中认为:

"……实际所要解决的问题仍然是使用者界面的设计布局问题,这不构成技术问题……设计了该使用者界面的静态布局和动态布局,而这些设计仅仅是一种人为制定的图形用户界面的信号交互规则,其中并未涉及具体的技术实现手段……其获得的效果只能是使界面浏览更加人性化,从而获得更好的用户体验而已,但这并不属于技术效果。"

但 HTC 申请被驳回并没有打击企业通过发明专利保护 GUI 的热情,更多的是

---

[1] 参见雷立辉:《图形用户界面的风花雪月》(上),载《程序员》2005 年第 4 期。

认为 HTC 的失败在于权利要求撰写的失败，而不是 GUI 可专利性的失败。

从司法实践来看，在华为与三星的专利大战中，华为用于提起诉讼的专利之一的"一种组件显示处理方法"（专利号：ZL201010104157.0）就是通过专利实现 GUI 的保护。

该专利涉及一种可应用于终端组件显示的处理方法和用户设备的技术方案，共有 16 项权利要求。该发明专利权利要求 1 主张了一种组件显示处理方法，其特征在于：

"获取组件处于待处理状态的指示消息；根据所述指示消息对容器中显示在屏幕上的显示区域进行缩小处理，以使所述屏幕在所述显示区域缩小后空余出的区域显示所述容器的隐藏区域，所述容器包括容纳组件的显示区域和隐藏区域。"

从该权利要求可以看到，这一专利描述了一种人机交互，但从权利要求本身来看，描述的是一种方法，GUI 只是方法的最终结果，从本质上讲，GUI 发明专利这一表述并不精准，应当用 GUI 实现方法/途径的发明专利更为精确。

当用"GUI 实现方法/途径的发明专利"来描述时，这就成为一个纯粹的技术问题，属于通信及通信设备领域的技术发明专利。对于 GUI 专利申请而言，根据其界面交互属性申请发明专利（其 IPC 分类号对应 G06F3/048："图形用户界面的交互技术，例如，与窗口、图标或菜单的交互"），其实现与展示通常依赖于计算机程序的运行，既然是计算机程序，自然可以通过申请发明专利进行保护。

所以严格地说，GUI 发明专利并不是界面发明专利，界面本身不具有可发明专利性，界面本身只可能成为著作权或外观设计专利的客体。但 GUI 固有的功能属性具有其实现的过程和逻辑，而 GUI 是这些过程和逻辑的实施方式的结果，发明专利也正在于保护技术思想和功能，保护实现 GUI 的技术方案，所以这种专利属于方法专利的范畴。

此外，GUI 发明专利由于其直观、易于理解、取证简单，在专利侵权诉讼中往往是权利人的优先选择。但发明专利无法保护界面视图本身，如用户界面中的色彩和图案，但比起用户界面中的色彩和图案，其实现方法得到授权足以要求到更宽泛的权利。

3.3 GUI 外观专利

在发明专利以外，企业也在为 GUI 寻求外观设计专利的保护，根据 ICC（International Chamber of Commerce，国际商会）的调研显示，在所研究的 24 个司法管辖区域中，有 20 个司法管辖区域允许将 GUI 作为外观设计进行保护，仅智利、厄瓜多尔和阿联酋不允许对 GUI 外观设计进行保护；而在印度，外观设计保护或可在《外观设计法》的指导下得到授权,但目前仍未有明确的指导方针。[1]

上述报告显示,几乎在所有受到调研的国家中,只要相关组件(通常是图标)用实线标识且置于其环境(如屏幕显示)中,那么在组成 GUI 的多个元素中,允许仅对其中一个 GUI 元素进行外观设计注册。在其他司法管辖区域内,GUI 元素可通过展示元素本身进行保护,而无须展示其他 GUI 元素和实物产品等环境信息。

最后,在阿根廷、日本、韩国、墨西哥和沙特阿拉伯等国家中,单一的 GUI 元素若未联系到实物产品上,则无法获得保护。在中国,图标等 GUI 元素可以通过用实线既展示元素本身又展示环境信息来进行保护(这意味着保护范围也将包括环境特征)。

动画 GUI 在图示方面带来了额外的挑战,因为动画本身通常不能在申请或大多数设计数据库中进行描绘。在某些司法管辖区域(阿根廷、中国、克罗地亚、欧盟、法国、日本、韩国、墨西哥、俄罗斯、瑞典、新加坡、南非、乌克兰和美国)内,动画可以通过单个申请进行保护。在大多数情况下,图示要求是通过包含一系列附图或照片来实现的,这些附图或照片以清晰易懂的序列反映了动画的变化趋势,该序列中所有的图像在视觉上都是相互联系的(克罗地亚、欧盟、法国、墨西哥、新加坡、南非和瑞典)。通常每个申请的图像数量是有限的。此外,在中国、日本和俄罗斯等司法管辖区域内,需要对所要求保护的 GUI 外观设计的变化趋势或本质特征进行说明。在其他司法管辖区域(巴西、英格兰和威尔士、德国、罗马尼亚和沙特阿拉伯)内,动画不能通过单一申请直接保护,但有些司法管辖区域(如巴西、德国和罗马尼亚)允许通过提交多个外观设计申请进行间接保护,每个申请都有一个静态图示来表示动画的不同位置。

(1)GUI 外观专利典型案例

2010 年 7 月 26 日,苹果公司向国家知识产权局提出名称为"便携式显示设备(带图形用户界面)"的外观设计专利申请。国家知识产权局原审查部门以涉案申请系《专利审查指南》所规定的"产品通电后显示的图案",不属于授予外观设计专利权的客体为由,对涉案申请予以驳回。苹果公司不服,向专利复审委员会提出复审请求。专利复审委员会对驳回决定予以维持。苹果公司不服,提起行政诉讼。

北京市第一中级人民法院认为:"《专利审查指南》第一部分第三章第 7.4 节的规定是对《专利法》第 2 条第 4 款规定的具体化,故在适用《专利审查指南》上述规定判断外观设计申请是否属于我国外观设计专利权的客体时,仍应以《专利法》

---

[1] https://iccwbo. org/content/uploads/sites/3/2018/04/icc - report - on - design - protection - for - guis. pdf.

第 2 条第 4 款的规定为基础予以考虑。根据《专利法》第 2 条第 4 款的规定,只有满足以下四个法律要件的设计,才能成为我国外观设计专利权的保护客体:(一)以工业产品为载体;(二)是对产品形状、图案或者其结合以及色彩与形状、图案结合所作出的新的设计;(三)适于批量化生产的工业应用;(四)富有美感。本案中,本申请为便携式显示设备(带图形用户界面),是对便携式显示设备产品在整体形状和图案上所作出的外观设计。虽然本申请还包括了在产品通电状态下才能显示的图形用户界面,但并不能以此否定本申请在实质上仍是对便携式显示设备在产品整体外观方面所进行的设计。同时,本申请亦能满足外观设计专利在工业应用和美感方面的要求,故可以成为我国外观设计专利权的保护客体。"

二审中,北京市高级人民法院认为:"……第一,《专利审查指南》仅是部门行政规章而法律或行政法规,人民法院在判断本申请中的外观设计是否属于我国外观设计专利权的客体时,仍应以《专利法》第 2 条第 4 款的规定为基础予以考虑。第二,尽管《专利审查指南》规定'产品通电后显示的图案'属于不授予外观设计专利权的情形,但结合《专利法》第 2 条第 4 款及上述分析可知,该规定不应被扩大解释为只要是包含了产品通电后所显示图案的外观设计申请,均应被排除在授予外观设计专利权的范围之外。换言之,产品通电后显示的图案并非全部不能享有外观设计专利权保护,如本案之情形,若产品通电后显示的图形用户界面属于产品整体外观设计的一部分,或产品整体外观设计包括了图形用户界面,则由于此种外观设计专利申请实质上仍属于对产品整体外观所进行的设计,并不应以不符合《专利法》第 2 条第 4 款规定为由而被驳回。"[1]

该案判决后,知识产权局 2014 年 3 月 12 日发布了第 68 号令国家知识产权局《关于修改〈专利审查指南〉的决定》,对 GUI 审查重新进行了规定,删除了《专利审查指南》第一部分第三章第 7.2 节第三段的最后一句"产品的图案应当是固定的、可见的,而不应是时有时无的或者需要在特定的条件下才能看见的",并将《专利审查指南》第一部分第三章第 7.4 节"不授予外观设计专利权的情形"第 11 项修改为:"(11)游戏界面以及与人机交互无关或者与实现产品功能无关的产品显示装置所显示的图案,例如,电子屏幕壁纸、开关机画面、网站网页的图文排版。"在苹果公司 GUI 外观设计专利驳回复审案中,法院进一步明确了包括图形用户界面的产品外观设计能够成为我国外观设计专利权的客体。

2016 年 4 月,北京奇虎科技有限公司、奇智软件(北京)有限公司将北京江民

---

[1] 参见北京市高级人民法院(2014)高行(知)终字第 2815 号。

新科技有限公司诉至北京知识产权法院,称江民提供给用户下载的"江民优化专家"软件界面与原告第201430329167.3号"带图形用户界面的电脑"外观设计近似,构成对原告专利的直接侵犯,或者即便涉案专利的保护范围需要考虑电脑这一产品,被告行为也构成帮助侵权。此案被称为"中国GUI外观设计专利侵权第一案"。

最终,北京知识产权法院认为:

"外观设计专利权保护范围的确定需要同时考虑产品及设计两要素,无论是其中的产品要素还是设计要素均以图片或照片中所显示内容为依据。

本案中,涉案专利视图中所显示的产品为电脑,其名称亦为'带图形用户界面的电脑',可见,涉案专利为用于电脑产品上的外观设计。'电脑'这一产品对于涉案专利的权利保护范围具有限定作用。

原告主张,其虽在申请涉案专利时提交了带有计算机屏幕的六面视图,但电脑仅是'图形用户界面'的附着物,其与保护范围无关。涉案专利的名称除了指代作用外亦并不具有其他限定作用。因此,涉案专利的名称及视图中的显示器边框和底座均与涉案专利保护范围无关,涉案专利的保护范围应以'变化状态图'载明的内容为准。本院对原告这一主张并不认同。在对'包含图形用户界面的产品'尚不存在独立于现有外观设计法律规则之外的特殊规则时,适用于该类产品的规则与适用于其他产品的规则不应有所不同。因此,如果对于'包含图形用户界面的产品'而言,产品仅是设计的附着物,不会对外观设计的保护范围产生影响,则依据同样的规则,对于任何外观设计而言,产品均应被视为设计的附着物,对于外观设计的保护范围不具有限定作用。这一情形意味着在外观设计保护范围的确定上仅需要考虑设计要素,而无须考虑产品要素,这显然是与上述法律规定相悖的。

此外,原告还主张'立体产品'、'平面产品'以及'包括图形用户界面的产品'系《专利审查指南》中规定的三种并列的外观设计载体,其暗含之意在于认为'包含图形用户界面的产品'与立体产品及平面产品具有不同属性,因此,产品要素在'包含图形用户界面的产品'外观设计中的作用与其在立体或平面产品外观设计中的作用并不相同。也就是说,在确定'包含图形用户界面的产品'外观设计的权利范围时并非必然要求考虑产品要素。对此,本院认为,在《专利审查指南》第一部分第三章第4.2部分确实涉及了'立体产品'、'平面产品'以及'包括图形用户界面的产品'三种情形,但该规定并非针对外观设计专利载体类型的规定,第4.2部分的标题为'外观设计的图片或者照片',其之所以区分上述三种产品类型进行规定,原因在于上述三类产品的设计具有不同特点,因此,在提交图片及照片时有必要区别规定。可见,这一规定并不意味着《专利审查指南》对于上述三类产品在权利保护范围的确定上采用了不同的规则。

需要强调的是,国家知识产权局虽在第六十八号令中引入'包括图形用户界面的产品外观设计',但该规定中的具体内容均是在现有外观设计专利制度框架下做的适应性调整,而非针对此类外观设计设立独立于现有制度的一整套规则。这一情形意味着除第六十八号令中有明确规定以外,其他内容均适用现有的外观设计规则。

综上,涉案专利为'带图形用户界面的电脑',原告有权禁止他人在与电脑相同或相近种类产品上使用相同或相近似的外观设计。

本案中,被诉侵权行为是被告向用户提供被诉侵权软件的行为,因被诉侵权软件并不属于外观设计产品的范畴,相应地,其与涉案专利的电脑产品不可能构成相同或相近种类的产品,据此,即便被诉侵权软件的用户界面与涉案专利的用户界面相同或相近似,被诉侵权软件亦未落入涉案专利的保护范围,原告认为被诉侵权行为侵犯其专利权的主张不能成立,本院不予支持。"[1]

根据《专利法》及《专利审查指南》的规定,外观设计是产品的外观设计,其载体应当是产品。最高人民法院《关于审理侵犯专利权纠纷案件应用法律若干问题的解释》(法释〔2009〕21 号)第 8 条规定,在与外观设计专利产品相同或者相近种类产品上,采用与授权外观设计相同或者近似的外观设计的,人民法院应当认定被诉侵权设计落入《专利法》第 59 条第 2 款规定的外观设计专利权的保护范围。

2020 年 9 月 12 日施行的最高人民法院《关于审理专利授权确权行政案件适用法律若干问题的规定(一)》第 17 条也规定:"外观设计与相同或者相近种类产品的一项现有设计相比,整体视觉效果相同或者属于仅具有局部细微区别等实质相同的情形的,人民法院应当认定其构成专利法第二十三条第一款规定的'属于现有设计'。

除前款规定的情形外,外观设计与相同或者相近种类产品的一项现有设计相比,二者的区别对整体视觉效果不具有显著影响的,人民法院应当认定其不具有专利法第二十三条第二款规定的'明显区别'。

人民法院应当根据外观设计产品的用途,认定产品种类是否相同或者相近。确定产品的用途,可以参考外观设计的简要说明、外观设计产品分类表、产品的功能以及产品销售、实际使用的情况等因素。"

在判断外观设计专利侵权时,首先要考虑外观设计的载体,即产品是否相同或

---

〔1〕 参见北京市知识产权法院(2016)京 73 民初 276 号。

相近种类。GUI 外观设计实质上要保护的是程序编码的界面展示,而不是应用界面的产品,其本身属于软件类产品,与硬件载体之间的关系并不同于其他外观设计专利与产品的紧密结合关系。目前软件对于各种硬件本身具有可移植和兼容的特性,且大多数的软件生产商并不会涉及硬件产品的生产、销售等。

正如本案判决书中认定的,涉案专利为"带图形用户界面的电脑",而被告有向用户提供软件产品的行为,软件与涉案专利的电脑产品不构成相同或相近种类的产品,因此被告被诉侵权的行为不成立。

2019 年 9 月 23 日,国家知识产权局发布《关于修改〈专利审查指南〉的决定》(第 328 号)中,删除第一部分第三章第 4.2 节第 4 段和第 4.3 节第 3 段第 7 项,并增加第 4.4 节内容如下,其中 4.4.1"产品名称"规定:"包括图形用户界面的产品外观设计名称,应表明图形用户界面的主要用途和其所应用的产品,一般要有'图形用户界面'字样的关键词,动态图形用户界面的产品名称要有'动态'字样的关键词。如:'带有温控图形用户界面的冰箱'、'手机的天气预报动态图形用户界面'、'带视频点播图形用户界面的显示屏幕面板'。

不应笼统仅以'图形用户界面'名称作为产品名称,如:'软件图形用户界面'、'操作图形用户界面'。"

此外,国内 GUI 外观设计专利权无效宣告请求第一案中,请求人北京猎豹移动科技有限公司就专利权人广州市动景计算机科技有限公司的名称为"带图形用户界面的手机"(专利号:ZL201530383753.0)的外观设计专利权提出无效宣告请求。

专利复审委员会作出第 31958 号无效宣告请求审查决定,宣告涉案专利设计 1 无效,维持涉案专利设计 2 有效。本案决定是我国《专利审查指南》对图形用户界面(GUI)进行保护后作出的第一件带有 GUI 的外观设计专利无效宣告请求审查决定,在《专利审查指南》未对涉及 GUI 的外观设计专利审查作出明确具体规定的情况下,复审委认为:

"请求人主张涉案专利具有人机交互,但与手机功能无关,具体来说就是符合专利审查指南中列举的网页排版情形。专利权人认为正常上下滑动实现的是产品功能,涉案专利的功能是浏览功能,或者说触摸、跳转和浏览功能。

合议组认为,手机的功能在当今技术发展状态下,不仅仅是通信功能,更多地体现在不同应用软件带给用户的新功能和新体验。根据前述专利审查指南的规定,如果涉案专利属于与实现产品功能无关的网页图文排版将不能被授予外观设计专利权。而根据前文可以确定涉案专利设计 1 和设计 2 分别要求保护的是用户在使用某一应用软件时,向上滑动屏幕和用户向下滑动屏幕时的界面切换动画效果,体现在由界面变化状态图1至5几个关键帧界面构成的整体动态界面设计方案。而且,'主界面下部的信息内容上移'体现出用户在主界面下浏览信息,通过不同的切换从主界面下进入某一频道界面,实现应用软件内界面的跳转功能。而且如前所述,涉案专利设计1和设计2的主界面包括上下排列的三个部分,虽然涉及但不仅包含简单的网页图文排版,因此涉案专利是与手机功能相关的图形用户界面设计,不是纯粹的网站网页的图文排版,符合专利法第2条第4款的规定……

合议组认为,尽管上滑和下滑是两种常用的操作方式,但与具体的动态界面的动画变化过程和效果没有必然联系。动态界面的创新在于从首界面到尾界面的整个动态变化过程。由于受到外观设计申请条件的限制,当前不可能将动画视频作为申请的文件进行提交,并用于确定保护范围,故专利审查指南规定图形用户界面为动态图案的,应当提交能唯一确定动态图案中动画的变化趋势的视图。这些体现变化趋势的视图即关键帧视图表达了动态界面的设计思路、变化过程等,作为一个整体设计方案不可分割。因此涉案专利设计2的界面与证据1的界面相比时,不能只比较首尾界面,而应对比整体的变化过程。

尽管二者主界面的不同点属于细微差异,二者主界面内容上没有明显区别,但动态界面的动态变化过程相对于主界面的设计而言对于消费者的体验能产生更重要的影响,在整体视觉效果上属于应当考虑的重要内容。由于二者的动态变化过程即具体的动画切换过程完全不同,体现在中间具体界面的内容和最终给消费者的动画效果完全不同,差异明显,故涉案专利设计2的界面与证据1的界面存在明显区别。在图形用户界面对整体视觉效果更具有显著的影响的情况下,涉案专利设计2相对于证据2和证据1的结合具有明显区别,符合《专利法》第23条第2款的规定。"

本案对GUI保护客体的认定、动态界面保护范围以及明显区别的判断等作出了详细的分析和客观的认定,厘清了带有GUI的外观设计专利保护的有关基本概念和判断思路。企业在申请时应避免由于技术信息的在先公开而导致专利申请无法获得授权或对专利权的稳定性造成影响。

(2)GUI外观专利难点与发展

我国《专利审查指南》要求将图形用户界面所应用的产品名称加入,按照上述案件的认定,所应用的产品自然构成对权利范围的限定,导致保护范围相较于正常更窄。

在我国,立法者将外观设计专利的构成要素解析为四点:①载体必须是产品;

②产品的形状、图案或者其结合或者它们与色彩的结合;③可批量应用于产业生产;④富有美感的新设计方案[1]。

无论是在专利审查过程中,还是司法实践,外观设计专利都必须以产品作为载体,不能脱离产品独立存在,普遍认为外观设计专利产品只能是看得见摸得着的硬件产品,而不能是软件。

正因如此,申请人在申请 GUI 的时候只能把产品名称描述为"带图形用户界面的电脑""带图形用户界面的移动设备""带图形用户界面的装置"等,否则,审查员会要求补正,甚至驳回。显然,申请人或专利权人处于两难境地——为了获得授权,不得不在产品名称中写明硬件装置;一旦写明产品为硬件装置,就可能会对专利权的保护范围造成限制。

《美国专利法》第 171 条不是指工业产品的外观设计(design of an article),而是适用在工业产品上的外观设计(design for an article)。欧盟允许申请人在申请案中仅仅揭露 GUI 或 ICON 的设计,并不强制申请人在图片中以实线或虚线的形式表示 GUI 及 ICON 的设计所实施之计算机屏幕或其他显示面板,也不需要在图片说明中表明放弃虚线部分的保护。

这也就是业内所谓的"局部外观设计保护",而非目前以产品整体外观进行评价,在奇虎诉江民案中,法院判决的核心在于"带图形用户界面的电脑"和"软件"不具有可比性,而正如北京市高级人民法院《专利侵权判定指南》第 77 条规定:"进行外观设计侵权判定,应当首先审查被诉侵权产品与外观设计产品是否属于相同或者相近种类产品。图形用户界面外观设计产品种类的确定应以使用该图形用户界面的产品为准。"

GUI 专利的核心技术在于界面设计本身,本身属于软件类产品,鉴于软件在不同硬件产品之间的可移植性和兼容性,其真正要保护的内容其实与硬件载体并无关联,但我国现有的外观设计采用整体产品保护原则,意味着载体产品是权利范围的组成部分,其必然会极大地限制专利保护的范围。

2020 年修订的《专利法》将此前《专利法》(2008)中"外观设计"的定义修改为"是指对产品的整体或者局部的形状、图案或者其结合以及色彩与形状、图案的结合所作出的富有美感并适于工业应用的新设计。"加入了局部外观设计的概念,对现有外观设计专利审查与司法的观念和现状可能有一定改变,其意义主要在于可以只保护产品 GUI,而无须考虑产品外观。但 GUI 仍为产品图形用户界面,须以产

---

[1] 参见全国人大常委会法制工作委员会:《〈中华人民共和国专利法〉释解及实用指南》,中国民主法制出版社 2009 年版,第 6~8 页。

品作为载体,而不能将 GUI 脱离产品单独作为保护客体,也即在消除使用 GUI 的产品的设计对于其保护范围的影响这一方面,局部外观设计保护制度并没有任何实质影响。

4. 算法专利

在算法的商业秘密保护中,已简单介绍过算法相关问题,不可否认的是算法在大数据时代的极端重要性,无论算法的本质是什么,是言论、表达还是技术,科技巨头们都需要将算法可能的权利都尽可能多地掌握在自己手中,希望法律禁止任何抄袭或者以任何不正当手段获取他人算法的行为或者不合理的模仿、使用他人算法的行为,无论这种禁止是基于合同、侵犯商业秘密还是知识产权禁令。

虽然算法属于典型的智力规则,不具有可专利性,但根据国家知识产权局第343 号令修改后的《专利审查指南》第二部分第九章第 6 节规定:

"涉及人工智能、'互联网 +'、大数据以及区块链等的发明专利申请,一般包含算法或商业规则和方法等智力活动的规则和方法特征,本节旨在根据专利法及其实施细则,对这类申请的审查特殊性作出规定。"

"如果权利要求涉及抽象的算法或者单纯的商业规则和方法,且不包含任何技术特征,则这项权利要求属于专利法第二十五条第一款第(二)项规定的智力活动的规则和方法,不应当被授予专利权。例如,一种基于抽象算法且不包含任何技术特征的数学模型建立方法,属于专利法第二十五条第一款第(二)项规定的不应当被授予专利权的情形。再如,一种根据用户的消费额度进行返利的方法,该方法中包含的特征全部是与返利规则相关的商业规则和方法特征,不包含任何技术特征,属于专利法第二十五条第一款第(二)项规定的不应当被授予专利权的情形。

如果权利要求中除了算法特征或商业规则和方法特征,还包含技术特征,该权利要求就整体而言并不是一种智力活动的规则和方法,则不应当依据专利法第二十五条第一款第(二)项排除其获得专利权的可能性。"

如前所述,字节跳动通过商业秘密保护其核心算法,通过专利保护算法的具体应用。2019 年 6 月 26 日,Google 申请的重磅专利"解决神经网络过拟合的系统与方法"(System and method for addressing overfitting in a neural network),也就是业界所称的 Dropout 专利,获得授权。Dropout 是一种进行深度学习、训练神经网络时,普遍会用到的方法,是属于 AI 领域的核心技术。通过对这一专利文件分析,从业者认为针对算法专利主要考虑以下几个方面:[1]首先,记载实现算法的硬件环

---

〔1〕 李晓芳:《通过 Dropout 论文和专利的对比探讨 AI 算法相关专利的写作》,载 IPRdaily 中文网,http://www.ipdaily.cn/areicle - 22465.html。

境,如添加处理器、存储器等硬件部件;其次,将算法转化成流程步骤,并在系统结构中增加算法的执行部件;最后,注意将算法与实际应用场景结合。

总体而言,算法类专利申请,等同于计算机程序本身的申请,核心仍在于技术方案的确定上,无论其本质如何,都应当参照《专利审查指南》对于可专利性的审查基准对权利要求进行撰写。甚至可以说,对于大部分算法,总是可以通过硬件环境、流程步骤与算法相结合的方式,形成具有可专利性的技术方案的,而这也正是Google 和微软目前正在做的。

四、软件相关知识产权诉讼趋势与策略

软件几乎涉及所有的知识产权客体,除商标与其他类型的商标没有区别外,其他的都有其自身特点,也就导致了软件知识产权诉讼复杂化趋势,往往交织着商业秘密、著作权和专利侵权等纠纷,软件具有表达性和功能性元素,这些方面的每个方面都涉及不同的法律体系,版权涵盖创意表达,专利涵盖功能,而商业秘密法则保护有价值的机密信息。考虑到这一复杂的交叉点,软件知识产权所有者希望保护和诉讼纠纷的法律体系已经随着时间的推移而发展,并将继续发展,而与之对应的是诉讼也必须与商业竞争策略相结合。

《美国保护商业秘密法案》(Defend Trade Secrets Act of 2016,DTSA)2016 年 4月 27 日生效后后,2015 年至 2017 年,美国商业秘密备案增加了 30%。2019 年,联邦法院的索赔人就提出了大约 1400 个新的商业秘密案件。但是,专利诉讼仍然不少,如 Google 诉 Oracle,本案涉及版权法和专利法。最高法院已受理此案,以解决Oracle Java API 的"结构,顺序和组织"是否有权获得版权保护。Google 认为,对Oracle Java API 的功能方面的版权保护将通过版权保护将类专利的保护扩展到软件的功能方面,而版权保护在历史上旨在保护表达性而非功能性方面。

在 Intellisoft 诉 Acer 案中,美国联邦巡回法院最近的意见还展示了专利和商业秘密主张如何重叠以及法院如何努力跨越界限。Intellisoft 在加利福尼亚州法院起诉 Acer,指控 Acer 的专利包含了 Intellisoft 的商业秘密,从而窃取了商业秘密。Acer回应说,这些指控构成了专利的"发明人权利要求",并寻求声明性救济,即Intellisoft 不是发明人。Acer 申请将案件移交给联邦法院,称:"根据联邦专利法,Intellisoft 的州法对商业秘密被盗用提出了要求。"州法院作出了 Acer 胜诉的简易判决。在上诉中,美国联邦巡回法院撤消了 Acer 的简易判决胜诉,裁定该案不应移交给联邦法院。美国联邦巡回法院认为,Intellisoft 的责任是要满足加利福尼亚

法律下的商业秘密所有权标准,而非证明它是 Acer 专利的发明者。商业秘密所有权"不一定取决于专利法","原告依靠专利作为支持其州法主张的证据'不一定'必须解决实质性的专利问题"。因此,法院的意见旨在在专利和商业秘密之间划定管辖区。

专利、商业秘密、版权可能同时出现在同一个案件中,最近的几项裁决显示了合并诉讼对专利、商业秘密和版权主张的潜在影响:

(1)Capricorn Management 诉 GEICO 案。被告 GEICO 利用 Capricorn Management 自身对原告的版权主张,获得了对 Capricorn Management 商业秘密主张的简易判决。Capricorn Management 指责 GEICO 挪用了 Capricorn Management 用于医疗计费软件的商业秘密源代码。法院批准了 GEICO 的即决判决动议,裁定该源代码无权获得保护,因为 Capricorn Management 已将其未编辑的源代码在版权局注册。

(2)Financial Information Technologies 诉 iControl Systems 案。iControl Systems 提出了一项针对商业秘密案件的诉请,陪审团对商业秘密主张作出有利于原告竞争对手 Fintech 的裁决,原因之一在于援引了《美国专利法》。陪审团认为,iControl 盗用了 Fintech 的软件接口和数据库体系结构。iControl 声称,尽管 Fintech 的条款和条件限制了使用和披露,但 Fintech 广泛可用的软件程序的外向功能不能成为商业秘密,因为只有专利法才能赋予 Fintech 对软件显而易见的垄断权。

随着美国公司越来越多地采用多种法律制度来保护知识产权,案件被告面临更多的联合诉讼,同时也面临商业秘密、专利和版权主张的合并。这种诉讼通常发生在软件纠纷中,极大地增加了被告的风险。

我国目前与软件相关的案件还没有这种趋势,但我国知识产权法律体系一直试图结合大陆法系和英美法系的优点,而具体案件的裁判思路和规则受美国影响较大,这种发生在美国的趋势极有可能影响中国的知识产权诉讼,同时在中美关系紧张的背景下,对我国企业提起知识产权诉讼的主体也有可能来自英美法系国家。

作为被告,则应调查原告通过公开披露放弃商业秘密保护的地方——包括原告自身的版权和专利。

被告应当经常关注潜在原告已发表的文章和专利,以了解他们是否披露了原告所谓的商业秘密。最近的 GEICO 诉 Capricorn Management 案突出显示了原告获得版权保护的尝试如何能够促进被告对原告商业秘密的攻击。本案中,原告声称被告的医疗计费软件盗用了其所谓的商业秘密。该医疗计费软件的源代码已提交至美国版权局,未经修改。结果,法院作出了对被告有利的简易判决,裁定原告所谓的商业秘密实际上不是秘密。该决定强调了被告可以通过搜查原告(和第三方)的公开披露(包括专利和版权申请)来获得对其有利的证据。被告还应寻求其他可能不受保护的披露途径,包括原告与客户或其他第三方共享所谓的秘密信息。

被告应在对商业秘密和版权主张提起诉讼时评估潜在的反向工程抗辩,与专利案件不同,反向工程或其他独立开发是商业秘密案件(尤其是软件案件)的有力抗辩。原告提起针对商业秘密盗窃或版权侵权的其他索赔,可以提供反向工程抗辩。对版权软件进行反向工程和反汇编也可能是对版权侵权的抗辩。为访问有关软件功能原理的信息而创建的临时副本可能受到合理使用原则的保护,这是对版权侵权指控的辩护。反向工程仍然不能成为专利侵权索赔的抗辩理由,因此面临多重索赔的被告需要分析提出这种抗辩理由的价值和风险。

五、结语

综上所述,从 APP 研发到发行再到与用户进行交互的全过程,首先是需要满足不侵犯他人知识产权(包括商业秘密)的要求,其次是满足平台方的著作权要求,最后是在运营中实现对自身权利的保护,可以通过著作权、商业秘密、专利权等实现,当然商标也是很重要的一个方面,但 APP 的商标与企业的商标战略往往是相似的,就 APP 行业而言,并没有特别之处,所以本书中并未进行阐述。

如业内所言:"维权从来不是一门生意,侵权才是。"我国知识付费的观念始终未能彻底形成,知识产权维权成本高,侵权赔偿金额低,尤其是专利诉讼周期较普通案件更长,APP 企业关注知识产权目的不在于通过维权获得利益,而是保证自身业务的独立性与可靠性。事实上,在美国,涉及知识产权的案件审理周期较我国可能更长,花费往往在 100 万至 1000 万美元,甚至更多,所以知识产权诉讼流程与成本并不是知识产权战略的阻碍。

更为直白地讲,互联网市场仍然是资本为王的市场,无论是风投还是上市融资,知识产权作为智力密集型企业的重要资产,若无法做到合规并恰当保护,获得资本的难度就大得多,同时通过知识产权,建立自身竞争优势与构建行业壁垒,也更可能获得资本的青睐,提高企业估值。

Chapter 5

第五部分

互联网信息内容法律实务

　　根据极光发布的《2020 年 Q1 移动互联网行业数据研究报告》,受疫情影响,
2020 年第一季度,人均单日 APP 使用时长达 6.7 小时,相较于去年同期增长 2.4
小时。而移动网民人均安装 APP 总量增加至 63 款,即时通信、短视频、在线游戏、
综合新闻、综合商城分别占使用时长比例为 22.8%、21.1%、10.4%、9.6%、7.0%,
共计 70.9%。也就是说,若以普通上班族为基准,除去上班和睡觉的时间,绝大部
分时间在 APP 上度过。

　　受时间碎片化影响,近几年有人提倡所谓的"碎片化阅读",APP 成为国人获
取信息的重要渠道,APP 提供的内容自然也就成为国家有关部门的重要监管对象。

　　在本书"数据法律实务"一章中提到,工业和信息化部定期通报损害用户权益
的 APP,并要求其整改或下架,整改后若是满足要求还可以重新上架,而若是内容
违法,则可能直接导致 APP 的彻底死亡,如主管部门经审查认为:"'内涵段子'客
户端软件和相关公众号存在导向不正、格调低俗等突出问题,引发网民强烈反感。
为维护网络视听节目传播秩序,清朗互联网空间视听环境,根据相关法律法规,责
令永久关停'内涵段子'客户端及公众号。"当然也有 APP 改头换面又重出江湖的,
这也不胜枚举。

　　从某种意义上讲,APP 已经可以主导社会舆论甚至一定程度上控制舆论,包括
字节跳动旗下的抖音国际版"TikTok"被美国政府要求剥离或出售的事件也反映出
短视频 APP 在舆论领域的影响力,所以说内容合规是 APP 的生命线,是一点不为
过的。

一、互联网内容相关概述

　　《移动互联网应用程序信息服务管理规定》中将移动互联网应用程序(APP)提
供者定义为"提供信息服务的移动互联网应用程序所有者或运营者"。根据《互联
网信息服务管理办法》,信息服务"是指通过互联网向上网用户提供信息的服务活
动"。

　　与互联网内容相关的《互联网文化管理暂行规定》(2017)第 2 条规定,本规定
所称互联网文化产品是指通过互联网生产、传播和流通的文化产品,主要包括:

　　(1)专门为互联网而生产的网络音乐娱乐、网络游戏、网络演出剧(节)目、网
络表演、网络艺术品、网络动漫等互联网文化产品;

（2）将音乐娱乐、游戏、演出剧（节）目、表演、艺术品、动漫等文化产品以一定的技术手段制作、复制到互联网上传播的互联网文化产品。

第3条规定,本规定所称互联网文化活动是指提供互联网文化产品及其服务的活动,主要包括:

（1）互联网文化产品的制作、复制、进口、发行、播放等活动;

（2）将文化产品登载在互联网上,或者通过互联网、移动通信网等信息网络发送到计算机、固定电话机、移动电话机、电视机、游戏机等用户端以及网吧等互联网上网服务营业场所,供用户浏览、欣赏、使用或者下载的在线传播行为;

（3）互联网文化产品的展览、比赛等活动。

互联网文化活动分为经营性和非经营性两类。经营性互联网文化活动是指以营利为目的,通过向上网用户收费或者以电子商务、广告、赞助等方式获取利益,提供互联网文化产品及其服务的活动。非经营性互联网文化活动是指不以营利为目的向上网用户提供互联网文化产品及其服务的活动。

2019年12月15日公布的《网络信息内容生态治理规定》第2条第2款规定,本规定所称网络信息内容生态治理,是指政府、企业、社会、网民等主体,以培育和践行社会主义核心价值观为根本,以网络信息内容为主要治理对象,以建立健全网络综合治理体系、营造清朗的网络空间、建设良好的网络生态为目标,开展的弘扬正能量、处置违法和不良信息等相关活动。

由以上规定我们可以看到目前在互联网上的内容,似乎可以分为信息、文化产品以及网络信息内容,在《网络信息内容生态治理规定》中与互联网信息内容有关的主体包括,网络信息内容生产者、网络信息内容服务平台、网络信息内容服务使用者、网络行业组织。

在互联网信息内容中,2017年5月2日公布的《互联网新闻信息服务管理规定》(2017)对互联网新闻信息服务制定了专门的规定。其第5条规定,通过互联网站、应用程序、论坛、博客、微博客、公众账号、即时通信工具、网络直播等形式向社会公众提供互联网新闻信息服务,应当取得互联网新闻信息服务许可,禁止未经许可或超越许可范围开展互联网新闻信息服务活动。

前款所称互联网新闻信息服务,包括互联网新闻信息采编发布服务、转载服务、传播平台服务。

此外,还包括《互联网视听节目服务管理规定》中提到的"互联网视听节目服务",虽然这里加了"服务"两个字,看似与"视听节目"不同,但根据《互联网视听节目服务业务分类目录(试行)》(2017年)可以看到,视听节目服务包括利用公共互联网(含移动互联网)向计算机、手机用户提供视听节目服务[不含交互式网络电视(IPTV)、互联网电视、专网手机电视业务],本质上应当与"视听节目"概念内涵一致。

综上所述,在法律语境下,"互联网信息内容"这一概念的外延最大,互联网信息内容包括互联网文化产品、网络信息内容,而互联网文化产品、网络信息内容中都可能包含视听节目服务、新闻信息以及这两类内容以外的其他内容。

2019年12月20日,国家互联网信息办公室有关负责人就《网络信息内容生态治理规定》回答记者关于该规定出台背景的提问中回答道:出台《规定》主要基于以下两个方面的考虑:一是建立健全网络综合治理体系的需要……加强网络生态治理,培育积极健康、向上向善的网络文化……二是维护广大网民切身利益的需要……制定实施《规定》,有利于进一步明确治理任务……营造良好的网络生态。

根据立法目的解释,要达到"网络空间天朗气清、生态良好",可以认为,任何诉诸网络文字、音频、视频等可视、可听、可闻的皆在规范范围内,能够纳入新闻与视听节目范畴的,按照相应的规范进行管理,不能够纳入的,也将被视为"互联网信息内容",属于规范范围。

从实践中来看,网络上的内容来源有以下几种:

(1)网友上传或贡献,典型的如抖音、哔哩哔哩,同时也包括知乎、百度贴吧、天涯论坛等;

(2)电视电影行业资源,如优酷、腾讯中的片源;

(3)自身采编,如新浪、网易等门户新闻网站;

(4)通过技术手段聚合网络信息,如今日头条等;

(5)特殊内容,主要指与游戏相关的内容,包括游戏直播、游戏画面、游戏解说等。

内容本身的合规较为简单,在不考虑内容来源的前提下,无论是用户还是APP运营者,都有遵守国家法律法规及相关规范性文件的义务,不应当发表淫秽色情、虚假信息、造谣诽谤信息等,对于进行相应行为的,依照法律进行规范,并将在各部分简单描述,不作为专节阐述。

本部分主要对内容来源合规及法律实务进行阐述。

同时,从以上规定也可以看出,从主体角度来看,在不同的场景下,APP运营者可能具有不同的身份,但从客体角度来看,由于"互联网信息内容"这一概念的外延最为广泛,可以将所有的APP运营者认为是"互联网内容提供者"(Internet Content Provider,ICP)。以及在特殊的需要资质的场景下,一方面将其认定为ICP,另一方面将其认定为出版者。

需要注意的是,此处仅仅是从内容角度可以将 APP 运营者视为 ICP,并非在任何场景下 APP 运营者都是 ICP,这一问题在前文中予以讨论过,此处不予赘述。

二、内容来源法律实务

APP 类型涵盖各行各业,各类型各行业 APP 的内容来源不一,从内容来源分类来看,APP 呈现的内容主要有以下来源:

(1)用户生成内容(User Generated Content,UGC),也称用户贡献内容,也有使用 UCC(User Created Content)的说法。UGC 的概念最早起源于互联网领域,即用户将自己原创的内容通过互联网平台进行展示或者提供给其他用户。

这种用户与互联网的深度交互,也是互联网的魅力之一。自 Web 2.0 概念兴起,UGC 无论是在国内还是在国外都成为互联网内容的重要来源,互联网公司,如亚马逊、谷歌以及旧经济时代的企业巨头都积极建立了"用户贡献系统",设法汇集并利用人们的贡献或行为,使之对其他人有所用。APP 更是借鉴了这一商业模式获得了巨大的商业成功,微信的公众号、抖音短视频的用户上传内容、小红书的用户创作内容等都是这一模式下的产物。

(2)聚合信息,这主要指通过深度链接、数据爬取等技术手段获取其他内容生产者发布的内容,并在自己的 APP 上呈现的内容。

(3)传统来源,即传统作品的数字化传播,如腾讯视频、优酷视频的电视电影片源、APP 中的小说或文学等电子书作品、摄影作品等,当然,这里仅指获得授权或许可的数字化传播,行为人通过技术手段在未获得授权或许可时将相关资源在网络上进行传播,这毫无疑问属于违法行为。

(一)UGC 法律实务

在信号传输速度达到一定程度时,信息交换便进入了所谓的"自媒体(WeMedia)时代",2003 年,美国新闻学会媒体中心发布了"WeMedia"研究报告,将"WeMedia"定义为:"WeMedia 是普通大众经由数字科技强化、与全球知识体系相连之后,一种开始理解普通大众如何提供与分享他们自身的事实、新闻的途径。"

1644 年,约翰·弥尔顿在《论出版自由》中写道:"让我有自由来认识、抒发己见、并根据良心作自由的讨论,这才是一切自由中最重要的自由。"1789 年法国《人权宣言》说:"自由传播思想和意见乃是人类最宝贵的权利之一。因此,每个公民都可以自由地从事言论、著述和出版,但在法律规定之下应对滥用此项自由承担责任。"1791 年《美国宪法》第一修正案,后来的《世界人权宣言》《欧洲人权宣言》等都作了相关规定。

自进入自媒体时代,弥尔顿所称的"一切自由中最重要的自由"最终似乎得以实现,或者说有了实现的渠道。

自媒体时代前,还可依靠对于行政机关和新闻出版媒体的监管达到内容监管的效果,但进入信息时代,仅微信朋友圈,每日便是数十亿的信息传播量,更何况整个网络的信息量,不仅是缺乏监督规范,也缺乏规范手段,自媒体从某种意义上说,处于一种野蛮生长状态。UGC 模式下,现实地讲,要想规范互联网的内容,监管机关只有将内容审查义务交由平台完成,一定程度上加重平台责任,才可能实现互联网空间内容治理。

1. 概述

某 APP 被下架,监管机关认为,主要是未履行《网络信息内容生态治理规定》中规定网络信息内容服务平台的相应义务。其中第 10 条规定,网络信息内容服务平台不得传播本规定第 6 条规定的信息,应当防范和抵制传播本规定第 7 条规定的信息。

网络信息内容服务平台应当加强信息内容的管理,发现本规定第 6 条、第 7 条规定的信息的,应当依法立即采取处置措施,保存有关记录,并向有关主管部门报告。

此外,该 APP 运营者也未按照《移动互联网应用程序信息服务管理规定》第 7 条第 3 款建立健全信息内容审核管理机制,未对发布违法违规信息内容账号采取警示、限制功能、暂停更新、关闭账号等处置措施,保存记录并向有关主管部门报告。

对于以 UGC 为主要内容的 APP,其成长期寄希望 UGC 为 APP 带来流量,此时国家的监管也未必到位,往往充斥着较为低俗的内容,同时用户也希望通过这些平台成为网红,常发表一些较为出格的内容,对于企业而言,一旦出现内容违规,随之而来的约谈、整顿、罚款乃至关停可能导致巨大的商业损失。

APP 内容审核需要投入大量成本,所以部分 APP 不进行内容审核或者是有限的人力审核。在严监管下,大部分企业通过劳务外包方式采用大量的人力进行审核,但效果不佳,随着算法和数据库的成熟,目前头部企业大量采用人工智能审核(AI 审核),网易等头部企业也推出了相应的内容审核服务,内容风险从某种意义上被技术发展克服,在一定程度上降低了企业的合规成本与违规风险。

2. UGC 著作权

UGC 是一种商业模式,更是用户使用互联网的一种方式,用户既是网络内容的浏览者,也是网络内容的创造者。除了为吸引眼球、博取关注而发布暴恐、色情等内容外,著作权侵权问题令用户、平台以及权利人似乎都束手无策。

UGC 模式下的著作权,涉及著作权人、上传作品的用户、平台方、监管方的各方博弈。其中,著作权人和上传作品的用户可能存在身份重合,也可能存在分别,需依据上传作品的用户是否为其上传作品的著作权人确定。

2.1 UGC 的独创性

UGC 背景下,核心问题之一在于部分作品是否享有著作权,如同样的用户点评,用户在大众点评网上的点评可能不享有著作权,而在网易云音乐下的点评则可能享有著作权。更复杂的还有简单的摄影照片作品以及短视频作品,现行《著作权法》下,从法律概念出发,部分照片和短视频未必满足法律关于独创性的要求,构成作品,但从实践来看,如《著作权法》修正案草案说明中著作权法的修改目的在于,"适应新技术高速发展和应用对著作权立法提出的新要求,解决现行著作权法部分规定难以涵盖新事物、无法适应新形势的问题"。[1] 即《著作权法》(2020)提出"视听作品"概念后,网络上的短视频被认定为"视听作品"几无异议。

目前除个别文字短评外,几乎所有照片、短视频都可以被认为是《著作权法》下的作品。理由如下:

著作权法保护大致可分为以保护作者为核心的作者权体系(大陆法系)和以作品利用为核心的版权法体系(英美法系)。我国整个法律体系虽然类似于大陆法系国家,但在著作权法领域,试图取两大法系之精华,但同时也导致了内核的冲突,即法律规定采用作者权体系逻辑,但司法实践却是受版权法体系影响更重。

独创性是作者权体系著作权法的特有概念,受先验唯心主义哲学及浪漫主义美学的影响。作者权体系中的著作权法认为作品应当是作者人格的体现,给独创性添加了强烈的人文色彩。邻接权制度伴随独创性概念而产生,是为了保持著作权理论体系完整性的制度发明。[2] 邻接权旨在保护在作品传播过程中付出一定劳动与投资的传播者的利益,随着新的传播技术的产生和发展,与传播作品相关的表演者权、录音录像制品制作者权和广播组织权也逐步产生,并成为作者权体系著作权法的重要内容。

相较而言,版权体系国家对独创性持一种更为理性的态度,对著作权在本质上

---

[1] 朱宁宁:《受国务院委托袁曙宏作著作权法修正案草案说明》,载《法制日报》2020 年 4 月 26 日。
[2] 参见张玉敏、曹博:《录像制品性质初探》,载《清华法学》2011 年第 1 期。

只是一种产权制度的认识也更为深入,从而能将关注点集中于有利于实务操作的法律规则与制度安排上。美国的司法实践对录制品的独创性要求很低,摄像设备、镜头以及区域的选择等因素都可以作为作品具备独创性的证明,美国最高法院在Feist案中认为:"即使是由最普通和陈腐的独立努力的结果都可能受到版权保护。"

以摄影作品为例,在英美法实践中,除了为精确复制他人作品而进行纯粹复制型的翻拍,以及完全由机器自动拍摄的照片之外,照片近乎都被认为是符合独创性要求的作品(当然完全是人工智能完成的作品的知识产权仍处于争议之中)。

在大陆法系国家,对于摄影作品和照片是完全区别对待的。摄影作品必须具有较高的艺术性,而普通人随意拍摄的照片,则只能通过邻接权来保护。我国《著作权法实施条例》中规定,摄影作品为艺术作品,且结合汉语文意,摄影作品和照片存在质的区别。

因此,从法律规定上看,我国对摄影作品采取了类似于大陆法系国家的高标准,即拍摄的照片只有达到了摄影作品的层次和高度,才能作为作品进行保护。然而,在司法实践中,我国法官可能更加认同美国法官霍姆斯的观点:"由那些只受过法律训练的人来判断美术作品的价值是危险的。"

因此,即使是一般的照片,在中国也会被作为作品进行保护。从实践的角度看,中国《著作权法》对于"独创性"的标准,更倾向于英美法中的较低标准,尤其是没有谁能真正说清什么样程度的创造性可获得著作权法奖励的情况下。

所以,在《著作权法》(2020)采用了视听作品的概念后,所有的视频、音频及其结合体等都将几乎被认为是《著作权法》项下的客体。

2.2　UGC著作权权属与许可

UGC是伴随以提倡个性化为主要特点的Web 2.0概念兴起的。移动互联网时代的到来,越来越多的内容不再来自传统媒体或互联网服务提供商,而是直接来自用户,如论坛、博客、社区、电子商务、视频分享,尤其是手机功能的不断强大,用户随时随地利用手机制作图片、视频,将自己的心情和所见所闻用手机记录下来,随时随地将这些内容传递给他人将成为趋势,而移动互联网恰好可以起到桥梁作用,这也就是所谓的自媒体时代。

在这样的背景下,属于著作权法保护客体的作品,如构成视听作品、文字作品、照片等,UGC权属较为明晰,作者一般享有全部著作权,作为呈现这些内容的平台,一般是通过注册协议、用户协议获得网络传播等许可,但对于一些较短文字的评价类、点评类的作品通常因过于短小、缺乏创造性或者表达唯一等被认为不具有可版权性的文字,其权利归属或者应当享有何等权利较为模糊。

在现有著作权法的体系下,作品必须具有一定的独创性,过于简短、无法体现作者思想情感的文字一般而言都不属于"作品"。在目前的司法实践中,对于地理位置、交通情况、服务态度、对商品的评价等描述很难构成作品并受到《著作权法》保护。但 UGC 中乐评、影评、心得体会等虽然同样字数较少,但往往带有评论者的心路历程与简单的故事线索,则极大可能构成作品。但是,即便这些内容构成作品,对于普通的听众或者观众而言,也没有维权的动力和精力。

目前对于这样的内容而言,市场上一般有以下两种主流方式达成各方平衡,以及可能存在的一种非主流方式。

(1)由用户享有著作权,平台完全不参与、不介入的模式。这种模式主要是对于平台有自身的核心业务,用户在平台上有自身所能控制的空间,较为典型的如微信朋友圈和公众号、新浪微博及博客等,此类文章、图片包括上传的视频的著作权都由用户自身享有,但遭遇侵权后,平台除法律规定的义务,如"通知—删除",必要的协作义务外,不承担其他义务和责任。

(2)由用户享有著作权,但是通过平台提供的用户协议,授予平台知识产权许可,这其中又有两种模式:一种是知识共享模式,如知乎采用的知识产权共享组织(Creative Commons Corporation)许可协议(CC 协议);另一种是目前短视频平台的模式,用户将著作权的财产权不可撤销地许可给平台。

(3)委托创作模式。这是网络小说界存在的一种模式,即通过协议剥夺作品创作人的作者身份,这也引起了轩然大波,在不存在劳动关系的前提下,这种模式的合法性备受争议,合理性更是备受怀疑。

网络小说与短视频等其他类型的作品存在很大区别,短视频创作难度明显小于网络小说,作者对于流量、关注度的获取也不在一个维度上,所以这种委托创作模式在信息时代,可能很难存续。

综上所述,单纯就作者自身而言,若作品来自其原创,权属一般没有争议,作者自由选择何种平台进行传播,考量流量与自身利益的平衡,事实上如果能够换来流量,著作权几乎不会纳入作者考量之中。

在我国《著作权法》并未禁止通过协议获得作者身份的前提下,除了不能由法人享有的作者人身权利外,平台几乎已经通过协议获得了作品所有的财产权利,是否再享有作者身份也不重要。

2.3　知识产权侵权

如保罗·戈斯汀所说,"互联网终有一天会让它们面对亿万个侵权人,却找不到一个机构来承担责任".[1] 20 世纪,世界版权产业飞速发展,技术上(尤其是数字点播技术)带来了版权保护的革命,其发展历史充满了风云激荡和权利斗争,美国作为当时经济与文化最为繁荣的国家,司法也面临极大的挑战,美式实用主义取得了最后的胜利,并通过国际条约制定形成了目前的版权格局,从某种意义上讲,美国主导了 20 世纪的版权保护格局。

但这样的版权格局并不能恰如其分地应对目前自媒体时代带来的版权挑战,而我国作为自媒体最为发达的国家和市场,从立法和司法上直面挑战,未必不能主导 21 世纪的版权立法与实践,当然这还涉及言论自由、新闻出版行政许可等事项,是否具备这样的土壤和条件,以及商业与国家利益最大化等诸多考量。

UGC 类型包括文字文本、图片、视频、音频以及其组合,文字类作品、图片类作品的侵权类型与情形较视听作品更简单明了一些,本节以视听作品为例进行阐述。

UGC 中视听作品主要包括素人原创拍摄、视频混剪、创意/恶搞配音、戏仿作品、解说作品(如游戏解说、电影解说、各种比赛解说、时事评论等)等,这些作品绝大部分涉及音乐的使用,利用方式主要是用作背景音乐或者由素人演唱并制作成为视听作品,除音乐作品侵权外,还可能涉及剧本、舞蹈等的侵权以及对此前《著作权法》(2010)规定的"电影作品和以类似摄制电影的方法创作的作品"的侵权等。

2.3.1 视听作品

"电影作品和以类似摄制电影的方法创作的作品"这一概念来源于《伯尔尼公约》,《著作权法》(2010)对于《伯尔尼公约》第 2 条的僵化适用使"摄制"成了电影作品的构成要件。

目前 APP 中广泛出现的短片记录、创意剪辑等短视频内容,从外在展示形态上看,符合以"类似摄制电影方式创作的作品"。但严格来说,短视频不能被我国《著作权法》(2010)中规定的"电影作品"涵括。传统的电影作品需要借助摄像机拍摄并且借助介质表现出来,如利用装置放映或者以其他方式进行传播,现在利用计算机合成的短视频和电影作品的表达效果上是相同的,只是由于没有"被摄制在一定的介质上"而无法归入电影作品。

《伯尔尼公约》对电影作品的表述则受限于当时的技术条件,但当时的概念已无法涵盖利用计算机技术等新技术手段创作与电影作品一样的智力成果,因此目

---

〔1〕 [美]保罗·戈斯汀:《著作权之道——从谷登堡到数字点播机》,金海军译,北京大学出版社 2008 年版,第 169 页。

前许多国家已改用"视听作品"来保护电影作品及类电影作品。[1]

国际主要版权实体公约未对"视听作品"或"电影作品"作出具体的定义,[2]美国立法者认为视听作品所固定的介质的性质不足以影响视听作品的认定,美国的判例法也倾向于使用较为宽泛的标准来判断是否属于视听作品,如1986年的国家足球联盟案、联邦上诉法院认为现场直播的足球比赛属于《版权法》第101条中规定的视听作品受到保护。

2014年我国批准的《视听表演北京条约》定义"视听录制品"为"活动图像的体现物,无论是否伴有声音或声音表现物,从中通过某种装置可感觉、复制或传播该活动图像"。

法国也使用了"视听作品"这一术语作为电影作品的上位概念,[3]《德国著作权法》中也将视听作品定义为"电影作品包括类似电影制作过程产生的作品"。

以视听作品取代"电影作品和以类似摄制电影的方法创作的作品",本质上在于作者权体系与版权法体系的博弈,同时也是为了应对自媒体环境对邻接权制度的冲击,随着手机等电子设备摄制、储存、播放功能大幅提升,互联网让信息传播速度和传播范围实现了质的飞跃,促进了视频分享网站等自媒体发展。制作录制品不再需要特殊资质与审查程序,非专业人员完全可以身兼数职,一个人利用电脑或者手机轻松地完成制作、发布等工作,改用视听作品的概念可以很好地解决相应的法律困境。

冯晓青教授也认为,通过比较各国立法对视听作品的定义,其认为"连续的可视图像""能够放映出运动图像"是视听作品的突出特征,其创作方法、固定媒介等因素不需要加以严格限制,立法保持技术中立有利于保护法律的稳定性和前瞻性。[4]

可以认为,视听作品是指通过任何装置能直接为人所感知的作品。它属于广泛意义上将任何可听可视的作品等都囊括在内的一种说法,最大限度地扩宽了著作权法客体的范围。

---

〔1〕 参见王迁:《"电影作品"的重新定义及其著作权归属与行使规则的完善》,载《法学》2008年第4期。

〔2〕 参见冯晓青、马翔主编:《知识产权法热点问题研究》(第4卷),中国政法大学出版社2015年版,第121页。

〔3〕《法国知识产权法典》规定:"有声或无声的电影作品及其他由连续画面组成的作品,统称为视听作品。"

〔4〕 参见冯晓青、马翔主编:《知识产权法热点问题研究》(第4卷),中国政法大学出版社2015年版,第121页。

2.3.2　音乐侵权

马克思说,音乐是人类的第二语言。自媒体时代几乎没有无声的 APP,音乐的版权问题几乎可以写成一本书,本节仅仅讨论 UGC 对于音乐使用的侵权,而不涉及抄袭及其保护等更为复杂的其他问题。

与音乐相关的版权主要指以下内容:

(1)词作者、曲作者(作者):分别对词和曲享有发表权、署名权、修改权、保护作品完整权、复制权、发行权、信息网络传播权、表演权、广播权、改编权、翻译权。

(2)表演者(演唱者):表明表演者身份权、保护表演形象不受歪曲权、首次固定权、复制发行权、信息网络传播权。

(3)录音制作者(唱片公司):复制权、发行权、信息网络传播权、出租权。

目前音乐版权除极少部分由作者自身享有并行使权利外,大部分作品的版权掌握在唱片公司(取得版权途径一般是职务作品、授权作品)和著作权集体管理组织(中国音乐著作权协会、中国音像著作权集体管理协会,通过授权获得作品著作权)手中,唱片公司和著作权集体管理组织又将音乐作品授权给流媒体公司,如网易音乐、酷狗音乐、虾米音乐等。

我国知识产权赔偿金额本就较低,鉴于音乐作品本身的特性,音乐作品的赔偿就更低了,对于侵权行为人几乎没有威慑力。在自媒体时代,可以认为,在音乐侵权上,用户是对版权保护视而不见,平台也掩耳盗铃,作者是无可奈何,而著作权集体管理组织似乎也无所适从。

需要注意的是,有部分人员提出《著作权法》(2010)第 22 条第 9 项的规定"免费表演已经发表的作品,该表演未向公众收取费用,也未向表演者支付报酬"作为抗辩,先不论本身这种抗辩是否具有依据,《著作权法》(2020)也已经将该项修订为"免费表演已经发表的作品,该表演未向公众收取费用,也未向表演者支付报酬,且不以营利为目的",无须多言,这种抗辩自然丧失了法律上的依据。

(1)用户的视而不见

UGC 中,音乐使用场景主要是作为背景音乐使用以及将素人对音乐的表演制作为视听作品上传。

对于用户而言,应当清楚地知道音乐享有著作权,但不仅是自媒体,即便是电视台制作的真人秀等节目,对于著作权也不够尊重,《中国好声音》就数次被起诉侵权。自媒体时代,几乎所有的视听作品都涉及对音乐作品"表演权"的侵犯。

《著作权法》第 10 条第 9 项规定,著作权包括表演权,即公开表演作品,以及用各种手段公开播送作品的表演的权利。我国表演权控制的是两种类型的行为——由演员对作品进行的公开表演(现场表演),以及将对作品的表演以各种手段进行公开播送,其中最为典型的是将对作品的表演录制下来之后使用机器设备进行公开播放(机械表演)。[1]

现场表演是指当场发生的表演本身,[2]由人对文字作品、戏剧作品、音乐作品和舞蹈作品所进行的公开现场表演都是著作权法意义上的表演,如在公开场合对诗歌的朗诵、对音乐的演奏等。[3]

"机械表演"的概念根据各国对表演权控制范围的规定不同而有所差别。根据《美国版权法》,放映电影和广播作品的行为都受表演权的控制,因此是《美国版权法》上的机械表演行为。而我国是将表演权与放映权、广播权分开规定的,机械表演在我国就仅指将对作品的表演使用机器设备予以公开播放的行为,而不包括公开放映电影和通过广播传播作品的行为。[4]

传统机械表演规范的范围主要是利用录音机等设备播放音乐的行为,典型如KTV、商场餐馆、飞机等场所播放背景音乐的行为,目前 UGC 中,大多是利用电脑或其他音频设备播放音乐,并通过网络传播,这与传统的机械表演行为存在一定的差别,而且从"信息网络传播权"的概念和立法本意来看,信息网络传播权主要的规范对象是通过信息网络传播作品本身的行为,类似于通过信息网络的复制行为,并非意在针对机械表演的信息传播。只是自媒体时代导致二者在此产生了交叉重合而已。

当然,除音乐作品本身的表演权外,将包含该音乐作品录音录像的短视频放置在短视频平台上,使其他用户可以通过互联网接触到该录音录像,那么此类短视频用户则涉及侵犯该音乐作品表演者的权利和录音录像制作者的权利。

但无论如何,在没有获得授权或许可时,UGC 中用设备对音乐作品的表演本身就是一种侵权行为,而且这并不能纳入合理使用和法定许可范围,再通过信息网络传播,这始终是一种侵犯表演权的行为,即便是否同时侵犯"信息网络传播权"仍有待商榷,但可认定这是一种侵权行为。

由于缺乏法律的威慑以及法不责众的心理,用户对此是视而不见的,几乎没有用户为上传的短视频或其他内容试图取得著作权授权。

---

〔1〕 王迁:《知识产权法教程》(第 5 版),中国人民大学出版社 2016 年版,第 143~145 页。

〔2〕 宋鱼水主编:《著作权纠纷诉讼指引与实务解答》,法律出版社 2014 年版,第 105~106 页。

〔3〕 王迁:《知识产权法教程》(第 5 版),中国人民大学出版社 2016 年版,第 143~145 页。

〔4〕 王迁:《知识产权法教程》(第 5 版),中国人民大学出版社 2016 年版,第 143~145 页。

（2）平台的掩耳盗铃

如上所述，在用户注册平台时，平台的注册协议或用户协议等要求用户确保内容原创或获得合法授权，如抖音用户协议第 10.2 条约定"您在使用'抖音'软件及相关服务时发布上传的内容（包括但不限于文字、图片、视频、音频等各种形式的内容及其中包含的音乐、声音、台词、视觉设计等所有组成部分）均由您原创或已获合法授权（且含转授权）。您通过'抖音'上传、发布所产生内容的知识产权归属您或原始著作权人所有"。但很明显的是，对于普通的网民及用户来说，要确保上传作品的知识产权完整性及合法性是无法做到的。

作为部分用户而言，一方面可能确实缺乏法律知识，不知道行为侵权；另一方面也是因为法不责众，几乎所有用户都在做这样的事情，从个体而言，自然不可能拒绝这样的行为，而且也没有权利人进行追究。

平台作为企业参与市场经济的一种方式，自然不可能不知道这样的行为属于侵权行为，但同样地，所有的平台都是采用这样的运营方式，而且作为互联网服务供应商（Internet Service Provider，ISP），还受到"避风港"原则的庇护，自然也乐见其成。

中国网络视听节目服务协会 2019 年 1 月 9 日发布了《网络短视频平台管理规范》，姑且不论行业规定的约束力如何，但就其规定的内容而言，例如，其总体规范中要求"网络短视频平台应当建立总编辑内容管理负责制度""网络短视频平台实行节目内容先审后播制度。平台上播出的所有短视频均应经内容审核后方可播出，包括节目的标题、简介、弹幕、评论等内容""网络平台开展短视频服务，应当根据其业务规模，同步建立政治素质高、业务能力强的审核员队伍。审核员应当经过省级以上广电管理部门组织的培训，审核员数量与上传和播出的短视频条数应当相匹配。原则上，审核员人数应当在本平台每天新增播出短视频条数的千分之一以上"。在内容管理规范中要求"网络短视频平台应当履行版权保护责任，不得未经授权自行剪切、改编电影、电视剧、网络电影、网络剧等各类广播电视视听作品；不得转发 UGC 上传的电影、电视剧、网络电影、网络剧等各类广播电视视听作品片段；在未得到 PGC 机构提供的版权证明的情况下，也不得转发 PGC 机构上传的电影、电视剧、网络电影、网络剧等各类广播电视视听作品片段"等，这些规定除了表明中国网络视听节目服务协会意图合规的态度，几乎不具有可操作性，所以平台就只有认为用户认真阅读了用户协议而且遵守了用户协议，行业协会也认为平台遵守了行业规定。

（3）作者的无可奈何

从一定程度上讲，当今社会普遍缺乏对知识的尊重，信息时代的作者面临的困境相较于传统时代的作者更多,这里仅仅讨论其中与本书主旨最为密切的两点:一是流量与权利之间的矛盾,二是维权成本与赔偿之间的矛盾。

这个以信息爆炸与流量为王的时代,直白地说,流量约等于金钱,而要获得流量,似乎单凭借才华是不够的,爆红的歌曲、电影与其艺术性似乎也缺乏强的正相关关系,作者也无法知道哪首作品可以带来名声与财富,单纯享有著作权而无法变现,对于大部分著作权人是无法接受的,作者希望其作品广泛传播,而这种传播往往是以免费为条件的。所以传播宽度广度带来的流量与权利之间是存在矛盾的。

《著作权法》第49条规定,侵犯著作权或者与著作权有关的权利的,侵权人应当按照权利人的实际损失给予赔偿;实际损失难以计算的,可以按照侵权人的违法所得给予赔偿。赔偿数额还应当包括权利人为制止侵权行为所支付的合理开支。

权利人的实际损失或者侵权人的违法所得不能确定的,由人民法院根据侵权行为的情节,判决给予50万元以下的赔偿。

法律没有更为具体的规定,将权利交给法官。2020年4月,北京市高级人民法院公布了《关于侵害知识产权及不正当竞争案件确定损害赔偿的指导意见及法定赔偿的裁判标准》(2020年),其中第三章"音乐作品法定赔偿的裁判标准"规定,"复制、发行、在线播放的基本赔偿标准"为"被告未经许可以音像制品的形式复制、发行涉案音乐作品或者在线播放涉案音乐作品,无其他参考因素时,原告为词、曲著作权人的,每首音乐作品的赔偿数额一般不少于600元,其中词、曲著作权人赔偿占比为40%、60%;原告为录音制作者的,每首音乐作品的赔偿数额一般不少于2000元;原告为表演者的,每首音乐作品的赔偿数额一般不少于400元"。

"公开现场表演的基本赔偿标准"为"被告未经许可将涉案音乐作品非免费现场表演的,现场表演的门票收入能够确定的,可以门票收入除以现场表演的歌曲数量为基数,以该基数的5%至10%酌情确定赔偿数额,每首音乐作品的赔偿数额不少于3000元,其中词、曲著作权人赔偿占比为40%、60%。无法以上述方法确定赔偿数额的,可以综合考虑演出现场规模、演出性质、演出场次等因素,按照每首音乐作品不少于3000元确定赔偿数额,其中词、曲著作权人赔偿占比为40%、60%"。

"直播的基本赔偿标准"为"主播人员未经许可在网络直播中播放或演唱涉案音乐作品,根据主播人员的知名度、直播间在线观看人数、直播间点赞及打赏量、平台知名度等因素,可以比照前述在线播放、现场表演的基本赔偿标准,酌情确定赔偿数额"。

"广告使用的酌加标准"为"被告未经许可将涉案音乐作品用于电视广告、网络广告、宣传片、商业促销活动现场等,可以比照前述基本赔偿标准,酌情提高1~

10 倍确定赔偿数额"。

虽然对于知识产权侵权类案件,人民法院可以判令被告承担必要的维权支出(如律师费、公证费等),但在这种赔偿标准下,作者更多选择放弃自身的权利。

(4)著作权集体管理组织的无所适从

与其他话题类似,我国著作权集体管理组织本身就是一个庞大的话题,法律上,与之相关的设立问题、规范问题以及收益归属及用途问题一直以来都没有得到彻底的明确,本书也仅仅简单讨论与本书主旨有关的两个问题。

其一,与作者的困境类似,著作权集体管理组织的权利来源于作者的授权,作者还有维护其声誉的驱动力,而著作权管理组织虽然是非营利性组织,但其最大的驱动力只可能是许可费用等金钱利益,当然也可能有一些来自政治层面上的驱动力,即通过诉讼行为反映我国版权市场的状况等。所以,在无法取得足够的赔偿时,著作权集体管理组织不太可能进行维权。

其二,我国无论是判决上还是理论上,都更倾向于将承载这些内容的平台视为互联网服务供应商,即便音著协等组织想要维权,单纯从法律角度出发,无论是出于赔偿能力的角度还是停止侵权的角度,以平台为被告提起诉讼都是最好的选择,但平台受"避风港"原则庇护,音著协等组织需要向平台提出有效的"通知",平台只需要断开连接即可。《信息网络传播权保护条例》第 14 条规定,对提供信息存储空间或者提供搜索、链接服务的网络服务提供者,权利人认为其服务所涉及的作品、表演、录音录像制品,侵犯自己的信息网络传播权或者被删除、改变了自己的权利管理电子信息的,可以向该网络服务提供者提交书面通知,要求网络服务提供者删除该作品、表演、录音录像制品,或者断开与该作品、表演、录音录像制品的链接。通知书应当包含下列内容:①权利人的姓名(名称)、联系方式和地址;②要求删除或者断开链接的侵权作品、表演、录音录像制品的名称和网络地址;③构成侵权的初步证明材料。

该条构成了我国法律要求的"有效通知"要件。这需要著作权集体管理组织进行大量的工作,对疑似侵权作品进行了解,并确定自身享有涉侵权内容的权利许可,在信息大爆炸的时代,根据《2019 年抖音数据报告》,截至 2020 年 1 月 5 日,抖音日活跃用户数超 4 亿,而 2019 年,单就父母拍摄的亲子视频就达到了 308 万条,抖音万粉知识创作者发布了 1489 万个视频,也许音著协还没有完成有效通知的前提条件,侵权作品已经被淹没在浩如烟海的信息中了。

在这种情况下,著作权集体管理组织也无法应对这种局面,简单来说,著作权集体管理组织成立的主要目的有两个:一是从市场交易安全角度,防止权利主体滥用诉权,影响使用者正常商业活动;二是从经济学角度,有助于形成规模经济,是减少交易成本的制度工具。目前来看,在作者对著作权集体管理组织垄断表示不满后,随着数字版权管理模式(Digital Rights Management,DRM)技术的兴起,著作权集体管理组织在管理线上音乐授权的效率优势已趋于淡化,权利人与音乐播放平台之间的协商定价,不但可以促进音乐正版化的推行,而且还能实现许可效率的最大化。作为大量音乐作品著作权事实上的掌握者,对于目前互联网音乐利用状况也没有更好的解决办法,其自身也将面临更严峻的考验。

对于上述的情形,法律也似乎没有试图给出解决方案的倾向,但不可否认,这样的版权背景从侧面促进了我国 APP 的蓬勃发展,部分原创作者虽然在版权收入上受有损失,但也从 APP 上获得了流量的补偿。

2.3.3 著作权权利限制

《著作权法》(2020)第二章第四节规定了"权利的限制",狭义上的著作权权利限制包括"合理使用"与"法定许可",广义上的权利限制还包括著作权期限限制等。

著作权限制是维护著作权人利益与公共利益平衡的制度设计。在知识产权法领域,权利限制也是维系知识产权人利益与公共利益平衡价值构造的基本内核。[1]

虽然明确的权利限制仅包括"合理使用"与"法定许可",但司法实践中同样也认可,如戏仿行为等依据法律原则和国际条约精神不应当纳入著作权控制的行为也不被视为侵权行为。

鉴于本书主旨与这一话题本身的宏大内涵,本节仅讨论 UGC 中视听作品的合理使用。

《伯尔尼公约》规定对作者专有权利的限制与例外需要满足三个条件:第一,限于某些特殊情况;第二,不损害作品的正常使用;第三,不致无故侵害作者的合法利益。《伯尔尼公约》采用了相对开放的说法,将具体的立法权限交给了各成员方。《与贸易有关的知识产权协议》(TRIPs)、《世界知识产权组织版权条约》(WCT)对著作权规定的限制和例外也与此相同。

美国作为 20 世纪后半叶版权保护的前沿阵地,其对于合理使用的标准被世界多国采纳,《美国版权法》第 107 条规定:在任何特定情况下,确定对一部作品的使用是否合理,要考虑的因素应当包括:使用的目的和性质、有版权作品的性质、同整

---

〔1〕 参见吴高盛主编:《〈中华人民共和国著作权法〉释义及实用指南》,中国民主法制出版社 2015 年版,第 144 页。

个有版权作品相比所使用的部分的数量和内容的实质性、这种使用对有版权作品的潜在市场或价值所产生的影响。这也就是所谓的合理使用"因素主义"立法模式。我国台湾地区"著作权法"合理使用判断标准也基本一致。

1990 年,由于美国第二巡回法院连续推翻了时任纽约南区法院法官 Pierre Leval 两项合理使用决定,他愤而写下《论合理使用的标准》(Toward a Fair Use Standard),其认为"在合理使用原则的整个发展过程中,法院未能形成一套指导性原则或价值观",并提出了确定合理使用的"转换性使用制度"。Leval 法官认为,若要构成合理使用,二次作品必须要在原作基础上增加新的内容,具有其他目的或不同的性质,创作出新的信息、新的美学、新的认识和理解。

1994 年,Campbell v. Acuff – Rose Music 案中,转换性使用的观点首次被美国联邦最高法院采纳。法院认为,被告对原作品戏仿并未取代原作品,而是增加了新的内容,以新的表达、含义或意义改变了原作,属于"转换性使用",因而认定此种行为构成合理使用。

"转换性使用"持续影响世界版权保护司法数十年,对于"合理使用"这样主观概念且缺乏明确、刚性判定原则的概念,Leval 法官和美国联邦最高法院希望"转换性使用"能够使来自各个法院的具有各自信仰和知识结构的法官,对大致相同的情形得出类似的结论,但法院对"转换性使用"逐渐偏离了其本身目的,在该原则被先例确认后,降低了版权的保护强度,即"转换性"越强,考虑合理使用的其他因素的比重就大幅度降低,从思想表达的角度而言,只要并非完全的复制,在原作品上进行一些极为细小的修改都可能带来新的思想和理解,但这无助于版权保护。

我国司法实践也深受"转换性使用"的影响,2020 年 8 月 19 日,北京知识产权法院召开短视频著作权案件审判情况通报会,审判监督庭法官崔宇航称,"在短视频合理使用的认定中,需要考虑被诉短视频是否改变原作品表达的信息和内容,是否属于对原作品功能进行了实质性的转换和改变,其使用数量是否符合必要性和适当性的要求,使用过程中是否指出著作权人等因素综合认定"。

这些原则中,必要性和适当性的判断,都极为主观,相较于这些纯粹主观的因素,实质的转换和改变对于法官而言更容易确定,从实践效果来看,"转换性使用"已经成为合理使用的决定性标准。

除美国及受美国影响的国家和地区外,德国、法国等采用作者权体系的国家还采用"规则主义"方式规范合理使用,即对合理使用采用封闭式规定,通常会列明具体适用情形,以尽量精确、翔实及类型化区分的方式将合理使用情形纳入法律条文,采用"著作权的限制与例外"等概念。

如前所述,我国知识产权法律体系一直试图综合英美法系与大陆法系著作权法的优点,我国著作权合理使用制度的规定也如此。《著作权法》第22条列举了十二种情形,采用了"规则主义"立法模式,而《著作权法实施条例》第21条又借鉴"因素主义"的立法模式,引入了"三步检验法",这也是为何我国在理论研究和司法裁判中均采用"合理使用"的表达。

从法律位阶上看,一般要求只有落入了《著作权法》明确的合理使用的情形后,法院才会依"三步检验法"进一步考察是否"影响作品的正常使用"或是否"不合理地损害了著作权人的合法权益"。这样的立法模式虽然引入了两种法系的优点,但由于内核的冲突,有学者认为,我国立法不仅未改变合理使用穷尽列举式的封闭特性,而且通过"三步检验法"的引入,事实上导致了合理使用判断的进一步闭合。[1]

由于这样的封闭式立法已经不能满足司法实践和网络环境下使用作品的实际需要,在司法实践中,大部分情况很难直接认为落入《著作权法》第22条的规则内,法官往往直接采用"三步检验法"进行认定,"转换性使用"制度在我国合理使用判定中也具有重要地位。在东阳市乐视花儿影视文化有限公司诉北京豆网科技有限公司《产科医生》海报、剧照、截图著作权侵权纠纷案[2]中,法院认为,影视作品截图作为从连续动态画面中截取出来的静态画面,不是与影视作品相独立的摄影作品。乐视花儿公司作为涉案电视剧的著作权人,有权对该作品的截图主张权利。网络用户实施的涉案信息网络传播行为虽然未经著作权人许可,但鉴于其并未与作品的正常利用相冲突,也没有不合理地损害著作权人的合法利益,本案中乐视花儿公司也未举证证明涉案行为给其造成了经济损失。因此,该行为属于对乐视花儿公司作品的合理使用,并未构成对乐视花儿公司信息网络传播权的侵犯。鉴于网络用户上传截图的行为并不侵权,豆网公司也不构成侵权。据此法院判决驳回了乐视花儿公司的全部诉讼请求。

北京市高级人民法院对该案的创新性评价认为:《著作权法》通过列举的方式规定了12种合理使用行为。但新的传播技术和新的商业模式的飞速发展对这种封闭的立法模式带来了巨大冲击。该条穷尽列举的合理使用方式已经无法完全解决现实需求。本案从合理使用制度原理出发,适用三步检验法并结合《著作权法实施条例》第21条的规定,从涉案行为是否影响作品的正常使用、是否不合理地损害著作权人的合法利益等因素,考量涉案行为是否构成合理使用。本案对合理使用范围的划定方式进行了积极探索,判决结果实现了著作权人、网络服务提供者与社

〔1〕 参见李杨:《著作权合理使用制度的体系构造与司法互动》,载《法学评论》2020年第4期。
〔2〕 北京市朝阳区人民法院(2017)京0105民初10028号。

会公众的利益平衡,对同类案件的审理具有一定的参考意义,对影评行业的发展具有重要的促进作用。

在最近的司法实践中,仍可以看出"转化性使用"在合理使用中的地位,如优酷信息技术(北京)有限公司与深圳市蜀泰科技有限公司著作权权属、侵权纠纷案〔1〕中,通过下载深圳市蜀泰科技有限公司开发的"图解电影"APP,可查看剧集截图,图片内容涵盖涉案剧集视频内容的主要画面,制作者为被控侵权图片另行添加了文字说明。通过"图解电影"软件观看图片集可选择 5 秒每张、8 秒每张等速度进行自动播放,也可以自行点击下一张的方式手动播放。

被告主张 "图解电影"图片集的核心在于文字对视频内容的诠释,构成新的独创性表达和再创作,单纯的图片并无意义,需要有对应图片配合作对应陈述,且300 多张图仅能播放几秒钟,按照引用程度来说,属合理引用。但法院直接按照"因素主义"对于合理使用的逻辑认为:

"第一,是否属于适当引用的问题。影评类作品往往需不可避免地介绍影视剧作品本身,并再现影视剧作品部分画面,以进行有针对性的评述。但本案中,涉案图片集几乎全部为原有剧集已有的表达,或者说,虽改变了表现形式,但具体表达内容并未发生实质性变化,远远超出以评论为目的适当引用必要性的限度。

虽被告抗辩称,按照一般类电作品每秒 24 帧计算,涉案图片集仅'引用'了原作品 0.5% 的画面内容。但合理引用的判断标准并非取决于引用比例,而应取决于介绍、评论或者说明的合理需要。根据查明的事实可见,提供涉案图片集的目的并非介绍或评论,而是在当今'快餐文化'的背景下,通过三百多张图片集的连续放映,迎合用户在短时间内获悉剧情、主要画面内容的需求。上述使用目的并非评论性引用,故本院对被告该项抗辩意见不予采纳。

第二,是否影响该作品的正常使用。本案中,涉案图片集分散地从整部作品中采集图片,加之文字解说对动态剧情的描述,能够实质呈现整部剧集的具体表达,包括具体情节、主要画面、主要台词等,公众可通过浏览上述图片集快捷地获悉涉案剧集的关键画面、主要情节,提供图片集的行为对涉案剧集起到了实质性替代作用,影响了作品的正常使用。

第三,是否不合理地损害著作权人合法权益。由于涉案图片集替代效应的发生,本应由权利人享有的相应市场份额将被对图片集的访问行为所占据,提供图片

---

〔1〕　图解电影涉及多部电视剧侵权,优酷提起了关于《三生三世十里桃花》《大军师司马懿之军师联盟》的诉讼,案号分别为一审:北京互联网法院(2019)京 0491 民初 663 号、(2019)京 0491 民初 665 号,二审:北京知识产权法院(2020)京 73 民终 187 号、(2020)京 73 民终 189 号。

集的行为将对原作品市场价值造成实质性影响。虽被告认为涉案图片集部分提供的行为对原作品具有'宣传效果',但从市场角度,以宣传为目的与以替代为目的的提供行为存在显著区别。就涉案图片集提供的主要功能来看,其并非向公众提供保留剧情悬念的推介、宣传信息,而涵盖了涉案剧集的主要剧情和关键画面,在一般情况下,难以起到激发观众进一步观影兴趣的作用,不具备符合权利人利益需求的宣传效果,损害了权利人的合法权益。

因此,被告提供涉案图片集的行为已超过适当引用的必要限度,影响涉案剧集的正常使用,损害权利人的合法权益,不属于合理使用。"

在"转换性使用"外,自媒体时代与此前时代最大不同还在于使用目的,合理使用并不必然排斥商业目的,但掺杂商业目的应当令合理使用的认定要求更高。自媒体时代前,UGC 对于作者而言,即便是火遍全网,获取的更多的是声誉,缺乏具体的利益,但在自媒体时代,大多数流量可以直接带来广告分成(这其中本身也还涉及插入广告等),作者在进行创作时,出于商业目的的作者数量已经远远超出单纯为娱乐、戏仿等目的,尤其是目前的短视频行业,对于明显商业目的的使用,如何认定为合理也是难点。

我国司法实践中,既有认为我国《著作权法》中的合理使用制度是为了平衡社会公共利益,是对权利人专有权利的一种限制,是建立在著作权人牺牲一定经济利益的基础上的,因此非营利性是合理使用必要的前提条件,如宏联国际贸易有限公司诉夏晔著作权侵权纠纷案。[1] 也有认为合理使用制度并不天然排斥商业性使用的可能,商业性使用只要符合法律规定的相关要件,仍然可以构成合理使用。如上海美术电影制片厂与浙江新影年代文化传播有限公司、华谊兄弟上海影院管理有限公司著作权权属、侵权纠纷上诉案。[2]

总体而言,在"转换性使用"下,UGC 中单纯利用他人视频作品再创作而言(不包括音乐、台词、剧本等),无论是视频混剪、创新/恶搞配音、戏仿作品等,能够引起大众关注的,几乎是必然带有自身意见的,即便存在商业目的,认为是合理使用的可能性较高,但由于视频作品的种类繁多,当然不可一概而论,对于单纯对某些影视作品自剪、自编、自改,而没有构成再创作的,没有表达作者意见的短视频,构成侵权应无异议。

当然,合理使用中有可能侵犯他人肖像权、名誉权以及他人一般人格权的情形,在此不再讨论。

---

〔1〕 上海市浦东新区人民法院(2018)沪 0115 民初 31902 号。
〔2〕 上海知识产权法院(2015)沪知民终字第 730 号。

2.3.4 素人拍摄作品

素人作品除原创作品外,还有大量模仿他人作品拍摄的作品,这些作品中除了音乐的使用或表演涉及对音乐作品著作权的侵犯,还可能涉及侵犯"剧本"、舞蹈等其他作品的著作权。

在此前"电影作品和以类似摄制电影的方法创作的作品"的时代,从个人角度而言,很难想象去模仿拍摄一集电视剧或者一部电影,而自媒体时代,短视频短则一分钟,长则几分钟,这就使当一部短视频火了后,模仿者层出不穷,这既有连场景带台词一并模仿的,也有模仿舞蹈动作并将两者进行对比的(且很明显不带有戏仿或评论的成分)。

视听作品的版权保护本质上是意图控制视听作品复制和传播行为,上述对短视频的模仿很明显并非对视听作品著作权的侵犯。短视频大多不具有完整的人物设定和故事情节,而且可以认为大多数短视频的产出过程并没有如传统视听作品那般复杂与精细,甚至是无剧本拍摄,仅仅依靠参与人口头交流便定稿拍摄,但不可否认的是在几十秒到数百秒的时间内,短视频完整地表达了作者的态度与想法,尤其是那些引起网友高度关注的视频。

根据我国《著作权法》的规定,作品的表现形式包括口头作品、舞蹈艺术作品等,即便没有形成剧本,舞蹈对动作和姿态、步法、技巧的文字或图画展示,短视频拍摄过程中的台词、场景设计等也应当认为构成作品,而模仿短视频拍摄的视频,如果台词、场景等没有变化,舞蹈动作一致,从理论上完全可以认为是对剧本和舞蹈动作著作权的侵犯。

与音乐侵权所面临的困境一样,音乐作品著作权确权还较为容易,本小节所述作品在实务中极难确权,更遑论维权了,相较于音乐作品,文字作品和舞蹈动作侵权认定更难,赔偿更低,这也就导致更缺乏维权的内驱力了。

2.3.5 解说作品

虽然音乐作品侵权是大部分视听作品存在的问题,但这仅仅是对该视听作品的使用或者权利等有所限制,并不影响原创视听作品依法享有著作权,其中的戏仿作品、视频混剪等以表达作者思想和情感为主的作品可纳入合理使用的范畴(这并不绝对,只是说这些作品的侵权可能性相较于自媒体时代对音乐作品的侵权可能性较小)。这些作品中,解说类视听作品和游戏类视听作品较为特殊。

在解说类视听作品中,其中通过技术手段在未获得体育比赛、游戏比赛等赛事直播官方授权或许可的情况下,将这些比赛信号进行转播,用户对其进行解说,这毫无疑问是侵犯著作权的行为,不予赘述。

还有一种是对作品进行剪辑,配上个人解说和评论,将数小时的电影作品、电视剧集或者其他视听作品浓缩成几分钟的解说视频,此类视频兼具情节介绍和作品评价的功能,但这与《著作权法》规定的"为介绍、评论某一作品或者说明某一问题,在作品中适当引用他人已经发表的作品"存在明显区别,适当引用目的是介绍、评论和说明,而并非展现原有作品的艺术价值,原作对于新作品而言仅是一个引子,对新作品的价值贡献并不大。而且适当引用还要对使用作品的数量、方式和范围等作出限制,避免适当引用的作品与原作品在市场上产生竞争而对著作权人造成不合理损害,确保这样的使用不会给原作的市场销路造成影响,与原作形成竞争关系。[1]

要符合此种引用要求,影视评论视频应依照个人思路对作品画面进行非线性、非连贯的挑选和剪辑,添加上自己对摄影镜头、剧情线索、视听语言、转场剪辑等元素的评论。但目前网络上类似这样的解说视频往往都是对剧情梗概的描述,虽然解说评论内容包含自己的独创性表达,带给观众不同的感受,但其主体部分仍为原作品剧情解说,无法构成转换性使用。从使用部分占原作的数量和质量来看,解说视频虽然包含画面较少,但几乎将原作品的核心剧情完全透露,达到实质使用的程度。对于快节奏下生活的公众,这种剧透性作品已经事实上替代了原作品,使看过解说的人前往电影院观看电影或者购买正版碟片的可能性下降,这也毫无疑问是侵犯著作权的行为。

这种解说类视频与创意/恶搞配音类视听作品不同,创意/恶搞配音类视听作品的配音内容几乎与原作品毫无关系,仅仅是使用原作品画面,不可能替代原作品,显然配音类视听作品更可能属于合理使用的范畴。

2.3.6 游戏相关作品

游戏本身属于软件类产品,其适用于软件知识产权保护规则,此处所指的游戏相关作品指游戏解说、游戏主播类作品以及在线竞技类游戏短视频等人机深度交互形成的视听作品。对于游戏相关作品,此前诸多案件均采用"类电作品"来认定诉争作品的性质,在《著作权法》(2020)采用"视听作品"概念后,对于相关作品本身的性质争议可告一段落,可将其直接认定为视听作品,而对于著作权归属而言,一般也不宜认为用户是著作权人。

广州互联网法院审结的深圳市腾讯计算机系统有限公司与被告某文化公司、

---

[1] 参见宋鱼水主编:《著作权纠纷诉讼指引与实务解答》,法律出版社 2014 年版,第 145 页。

某网络公司侵害作品信息网络传播权及不正当竞争纠纷案,[1]这是国内首例多人在线竞技类游戏(MOBA)短视频侵权案,也是国内认定 MOBA 类连续画面为类电作品的首例判决。本案被告在其运营的某视频平台游戏专栏下,开设《王者荣耀》专区,通过显著位置主动推荐《王者荣耀》游戏短视频,并与数名游戏用户签订《游戏类视频节目合作协议》共享收益。公众可以通过某网络公司运营的某应用助手下载某视频平台。在审理过程中,原告腾讯公司认为:

"《王者荣耀》游戏整体画面构成以类似摄制电影的方法创作的作品,某文化公司的上述行为侵害其作品信息网络传播权。同时,由于深圳腾讯亦运营《王者荣耀》游戏短视频业务,某文化公司通过引诱用户上传侵权视频,获得了巨大的商业利益,对深圳腾讯短视频市场的运营造成重大损失,构成不正当竞争。同时,某网络公司提供某视频平台的分发、下载服务,扩大了侵权行为的影响力,构成共同侵权。"

而被告认为:

"案涉游戏画面不构成类电作品,原告不享有著作权;即便认为案涉游戏画面构成类电作品,那么其著作权应当归属于创作该短视频的游戏用户。"

广州互联网法院最终判决腾讯公司胜诉,就 MOBA 类连续画面性质认定理由如下:

"(一)《王者荣耀》游戏整体画面的特点

《王者荣耀》作为一款多人在线竞技类游戏,整体游戏画面具有以下特点:

首先,游戏画面转瞬即逝,难以逆转。

其次,游戏画面丰富多彩,难以穷尽。

最后,游戏画面给用户带来的体验是沉浸式的。

(二)《王者荣耀》游戏整体画面的作品属性

《王者荣耀》游戏整体画面尽管在某种意义上难以穷尽,但是在该游戏上线运营时始,游戏中潜在的各种画面都可以通过不同用户的不同组队及不同操作方式显现。这些画面满足《著作权法实施条例》第 2 条规定的作品构成要件,属于受著作权法保护的作品。

第一,属于文学、艺术和科学领域内思想或者情感的表达。

第二,具有独创性。

第三,具有可复制性。

---

[1] https://www.gzinternetcourt.gov.cn/article-detail-695.html,最后访问日期:2020 年 8 月 15 日,因本案正在二审中,一审判决书无法通过公开渠道获取。

（三）关于《王者荣耀》游戏整体画面构成何种作品

原告主张《王者荣耀》游戏整体画面构成类电作品。一般而言,电影或类电作品的连续活动画面,事先已经形成并且固定在有形物质载体上。观众对于电影或类电作品的体验主要在于视听,无法置身和实际参与电影和类电影所建构的虚拟世界。显然,《王者荣耀》游戏整体画面具有与传统类电作品不一样的特点及表现形式。这种表现形式也没有包含在《著作权法》第 3 条规定的其他法定作品类型中。虽然《著作权法》第 3 条第 9 项规定有'其他作品',但因这一规定中的'其他作品'需要符合'法律、行政法规规定'这一前提,故法院在《著作权法》第 3 条规定的法定作品类型之外,无权设定其他作品类型。对于《王者荣耀》游戏整体画面是否应该归为类电作品,法院认为,随着科学技术的发展,新的传播技术和表现形式会不断出现。当新的作品形式与法定作品类型都不相符时,应当根据知识产权法激励理论的视角,允许司法按照知识产权法的立法本意,遵循诚实信用和公平正义的原则,选择相对合适的法定作品类型予以保护……因此,在符合一系列有伴音或者无伴音的画面组成的特征,并且可以由用户通过游戏引擎调动游戏资源库呈现出相关画面时,《王者荣耀》游戏的整体画面宜认定为类电作品。"

同时,广州互联网法院对于著作权归属认定理由如下:

"《王者荣耀》作为一款多人在线竞技类手机游戏,情节复杂,游戏互动性较强,游戏用户有巨大的发挥空间,但用户操作《王者荣耀》游戏时没有创作意图,并非有目的地创造出各种连续画面。游戏用户通过游戏引擎调动游戏资源库中的游戏元素,是在游戏创作者设定的整个逻辑框架内进行,其作用仅是使得游戏内含的虚拟不可感知的连续活动画面变成了视觉可以感知的连续活动画面,本质上不过是将某些游戏画面由不可视到可视的再现。在这个再现过程中,游戏用户虽存在一定主动性,但主动性不等于独创性……因此,游戏用户对《王者荣耀》游戏的整体画面不享有著作权,对于被告某文化公司的抗辩,不予采信。"

与此类似的如广州硕星信息科技股份有限公司、广州维动网络科技有限公司与上海壮游信息科技有限公司、上海哈网信息技术有限公司案("奇迹 MU案")[1]中的相关判决:

上海市浦东新区人民法院认为:"从表现形式上看,随着玩家的操作,游戏人物在游戏场景中不断展开游戏剧情,所产生的游戏画面由图片、文字等多种内容集合而成,并随着玩家的不断操作而出现画面的连续变动。上述游戏画面由一系列有

---

[1] 一审:上海市浦东新区人民法院(2015)浦民三(知)初字第 529 号;二审:上海知识产权法院(2016)沪 73 民终 190 号。

伴音或者无伴音的画面组成,通过电脑进行传播,具有和电影作品相似的表现形式。涉案游戏的整体画面是否构成类电影作品,取决于其表现形式是否与电影作品相似,故涉案游戏的整体画面可以作为类电影作品获得著作权法的保护。"

该案的二审法院上海知识产权法院亦认为:"对于类电影这一类作品的表现形式在于连续活动画面组成,这亦是区别于静态画面作品的特征性构成要件,网络游戏在运行过程中呈现的亦是连续活动画面……类电影作品特征性表现形式在于连续活动画面,网络游戏中连续活动画面因操作不同产生的不同的连续活动画面其实质是因操作而产生的不同选择,并未超出游戏设置的画面,不是脱离游戏之外的创作。因此,该连续活动画面是唯一固定,还是随着不同操作而发生不同变化并不能成为认定类电影作品的区别因素。"

在广州网易计算机系统有限公司(以下简称网易公司)与广州华多网络科技有限公司(以下简称华多公司)侵害著作权及不正当竞争纠纷案("梦幻西游案")[1]中,广州知识产权法院认为:"涉案电子游戏由用户在终端设备上被登录、操作后,游戏引擎系统自动或应用户请求,调用资源库的素材在终端设备上呈现,产生了一系列有伴音或无伴音的连续画面。就其整体而言,这些画面……具有丰富的故事情节、鲜明的人物形象和独特的作品风格,表达了创作者独特的思想个性,且能以有形形式复制,与电影作品的表现形式相同。考察这种游戏的创作过程……综合了角色、剧本、美工、音乐、服装设计、道具等多种手段,与'摄制电影'的方法类似。因此,涉案电子游戏在终端设备上运行呈现的连续画面可认定为类电影作品。"

广东省高级人民法院发布的《关于网络游戏知识产权民事纠纷案件的审判指引(试行)》第 16 条至第 20 条规定:

"第十六条 【游戏元素构成作品的审查】审理涉及网络游戏的著作权纠纷案件,原告对其游戏组成元素分别主张权利的,应分别审查相关元素是否符合相应作品的构成要件。

原告主张游戏名称、背景介绍、技能说明、人物对话等游戏元素构成文字作品的,应重点审查相关元素的表达是否体现了作者个性化的取舍、选择、安排、设计,以及能否相对完整地表达一定的信息。

原告主张游戏标识、界面、地图、场景、角色形象等游戏元素构成美术作品的,应重点审查其是否具有审美意义。

---

[1] 一审:广州知识产权法院(2015)粤知法著民初字第 16 号;二审:广东省高级人民法院(2018)粤民终 137 号。

原告主张游戏背景音乐、插曲、音效、动画等游戏元素构成音乐作品或者以类似摄制电影的方法创作的作品的,应依照相应作品的构成要件予以审查。

第十七条 【游戏画面构成作品的审查】本指引所称游戏画面,是指网络游戏运行时呈现在终端设备的由文字、声音、图像、动画等游戏元素构成的综合视听表达。

运行网络游戏某一时刻所形成的静态画面,符合美术作品构成要件的,应予保护。

运行网络游戏某一时段所形成的连续动态画面,符合以类似摄制电影的方法创作的作品构成要件的,应予保护。

第十八条 【游戏连续动态画面构成作品的审查】判断游戏画面是否符合以类似摄制电影的方法创作的作品构成要件,一般综合考虑以下因素:

(一)是否具有独创性;

(二)是否可借助技术设备复制;

(三)是否由有伴音或无伴音的连续动态画面构成;

(四)因人机互动而呈现在游戏画面中的视听表达是否属于游戏预设范围。

判断游戏连续动态画面是否具备独创性,主要考虑其是否由作者独立完成,以及是否体现了作者个性化的取舍、选择、安排和设计。

第十九条 【游戏直播画面构成作品的审查】直播电子竞技赛事活动所形成的游戏直播画面,符合以类似摄制电影的方法创作的作品构成要件的,应予保护。

游戏主播个人进行的,以自己或他人运行游戏所形成的游戏连续动态画面为基础,伴随主播口头解说及其他文字、声音、图像、动画等元素的直播画面,符合以类似摄制电影的方法创作的作品构成要件的,应予保护。若直播画面伴随的主播口头解说及其他元素仅系对相关游戏过程的简单描述、评论,不宜认定该直播画面独立于游戏连续动态画面构成新的作品。

第二十条 【游戏用户对游戏画面定性的影响】若游戏画面系游戏程序根据游戏用户操作指令、按既定规则调用游戏开发商预先设置的游戏元素自动生成,该用户操作行为不属于创作行为,不影响对游戏画面的定性判断。

若游戏为游戏用户预留创作空间并提供创作工具,游戏用户在游戏预设的视听表达范围以外创作了其他表达元素,相关创作成果符合作品构成要件,该游戏用户作为相关创作成果的作者享有相应著作权。”

广东省高级人民法院发布的审判指引虽然不是《立法法》意义上的法律规范,但不得不承认其代表了目前我国对于此前争议相当大的游戏领域类电作品认定的前沿实践成果,是符合时代的成果。

在上述立法与司法背景下,可暂时得出以下结论:

(1)对于游戏画面或者录制游戏过程形成的作品,具有可版权性,对于静止的画面、角色等可以美术作品进行保护,游戏过程可认为是视听作品。

(2)上述作品的著作权由游戏的开发者享有,即便是与用户进行深度交互,只要并非游戏开发者为游戏用户预留创作空间并提供创作工具的,著作权均由游戏开发者享有。

(3)在取得上述作品合法授权或许可后,对游戏过程进行的解说或者进行直播解说,若未与著作权人有特殊约定,解说者可对解说后的作品享有著作权,但著作权的行使不得损害原作品的著作权。

(4)UGC 中涉及这些内容的,由用户上传至 APP 后,法律并未赋予 APP 运营者审核义务,APP 运营者只需要获得通过用户协议或其他约定获得账号所有人的授权即可,可通过"避风港原则"获得保护。

此外,需要注意与接收用户上传内容的 APP 不同,在直播类 APP 中,网络直播平台上的个人主播利用网络直播平台提供的技术手段将其本地电脑播放的电视剧、电影等视频内容上传至网络直播平台服务器供不特定网络用户实时观看,这种行为毫无疑问是侵权行为,只是在这种情形下,直播平台 APP 是否仍受"通知—删除"的保护,其是否构成帮助侵权在司法实践中具有较大争议,最高人民法院《关于审理侵害信息网络传播权民事纠纷案件适用法律若干问题的规定》第 11 条规定,网络服务提供者从网络用户提供的作品、表演、录音录像制品中直接获得经济利益的,人民法院应当认定其对该网络用户侵害信息网络传播权的行为负有较高的注意义务。直播 APP 往往从用户打赏中分成,属于直接获得经济利益,但这种较高的注意义务应当高到什么样的程度仍有待于个案认定,该司法解释在征求意见稿中曾经采用了"提供信息存储空间服务的网络服务提供者从其网络用户提供的作品、表演、录音录像制品中直接获得经济利益的,人民法院可以推定其对该网络用户侵害信息网络传播权的行为具有过错"的意见,但经过进一步的调研和征求意见,了解到实践中的情况复杂多样,且理论和实务界关于信息存储空间服务提供者直接获利是否能认定为过错存在较大争议。如不作区分即将获得直接经济利益推定为网络服务提供者具有过错,不符合实际,也将会对网络产业的商业模式产生较大的影响。经研究,考虑到权利与义务相适应及权利人与网络服务提供者之间的利益平衡,未采用这种推定,也就是获利与否与是否构成帮助侵权没有直接关系,而在直播中,从实际情况来看,平台无法实时审核直播内容,所以虽然法律赋予了其更高的注意义务,但本质上仍可能仅仅需要在接到有效通知后删除即可。

2.3.7　视听作品的部分形成的作品

所有的作品都有部分和整体之分,相较于摄影作品、书法作品等,视听作品的部分更具有识别性,尤其是近年来在互联网上流传极广的表情包。表情包可能侵犯人物肖像权已通过司法实践令公众所熟知,但可能侵犯著作权仍未引起重视。

一般来说,表情包通过抓取人物特定的表情或动作,直接使用或经过剪辑、拼图、配以文字、贴图等手段,形成极具表现力的静态图或动态图。以视听作品为素材的表情包可以分为两种类型:一种是单张静态截图或者由多张不连续的静态截图串联组成;另一种是截取 1～2 秒内的视听作品片段形成的连续动态图。在未经视听作品著作权人同意或授权的情况下进行使用。

在新丽电视文化投资有限公司提起的一系列著作权侵权案件中,被告使用了包括《如懿传》《虎妈猫爸》等电视剧的截图和剧照,法院均支持了新丽电视文化投资有限公司的主张,认为被告侵犯了相应图片的著作权。

表情包所使用的视听作品截图往往是该作品的经典镜头,辨识度极高,极易引起公众的共鸣。这些精彩的效果正体现了创作者对角度、光线、色彩、剪辑等的判断和取舍,即便只是一个或几个静止画面,就足以体现其独创性。至于仅仅截取人物的局部特写,而并非一帧完整的图像,并不影响该截图的独创性。因为在有人物的画面中,人物的表情、动作往往是最吸引人的部分,是最能体现制作者匠心独运的部分。在此基础上,既然截图的独创性应该受到认可,那么对于持续 1～2 秒的片段而言,更应该承认其独创性,[1]这自然具有可版权性。

2.3.8　综述

欧盟 2019 年 4 月 17 日通过了最新的版权指令,其中定义了"在线内容共享服务提供商"(online content - sharing service provider),即指信息社会服务的提供商,其主要目的之一是存储并允许公众访问由其用户上传的受版权保护作品或其他受保护的主题,且为牟利目的而组织和推广。并规定服务提供商,如非营利性在线百科全书,非营利性教育和科学资源库,开源软件开发和共享平台,指令(EU) 2018/1972 中定义的电子通信服务提供商,在线市场,企业对企业的云服务以及允许用户上传内容供自己使用的云服务,不是本指令意义上的"在线内容共享服务提

---

〔1〕　参见郑蕾:《使用视听作品的表情包著作权侵权风险》,载 https://mp. weixin. qq. com/s? src = 11 &timestamp = 1597394448 &ver = 2521 &signature = 6y4f9eVE3d0KUQgvN Uw09R ∗ 08SC9wQhyyGBellCZo BeeVfazqHA ∗ pgckyrhAtD5Rqd zNEg33kLcHFSCzi5eE0Tt72cwjjHLuSQDWkdo ∗ KgpMUWG2Qy50EcdRz - 46RWvq&new = 1,最后访问日期:2020 年 8 月 14 日。

供商"。

该指令第17条规定,在在线内容共享服务提供商允许公众访问其用户上传的受版权保护的作品或其他受保护的主题时,应获得2001/29/EC指令第3(1)和(2)条中提到的权利人的授权,例如,通过签订许可协议,以便向公众传播或为其他主题提供。

该条在起草时就面临极为广泛的批评,但这很明显是对"互联网终有一天会让它们面对亿万个侵权人,却找不到一个机构来承担责任"这样的场景进行规范的一种尝试,试图让Facebook这样取得巨大商业成功的公司承担更大的责任,该条例出台后,Facebook在更新的版权管理平台中说明,Facebook开始与某些合作伙伴合作,使他们有权声明图像的所有权,然后审核这些图像在Facebook平台(包括Instagram)上的显示位置,并最终向所有用户开放。

从法律规范和立法者的立场来看,在自媒体时代以前的"避风港"原则、红旗原则等传统应对互联网侵权的机制正在失效,而欧盟已经迈出了改革的第一步,Facebook、Tiktok等企业改变了传统的内容创作和分发渠道,并通过这样的商业模式取得了巨大的成功,在法律领域,也可能重塑互联网内容版权保护的规则,并承担更重的义务。

(二)聚合信息法律实务

在汉语中,所谓聚合,是指将分散的聚集到一起。

计算机科学中,聚合指对有关的数据进行内容挑选、分析、归类,最后分析得到人们想要的结果,主要是指任何能够从数组产生标量值的数据转换过程。[1]

在法律领域,并没有严格的论文专门论述这一概念,有学者认为:网络聚合平台指的是通过搜索引擎、数据挖掘、加框嵌入、转码等技术手段,在无须跳转至被链接网站首页的前提下,实现对相关内容抓取、分析、整合并进行"一站式"展示的网络服务平台,并逐渐演进成为跨种类聚合的综合型平台。而其优势服务产生的技术基础便是深层链接。[2]

就信息聚合这一更特定的概念而言,在计算机科学领域,数据聚合技术是指在数据传输的过程中,每个中间节点在接收到其他节点发送的数据后并非直接转送

---

〔1〕 参见Wes McKinney:《利用Python进行数据分析》,唐学韬等译,机械工业出版社2014年版,第271页。

〔2〕 参见黄汇、刘家会:《网络聚合平台深层链接著作权侵权责任的合理配置》,载《当代法学》2019年第4期。

给后继节点,而是对收到的多份数据先进行聚合处理,去除冗余信息,从而融合成一个更加精确有效、更加满足用户需求并且数据量更小的数据。[1]

此外,在计算机科学领域,还有简易信息聚合这一概念,所谓简易信息聚合(Really Simple Syndication,RSS),是一种描述和同步网站内容的格式,是使用最广泛的XML(标准通用标记语言的子集)应用。RSS搭建了信息迅速传播的一个技术平台,使每个人都成为潜在的信息提供者。发布一个RSS文件后,这个RSSfeed[2]中包含的信息就能直接被其他站点调用,而且由于这些数据都是标准的XML格式,所以也能在其他的终端和服务中使用,是一种描述和同步网站内容的格式。

所谓内容聚合,一般是指根据一定主题或者关键词将网站原有内容进行重新组合排序而生成一个新的列表或专题页面。网站聚合的初衷是方便用户对同一主题相关的内容进行拓展阅读,发展到目前,这种聚合成了很多网站为了在搜索引擎中快速获取流量而使用的一种搜索引擎优化(Search Engine Optimization,SEO)技术手段。

根据以上描述,在互联网与法律双重语境下,使用信息聚合、内容聚合更倾向于认为是汉语的本来意思,而并不特指某一种或某几种计算机科学手段。个人认为,在法律领域使用"聚合"这一词,无论是数据聚合、信息聚合或者是内容聚合,应当认为是将其他主体享有或不享有权利的内容在自身提供的平台(包括APP、网页等)向用户展示。

按前述理解,在法律语境下讨论聚合,可以认为数据和信息的聚合手段远远不止深层链接,还包括网络数据爬取、RSS等各种方式。同时,互联网本身具有开放共享的性质,通过各种互联网协议,各内容生产者、发布者之间可以共享部分内容,这种技术层面上的实现构成行业习惯,如使用数据爬取的robots协议。但同时,行业习惯面临的问题在于:一是部分内容生产者、发布者不愿意对其内容进行共享,二是从实际来讲,愿意遵守行业习惯的往往是既得利益者,行业的新来者为了从既得利益者手中分一部分利润,行业习惯的约束力仅聊胜于无。

本节就信息聚合中的深层链接与数据爬取进行详细阐述。

---

〔1〕 参见孙利民、李建中、陈渝等:《无线传感器网络》,清华大学出版社2005年版;转引自高云全:《物联网环境下数据聚合关键技术研究》,北京邮电大学2019年博士学位论文。

〔2〕 RSSfeed是一种基于XML技术的聚合标准。

1. 深层链接

1.1 深层链接的概念

作为信息网络传播的重要方式,可以说,没有链接便没有互联网。[1] 通常因设链行为方式不同,区分为浅层链接与深度链接两种模式。这种行为方式的不同体现在被搜索作品以何种页面为依托呈现给点击链接的网络用户。

对于前者,网络用户在网站主页上点击链接,设链网页会因链接而指向被链接网页或者因其他网页链接的缘故而跳转至被设链网页上,也即用户会知晓真正存有用户想要获取作品的网站。对于后者,网络用户在设链网站主页上点击链接,用户直接在设链网站网页上获取被设链网站网页上的作品;或是作品本身没有在被设链网页上,而是存在于经由被设链网页设置的分页上,通过点击设链网页链接跳转至信息所在的分页上,此过程并没有经过被设链网页。理论上深度链接可能会与加框链接和埋设链接发生交叉。[2]

深层链接最初在计算机科学领域一般指直接链向网站首页之外内容的链接,无论链向站内内容还是站外内容,均为深层链接。但著作权法语境下,深层链接已专有所指,著作权法下的深层链接(deep link),是通过网站的分页地址设置链接,这种链接并不指向被链网站的主页,而是绕过被链网站的主页直接指向其深层网页或媒体格式文件。当用户点击这个链接后,其浏览器地址提示的仍然是设链者的地址,被链作品自动出现在设链者的网页上。

深层链接本身是一种超链接,是 HTML 语言的特点,超链接的组织体现了一个 Web 站点的页面存储的逻辑关系,本身适用于网站页面。但是,在移动互联网时代,APP 无法避免甚至是主动追求深层链接技术在 APP 上的实现,尤其是近几年随着国家版权保护力度的加强,主流视频网站及其 APP 的会员制体系也基本得到了认可,基本实现了正版化,大量没有足够片方资源以及资本资源的 APP 运营者就通过深层链接实现自身的利益。

1.2 深层链接对 APP 的意义

深层链接对 APP 的意义远不止资源链接,更多的是影响 APP 变现能力,根据美国换量平台 Tapdaq 的实验结果,开发者一致认为生命周期总价值(Life Time Value,LTV)是 APP 最重要的营销度量。

根据美国 APP 广告分发平台 Apptamin 的观点,LTV 变量包括:

(1)变现(Monetization):用户为移动业务收入的贡献(以广告曝光量、订阅数、

---

〔1〕 参见杨勇:《深度链接的法律规制探究》,载《中国版权》2015 年第 1 期。

〔2〕 参见王迁:《论提供"深层链接"行为的法律定性及其规制》,载《法学》2016 年第 10 期。

APP 内交易的形式）；

（2）留存（Retention）：用户参与程度，尤其关注用户平均生命周期；

（3）病毒式传播（Virality）：一个用户能为你的 APP 带来新用户的总价值。

上述三个变量中，改变其中任何一个，就可以提升 APP 的 LTV，而深层链接可以改变上述三个变量。

简单就变现而言，深层链接有相当多的留存和传播的应用场景，如减少 CPI（每次安装成本），通过深层链接可以直接将网页端用户转化到 APP 端，Deep Links 保存了用户相关参数，把用户直接引导到 APP 内和 Web 一致的界面，实现场景还原。当他们第一次使用 APP 的时候，用户只需一步就可以在他们感兴趣的板块购买商品。此外，还可以通过深层链接降低用户获取成本、提升用户留存、更好地传播 APP 等，当然这与本书主旨并不相关，主要是说明虽然深层链接是来自网页的技术，但移动互联的进步，APP 中的深层链接通过传统的深层链接、延迟的深层链接、上下文深层链接、自定义 URL 方案协议等实现，苹果在 iOS9 中引入了 Universal Links，以解决自定义 URI 方案深层链接中缺少优美的后备功能问题。通用链接是指向网站和应用程序内的一部分内容的标准 Web 链接。打开通用链接后，iOS 会检查该域是否已注册任何已安装的设备。如果是这样，该应用程序将立即启动，而无须加载网页。如果不是，则将 Web URL（可以是到 APP Store 的简单重定向）加载到 Safari 中。Google 将 Android 应用程序链接构建为等同于 iOS 的通用链接，并且运行方式非常相似：一个标准的 Web 链接，它既指向网页又指向应用程序中的一部分内容。

因此，深层链接对于 APP 并不仅仅是一种方便用户的技术运用，而是关乎 APP 变现的重要技术。

1.3　司法实践及理论争议

2012 年起施行的《关于审理侵害信息网络传播权民事纠纷案件适用法律若干问题的规定》第 3 条规定：

"网络用户、网络服务提供者未经许可，通过信息网络提供权利人享有信息网络传播权的作品、表演、录音录像制品，除法律、行政法规另有规定外，人民法院应当认定其构成侵害信息网络传播权行为。

通过上传到网络服务器、设置共享文件或者利用文件分享软件等方式，将作品、表演、录音录像制品置于信息网络中，使公众能够在个人选定的时间和地点以下载、浏览或者其他方式获得的，人民法院应当认定其实施了前款规定的提供行为。"

在深圳市腾讯计算机系统有限公司诉上海千杉网络技术发展有限公司侵害作品信息网络传播权纠纷案[1]中,深圳市中级人民法院认为:

"本案为侵害作品信息网络传播权纠纷,被上诉人腾讯公司享有本案诉权。被上诉人腾讯公司在腾讯视频服务器上传、存储涉案作品,并向其用户提供视频播放服务的行为,使其用户可以在个人选定的时间和地点获得涉案作品,被上诉人的行为显然属于提供作品的行为。被上诉人同时对其服务器中的涉案作品采取了技术措施,以阻止非授权的软件或网站获取涉案作品。上诉人经营的'电视猫视频'应用软件通过技术手段破解被上诉人设置的技术措施,模拟用户点播涉案影视作品的请求,获取腾讯视频服务器中存储的视频数据,并在'电视猫视频'软件界面中提供播放。从实现效果上看,上诉人破解技术措施,提供涉案影片播放的行为,亦使用户可以在其个人选定的时间和地点获得涉案作品。从传播范围看,被上诉人通过设定相应的加密算法,限定涉案作品仅在特定的网站或软件传播;上诉人的行为,使涉案作品的传播范围超越了被上诉人控制权的范围,即在权利人意愿之外扩张了涉案作品的传播范围,构成对被上诉人信息网络传播权的专有控制权的直接侵权,其行为属于未经许可的作品再提供,应承担相应的法律责任。综上,上诉人认为其行为不侵权的上诉理由不成立,故判决驳回上诉,维持原判。"

在上海幻电信息科技有限公司与飞狐信息技术(天津)有限公司侵害作品信息网络传播权纠纷案[2]中,法院认为哔哩网提供的服务实质上相当于深层链接服务:

"哔哩网通过技术手段将案外网站上的视频文件链接到其网站上实现在线播放,其提供的是网络链接服务,并不存在将作品置于网络中的行为,故不构成作品提供行为,亦不涉及直接侵权责任问题。一审法院认定哔哩网的行为已经在实质上替代了被链接网站向公众传播作品,构成作品提供行为的观点,本院不予认同。本院注意到一审法院从权利人利益角度、网络服务提供者的利益角度以及社会公众角度充分阐述了幻电公司涉案行为对权利人、互联网生态以及社会公众的损害和不正当性。对此,本院认为,根据知识产权权利法定原则,在判定信息网络传播权侵权与否时应当审查判断被诉行为是否属于信息网络传播权所控制的行为,而被诉行为从权利人利益角度、网络服务提供者的利益角度以及社会公众角度是否具有不正当性并不在信息网络传播权侵权案件的审理范围之内。

---

[1] 一审:广东省深圳市南山区人民法院(2016)粤 0305 民初 3635 号;二审:广东省深圳市中级人民法院(2018)粤 03 民终 8807 号。
[2] 上海知识产权法院(2015)沪民终字第 276 号。

哔哩网虽不构成直接侵犯信息网络传播权的行为,但因其客观上对被链接网站内容的传播起到了帮助作用,一定情况下亦可能构成共同侵权,承担间接侵权责任。依据《最高人民法院关于审理侵害信息网络传播权民事纠纷案件适用法律若干问题的规定》第7条的规定,网络服务提供者面临的侵权责任系教唆侵权责任或者帮助侵权责任,网络用户实施了侵害信息网络传播权行为是网络服务提供者承担责任的前提,对于链接服务提供者来说,即是存在被链接网站的传播行为属于未经权利人许可进行的传播行为。

电视剧《幸福请你等等我》尚在授权期内,即被链接网站的传播行为属于合法传播,在此情况下,哔哩网自然不会因链接到腾讯视频上合法传播的视频文件而被认定构成间接侵权。

电视剧《张小五的春天》已过授权期限,乐视网已经无权播放,被链接网站对于被诉内容的传播系未经许可的传播行为,在此情况下,判断幻电公司是否构成间接侵权在于幻电公司是否'明知'或'应知'被链接网站提供的内容未经权利人许可。

根据案件事实,二审法院认为幻电公司提供的链接服务具有高度的用户黏性、且对被链接对象具有较高的编辑控制能力,基于该种链接方式,应当课以幻电公司对于被链接内容是否属于合法传播较高的注意义务。涉案被链接内容属于影视作品,幻电公司在提供定向链接的情况下,应对于被链接内容是否属于合法授权有所了解。法院认定其未尽到其应有的注意义务,主观上构成应知,应承担共同侵权责任。"

上述案例并没有反映我国就深层链接态度的全貌,我国司法实践中,法院关于深度链接的案件审理素有"用户感知标准"与"服务器标准"之争,以及备受争议的"实质性替代标准"。

所谓用户感知标准,只要消费者误认为深度链接的指向内容来自设置链接的网络服务提供者,哪怕该网络提供者仅仅提供了技术服务,仍然可以认定该网络服务提供者是内容提供者。[1]

所谓服务器标准,则是以传播内容是否在网络服务提供者的服务器上为标准,以此判断深度链接是属于网络内容的传播行为抑或网络服务的提供行为。[2]

按照彭桂兵副教授的观点,我国虽然在实践中长时间的照搬美国的"服务器标准",但至少在以下两方面无法自洽:

---

[1] 参见王迁:《网络环境中版权直接侵权的认定》,载《东方法学》2009年第2期;陈锦川:《信息网络传播行为的法律认定》,载《人民司法》2012年第5期。
[2] 参见陈锦川:《信息网络传播行为的法律认定》,载《人民司法》2012年第5期。

　　"一是我国相关的立法并未明确就是完全坚持'服务器标准'。《规定》以列举的方式规定了何种情况可以被认为是'提供行为',除了'上传到网络服务器'这一明确的'服务器标准'以外,还包含'设置共享文件'或者'利用文件分享软件',后面两种就被排除出我们所说的'服务器标准'。我们是成文法国家,相关立法并未明确我国采取'服务器标准'。因此,完全借鉴美国的'服务器标准'在立法上是站不住脚的。

　　二是'服务器标准'并未考虑到我国对信息网络传播行为的举证证明责任分配。从《规定》第 6 条可知,原告在主张被告实施了侵害信息网络传播权的行为时仅负有初步的举证证明责任,并不一定需要证明涉案作品存储于被告的服务器上,那怎样才算完成了初步的举证证明?有法官以手机视频聚合平台服务为例,谈到'用户感知标准'在此时的重要,原告可以举证证明用户能够感觉到涉案作品是在被告的平台上播放即可,即播放界面没有跳转,没有显示第三方的 URL 地址,这些外观呈现状态都是原告初步举证应该完成的内容。此时若坚守'服务器标准',被告应该举证证明涉案作品不在自己的服务器上,一般这种否定性事实是很难证明的。如被告举证不能,法院就推定被告实施了直接侵权行为,从而达到了对原告著作权保护的目的。如果把'服务器标准'和原被告的举证责任综合考量的话,原被告的举证责任分配才是认定直接侵权行为的实质依据,'服务器标准'相对于原被告的举证责任分配反而变得形式化。"[1]

　　所谓实质性替代标准,是指从用户的主观感知转向作品的视角考察相关行为是否构成对作品的实质替代效果。深层链接对著作权人所造成的损害以及行为人所带来的利益,与直接向用户提供作品的行为并不存在实质性差别,因此构成信息网络传播行为。

　　在此之外,还有因欧盟《信息社会版权指令》及其相关判例所形成的"新公众标准"和"多因素标准","新公众标准"指要构成《信息社会指令》第 3 条第 1 款项下的"向公众传播",不仅要存在传播行为,而且传播必须指向的是"新公众",欧盟法院(CJEU)在 2014 年 2 月对于 Svensson 案的判决认为的"新公众"是版权权利人在授权初始传播时没有考虑到的公众,此后德国联邦最高法院在 Google 图像搜索案中判决对欧盟法院在 GS Media 案中提出的构成向公众传播要件之一的"新公众"标准、推定应知或明知的参考因素进行了详尽的检视,即使可根据盈利事实推定链接提供者对侵权作品有"应知"义务,但这一推定并不适用于搜索引擎。

――――――――――――

　　〔1〕 参见彭桂兵:《我国新闻聚合版权司法的问题阐释与解决方略——基于比较法视角》,载《新闻与传播研究》2020 年第 6 期。

"多因素标准"指"向公众传播"的范围还必须根据该指令的目的以及相关条款的上下文,并结合个案的具体情况来分析,需要考虑多项补充性因素,包括用户是否起到了必不可少的作用、是否故意干预、传播是否具有营利性质等。

还有学者提出信息网络传播权,或世界知识产权组织版权条约(WIPO Copyright Treaty,WCT)中所称的"向公众提供(作品)权"应当回归其字面意思,构成要件应为:存在(向公众)传播(an act to communicate)+公众(Public)。至于其传播的手段是上传至服务器、嵌套播放(判决书中多称"深度链接",但这样的称呼和网页制作者行业实际操作不符)还是设置链接在所不问,甚至未来会出现新形式的通过互联网提供作品的传播方式。任意选择并固化其中一个标准均会缩小原条文立法原意中的规制范围。

此外,还有学者主张的"传输状态标准",是指信息网络传播行为的核心,不在于是否将作品置于服务器中,而在于将作品连接到公开的信息网络,"使作品处于可被传输的状态",并最终可为公众所获得。"深层链接"通常只是为用户提供了从同一"传播源"获得作品的不同途径,并未形成新的"传播源",因此不构成"信息网络传播行为"。[1]

"深层链接"的法律定性与该行为是否属于著作权法专有权利的控制,国际版权公约中"向公众提供权"的含义到底为何,[2]到目前为止,学术界仍未有能够与现实社会生活完美契合的标准,法律相较于社会实践明显滞后,且根据"直接侵权""间接侵权""不正当竞争"等不同诉求,行为人的主观状态(明知或应当明知,还是仅仅是善意的链接引用),对行为认定都有一定影响,而这也是我国此后对于深层链接行为性质和作出相应判决的发展方向。

1.4 结语

2007年,美国第九巡回法院在著名的 Perfect 10 案中采取"服务器标准",认为只要照片不储存在被告服务器中,只是超链接就不会侵害公开展示权。该标准从美国判例法中引入我国至今,在判定网络服务提供者直接侵权问题上做出了重要贡献。很多法院在实践中愿意坚持"服务器标准",也是因为"服务器标准"作为一个事实标准,符合司法机关重视证据稳定性的需求。但随着技术的发展,深层链接、转码链接等新兴传播手段逐步普及,使原网络平台的作品通过深层链接而增加了一个新的获取渠道,事实上扩大了作品的受众范围。如果继续将"服务器标准"视为唯一判定标准,则必然导致被链的内容提供者权益受损。

---

〔1〕 参见王迁:《论提供"深层链接"行为的法律定性及其规制》,载《法学》2016年第10期。
〔2〕 参见万勇:《论国际版权公约中"向公众提供权"的含义》,载《知识产权》2017年第2期。

2018 年 2 月 15 日,纽约南部地区法院在贾斯汀·戈德曼(Justin Goldman)诉布赖特巴特(Breitbart)公司等新闻出版商案中认定,通过内嵌式链接使 Twitter 上发布的帖子(Tweets)显示于自己的网站上,侵犯《美国版权法》中的展示权(display right),而涉案内容存储于无关第三方的服务器这一事实不能使其规避侵权结果。具体而言,法官认为:"该案中的每一个被告都是自己采取积极步骤建立起了某种程序,结果是涉案图片发生了传输,以至于这些图片能够被看到。实现这一结果最为直接的行为是在网页编码过程中将相关代码纳入进来,这就是嵌入(embedding)。如正确理解,嵌入推特(网站中图片的代码)的必要步骤是由被告网站完成的;这些步骤构成展示条款的程序。"

法官认为判断嵌入式链接或者内链接、加框链接是否构成公开展示权的关键因素在于:行为人是否采取了必要措施以至于作品的图片可为公众看到。这个必要措施指的是设置内链接或加框链接。

虽然上述案件仅仅是地区法院的判决,但至少反映出一种趋势,"服务器标准"已逐渐不适应现代互联网的趋势与潮流。虽然最终的走向仍然有待于实践的发展,在目前的版权保护趋势趋严的背景下,APP 通过深层链接获取他人内容,在司法中到底采用何种标准进行判定,理论上存在一定争议,各种标准都有案例采用,还有通过不正当竞争行为进行规范的案例。[1]

总体而言,在现有的法律体系下,司法上的认定可以总结如下:

(1)对于对非公开传播的侵权作品的深层链接,由于被链网站上的作品属于未向公众开放的作品,对此的深层链接属于将作品从原先不能被传输的状态转变为可以被传输的状态,故而构成信息网络传播行为,构成侵权是没有争议的。

(2)对已公开传播的作品的深层链接,如果伴随有存储行为(服务器标准)或者实质上导致被链者流量下降(实质替代标准、不正当竞争),损害了被链者的商业利益,则可能被认定为侵权行为或者不正当竞争行为。

(3)对于存在版权保护措施的内容,如果通过各种技术手段未经许可进行复制、传播,也应当属于侵犯著作权的行为,当然这里还可能涉及对这种版权保护技术措施的侵权以及非法获取计算机信息等的刑事犯罪。

(4)新闻类、非热点文字内容类的聚合中,设链者若导致用户误认为网络服务提供者传播作品、表演、录音录像制品是设链者提供,且无法证明被诉侵权的作品、表演、录音录像制品系由他人提供并置于向公众开放的网络服务器中的,可以推定

---

〔1〕　上海知识产权法院(2015)沪知民终字第 728 号。

设链者实施了信息网络传播行为,属于侵犯著作权的行为。若法院认为设链者对于被链接的内容属于不明知或者不应当明知属于侵权内容,而是属于正常设置向公众开发的网络服务器中的行为,则可能不承担侵权责任,在这类内容中,应当认为赋予设链者的义务以"注意义务"为原则,"审查义务"为例外。

在热点视频,尤其是视听节目中,设链者若通过深层链接获得相应作品的传输渠道,对这样的聚合内容进行人工审查和编辑的可能性较大,设链者此时应当承担更为严格的义务,如使用版权过滤技术,通过技术对盗版资源进行前期自动监测与过滤。若没有尽到相应义务,则可能被认为是间接侵权。

对已公开的侵权作品的深层链接,则可以参照"红旗原则"进行理解,"红旗原则"是"避风港"原则的例外适用,指如果侵犯信息网络传播权的事实是显而易见的,就像是红旗一样飘扬,网络服务商就不能装作看不见,或以不知道侵权的理由来推脱责任,如果在这样的情况下,不进行删除、屏蔽、断开连接等必要措施的话,尽管权利人没有发出过通知,也应当认定网络服务商知道第三方侵权。

当然,根据链接技术的不同,是否对被链接内容尽到审查义务的要求也不同,例如,基于自主设定条件进行定向链接产生唯一的链接结果时,网络服务提供者负有对内容的审查义务,未进行审查则主观上具有过错,承担共同的侵权责任。[1]

2. 数据爬取

数据爬取作为一种高效的数据采集实现形式,能够在深度和广度上覆盖互联网中大部分的网页链接和内容数据,极大降低了网络数据检索收集的效率和成本。目前更先进的抓取策略、代码架构和技术系统不断被开发应用,数据爬取技术在精准性、时效性、个性化上进展飞速,已成为国内外互联网企业最常用的技术手段。

数据爬取是指通过自动化程序,按照一定规则检索网络空间内容,并从中搜集、提取特定数据的过程,其核心技术为网络爬虫(Web Crawler)。

网络爬虫也称网络蜘蛛(Web Spider)或网络机器人(Web Robot),本质是一组脚本或程序。首先根据需求目的建立待爬取的 URL 队列,将精选的种子 URL 放入队列中,访问其对应的页面并备份数据,同时对页面进行解析并提取其他未被列入队列的 URL,将其存入待爬取队列后继续爬取,如此循环往复,直到 URL 队列中的所有 URL 爬取完毕或满足系统设定的停止条件为止,在本地或云端形成的所

---

〔1〕 参见张玲玲:《定向链接网络服务提供者侵犯著作权责任问题研究》,载《科技与法律》2016 年第 2 期。

需数据备份即为网络爬虫的最终结果。[1]

　　根据爬取对象的不同,数据爬取可以分为网页爬虫和接口爬虫。网页爬虫是对网络空间的网页超链接进行遍历,来爬取网页的数据信息,也是早期最常见的数据爬虫,最常用于搜索引擎。接口爬虫主要是通过精准构造,形成对特定 API 接口的访问请求,来爬取所需的数据信息,在大数据和移动互联网时代,将会逐渐成为数据爬取的重要方式。

　　根据爬取逻辑的不同,数据爬取可以分为通用性网络爬虫(General Purpose Web Crawler)、聚焦式网络爬虫(Focused Web Crawler)、增量式网络爬虫(Incremental Web Crawler)、深层网络爬虫(Deep Web Crawler)、分布式网络爬虫等(Distributed Web Crawler)。

　　数据抓取技术最早应用在搜索引擎中,是早期门户网站确保检索内容足够丰富、更新足够及时的核心应用,直到现在,搜索引擎也都是通过这样的方式提供服务,随着数字经济发展和商业模式不断创新,其在多个垂直领域进行广泛实践,包括数字内容、电子商务、互联网金融等各类互联网聚合平台,提供精准营销、数据分析、风险控制等各项业务。

　　技术本身是中立的,数据爬取作为互联网大数据时代应运而生的自动化数据获取方式,有效地促进了网络空间数据的高效流通。但随着互联网应用深度与广度的不断加深,爬虫技术门槛进一步降低,个人更容易获得各种低量级、低频度的爬取工具和爬虫代码,爬虫与自动访问界限模糊,针对行业级 APP 和数据库定向开发的数据爬取不断增多。

　　技术的中立性一定程度上导致了技术滥用,而目前法律也没有明确其行为边界,也没有完善的治理体系,企业使用数据爬取进行商业行为的法律风险在不断上升,主要有以下三方面:一是数据爬取的根本目的在于获取数据进行再生产或流通,使用数据爬取从网站收集数据后,将会导致数据脱离原有网站,成为数据泄露的源头,从而引发各类安全和法律问题。二是可能成为新型网络攻击方式。恶意使用者可能滥用数据爬取,将其作为一种对网站服务器的站点攻击方式,使一些部署在云端或者服务器较小的网站产生卡顿、瘫痪。三是造成市场恶性竞争。数据是互联网企业的核心资产和竞争力,数据爬取的泛滥和反制对抗将会阻碍数据正

〔1〕　参见上海数据治理与安全产业发展专业委员会、上海赛博网络安全产业创新研究院、赛博研究院:《数据爬取治理报告》,2019 年。

常流通,冲击市场秩序,恶化互联网经济业态,造成商业资产、机密流失或不正当竞争。[1]

2.1 数据爬取过程

数据爬取可大致分为"访问进入—获取数据—使用数据"三个阶段,数据爬取的规范也主要依赖于对行为人在三个环节中行为的综合考量。

有人称"爬虫的本质就是模仿浏览器打开网页",所以在了解数据爬取前,有必要简单介绍一下浏览器是如何打开网页的。

国际标准化组织在 1984 年提出的模型标准,也就是 OSI 模型里分了七层。OSI 模型是从上往下的,越底层越接近硬件,越往上越接近软件,这七层模型分别是物理层、数据链路层、网络层、传输层、会话层、表示层、应用层。在实际应用时,我们使用的是 TCP/IP 模型,它将 OSI 模型由七层简化为四层,这四层是:网络访问层、网络层、传输层、应用层。

与本书相关的就在于应用层中的超文本传输协议(HTTP,Hyper Text Transfer Protocol),这是互联网上应用最为广泛的一种网络协议。所有 WWW 文件都必须遵守这个标准。设计 HTTP 最初的目的是提供一种发布和接收 HTML 页面的方法。当用户点击一个链接或者输入一个链接的时候,整个 HTTP 的请求过程就开始了,然后经过以下步骤得到最后的信息:

(1)域名解析

首先搜索各种本地 DNS 缓存,如果没有就会向 DNS 服务器(互联网提供商)发起域名解析,以获取 IP 地址。

(2)建立 TCP 连接

当获取 IP 后,将创建套接字 socket 连接,也就是 TCP 的 3 次握手连接。

(3)HTTP 请求

一旦 TCP 连接成功后,浏览器/爬虫就可以向服务器发起 HTTP 请求报文了,报文内容包含请求行、请求头部、请求主体。

(4)服务器响应

服务器响应,并返回一个 HTTP 响应包和请求的 HTML 代码。

HTML 代码无法直接阅读,用户看到的是 Web 页面(Web page,也称文档),Web 页面是由对象组成的,对象简单来说就是文件,如 HTML 文件、JPEG 图形文件、Java 小程序或视频片段文件,这些文件可通过 URL 地址寻址。多数 Web 页面

---

〔1〕 参见上海数据治理与安全产业发展专业委员会、上海赛博网络安全产业创新研究院、赛博研究院:《数据爬取治理报告》,2019 年。

含有一个基本 HTML 文件（base HTML file）以及几个引用对象。[1]

爬虫不断通过 HTTP 协议向服务器发出请求，不断地获得服务器返回的响应，然后将精选的种子 URL 放入队列中，访问其对应的页面并备份数据，同时对页面进行解析并提取所有其他未被列入队列的 URL，将其存入待爬取队列后继续爬取。

2.2　访问进入

在"访问进入"阶段，与法律相关的因素主要包括访问进入的计算机信息系统性质、是否得到足够充分授权、是否提供非法爬虫程序、访问进入后对计算机信息系统的影响、是否对计算机信息系统安全措施进行技术性规避或破解、是否实质上获取数据六个方面。

在访问进入这一阶段，利用上述手段非法访问，不仅仅是构成民事上的侵权与不合规风险，而且往往触犯刑事法律规范，此处不再赘述。

2.3　数据获取

数据爬取一般需遵循 robots 协议（也称爬虫协议、机器人协议），该协议全称是"网络爬虫排除标准"（Robots Exclusion Protocol），网站通过 robots 协议告诉搜索引擎哪些页面可以抓取，哪些页面不能抓取。是国际互联网界通行的道德规范，目的是保护网站数据和敏感信息、确保用户个人信息和隐私不被侵犯。

robots 协议是 Web 站点和搜索引擎爬虫交互的一种方式，robots. txt 是存放在站点根目录下的一个纯文本文件。该文件可以指定搜索引擎爬虫只抓取指定的内容，或者是禁止搜索引擎爬虫抓取网站的部分或全部内容。当一个搜索引擎爬虫访问一个站点时，它会首先检查该站点根目录下是否存在 robots. txt，如果存在，搜索引擎爬虫就会按照该文件中的内容来确定访问的范围；如果该文件不存在，那么搜索引擎爬虫就沿着链接抓取。

吴汉东教授将 robots 协议定义为集体协议，李明德教授认为 robots 协议是一种宽泛的契约关系。robots 协议的设置可以看作一种私法自治，该项协议一经成立即产生相应的约束力，robots 协议不仅是中国的行业规则，还是国际性的商业惯例，在业内必须得到良好的遵守。

从理论上讲，如果互联网参与者都遵循 Robots 协议，访问进入这一环节就符合行业惯例和一般的商业道德，北京百度网讯科技有限公司、百度在线网络技术（北京）有限公司诉北京奇虎科技有限公司、奇智软件（北京）有限公司不正当竞争

---

[1]　参见［美］James F. Kurose，Keith W. Ross：《计算机网络——自顶向下方法与 Internet 特色》，陈鸣译，机械工业出版社 2005 年版，第 83 页。

纠纷案中,法院认为:"Robots 协议被认定为搜索引擎行业内公认的、应当被遵守的商业道德,被告奇虎公司在推出搜索引擎的伊始阶段没有遵守百度网站 Robots 协议,行为明显不当,应承担相应的不利后果。"

发生在美国的 robots 争议第一案:Bidder's Edge 利用爬虫抓取来自 eBay 等各个大型拍卖网站的商品信息,放在自己网站上供用户浏览,并获得可观的网站流量。虽然 eBay 早设置了 robots 协议禁止抓取,但 Bidder's Edge 却无视这个要求。受理此案的美国联邦法官 Ronald M. Whyte 在经过多方调查取证后作出裁定,认定侵权成立,禁止了 Bidder's Edge 在未经 eBay 允许的情况下,通过任何自动查询程序、网络蜘蛛等设置抓取 eBay 拍卖内容。

Field v. Google 案审理结果可与此案结果比较来看,Google 允许网络使用者获得 Field 发布在自己网站上的 51 部作品,并且以缓存的方式将这些作品呈现在 Google 搜索引擎上,Field 认为此行为侵犯其复制权和传播权。最终,审理法院驳回原告诉讼请求,认为原告作者未在其网站设置 Robots 协议,即视为允许搜索引擎使用,因此搜索引擎的抓取和使用不违法。

国内外法院都认可 Robots 协议构成互联网通用规则,若意图排除他人抓取,则应设置相应的"robots. txt",若自身属于意图抓取对象设置的"robots. txt"黑名单,则不应当采用任何技术手段进行抓取。

顺便一提的是,较有争议的还有"歧视"问题,就是在允许大部分互联网主体抓取自身内容时,限制竞争对手抓取自身数据,类似事件不胜枚举,较为知名的如Facebook屏蔽谷歌、默多克旗下新闻屏蔽谷歌、淘宝屏蔽百度搜索、优酷同时屏蔽百度与谷歌搜索,这些屏蔽都是通过 robot 协议来实现,但目前来看,我国在通过robot 协议来实现屏蔽这一问题上与国外做法存在一定区分,认为"robots 协议作为一种互联网行业惯例,一方面要求搜索引擎的网络机器人遵守受访网站的 robots协议,另一方面也要求受访网站设置的 robots 协议本身应当是合理的,不应违背'促进信息共享'的初衷"。

这一看法是北京市高级人民法院在百度在线网络技术(北京)有限公司等与北京奇虎科技有限公司不正当竞争纠纷案[1]中体现的,法院认为:

"根据已查明的事实,robots 协议是一种在互联网领域内由从业者自发形成的行业惯例,指的是网站所有者通过在网站根目录下设置的 robots. txt 文件提示搜索引擎的网络机器人哪些网页内容不应被抓取,哪些可以抓取。基于以下三点理由,

---

[1] 北京市高级人民法院(2017)京民终 487 号。

robots 协议的初衷是提示搜索引擎的网络机器人更有效的抓取对网络用户有用的信息,从而更好地促进信息共享。首先,从 robots 协议出现伊始所要解决的问题来看,主要是为了避免搜索引擎的网络机器人大量、重复的抓取导致网站服务器因过载而无法正常运行以及抓取对网络用户没有使用价值的信息。因此,与其说 robots 协议是对搜索引擎的限制,不如说是一种善意的指引,其目的是告知搜索引擎的网络机器人哪些信息没有必要抓取,从而引导其抓取对网络用户有用的信息。其次,robots 协议的语法规则也可佐证其初衷是为了促进信息共享,而不是设置信息流动的障碍。根据 robots 协议的语法规则,在语句缺省的情况下,默认值是'允许',例如 robots. txt 文件本身是不需要用'Allow:'语句说明的,其默认值就是'允许'抓取。显然,在 robots 协议的语法规则中,'允许'抓取是一般情况,'不允许'抓取只是特例,是需要用'Disallow:'语句说明的。而且,当一个网站未设置 robots. txt 文件或 robots. txt 文件的内容为空时,则意味着该网站对于所有搜索引擎的网络机器人都是开放的。这也进一步证明网站'允许'抓取是一般情况,在此前提下,网站所有者使用'Disallow:'语句的目的是告知网络机器人哪些网页内容没有必要抓取,从而引导其更有效地抓取对网络用户有用的信息。可见,robots 协议的初衷并不是限制搜索引擎的网络机器人抓取信息、阻碍互联网信息流动,而是通过善意的指引使搜索引擎的网络机器人能够更有效地抓取对网络用户有用的信息,从而更好地促进信息共享。如果网站通过设置 robots 协议,实际上造成'不允许'抓取成为一般情况,而'允许'抓取成为特例,则显然与 robots 协议的初衷背道而驰。最后,站点地图(Sitemap)的出现也进一步印证了 robots 协议的初衷是促进信息共享。网站为了便于搜索引擎的网络机器人抓取,通过站点地图告知搜索引擎的网络机器人哪些页面可以抓取,并给出了具体的抓取路径。站点地图可置于 robots. txt 文件中,二者配合使用能够使网站更好地被搜索引擎检索。如果说站点地图是从正面告知搜索引擎网络用户需要的信息在哪里,robots 协议就是从反面提示搜索引擎网络用户不需要的信息在哪里,二者的目的都是让搜索引擎的网络机器人能更有效地抓取对网络用户有用的信息。综上,robots 协议作为一种互联网行业惯例,一方面要求搜索引擎的网络机器人遵守受访网站的 robots 协议,另一方面也要求受访网站设置的 robots 协议本身应当是合理的,不应违背'促进信息共享'的初衷。"

"百度在线公司、百度网讯公司在缺乏合理、正当理由的情况下,以对网络搜索引擎经营主体区别对待的方式,限制奇虎公司的 360 搜索引擎抓取其相关网站网页内容,影响该通用搜索引擎的正常运行,损害了奇虎公司的合法权益和相关消费者的利益,妨碍了正常的互联网竞争秩序,违反公平竞争原则,且违反诚实信用原则和公认的商业道德而具有不正当性,不制止不足以维护公平竞争的秩序,故构成反不正当竞争法第2条规定所指的不正当竞争行为。在此基础上,鉴于百度网讯公司、百度在线公司对一审判决关于法律责任的确定未提出异议,本院经审查,对一审判决的相关认定予以确认。"

当然,因为本案特殊之处在于2012年11月1日,中国互联网协会牵头组织了12家互联网企业签订《互联网搜索引擎服务自律公约》,本案争讼双方都在其中,所以对于案件所涉屏蔽行为定性产生了一定影响,但从法院的说理来看,即便没有上述《自律公约》,也有可能认为针对性的屏蔽构成不正当行为,但法院却忽视了这样认定的后果——若认为针对性的屏蔽构成不正当行为,被屏蔽方通过技术手段不再遵守robot协议,仍然进行内容的抓取,对这样的行为又当如何定性?所以个人认为,针对性的屏蔽本身应当是robots协议的应有之义,而非违背"促进信息共享"的初衷。

2.4 数据使用

APP运营者在未违反robot协议的情况下,合法抓取到其他主体的内容信息后,并非就可以毫无限制的使用,根据信息内容的不同属性和性质,对于合法爬取的内容同样有一定的限制。

(1)用户生成内容(UGC,User Generated Content)

此前章节已对UGC进行了详细阐述,此处主要指商业活动中,一些商业活动参与者通过数据爬取技术手段获得其他APP或者网页上UGC进行使用的问题。

2015年上海汉涛信息咨询有限公司诉北京百度网讯科技有限公司、上海杰图软件技术有限公司不正当竞争案[1]中,法院认为:

"市场经济鼓励的是效能竞争,而非通过阻碍他人竞争,扭曲竞争秩序来提升自己的竞争能力。如果经营者是完全攫取他人劳动成果,提供同质化的服务,这种行为对于创新和促进市场竞争没有任何积极意义,有悖商业道德。本案中,当用户在百度地图上搜索某一商户时,不仅可以知晓该商户的地理位置,还可了解其他消费者对该商户的评价,这种商业模式上的创新在一定程度上提升了消费者的用户体验,丰富了消费者的选择,具有积极的效果。……

如前所述,这种行为已经实质替代了大众点评网的相关服务,其欲实现的积极

---

〔1〕 参见一审:上海市浦东新区人民法院(2015)浦民三(知)初字第528号;二审:上海知识产权法院(2016)沪73民终242号。

效果与给大众点评网所造成的损失并不符合利益平衡的原则。其次,百度公司明显可以采取对汉涛公司损害更小,并能在一定程度上实现积极效果的措施。事实上,百度地图在早期版本中所使用的来自大众点评网信息数量有限,且点评信息未全文显示,这种使用行为尚不足以替代大众点评网提供用户点评信息服务,也能在一定程度上提升用户体验,丰富消费者选择。"

上述案件通过反不正当竞争法进行判决,认为百度的行为实质上替代了大众点评网,超出了合理限度。总体而言,无论 UGC 本身的权利如何,大部分情况下,UGC 受其发表平台的控制应当没有法律障碍,如果只是少量的爬取相应内容,而不试图进行商业上的替代,对爬取内容在合理的范围内使用,不构成不正当行为,但若通过爬取相应的内容,意图进行商业上的竞争或者客观上大幅度降低了被爬取方的流量,则可能被视为不正当行为。

(2)被抓取者享有著作权的内容

目前互联网处于信息爆炸时代,而信息产生有多种渠道,其中大部分有价值的内容属于著作权法的保护客体,如视听作品、小说、游戏等,这些资源和其他任何有价值的资源一样,总是掌握在巨头手中,根据《2019 年度内容行业版权报告》,今日头条、百家号、企鹅号、大鱼号从 2015 年、2016 年起采用各式各样的补贴以获得作者的青睐,从而占有内容生产市场,对于资本力量较弱的 APP 运营者,也就不免通过数据爬取获取他人的优质内容。作为内容生产者的主体而言,一方面希望通过互联网传播自身的作品,一般不会通过前文提到的 robots 协议完全排除其他主体的爬取,但是另一方面又希望通过著作权法赋予的权利限制爬取者对于内容的使用。

在深圳市腾讯计算机系统有限公司诉北京字节跳动科技有限公司侵害作品信息网络传播权案中,[1]字节跳动公司通过爬虫程序在腾讯公司的网站上抓取腾讯公司的娱乐体育新闻,然后向其 APP 用户与网站用户推荐新闻,侵犯了著作权人的信息网络传播权。

腾讯公司称:"经合法授权,腾讯公司依法享有《勇士破公牛 72 胜纪录板上钉钉》一文(以下简称涉案作品)的独家信息网络传播权,有权以自身名义维权。腾讯公司发现,字节跳动公司运营管理的'今日头条'手机客户端未经许可向公众提供的《勇士胜爵士 68 胜破队史纪录破公牛 72 胜纪录板上钉钉》一文(以下简称被告文章)使用了涉案作品的内容,侵害了腾讯公司对涉案作品享有的信息网络传播

---

〔1〕 北京市海淀区人民法院 (2017)京 0108 民初 22544 号。

权,故诉至法院。"

字节跳动公司辩称:"涉案作品来源于第三方,字节跳动公司基于与第三方的合作协议仅提供链接服务,涉案作品未存储在其服务器上。"

但法院认为:"字节跳动公司未经许可,在其经营的'今日头条'手机客户端上使用了涉案作品,使公众可以在其个人选定的时间和地点获得涉案作品,侵害了腾讯公司享有的信息网络传播权,字节跳动公司应当对其侵权行为承担相应的法律责任。针对字节跳动公司提出涉案作品来源于第三方,字节跳动公司基于与第三方的合作协议仅提供链接服务,涉案作品未存储在其服务器上的抗辩,本院注意到下列情形:(1)字节跳动公司提交的公证书并非针对涉案被告文章进行的公证,与本案无关。(2)字节跳动公司未提交与第三方的合作协议。(3)腾讯公司否认就涉案作品许可他人转授权使用。综上,本院对字节跳动公司的抗辩理由均不予采信。"

也就是说,即便爬取内容的行为没有违法 Robots 协议,但如果用户点击相应内容后,没有跳转到原始提供者平台中,将被认为是一种侵犯著作权的行为,如百度搜索和 Google 搜索每时每刻都在爬取整个网络的信息,但都是通过跳转的方式呈现,而目前通过类似手段进行内容展示的 APP 基本上都没有进行跳转,而是直接在其 APP 中进行展示。从理论上讲,应当被认定为侵犯著作权的行为,但这更多的是一种潜在威胁,从某种意义上是行业内心照不宣的潜规则,成为一种只有在特殊情况下才使用的手段。

(3)抓取个人隐私或企业商业秘密

这种情形毫无疑问是属于侵权行为,技术本身合法并不必然推导出技术使用合法。对于爬取到这样的内容,APP 运营者应当及时采取断开或者其他有效措施防止他人权利受到侵害,这种情形严重时可能触犯刑法。

在大数据时代,数据的充分流通和价值变现是数字经济发展的核心,数据爬取将是各类市场主体获取数据不可替代的自动化工具,但我国数据爬取的治理仍然存在诸多复杂的难点与困境,诸如,数据的基本权属问题仍无定论,具体是指包括数据的所有权、使用权和收益权等在内的数据各项权利归属于哪类主体,并延伸至数据权利确认、数据主体监管、数据滥用禁制等数据权利法律原则怎样建立等一系列问题。当数据权属不定时,获得数据所有者的足够充分授权后进行数据爬取将无从实现,或将直接造成法律纠纷。完善的数据法治体系尚未建立,使数据爬取存在巨大的"灰色地带"。市场主体数据爬取行为的法律边界不清晰,"运动式"执法监管模式难以形成真正持续、良性、有序的治理范式,使数据爬取治理缺乏统筹性的制度建设。还有数据产业缺乏行业性共识规范,Robots 协议已获得中国互联网协会《互联网搜索引擎服务自律公约》背书情况下,其在执法实践和司法判定中的法律效力依旧争议颇多,法律效力也未被正式认定,可行度低。同时,在缺乏有效通行的行业规范的情况下,互联网企业纷纷倾向于通过事前声明或用户协议直接拒绝数据爬取,行业内对话和谅解困难,共识规范难以达成。[1]

以上从访问进入、获取数据、使用数据简单说明了各环节的法律风险,类似于数据爬取这样的技术作为互联网信息检索的一种工具是必要的,也是无罪的,使用互联网工具需要遵守相关行业规范,行为主体更需要对行为承担法律责任,其中最主要的就是知识产权法律体系下对他人智力成果的尊重,以及规范自身的竞争行为。

(三)传统作品数字化

中国电子信息产业发展研究院在《2019 年区块链数字版权应用白皮书》认为,数字作品一般分为传统作品的数字化,例如,报纸、期刊、图书等传统出版物的数字化、电影胶片数字化等以及天然以数字代码存在的作品,例如,计算机软件、手机游戏。天然以数字代码存在的作品著作权相关问题在此前章节中已详述,本节不再赘述。

传统作品的数字化也是目前互联网内容的重要来源,但要确定其权属,首先需要明确数字化这一过程的法律性质。

《著作权法》(2020)第 13 条规定,改编、翻译、注释、整理已有作品而产生的作品,其著作权由改编、翻译、注释、整理人享有,但行使著作权时不得侵犯原作品的著作权。

根据《著作权法》对于演绎形式的规定,著作权法意义上的演绎仅限于改编、翻译、注释、整理。所谓改编,即在不改变作品基本内容的情况下将作品由一种类型改变成另一种类型。改编是产生演绎作品的一种主要形式。对文学作品的改编,如将小说改编为电影、电视剧本,将童话故事改编为电影动画片,都未改变已有作品的主要情节和内容。这些改编作品都保持了已有作品的内容、情节、旋律、素材,又有改编者智力成果在内,既不是对已有作品的抄袭,又不是创作出全新的作品,作者对这种经改编产生的演绎作品享有著作权。[2]

---

〔1〕 参见上海数据治理与安全产业发展专业委员会、上海赛博网络安全产业创新研究院、赛博研究院:《数据爬取治理报告》,2019 年 11 月。

〔2〕 参见《〈中华人民共和国著作权法〉释义及实用指南》第 22 条释义。

北京全景视觉网络科技股份有限公司与深圳市腾讯计算机系统有限公司、开封日报社侵害作品信息网络传播权纠纷案，[1]大致事实如下：

"1997年2月25日，委托人（甲方）北京市全景图片贸易有限公司分别与受托人（乙方）褚某、王某、袁某签订《委托创作合同》，约定甲方委托乙方进行摄影作品创作，在合同有效期内乙方所创作的摄影作品的著作权、署名权属于甲方，乙方所创作的作品原件和底片等归甲方所有，甲方有权将著作权转让或许可他人使用。

2012年5月1日，原告作为著作权受让方（甲方）与著作权转让方（乙方）北京市全景图片贸易有限公司签订《著作权转让协议》，约定乙方自愿将《中国图片库》（电子工业出版社出版 ISBN7 - 900014 - 61 - 6）的著作权转让给甲方。2012年6月4日，原告就《中国图片库》（电子工业出版社出版 ISBN7 - 900014 - 61 - 6）作品在中华人民共和国国家版权局进行了作品登记，证明其于2012年5月1日起通过转让取得上述作品著作权，登记号为国作登字 - 2012 - G - 00062011。

经查，涉案作品原告出版的《中国图片库》（电子工业出版社出版 ISBN7 - 900014 - 61 - 6）中编号为 qj - 0073 号。原告在其官方网站××上展示了本案涉案作品，图片编号为 qj - 0073。该摄影作品以城市高架桥夜景为拍摄对象。

2018年7月31日，原告对涉嫌侵权的微信公众号页面进行了证据保全，联合信任时间戳服务中心出具了证书编号为 TSA - 02 - 20180731bdc00e 的《可信时间戳认证证书》。原告提交的涉案微信公众号页面的打印件显示，名为'开封网'的微信公众号于2016年5月8日发布了《中国最令人心动的12座城市，我们开封被称为……》的文章。经比对，该文章中使用的其中一张配图与涉案摄影作品一致。根据原告提交的网页打印件，显示该公众号账号主体认证为《开封日报》社（开封日报报业集团）。"

在本案中，被告之一的《开封日报》答辩称："原告仅仅将传统作品数字化的行为并不构成著作权法意义上的创作，其并不享有著作权，不能在诉讼中主张权利。"

法院并没有就摄影照片的数字化这一过程进行法律上的认定，而是直接以原告享有原始照片著作权为由判定被告侵害了相应摄影作品的著作权。

已经失效的最高人民法院《关于审理涉及计算机网络著作权纠纷案件适用法律若干问题的解释》第2条规定，受《著作权法》保护的作品，包括《著作权法》第3条规定的各类作品的数字化形式。在网络环境下无法归于《著作权法》第3条列举的作品范围，但在文学、艺术和科学领域内具有独创性并能以某种有形形式复制的

---

[1]　深圳市南山区人民法院(2018)粤 0305 民初 16468 号。

其他智力创作成果,人民法院应当予以保护。

根据该司法解释,可以将相应作品的数字化形式视为原作品,但这仍未回应对已进入公有领域而不再享有著作权的作品数字化的著作权问题,数字化此类作品必然会付出一定劳动,却又不像纸质作品还可享有版式设计的专有权利,若原作品不再享有著作权,认为对其进行数字化的自然人或者单位不享有著作权,存在一定不合理性。

替代该司法解释的最高人民法院《关于审理侵害信息网络传播权民事纠纷案件适用法律若干问题的规定》中,删除了上述规定,也没有进一步的规定。

在现有演绎概念下,传统作品数字化后呈现的作品内容没有改变,仅仅是载体或者表现形式的改变,可以认为是"在不改变作品基本内容的情况下将作品由一种类型改变成另一种类型"。而按照演绎作品的著作权归属,在取得作品著作权人同意下或者演绎属于公共领域的作品,演绎人应当依法享有著作权,但在法律封闭式规定下,对《著作权法》明确规定的四种演绎类型扩大解释,不符合法律解释原则,只能有待于立法机关对该问题进一步明确。

或者以竞争法来规范模仿抄袭将公共领域作品数字化后形成的作品的行为,虽然这种行为不构成《反不正当竞争法》第二章的不正当竞争行为,但根据孔祥俊教授的观点,《反不正当竞争法》是行为法而非权利法,我国目前司法实践中往往通过先分析案件中具有值得法律保护的合法权益,再论述被告的主观状态(故意或恶意)以及被告行为对原告利益的损害性。[1] 孔祥俊教授认为这种判决进路违背了《反不正当竞争法》的行为法属性。所以,即便不将已进入公共领域的传统作品电子化的过程认定为演绎,对于抄袭、复制这样的作品,也可单纯基于其行为的不正当性,予以竞争法项下的保护。

对于这类作品,相较于视听作品和图片类作品,侵权行为较少,引发的关注更少,而且此类作品,大多是行为人对于享有著作权作品的侵权行为,即将享有版权的书籍等数字化以进行传播,此处的用户往往就是侵权行为人,自然就不可能对数字化后的作品大张旗鼓地主张权利了。

三、其他内容法律实务

我国就现实世界中的内容监管极为全面,新闻、图书、电视电影、广播电台从产

---

〔1〕 参见孔祥俊:《反不正当竞争法新原理·原论》,法律出版社 2019 年版,第 83 页。

生到发布全过程都有相关的法律规范,建立了一整套的审查与许可制度。就互联网而言,由于用户上传内容量过大,超出人类本身的审查能力,而且也属于言论自由的范畴,这些言论内容除刑法规范外,发布平台也被赋予了一定的审查义务,对于互联网企业自身生产的内容,除应当满足其本身所述行业的要求并获得相关许可外,若属于新闻、图书出版、视听节目服务等形式,也应获得相应许可。

所以,对于其他内容的法律实务而言,主要是审查是否取得行政许可以及是否侵犯第三方知识产权等。

《互联网视听节目服务业务分类目录(试行)(2017 年)》对业务分类如下:

"一、第一类互联网视听节目服务(广播电台、电视台形态的互联网视听节目服务)

(一)时政类视听新闻节目首发服务

(二)时政和社会类视听节目的主持、访谈、评论服务

(三)自办新闻、综合视听节目频道服务

(四)自办专业视听节目频道服务

(五)重大政治、军事、经济、社会、文化、体育等活动、事件的实况视音频直播服务

二、第二类互联网视听节目服务

(一)时政类视听新闻节目转载服务

(二)文艺、娱乐、科技、财经、体育、教育等专业类视听节目的主持、访谈、报道、评论服务

(三)文艺、娱乐、科技、财经、体育、教育等专业类视听节目的制作(不含采访)、播出服务

(四)网络剧(片)的制作、播出服务

(五)电影、电视剧、动画片类视听节目的汇集、播出服务

(六)文艺、娱乐、科技、财经、体育、教育等专业类视听节目的汇集、播出服务

(七)一般社会团体文化活动、体育赛事等组织活动的实况视音频直播服务

三、第三类互联网视听节目服务

(一)聚合网上视听节目的服务

(二)转发网民上传视听节目的服务

四、第四类互联网视听节目服务(互联网视听节目转播类服务)

(一)转播广播电视节目频道的服务

(二)转播互联网视听节目频道的服务

（三）转播网上实况直播的视听节目的服务

注：交互式网络电视（IPTV）、专网手机电视、互联网电视的集成播控服务、内容提供服务属于广播电台、电视台形态的网络视听节目服务，系专网及定向传播视听节目服务。交互式网络电视（IPTV）、专网手机电视、互联网电视的集成播控服务、内容提供服务和传输分发服务的业务分类目录另行制定。"

就视听节目而言，内容来源明确可控，APP 运营者从技术以及内部资源上也能够履行《网络信息内容生态治理规定》中赋予的义务，无论 APP 运营者按照《网络信息内容生态治理规定》被认定为网络信息内容生产者还是网络信息内容服务平台、网络信息内容服务使用者，若在传播过程中发现内容本身违法国家法律规定，都能够及时予以删除、封号等，此外还应当确保不侵犯第三方知识产权。

同时，因视听节目传播快、影响大，容易引起舆论关注，关乎网络空间安全与社会公共秩序，根据《互联网视听节目服务管理规定》下述规定确定相应的许可证。第 7 条第 1 款、第 2 款规定：

"从事互联网视听节目服务，应当依照本规定取得广播电影电视主管部门颁发的《信息网络传播视听节目许可证》（以下简称《许可证》）或履行备案手续。

未按照本规定取得广播电影电视主管部门颁发的《许可证》或履行备案手续，任何单位和个人不得从事互联网视听节目服务。"

第 9 条规定："从事广播电台、电视台形态服务和时政类视听新闻服务的，除符合本规定第八条规定外，还应当持有广播电视播出机构许可证或互联网新闻信息服务许可证。其中，以自办频道方式播放视听节目的，由地（市）级以上广播电台、电视台、中央新闻单位提出申请。

从事主持、访谈、报道类视听服务的，除符合本规定第八条规定外，还应当持有广播电视节目制作经营许可证和互联网新闻信息服务许可证；从事自办网络剧（片）类服务的，还应当持有广播电视节目制作经营许可证。

未经批准，任何组织和个人不得在互联网上使用广播电视专有名称开展业务。"

第 11 条规定："取得《许可证》的单位，应当依据《互联网信息服务管理办法》，向省（自治区、直辖市）电信管理机构或国务院信息产业主管部门（以下简称电信主管部门）申请办理电信业务经营许可或者履行相关备案手续，并依法到工商行政管理部门办理注册登记或变更登记手续。电信主管部门应根据广播电影电视主管部门许可，严格互联网视听节目服务单位的域名和 IP 地址管理。"

四、结语

就内容法律实务而言,主要包括两个方面:一是向用户展现的内容,无论是主体自产还是用户贡献,都要符合国家监管规范,维护网络空间环境,尽到监督义务;二是无论内容是自身生产还是通过各种技术手段从其他内容生产者处获得,需要避免侵犯他人知识产权或构成不正当竞争行为。

无论是理论上还是实务上,对如深层链接等行为的认定以及整个网络信息传播权的法律架构,存在一定争议。互联网技术一方面推动作品传播,另一方面著作权人又无法完全控制传播过程,导致经济利益或其他利益的受损。

但总体而言,APP 运营者若尽到相应的注意义务,采取合适的筛查技术手段,在一定程度上能够履行法律义务。只是部分商业主体为了商业利益,以技术之名行侵权之实,而恰逢法律规范不完善和法律救济手段缺失,导致此类案件频发。我国正由内容进口国逐步向内容出口国转变,对外开放也需政府营造更为友好的商业环境,监管部门与司法部门势必要加强对知识产权的保护。

同时,内容合规是 APP 的"生命线",在内容生产逐步被垄断的前提下,虽然商业成功需要内容作为支撑,但内容合规要求不应当让位于业务需求,否则商业上的成功就是空中楼阁,通过不合规手段固然可能取得成功,但最终导致的后果也可能极为严重,使一切心血付诸流水。

Chapter 6

第六部分

刑事法律实务

随着互联网的发展,网络平台的黑灰产形态和规模也不断扩大。疫情期间,不法分子利用广大人民群众增加上网时长、工作就业受影响的契机,实施了包括网络诈骗、传播违法内容、发起 DDoS 攻击、刷量等在内的多种违法犯罪行为。

根据各机构发布的互联网安全报告,包括网宿科技《2019 年中国互联网安全报告》、360 互联网安全中心《2018 年中国手机安全状况报告》、齐安信移动安全团队《2019 年移动安全总结》等报告来看,我国网络基础设施、网页以及移动端的安全状况都不容乐观,安全漏洞、恶意代码、恶意软件、DDos 攻击等层出不穷。

最高人民检察院的数据显示,近年来,网络犯罪蔓延迅速,检察机关办理网络犯罪案件数量逐年大幅上升,年平均增幅逾 34%。[1]

通常来讲,网络黑灰色产业链可分为上中下游:位于上游的黑灰产负责收集并提供各种资源,包括手机黑卡、公民个人信息、商业秘密、动态代理等;中游则负责开发定制大量黑灰产工具,以自动化的方式利用各类黑灰产资源实施各种网络违法犯罪活动;黑灰色产业链的下游负责将其活动"成果"进行交易变现,涉及众多黑灰色网络交易和支付渠道。[2]

网络空间是与传统空间并列的现实空间,网络行为也不再是个人在寂寥原野上的肆意撒野,它将产生实实在在的社会意义。[3] 几乎所有的传统犯罪都可以在网络中再现,数据也显示,利用互联网实施的犯罪,主要目的在于非法敛财,诈骗、盗窃这两类侵财型案件占了所有网络犯罪的 75% 以上。[4] 与传统现实社会犯罪并无区别。

网络犯罪体现在 APP 上,既可以是通过远程控制、流量劫持、僵尸网络、恶意程序等危害计算机信息系统和网络空间的机密性、完整性、可用性等。例如,可能涉及的非法侵入计算机信息系统罪、非法获取计算机信息系统数据、非法控制计算机信息系统罪、破坏计算机信息系统罪等。

其又可以是与人类社会相伴始终的犯罪"迁移"至网络空间,网络对于网络犯

---

〔1〕 参见中国新闻网,http://news. youth. cn/gn/202004/t20200408_12276963. htm,最后访问日期:2020 年 9 月 25 日。

〔2〕 百度时代网络技术(北京)有限公司、公安部第三研究所网络法律研究中心:《2020 网络黑灰产犯罪研究报告》。

〔3〕 参见于志刚:《中国网络犯罪的代际演变、刑法样本与理论贡献》,载《法学论坛》2019 年第 2 期。

〔4〕 数据源自国家检察官学院浙江分院院长胡勇在 2019 年"网络犯罪前沿问题高峰论坛"上的主题演讲。

罪的意义不再是犯罪对象、犯罪工具,而是直接蜕变为新的犯罪空间和犯罪平台,[1]如开设赌场罪、诈骗罪、掩饰隐瞒犯罪所得、犯罪所得收益罪等。

其也可以是由于互联网信息的传输特性,利用 APP 不恰当进行信息传播等构成的犯罪,如诽谤罪、寻衅滋事罪、损害商业信誉商品声誉罪、编造并传播证券、期货交易虚假信息罪、编造传播虚假恐怖信息罪、战时造谣扰乱军心罪以及战时造谣惑众罪,等等。

其还可以是购物类 APP 生产销售伪劣商品类犯罪。

限于篇幅与主旨,本书不进行针对犯罪的广泛的讨论,仅从 APP 运营者对 APP 的运营过程为视角,就其中较有争议的犯罪类型予以详述,主要分类如下:

(1)知识产权相关犯罪;

(2)个人信息相关犯罪;

(3)平台责任相关犯罪;

(4)不正当竞争/商业行为导致的衍生犯罪。

另外,通过对我国网络犯罪法律规定和相关概念简述,明晰涉网络犯罪界限,就上述分类中未详细阐述的部分以作了解。

一、法律规定

1997 年《刑法》后,2000 年 12 月 28 日全国人民代表大会常务委员会《关于维护互联网安全的决定》作为一部单行刑法规定了利用网络实施犯罪的法律认定问题。在此之后,我国司法机关又陆续发布了相关的一系列司法文件,包括:

(1)针对网络犯罪的规定

2004 年 9 月 6 日《关于办理利用互联网、移动通讯终端、声讯台制作、复制、出版、贩卖、传播淫秽电子信息刑事案件具体应用法律若干问题的解释(一)》、2010 年 2 月 4 日《关于办理利用互联网、移动通讯终端、声讯台制作、复制、出版、贩卖、传播淫秽电子信息刑事案件具体应用法律若干问题的解释(二)》、2010 年 8 月 31 日《关于办理网络赌博犯罪案件适用法律若干问题的意见》、2011 年 8 月 1 日《关于办理危害计算机信息系统安全刑事案件应用法律若干问题的解释》、2013 年 9 月 10 日《关于办理利用信息网络实施诽谤等刑事案件适用法律若干问题的解释》、2019 年 10 月 21 日最高人民法院、最高人民检察院《关于办理非法利用信息网络、

---

〔1〕 参见于冲:《网络犯罪罪名体系的立法完善与发展思路——从 97 年刑法到〈刑法修正案(九)草案〉》,载《中国政法大学学报》2015 年第 4 期。

帮助信息网络犯罪活动等刑事案件适用法律若干问题的解释》。

(2)涉及网络犯罪的规定

2006年7月26日《关于渎职侵权犯罪案件立案标准的规定》、2007年6月29日《关于审理危害军事通信刑事案件具体应用法律若干问题的解释》、2011年1月10日《关于办理侵犯知识产权刑事案件适用法律若干问题的意见》、2011年3月1日《关于办理诈骗刑事案件具体应用法律若干问题的解释》、2011年6月7日《关于审理破坏广播电视设施等刑事案件具体应用法律若干问题的解释》、2017年1月25日《关于办理组织、利用邪教组织破坏法律实施等刑事案件适用法律若干问题的解释》、2017年5月8日《关于办理侵犯公民个人信息刑事案件适用法律若干问题的解释》、2017年6月27日最高人民法院、最高人民检察院《关于办理扰乱无线电通讯管理秩序等刑事案件适用法律若干问题的解释》。

上述司法文件和《刑法》一同构建起了我国的网络犯罪规范体系,从而建立起相应刑法责任体系,有学者认为,在前期司法实践探索的基础上,《刑法修正案(九)》对于网络犯罪条款进行了大规模的修订和增补。通过《刑法修正案(九)》的相关条款,可以清晰看出《刑法》对于网络犯罪已经形成了清晰而明确的治理思路,即"3+1"的治理模式。在宏观层面,刑事立法通过"共犯行为正犯化""预备行为实行化""网络服务提供者的平台责任"三种责任模式,实现对于网络犯罪的精准打击,力求实现罪责统一和责刑适应;在微观层面则是对于公民个人信息犯罪的特别关照,而它同样是共犯行为正犯化在网络犯罪具体领域的延伸。[1]

从2000年至今,20年的立法过程中,与网络相关技术在不断进步,导致立法中的概念之间又互有重叠和区别。从上述司法文件可以看出,我国在与网络相关的犯罪中,使用了互联网、计算机信息系统、信息网络等各种概念,2015年公布实施的《国家安全法》和2017年6月起施行的《网络安全法》又采用了网络安全等概念。

但总体而言,我国针对网络犯罪虽然构建了"五点一线一面"的罪名体系,[2]其主线仍然是1997年《刑法》第六章第一节规定的两个罪名,即"非法侵入计算机信息系统罪和破坏计算机信息系统罪",其关注点和保护对象却仍然止步于对计算

〔1〕 参见于志刚:《中国网络犯罪的代际演变、刑法样本与理论贡献》,载《法学论坛》2019年第2期。
〔2〕 参见于冲:《网络犯罪罪名体系的立法完善与发展思路——从97年刑法到〈刑法修正案(九)草案〉》,载《中国政法大学学报》2015年第4期。
五点:非法侵入计算机信息系统罪,非法获取计算机信息系统数据罪,非法控制计算机信息系统罪,提供侵入、非法控制计算机信息系统程序、工具罪,破坏计算机信息系统罪(《刑法》第285条、第286条);一线:侵犯公民个人信息罪(《刑法》第253条);一面:利用计算机、网络实施的传统犯罪(《刑法》第287条)。

机信息系统及其少量存储数据的保护,这里立法关注点已经远远落后于网络的发展。因此,从某种程度上讲,我国当前关于网络犯罪的立法仍然属于早期计算机犯罪刑事立法思维,没有体现网络犯罪的网络性和网络化。[1]

二、网络、互联网犯罪概述

(一)网络犯罪与计算机犯罪

2001 年 11 月,欧洲委员会的 26 个成员方以及美国、日本和南非等 30 个国家在布达佩斯签署了《网络犯罪公约》(Convention on Cybercrime)。该公约对于网络犯罪分类如下:

(1)危害计算机数据和系统的机密性,完整性和可用性的罪行,包括非法访问、非法拦截、数据干扰、系统干扰、滥用设备;

(2)与计算机有关的犯罪,包括与计算机有关的伪造罪、与计算机有关的欺诈罪;

(3)与内容有关的犯罪,包括与儿童色情制品有关的犯罪;

(4)与侵犯版权及邻接权有关的犯罪;

(5)辅助责任和制裁。

并明确了上述五种犯罪的共同犯罪形态、未完成犯罪形态与法人犯罪所涉及的刑事责任和制裁。

ISO/IEC 27032:2012 中将网络空间犯罪定义为:

"网络空间中的服务或应用程序被用于犯罪或者成为犯罪目标的犯罪活动,或者网络空间是犯罪来源、犯罪工具、犯罪目标或者犯罪地点的犯罪活动。"

以网络空间在犯罪中的作用,将网络空间犯罪划分为四个种类,即以网络空间为犯罪来源的犯罪行为、以网络空间为犯罪目标的犯罪行为、以网络空间为犯罪工具的犯罪行为、以网络空间为犯罪地点的犯罪行为。[2]

随着网络的更新换代,相关犯罪也在悄然发生变异。概念能够从侧面反映出社会发展中的某些变化。"计算机犯罪"与"网络犯罪"本是两个概念,指涉两类不同的犯罪类型。在网络发展初期,"计算机犯罪"和"网络犯罪"的概念并存,但是

---

〔1〕 参见于冲:《网络犯罪罪名体系的立法完善与发展思路——从 97 年刑法到〈刑法修正案(九)草案〉》,载《中国政法大学学报》2015 年第 4 期。

〔2〕 参见寿步主编:《网络空间安全法律问题研究——基于 ISO/IEC 27032:2012 的视角》,上海交通大学出版社 2018 年版,第 61 页。

二者的侧重点有所不同。前者更多的是指将计算机作为犯罪对象,针对计算机信息系统实施犯罪行为,强调的是纯粹技术犯罪。后者主要指向利用网络本身实施的传统犯罪,是传统犯罪借助网络这一工具与平台所实施的犯罪行为。无论是就危害性而言还是就法律资源的投放方向来说,当时更为关注和予以严厉制裁的是"计算机犯罪"而不是"网络犯罪"。[1]

《网络犯罪公约》也主要采用"计算机数据"(computer data)、"计算机系统"(computer system)的概念,"计算机数据"包括"适于使计算机信息系统进行某项功能的程序",计算机系统强调"通过运行程序进行数据的自动化处理"。计算机(及其计算机系统)与数据(电磁记录)作为网络犯罪对象已得到《德国刑法》《日本刑法》的承认,《德国刑法》中使用的犯罪对象概念为数据与计算机,其主要保护计算机系统和数据的机密性、完整性、可用性。[2]

《日本刑法》中使用的犯罪对象概念为"电子计算机"。"所谓电子计算机,是指自动进行计算和数据处理的电子装置。"[3]《日本刑法》并未使用数据的概念,其第7条之二专门界定了"电磁记录",指用电子、磁记录技术及其他不能通过人的知觉认识的方式制作的供电子计算机进行信息处理所使用的记录。

随着网络技术的快速升级,计算机与网络之间的地位悄然发生了改变,网络的地位日益突出,原本仅仅是作为计算机附属功能的网络,一跃成为计算机最重要的功能。"计算机犯罪"和"网络犯罪"的概念不再处于并存状态,"计算机犯罪"的概念几乎不再被提起。无论是对于法学界还是社会公众而言,"网络犯罪"已经成为一个更被广泛认可的术语。同时,"计算机犯罪"与"网络犯罪"在概念上不再是一个并列的关系,而演变为一种"种属"关系,"计算机犯罪"完全成为"网络犯罪"的一个下位概念,成为"网络犯罪"中的一种类型。[4]

此外,在此需要明晰两个概念,即网络的概念和计算机的概念。

---

〔1〕 参见于志刚、吴尚聪:《我国网络犯罪发展及其立法、司法、理论应对的历史梳理》,载《政治与法律》2018年第1期。

〔2〕 See Ulrich Sieber, *Straftaten und Strafverfolgung im Intenet*, C. H. Beck, 2012, S. 82. 转引自王肃之:《我国网络犯罪规范模式的理论形塑——基于信息中心与数据中心的范式比较》,载《政治与法律》2019年第11期。

〔3〕 [日]高桥则夫:《刑法各论》,成文堂2014年版,第554页。转引自王肃之:《我国网络犯罪规范模式的理论形塑——基于信息中心与数据中心的范式比较》,载《政治与法律》2019年第11期。

〔4〕 参见于志刚、吴尚聪:《我国网络犯罪发展及其立法、司法、理论应对的历史梳理》,载《政治与法律》2018年第1期。

APP 开发与应用
法律实务指引

（二）网络与计算机的概念

《网络安全：现状与展望》一书称："计算机网络（或简称网络）是许多相互联系的计算机的集合。如果两个或两个以上的计算机系统可以通过共享的访问媒介相互发送和接收数据，那么他们就可以被看作是连接的。"[1]

《信息安全辞典》将"网络"定义为"由终端、路由器、交换机、网络链路以及其他设备等组成，能够通过某种传输介质彼此进行通信资源共享的集合。网络能为用户提供音频、视频、数据等信息的本地或远程通信，满足用户之间的信息交换需求。网络形式包括：局域网、城域网、广域网或以上三者任意组合的形式。网络具有四个要素：通信线路和通信设备、有独立功能的计算机、网络支持软件、数据通信与资源共享"[2]

我国《网络安全法》中将网络定义为"由计算机或者其他信息终端及相关设备组成的按照一定的规则和程序对信息进行收集、存储、传输、交换、处理的系统"。

《中华人民共和国网络安全法释义》中，对网络安全法所称"网络"含义阐明如下：

"我们日常使用的'网络'一词，有狭义和广义之分，狭义的网络是指互联网（Internet），广义的网络还包括相对封闭的局域网和工业控制系统。互联网是通过TCP/IP协议，域名解析技术等技术使不同类型、使用不同操作系统的计算机之间能够进行通信的广域网。与互联网相对应，将特定区域内的计算机和其他相关设备联结起来，用于特定用户之间通信和信息传输的封闭型网络，被称为局域网。随着信息技术的发展，在工业领域，工业控制系统也越来越多地运用数字通信和网络技术，基于网络运行。由于互联网、局域网、工业控制系统都属于传输、处理信息的系统，因此又被称为信息系统。"[3]

"网络安全法采用了广义的网络定义，即指由计算机或者其他信息终端及相关设备组成的按照一定的规则和程序对信息进行收集、存储、传输、交换、处理的系统。"[4]

---

〔1〕 ［美］Christos Douligeris & Dimitrios N. Serpanos：《网络安全：现状与展望》，范九伦、王娟、赵锋译，科学出版社2010年版，第3页。

〔2〕 王世传、惠志斌主编，上海社会科学院信息研究所编著：《信息安全辞典》，上海辞书出版社2013年版，第21～22页。

〔3〕 杨合庆主编：《中华人民共和国网络安全法释义》，中国民主法制出版社2017年版，第150～151页。

〔4〕 杨合庆主编：《中华人民共和国网络安全法释义》，中国民主法制出版社2017年版，第151页。

寿步教授认为,ISO/IEC 27032:2012 对网络内涵的阐述系从网络的连接方式出发,根据网络不同的连接形式,将网络分为机构内部的网络、机构与机构之间的网络以及机构与用户之间的网络,穷尽了网络的不同表现形式,是对网络概念较为完善的定义。[1]

顺便一提的是,最高人民法院、最高人民检察院《关于办理危害计算机信息系统安全刑事案件应用法律若干问题的解释》第 11 条规定,本解释所称"计算机信息系统"和"计算机系统",是指具备自动处理数据功能的系统,包括计算机、网络设备、通信设备、自动化控制设备等。

所以,手机等移动终端属于刑法意义上的"计算机"应无异议。

三、APP 涉网络犯罪详述

(一)知识产权相关犯罪

侵犯知识产权犯罪规定在我国《刑法》"破坏社会主义市场经济秩序罪"中第七节,主要包括假冒注册商标罪、销售假冒注册商标的商品罪、非法制造、销售非法制造的注册商标标识罪、假冒专利罪、侵犯著作权罪、销售侵权复制品罪、侵犯商业秘密罪。

1. 商标和专利方面的知识产权犯罪

APP 运营者在与销售有关的场景下,主要以平台身份出现,其本身不具有销售行为或者直接假冒行为,一般不构成假冒注册商标罪、销售假冒注册商标的商品罪、非法制造、销售非法制造的注册商标标识罪、假冒专利罪等罪名。但若 APP 为线下销售服务,作为线下销售渠道的补充,也可能构成前述犯罪。但这种犯罪本质上与 APP 本身关系不大,所以一般不讨论 APP 与销售有关的商标和专利犯罪。

2. 侵犯著作权罪

侵犯著作权罪,是指自然人或者单位,以营利为目的,侵犯他人著作权,违法所得数额较大或者有其他严重情节的行为。[2]

如本书此前章节所述,大部分 APP 的主要收入来自广告,广告收入又取决于用户行为,决定用户行为的关键因素是内容,而内容生产需要大量人力、物力以及资本投入。投入不足时,部分 APP 运营者只有通过各种技术手段获取他人内容。

〔1〕 参见寿步:《网络空间安全法律问题研究 ——基于 ISO/IEC 27032:2012 的视角》,上海交通大学出版社 2018 年版,260 页。
〔2〕 张明楷:《刑法学》(第 5 版),法律出版社 2016 年版,第 823 页。

但在网络空间中的内容大部分都属于著作权法保护客体。所以,这些行为就有意或无意间侵犯了他人著作权,当然,若没有主观故意,自然不构成犯罪,但司法实践中的主观故意并非可直接在现实空间中具现的要件,一般通过客观行为推定行为人的主观状态,若通过侵犯著作权的行为显著获利,难以认定没有主观故意。

我国《著作权法》规定了多种侵犯他人著作权的表现形式,但《刑法》第 217 条仅规定以下四种行为可以成立侵犯著作权罪:

(1)未经著作权人许可,复制发行其文字作品、音乐、电影、电视、录像作品、计算机软件及其他作品的;

(2)出版他人享有专有出版权的图书的;

(3)未经录音录像制作者许可,复制发行其制作的录音录像的;

(4)制作、出售假冒他人署名的美术作品的。

该款中的"复制发行",一种观点认为是指复制或者发行以及复制且发行的行为。例如,2007 年 4 月 5 日最高人民法院、最高人民检察院《关于办理侵犯知识产权刑事案件具体应用法律若干问题的解释(二)》第 2 条第 1 款规定,《刑法》第 217 条侵犯著作权罪中的"复制发行",包括复制、发行或者既复制又发行的行为。

另一种观点认为,"复制发行"是指复制且发行,还有观点认为应当将此处的复制发行解释为单纯的复制,即复制行为构成侵犯知识产权罪,发行行为构成销售侵权复制品罪。

张明楷教授认为,"复制发行",是指复制或者发行以及复制且发行的行为,但应当对发行做限制解释,《刑法》中此处的发行没有必要按照《著作权法》的规定解释,应当理解为批量销售或者大规模销售(但不限于第一次销售),而将《刑法》第218 条中的销售理解为零售。[1]

张明楷教授认为,APP、网站经常使用的深度链接行为,属于通过信息网络向公众传播作品的行为……这种深度链接行为扩大了侵权产品的传播范围,宜认定为侵犯著作权的正犯行为。[2]

但张明楷教授的这种观点在现实中实际上争议较大,理论上争议的关键在于深层链接的行为是否构成刑法意义上的"复制发行",若这样认定,将导致犯罪行为扩大化,而且由于侵犯著作权罪涉及的相关概念在民刑领域有不同的内涵和外延,相关参与者往往无法认识到其行为的边界,导致商业活动存在较大不确定性。

网络链接的基础概念是"超文本链接"或"超链接"(hyperlink),其含义广泛,

---

〔1〕　参见张明楷:《刑法学》(第 5 版),法律出版社 2016 年版,第 824 ~ 825 页。

〔2〕　参见张明楷:《刑法学》(第 5 版),法律出版社 2016 年版,第 825 页。

包括几乎所有网络链接。直接指向被链网站首页的是浅层链接(surface link),指向被链网站次级网页的是深层链接(deep link),它们一般在网络用户点击后跳转至被链网站,可被称为"普通链接"。结合加框技术等,又有加框链接(framing link)、内链接(inline linking)或埋设链接(embodied link)等深层链接,它们在用户点击后不发生跳转而直接在设链网站展示作品,在埋设链接情形下甚至无须用户点击就可在设链网站展示作品。

《著作权法》(2020)第10条第12项规定,信息网络传播权,即以有线或者无线方式向公众提供、使公众可以在选定的时间和地点获得作品的权利。

《著作权法》规定的信息网络传播行为,核心在于提供作品,使公众能够在选定的时间和地点获取作品,最为常见、最为直接的表现,就是将作品上传至服务器中,使该作品在网络上能够被用户接触、获取。

从技术角度来看,深度链接并不提供作品,其只是提供作品的路径指引。在对这些作品设置链接之前,作品已经处于能够被公众在其选定的时间和地点获得状态,即便不设置链接,用户仍然可以直接登录被链接的服务器或网站进行获取(暂不讨论受限访问等情形,比如被链者要求会员才可访问等,此种情形下,设链者可能由于故意规避他人著作权保护技术措施而构成侵权乃至犯罪)。而且设链者也无法控制被链接者的网站,文件被删除或者服务器被关闭,通过该链接便无法获取作品。因此,深度链接行为实际上缺乏信息网络传播行为"提供"作品的要件,并不属于信息网络传播行为。

从刑法帮助犯角度讲,提供技术帮助等可认定为帮助犯,但这种技术是互联网的基础,将提供这种技术认定为帮助犯可能导致互联网秩序的崩塌。

北京市高级人民法院印发《关于审理涉及网络环境下著作权纠纷案件若干问题的指导意见(一)(试行)》中,北京市高级人民法院认为:

"3.网络服务提供者为服务对象提供自动接入、自动传输、信息存储空间、搜索、链接、P2P(点对点)等服务的,属于为服务对象传播的信息在网络上传播提供技术、设施支持的帮助行为,不构成直接的信息网络传播行为。

4.网络服务提供者的行为是否构成信息网络传播行为,通常应以传播的作品、表演、录音录像制品是否由网络服务提供者上传或以其他方式置于向公众开放的网络服务器上为标准。

原告主张网络服务提供者所提供服务的形式使用户误认为系网络服务提供者传播作品、表演、录音录像制品,但网络服务提供者能够提供证据证明其提供的仅是自动接入、自动传输、信息存储空间、搜索、链接、P2P(点对点)等服务的,不应认为网络服务提供者的行为构成信息网络传播行为。

5. 网络服务提供者主张其仅提供信息存储空间、搜索、链接、P2P（点对点）等技术、设备服务，但其与提供作品、表演、录音录像制品的网络服务提供者在频道、栏目等内容方面存在合作关系的，可以根据合作的具体情况认定其实施了信息网络传播行为。

……

7. 提供搜索、链接服务的网络服务提供者所提供服务的形式使用户误认为系其提供作品、表演、录音录像制品，被链网站经营者主张其构成侵权的，可以依据反不正当竞争法予以调整。

8. 网络服务提供者主张其仅为被诉侵权的作品、表演、录音录像制品提供了信息存储空间、搜索、链接、P2P（点对点）等服务的，应举证证明。网络服务提供者不能提供证据证明被诉侵权的作品、表演、录音录像制品系由他人提供并置于向公众开放的网络服务器中的，可以推定该服务提供者实施了信息网络传播行为。"

北京市高级人民法院对于信息网络传播行为采取了较为严格的服务器标准的同时赋予网络服务提供者较为严苛的举证义务以达到双方利益的平衡，但这是民事法律上的标准。刑事法律上，2004 年最高人民法院、最高人民检察院《关于办理侵犯知识产权刑事案件具体应用法律若干问题的解释》中，其第 11 条第 3 款规定："通过信息网络向公众传播他人文字作品、音乐电影、电视、录像作品、计算机软件及其他作品的行为，应当视为刑法第二百一十七条规定的'复制发行'。"2011 年，最高人民法院、最高人民检察院、公安部印发《〈关于办理侵犯知识产权刑事案件适用法律若干问题的意见〉的通知》第 22 条规定："发行，包括总发行、批发、零售、通过信息网络传播以及出租、展销等活动。"

但在侵犯著作权罪的司法实践中，司法机关往往援引上述规定，将深度链接行为认定为信息网络传播行为，进而以《刑法》第 217 条中的"复制发行"予以定性。这与著作权民事侵权的解释路径存在差异，从著作权法的角度来看，根据《著作权法》第 10 条的规定，"复制权""发行权"与"信息网络传播权"是并列的概念。《著作权法》中的"复制""发行"是特指在有形载体上再现作品。"信息网络传播"则专指在无形载体上提供作品。《刑法》是在《著作权法》明确规定并定义复制权、发行权、信息网络传播权的立法模式下，将信息网络传播行为视为"复制发行"，大大扩大了侵犯著作权罪所能涵摄的行为，在刑事犯罪的认定上，只要未经许可在网络上传播作品就可以认为满足了侵犯著作权罪要求的行为要件。

有法官认为："著作权法本身与刑法分属不同的法律部门，刑法设立侵犯著作权罪,是为了惩治和打击严重侵犯著作权的行为。从《刑法》第217条的四种行为方式来看,侵犯著作权罪只规定了擅自复制发行和假冒署名这两种行为类型。但是,刑法解释还须受到目的解释和体系解释的制约。不能认为,刑法只保护复制权、发行权和署名权。著作权仍包括十几项财产权利。其中,信息网络传播权等权利与复制权、发行权具有同等保护的必要性。一方面,这些权利所对应的行为性质具有同质性,均表现为向公众提供作品的行为;另一方面,一旦这些权利受到侵犯,权利人在著作权方面受到的侵害程度也是相当的。因此,立法者在设立侵犯著作权罪时,已经将这类权利列入保护范围,同时也将侵犯这类权利所对应的行为归入了'复制发行'之中。

事实上,这种所谓的'扩大解释'并不违背罪刑法定原则。同时,这种理解也并未突破二次违法性的底线,信息网络传播权等权利本身就是著作权法规定的权利,侵犯这些权利必然违反著作权法。[1]"

上述理解本身是没有任何问题,将"信息网络传播权"扩大解释为《刑法》中的"复制发行"也可以认为符合立法本意,但需要注意的是,将"深层链接"认为是一种"信息网络传播行为"是存在一定问题的,因为本质上深层链接是没有提供作品的,只是提供了路径,本质上并不是发行或者与发行等同,而是一种信息定位服务,是方便网络用户查询、获得信息,而非在传播信息。

《信息网络传播权保护条例》(2013)第23条规定,网络服务提供者为服务对象提供搜索或者链接服务,在接到权利人的通知书后,根据本条例规定断开与侵权的作品、表演、录音录像制品的链接的,不承担赔偿责任;但是,明知或者应知所链接的作品、表演、录音录像制品侵权的,应当承担共同侵权责任。

《信息网络传播权保护条例》的用语清楚地表明:提供链接并不是"网络传播行为",不可能构成"直接侵权"。[2] 所以,是否将深层链接行为认为是一种信息网络传播行为,并进而认为该行为被《刑法》第217条中的"复制发行"概念所涵摄,理论界与实务界存在一定争议。

在北京易联伟达科技有限公司与深圳市腾讯计算机系统有限公司侵害作品信息网络传播权纠纷案[3]中,二审法院极为精辟地指出:

---

〔1〕 刘晓光、金华捷:《"深度链接"刑法规制中的刑民交叉问题》,载《检察日报》2020年3月3日,第3版。

〔2〕 参见王迁:《再论"信息定位服务提供者"间接侵权的认定——兼比较"百度案"与"雅虎案"的判决》,载《知识产权》2007年第4期。

〔3〕 一审:北京市海淀区人民法院2015年海民(知)初字第40920号;二审:北京知识产权法院(2016)京73民终143号。

包括深层链接在内的超链接是互联网的基本元素。超链接是指从一个网页指向一个目标的连接关系,这个目标可以是另一个网页,也可以是相同网页上的不同位置,还可以是一个图片,一个电子邮件地址,一个文件,甚至是一个应用程序。万维网是由无数个网络站点和网页通过超链接连接而成的集合,万维网的作用就是通过超链接从互联网海量数据中将用户需要的文件数据发送并展示给用户,同时为将超文本融入其中,用统一资源识别来标明这些资源的地址。超链接最终使万维网形成了一个网络,可以说,没有超链接就没有网络。因此,在对深层链接行为是否纳入著作权控制的行为作出法律评判时,必须持非常慎重的态度。

前述事例仅仅是以现有网络服务提供行为类型作为基础对实质性替代标准可能产生的影响进行分析,但实际上,随着技术的发展,很可能出现一些目前无法想象的网络服务类型,而实质性替代标准的适用将会使这一切均很可能因无法得到著作权人许可而成为违法行为,在网络社会中,这一结果对于整体社会发展所造成的阻碍将是难以想象的。

综上,著作权法对于著作权人利益的保护虽然是其重要立法目的,但各类网络技术、设备对于用户在向公众开放的网络进行浏览、下载或者上传信息等行为发挥着重要的作用。因此,一方面要强调严格保护合法权利和利益、严厉制裁侵权行为,另一方面也应充分注意技术、设备服务在信息网络传播中的地位和作用,充分关注到现有法律中有关网络服务提供者的责任标准及其对网络服务提供者的责任加以适当限制的立法意图,从而更好地平衡各方利益。

在民事诉讼中,北京知识产权法院对于深层链接是否构成侵犯著作权侵权的认定持较为谨慎的态度。而刑事上,一方面需要尊重"二次违法性"的知识产权犯罪认定底线,另一方面更应当保证刑法的谦抑性,在对于技术上无法明确的得出符合相应犯罪构成的前提下,应当本着有利于犯罪嫌疑人的解释角度出发对《刑法》进行解释。

将"深层链接"直接与"复制发行"等同,理论上是无法自洽的,认为深层链接行为扩大了侵权产品的传播范围,将其认定为侵犯著作权罪的正犯行为缺乏一定的合理性,也不符合刑法谦抑性的要求。

但在刑事司法实践中,也切实体现了刑法的谦抑性。2019 年,批捕侵犯著作权案件 255 件 466 人,起诉 215 件 481 人,相较于假冒注册商标 1779 件,批捕 3175 人,起诉 2244 件批捕 4802 人的数据,[1]可以看出,实践中,对于侵犯著作权案件,

---

〔1〕 参见 http://www.cnipa.gov.cn/docs/2020 - 04/20200424140814696289.pdf,国家知识产权局 2019 年中国知识产权保护状况。

相关部门确实也考量过相应的理论争议。

总体而言，出于对内容的需求，侵犯著作权的情形在 APP 中较为常见，但对于被广泛链接的新闻、评论、短文或音乐甚至是美术作品等内容，权利人大多选择放弃权利，在行为人有一定赔偿能力的前提下，权利人也一般通过民事诉讼维护自身合法权益。但就网络文学（尤其是小说）和视听作品而言，行为人的侵权行为往往长期持续而且使用不同的 APP 进行相应的行为，导致权利人"内容付费"的商业期待完全落空，行为人获益巨大，权利人往往通过刑事途径维权。在这种情形下，行为人也不仅仅是提供链接，往往还对网络文学和视听作品进行编辑整理或储存，在这种前提下，理论上应当符合侵犯著作权罪的构成要件。

（二）个人信息犯罪

我国立法上倾向于使用"信息"一词，盖因"信息"这一概念所能涵盖的内容更为广泛，而在追求精确表述的场景下使用"数据"一词，由概念可知，所有的数据都可以是信息，而数据单指可用于进行各种统计、计算、科学研究或技术设计等的数值集合。

行为人通过爬取网站、APP 中的个人信息，进行商业使用，如有较大争议但实践中常见的抢票 APP 或者 APP 中的抢票功能，[1] 或者通过爬取国家行政机关网站上的信息，整理后用于商业用途（如企查查等 APP），一般认为是合法商业活动。但也可能是在获取信息或者使用信息时构成犯罪。

随着信息化建设的推进，信息资源成为重要的生产要素和社会财富。在各类信息中，个人信息的价值日益凸显，成为数字经济最重要的元素之一。与此同时，个人信息泄露问题严重，个人信息安全成为一个全社会高度关注的问题。为保护公民个人信息，2009 年 2 月 28 日起施行的《刑法修正案（七）》增设了《刑法》第 253 条之一，规定了出售、非法提供公民个人信息罪和非法获取公民个人信息罪。

但在此之后，侵犯公民个人信息犯罪仍处于高发态势，不仅严重危害公民个人信息安全，而且与电信网络诈骗等犯罪存在密切关联，社会危害日益突出。为切实加大对公民个人信息的刑法保护力度，《刑法修正案（九）》对《刑法》第 253 条之一作出修改完善：一是扩大犯罪主体的范围，规定任何单位和个人违反国家有关规定，获取、出售或者提供公民个人信息，情节严重的，都构成犯罪；二是明确规定将

---

〔1〕 目前实践中认为这种行为不构成倒卖车票罪。"技术黄牛"是为特定他人代购车票，赚取代购费，和倒卖车票的行为方式截然不同。此外是否构成非法经营罪也有商榷余地。"技术黄牛"客观上是破坏了公平交易的市场秩序，但未必达到刑法处罚线，是否是非法经营罪也需研究。

在履行职责或者提供服务过程中获得的公民个人信息,出售或者提供给他人的,从重处罚;三是提升法定刑配置水平,增加规定"处三年以上七年以下有期徒刑,并处罚金"。修改后,"出售、非法提供公民个人信息罪"和"非法获取公民个人信息罪"被整合为"侵犯公民个人信息罪"。

我国《刑法》第 253 条之一规定:"违反国家有关规定,向他人出售或者提供公民个人信息,情节严重的,处三年以下有期徒刑或者拘役,并处或者单处罚金;情节特别严重的,处三年以上七年以下有期徒刑,并处罚金。

违反国家有关规定,将在履行职责或者提供服务过程中获得的公民个人信息,出售或者提供给他人的,依照前款的规定从重处罚。

窃取或者以其他方法非法获取公民个人信息的,依照第一款的规定处罚。

单位犯前三款罪的,对单位判处罚金,并对其直接负责的主管人员和其他直接责任人员,依照各该款的规定处罚。"

侵犯公民个人信息行为入刑已逾 10 年。其间,司法机关对其打击力度不断加大,但此类犯罪不但没有减少,反而有愈演愈烈的趋势。近两年,随着用户对于隐私和个人信息的关注度不断提高,行政机关也加强相应规范、标准的制定,但在实践中仍具有一些问题没有得到司法实践的确认,这也造成了一定的刑事风险。其中的关键问题之一就是如何认定"以其他方法非法获取公民个人信息"。

2017 年 6 月 1 日生效的最高人民法院、最高人民检察院《关于办理侵犯公民个人信息刑事案件适用法律若干问题的解释》中,明确了非法"提供、获取公民个人信息"的行为方式,根据《刑法修正案(九)》,侵犯公民个人信息犯罪的行为类型包括"出售或者非法提供"公民个人信息和"窃取或者以其他方法非法获取"公民个人信息两类。"提供公民个人信息"包括向"特定人"提供以及通过信息网络以及其他途径向"不特定人"发布公民个人信息。需要留意的是,将合法收集的个人信息,在未经公民同意的情况下提供给他人亦属于非法提供公民个人信息,除非该信息已经经过处理无法识别特定个人且不能复原。

此外还规定,"以其他方法非法获取公民个人信息"包括两种情形:(1)违反国家有关规定,通过购买、收受、交换等方式获取公民个人信息;(2)违反国家有关规定,在履行职务、提供服务过程中收集公民个人信息。"违反国家有关规定"包括违反法律、行政法规以及部门规章三种类型规范的行为。

最高人民检察院 2018 年 11 月 9 日生效的《检察机关办理侵犯公民个人信息案件指引》第二项内容"需要特别注意的问题"中对"非法获取"的审查认定中要求:

"在窃取或者以其他方法非法获取公民个人信息的行为中,需要着重把握'其他方法'的范围问题。'其他方法',是指'窃取'以外,与窃取行为具有同等危害性的方法,其中,购买是最常见的非法获取手段。侵犯公民个人信息犯罪作为电信网络诈骗的上游犯罪,诈骗分子往往先通过网络向他人购买公民个人信息,然后自己直接用于诈骗或转发给其他同伙用于诈骗,诈骗分子购买公民个人信息的行为属于非法获取行为,其同伙接收公民个人信息的行为明显也属于非法获取行为。同时,一些房产中介、物业管理公司、保险公司、担保公司的业务员往往与同行通过QQ、微信群互相交换各自掌握的客户信息,这种交换行为也属于非法获取行为。此外,行为人在履行职责、提供服务过程中,违反国家有关规定,未经他人同意收集公民个人信息,或者收集与提供的服务无关的公民个人信息的,也属于非法获取公民个人信息的行为。"

上述两项司法文件一方面要求非法获取的方法"与窃取行为具有同等危害性的方法",但另一方面也明确了违法国家有关规定的购买、收受、交换以及不当履职都可能是非法获取。

1."其他方式非法"认定:网络爬虫

在获取个人信息这一环节上,网络爬取技术作为获取信息最主要的方式,部分商业活动参与者对其合规风险意识并不足够,而技术中立这一看似有力的抗辩理由实则很难真正具有说服力。司法实践中,爬取数据后往往伴随有"出售"或"向他人提供"公民个人信息的行为,人民法院也就没有对数据爬取是否属于"以其他方法非法获取公民个人信息"进行过多阐述,而是以其后续行为进行定罪。

"以其他方法非法获取公民个人信息"是该罪的违法构成要件。根据罪刑法定原则——"法无明文规定不为罪不为刑"基本的形式法治要求,对这一要件的判断,重点不在于"其他方法",因为这一要素的规定本身为兜底性表述,而且,爬虫行为可否认定为"其他方法",其实依赖于是否"非法"获取公民个人信息。因此,"以其他方法非法获取公民个人信息"的判断,重点应针对其中的"非法"要素进行。具体可分两个层面进行:第一个层面是合法性原则,《刑法》第253条之一的"违反国家规定"也属于其中的内容;第二个层面是行业规则,即爬虫协议。[1]

对"非法"要素进行认定,第一个层面的合法性原则,应当指广义的法律概念范围下的合法性,我国《个人信息保护法》还未正式施行,《网络安全法》《个人信息安全规范》《电信和互联网用户个人信息保护规定》《关于加强网络信息保护的决定》

---

〔1〕 参见刘艳红:《网络爬虫行为的刑事规制研究——以侵犯公民个人信息犯罪为视角》,载《政治与法律》2019年第11期。

等基本都确立了个人信息的取得使用要遵循合法性原则。这些法律理论上都可以作为第一个"合法性"层面判断的基础,换言之,如果认为获取信息没有遵循合法、正当、必要的原则、没有取得用户同意,都可以认为是属于"以其他方式非法"。但不可否认的是,这种认定将导致通过互联网获得个人信息的非法可能性大大增加,甚至可能影响网络活动的正常开展。

从另一个角度来看,在整个社会层面上,网络上的个人信息即便是自愿公开的,也一定是通过某一媒介公开的,我国《民法典》第 111 条规定,自然人的个人信息受法律保护。任何组织或者个人需要获取他人个人信息的,应当依法取得并确保信息安全,不得非法收集、使用、加工、传输他人个人信息,不得非法买卖、提供或者公开他人个人信息。第 1035 条第 2 款规定,个人信息的处理包括个人信息的收集、存储、使用、加工、传输、提供、公开等。将数据全生命周期管理的核心行为纳入"个人信息处理"定义范畴,取消以往立法中将"收集"行为独立于"处理"行为的规定。这一规定,与 GDPR 的立法处理方式一致,更加符合行业实践。并进一步提出"信息处理者"的概念,而第 1038 条规定,信息处理者不得泄露或者篡改其收集、存储的个人信息;未经自然人同意,不得向他人非法提供其个人信息,但是经过加工无法识别特定个人且不能复原的除外。

信息处理者应采取技术措施和其他必要措施,确保其处理的个人信息安全,防止信息泄露、篡改、丢失。发生或者可能发生个人信息泄露、篡改、丢失的,应当及时采取补救措施,按照规定告知自然人并向有关主管部门报告。

这就形成了闭环,但凡数据通过任一媒介存在或公开,除个别情形外,自然有对应的"信息处理者",而信息处理者应当对数据安全承担相应的法律义务并采取适当的法律手段,若行为人毫无障碍的爬取了相应的个人信息数据,并且将相应的个人信息用于违法或犯罪用途,那么数据处理者自然就没有履行相应的义务,至少应当承担相应的民事责任。而若数据处理者采取了相应的技术措施,尽到了相应的义务,而行为人通过技术手段绕过相应的技术措施并实施爬取数据的行为,自然属于"以其他方式非法"获得个人信息,属于犯罪的实行行为,就无须追究行为人获取数据后是否实施了出售等其他犯罪行为。

在这里,信息处理者与爬取者之间存在着类似于"零和游戏"的博弈,针对个人信息进行保护时,一方收益必然意味着另一方的损失,当行为人能够毫无障碍的获得数据时,该数据的"数据处理者"必然没有尽到法律赋予的义务,当"数据处理者"尽到法律规定的义务时,行为人爬取相应的数据则可能属于"以其他非法方式",技术中立的抗辩空间将达到最小。还能够给"技术中立"留下多少空间可能只有待立法者权衡了。

第二个层面的违法性判断主要指行业规则,即 Robots 协议、爬虫协议。

在全国首例爬虫行为入罪案[1]中,被告人上海晟品网络科技有限公司系有限责任公司及其有关人员,采用技术手段破解被害单位的反爬措施,使用"tt_spider"文件实施视频数据抓取行为,在数据抓取的过程中使用伪造的 device_id 绕过服务器的身份校验,使用伪造 UA 及 IP 绕过服务器的访问频率限制,其行为造成被害单位损失技术服务费 2 万元,从而构成非法获取计算机信息系统数据罪。

善意爬虫能够增加网站的曝光度,给网站带来流量,比如,搜索引擎谷歌和百度的爬取,而恶意爬虫无视 Robots 协议,对某些不愿意公开的数据肆意爬取,并且恶意爬虫的使用方希望从网站多次、大量获取信息,所以通常会向目标网站投放大量的爬虫。如果大量的爬虫在同一时间对网站进行访问,很容易导致网站服务器过载或崩溃,造成网站经营者的损失。善意爬虫遵守爬取规则,恶意爬虫往往采取措施突破规则,也就是突破反爬措施。常见的反爬措施有 IP 限制、验证码、登录限制、数据伪装、参数签名、隐藏验证和阻止调试等,而非法爬虫行为为了顺利达到爬取海量数据的目的,往往会针对这些反爬措施进行破解,然后进行强行或者暴力爬取。这种行为可证明爬取行为是违反了被爬网站的意愿,即违反了 Robots 协议。在中国裁判文书网数据被违法爬取事件中,有观点即认为:"虽然我们不知道文书网是否通过'爬虫协议'宣示禁止爬虫,但该网采用了验证码方式限制爬虫,可以推断被爬取并非网站所愿。[2]"

就该层面的违法性认定而言,将是否采取了突破反爬程序而强行或暴力爬取公民个人信息等相关数据,作为认定是否违反 Robots 协议,是否属于"以其他方法非法获取公民个人信息"之"非法"的判断基准。

可以认为,通过爬虫进行数据爬取本身很明显是不具有与窃取行为同等危害性的方法的。爬虫与购买、收受、交换类似,但是不遵守 Robots 协议、恶意规避反爬技术措施或者进行深度爬取后台或内部数据,仍然可能是属于违反"法律、行政法规以及部门规章"的违法手段,在实践中可能被视为"与窃取行为具有同等危害性的方法"。

2. 对"情节严重"和"情节特别严重"的审查认定

侵犯公民个人信息罪的入罪要件为违法性质"情节严重"。《关于办理侵犯公民个人信息刑事案件适用法律若干问题的解释》主要从信息数量、违法所得金额、

---

〔1〕 北京市海淀区人民法院(2017)京 0108 刑初 2384 号。

〔2〕 《裁判文书网数据竟被商家标价售卖》,载《北京青年报》2019 年 8 月 2 日,第 A08 版。

信息用途、违法主体的身份、有无犯罪前科等方面对侵犯公民个人信息行为是否构成"情节严重"进行了明确。

关于信息数量的判断标准,《关于办理侵犯公民个人信息刑事案件适用法律若干问题的解释》区分了不同类型的公民个人信息,分别以 50 条(行踪轨迹信息、通信内容、征信信息、财产信息,以下简称Ⅰ类信息)、500 条(住宿信息、通信记录、健康生理信息、交易信息等可能影响人身、财产安全的公民个人信息,以下简称Ⅱ类信息)和 5000 条(其他公民个人信息,以下简称Ⅲ类信息)为标准认定"情节严重"。此外,还明确规定,不同类型的信息数量可以按相应比例折算合计。

关于违法所得额标准,非法提供或者获取个人信息违法所得 5000 元以上属于"情节严重"。但是,对于为合法经营活动而非法购买、收受(不包括提供)Ⅲ类信息(不包括Ⅰ类信息、Ⅱ类信息)的,违法所得 5 万元以上应认定为"情节严重"。

此外,公民个人信息泄露案件不少系内部人员作案,为了更严厉打击这种犯罪行为,《关于办理侵犯公民个人信息刑事案件适用法律若干问题的解释》规定,对于在履行职责或者提供服务过程中获得信息的特殊主体实施的非法出售、提供公民个人信息的行为,认定"情节严重"的信息数量和违法所得标准折半计算。

当然,实践中还存在获取的个人信息中有虚假时如何计算涉案条数的问题,从理论上讲,是不应当计算在内的,但存在无法核实真假的情况,如开房信息,所以只能个案认定了。

(三)平台责任

《刑法》第 286 条之一规定了拒不履行信息网络安全管理义务罪:

"网络服务提供者不履行法律、行政法规规定的信息网络安全管理义务,经监管部门责令采取改正措施而拒不改正,有下列情形之一的,处三年以下有期徒刑、拘役或者管制,并处或者单处罚金:

(一)致使违法信息大量传播的;

(二)致使用户信息泄露,造成严重后果的;

(三)致使刑事案件证据灭失,情节严重的;

(四)有其他严重情节的。

单位犯前款罪的,对单位判处罚金,并对其直接负责的主管人员和其他直接责任人员,依照前款的规定处罚。

有前两款行为,同时构成其他犯罪的,依照处罚较重的规定定罪处罚。"

在刑法理论研究中,争议颇多,由于互联网的工具属性过于强烈,经营模式与传统犯罪中涉及的情形差异太大,导致各种理论均有可取与不可自洽之处。总体而言,有学者总结了追究网络平台刑事责任的三条路径:第一是共犯模式,即通过将网络平台视为帮助他人实施犯罪活动的帮助犯;第二是帮助行为正犯化模式;第三是拒不履行法定义务责任,即以上述法条为依据追究平台责任。[1] 快播公司传播淫秽物品牟利案就是典型的互联网服务提供者因为不履行网络安全管理义务而承担刑事责任的案例,当然此案争议颇多,但该案裁判本身也提示了互联网参与主体,无论理论上的争议多大,只要涉及了《刑法》的规范领域,经营者就如同在钢丝上舞蹈,一不注意就可能身陷囹圄。本节也以拒不履行信息网络安全管理义务罪为例对相关风险进行阐述。

1. 责任主体

平台类 APP,它包括交易平台、支付平台、社交平台、搜索平台等,实践经验表明,网络治理依赖于包括政府、行业和社会等多方力量的协同,网络服务提供者在网络平台监管中的地位和作用将日趋持重,尽管网络服务提供者的网络安全管理义务与其商业利益并非完全一致,甚至直接冲突。但是网络服务提供者在收受巨大利益的同时,也应承担相应的责任,只不过《刑法修正案(九)》把这种责任提高到了刑法的高度。[2]

最高人民法院、最高人民检察院《关于办理非法利用信息网络、帮助信息网络犯罪活动等刑事案件适用法律若干问题的解释》对"网络服务提供者"的概念进行了明确。该司法解释第 1 条规定,提供下列三类服务的单位和个人,应当认定为刑法第 286 条之一第 1 款规定的"网络服务提供者",包括:

(1)网络接入、域名注册解析等信息网络接入、计算、存储、传输服务;

(2)信息发布、搜索引擎、即时通讯、网络支付、网络预约、网络购物、网络游戏、网络直播、网站建设、安全防护、广告推广、应用商店等信息网络应用服务;

(3)利用信息网络提供的电子政务、通信、能源、交通、水利、金融、教育、医疗等公共服务。

上述司法解释规定的类型几乎涵盖了目前所有的网络活动参与者,APP 运营者自然不能例外。

2. 承担责任的前提

平台类 APP 运营者主要义务在于网络安全管理义务,与平台民事案件裁判规则类似,平台本身受"避风港"原则庇护,若经权利人提示后,继续侵权,则可能承担

---

〔1〕 参见涂龙科:《网络服务提供者的刑事责任模式及其关系辨析》,载《政治与法律》2016 年第 4 期。

〔2〕 参见于志刚:《中国网络犯罪的代际演变、刑法样本与理论贡献》,载《法学论坛》2019 年第 2 期。

侵权责任。刑事案件中,网络服务提供者构成"拒不履行信息网络安全管理义务罪",并承担刑事责任的前提是"经监管部门责令采取改正措施而拒不改正"。

《关于办理非法利用信息网络、帮助信息网络犯罪活动等刑事案件适用法律若干问题的解释》第 2 条规定,"监管部门责令采取改正措施",是指网信、电信、公安等依照法律、行政法规的规定承担信息网络安全监管职责的部门,以责令整改通知书或者其他文书形式,责令网络服务提供者采取改正措施。

对于认定"经监管部门责令采取改正措施而拒不改正",应当综合考虑监管部门责令改正是否具有法律、行政法规依据,改正措施及期限要求是否明确、合理,网络服务提供者是否具有按照要求采取改正措施的能力等因素进行判断。

因此,主管部门责令网络服务提供者改正的,应该采取书面形式,提出明确、合理的改正措施和期限,并不得超出网络服务提供者的能力范围。否则,网络服务提供者不构成"拒不履行信息网络安全管理义务罪",无须承担刑事责任。

3. 网络安全等级保护制度与刑事责任

《刑法》中的"信息网络安全管理义务"在《网络安全法》未出台前并不明确,《网络安全法》出台后,该项义务的指向性就较为明确,《网络安全法》第 9 条规定:"网络运营者开展经营和服务活动,必须遵守法律、行政法规,尊重社会公德,遵守商业道德,诚实信用,履行网络安全保护义务,接受政府和社会的监督,承担社会责任。"

第 10 条规定:"建设、运营网络或者通过网络提供服务,应当依照法律、行政法规的规定和国家标准的强制性要求,采取技术措施和其他必要措施,保障网络安全、稳定运行,有效应对网络安全事件,防范网络违法犯罪活动,维护网络数据的完整性、保密性和可用性。"

一方面,从社会公共利益的角度出发,要求网络运营者建立完善的网络运营保障体系,制订网络安全事件应急预案,保护网络能够安全、平稳运行而不受外部的干扰和破坏。另一方面,从用户隐私保护的角度出发,要求网络运营者在搜集用户信息时建立相应的保密制度,并且加强对用户发布的信息的管理,及时对发现的违法信息采取处置措施。

《网络安全法》最重要的制度设计就是"网络安全等级保护制度"(等保制度),《网络安全法》第 21 条规定:"国家实行网络安全等级保护制度。网络运营者应当按照网络安全等级保护制度的要求,履行下列安全保护义务,保障网络免受干扰、破坏或者未经授权的访问,防止网络数据泄露或者被窃取、篡改:

(一)制定内部安全管理制度和操作规程,确定网络安全负责人,落实网络安全保护责任；

（二）采取防范计算机病毒和网络攻击、网络侵入等危害网络安全行为的技术措施；

（三）采取监测、记录网络运行状态、网络安全事件的技术措施，并按照规定留存相关的网络日志不少于六个月；

（四）采取数据分类、重要数据备份和加密等措施；

（五）法律、行政法规规定的其他义务。"

2019 年 5 月 13 日，在征求意见稿公开近两年半之后，《网络安全等级保护基本要求》（GB/T 22239—2019，以下简称等保标准）正式公布，并于 2019 年 12 月 1 日起正式实施。2018 年 6 月《网络安全等级保护条例（征求意见稿）》第 2 条规定，等保适用范围为"在中华人民共和国境内建设、运营、维护、使用网络，开展网络安全等级保护工作以及监督管理，适用本条例。个人及家庭自建自用的网络除外"。

可以认为，所有的 APP 运营者都适用于等保要求，等保标准第 5.1 条规定，等级保护对象根据其在国家安全、经济建设、社会生活中的重要程度，遭到破坏后对国家安全、社会秩序、公共利益以及公民、法人和其他组织的合法权益的危害程度，由低到高划分为五个安全保护等级。

第一级	一旦受到破坏会对相关公民、法人和其他组织的合法权益造成损害，但不危害国家安全、社会秩序和公共利益的一般网络。
第二级	一旦受到破坏会对相关公民、法人和其他组织的合法权益造成严重损害，或者对社会秩序和公共利益造成危害，但不危害国家安全的一般网络。
第三级	一旦受到破坏会对相关公民、法人和其他组织的合法权益造成特别严重损害，或者会对社会秩序和社会公共利益造成严重危害，或者对国家安全造成危害的重要网络。
第四级	一旦受到破坏会对社会秩序和公共利益造成特别严重危害，或者对国家安全造成严重危害的特别重要网络。
第五级	一旦受到破坏后会对国家安全造成特别严重危害的极其重要网络。

等保标准将安全要求分为 10 个小项，分别是安全物理环节、安全通信网络、安全区域边界、安全计算环境、安全管理中心、安全管理制度、安全管理机构、安全管理人员、安全建设管理、安全运维管理。等保标准又对以上每个小项作出安全通用要求和安全拓展要求。其中，通用要求针对共性化保护需求提出，安全拓展要求针对个性化保护需求提出，根据安全保护等级和使用的特定技术或特定应用场景选

择实现拓展要求。安全通用要求和安全拓展要求共同构成了安全要求的一部分。

根据《信息安全等级保护管理办法》,国家信息安全等级保护坚持自主定级、自主保护的原则。

从实践经验来看,一般情况下企业定为第二或第三级较多,特殊情况下会定为第四级。第一级为自主保护级,不需要开展备案工作,第五级在民用系统中尚未出现。需要注意的是,原则上对于大数据安全和确定为关键信息基础设施的保护等级不得低于第三级。

企业自主定级完成后,定级对象的运营、使用单位应组织信息安全专业和业务专家等,对初步定级结果的合理性进行评审,出具专家评审意见。取得专家意见后,定级对象的运营、使用单位应将初步定级结果上报行业主管部门或上级主管部门进行审核。审核通过后,定级对象的运营、使用单位应按照相关管理规定,将初步结果提交公安机关进行备案审查,审查不通过,其运营使用单位应组织重新定级;审查通过后最终确定定级对象的安全保护等级。

以"网络安全管理义务"为出发点,以承担"拒不履行信息网络安全管理义务罪"为终点,其中涉及如何去界定"网络安全管理义务",企业如何才能够完全的履行"网络安全管理义务",我国构建起了以《国家安全法》《网络安全法》《密码法》为核心,以《网络安全审查办法》等配套法律规范和一系列国家标准、指南为细则(包括等保标准、信息安全技术系列标准、网络安全标准实践系列指南)的网络安全体系,理论上应当认为 APP 运营者完全满足上述法律、配套规范和标准指南才认为完全履行了"网络安全管理义务",在《刑法》上若作此要求则太过于苛刻,容易造成打击面过宽的问题,但从防范刑事风险角度,具有一定规模,掌握一定数据信息数量的 APP 运营者应当建立起符合国家要求的网络安全体系,尽到自身的管理义务。

(四)衍生犯罪

互联网领域竞争激烈,互联网中发生的事件很容易且很快就可以造成巨大的社会影响,在发生恶性事件后,监管部门往往行雷霆手段,这也就导致一些在传统商业中的不正当竞争手段在互联网时代容易产生行为人和受害人都无法预知的结果。

《反不正当竞争法》第 22 条规定,经营者利用网络从事生产经营活动,应当遵守本法的各项规定。

经营者不得利用技术手段,通过影响用户选择或者其他方式,实施下列妨碍、破坏其他经营者合法提供的网络产品或者服务正常运行的行为：

（1）未经其他经营者同意，在其合法提供的网络产品或者服务中，插入链接、强制进行目标跳转；

（2）误导、欺骗、强迫用户修改、关闭、卸载其他经营者合法提供的网络产品或者服务；

（3）恶意对其他经营者合法提供的网络产品或者服务实施不兼容；

（4）其他妨碍、破坏其他经营者合法提供的网络产品或者服务正常运行的行为。

《刑法》第276条规定，由于泄愤报复或者其他个人目的，毁坏机器设备、残害耕畜或者以其他方法破坏生产经营的，处三年以下有期徒刑、拘役或者管制；情节严重的，处三年以上七年以下有期徒刑。

通过对《反不正当竞争法》的条文与"破坏生产经营罪""非法获取计算机信息罪""非法控制计算机信息系统罪"的对比可以得出，通过互联网进行的不正当竞争，与网络犯罪之间的界限可能很模糊。

一些具有竞争关系的企业，通过指使行为人在竞争对手的APP中上传涉黄、涉恐等四类信息，再向监管部门举报，监管部门在目前的法律框架下，可能立即要求相应APP下架，暂停运营，在互联网时代，即便查明了最终实情，可能导致的经济损失以及用户流失都是不可估量的，这从理论上当然可能构成"破坏生产经营罪"，类似于栽赃嫁祸的手段在互联网竞争企业中屡见不鲜，当然最终可能都淡化处理了，但是这种衍生犯罪本身是确实存在的。

再如，传统商业中，在提供类似产品或服务时，为了争取用户，众多APP各显神通不足为奇，但在互联网时代，一些具有竞争关系的APP为了争取用户，通过技术手段获取或者就是向黑灰产业中购买对方服务器中的用户信息，其出发点虽然是为了商业竞争，未必对于用户具有侵害故意，但这就可能涉及非法获取计算机信息罪、侵犯公民个人信息罪等。

此类衍生犯罪由于案情复杂、涉及利益重大，罪与非罪的界限也较为模糊，只能说，为了商业利益采取不正当竞争手段在互联网领域具有极高的刑事风险，但本质上其也无法脱离具体犯罪行为而存在，只是其出发点、行为过程、动机与纯粹的网络犯罪存在区别。

图书在版编目 (CIP) 数据

APP 开发与应用法律实务指引 / 李佳洋，陈彦希著
. -- 北京 : 法律出版社，2021
ISBN 978 - 7 - 5197 - 5601 - 7

Ⅰ. ①A… Ⅱ. ①李… ②陈… Ⅲ. ①移动终端－应用
程序－程序设计－法规－研究 Ⅳ. ①TN929.53

中国版本图书馆 CIP 数据核字 (2021) 第 085268 号

APP 开发与应用法律实务指引 APP KAIFA YU YINGYONG FALÜ SHIWU ZHIYIN	李佳洋　陈彦希 著	责任编辑 解　锟 装帧设计 李　瞻

出版 法律出版社	**编辑统筹** 重大项目办公室
总发行 中国法律图书有限公司	**开本** 710 毫米 × 1000 毫米　1/16
经销 新华书店	**印张** 21.5
印刷 天津嘉恒印务有限公司	**字数** 370 千
责任校对 张　岩	**版本** 2021 年 6 月第 1 版
责任印制 张建伟	**印次** 2021 年 6 月第 1 次印刷

法律出版社／北京市丰台区莲花池西里 7 号（100073）
网址／www. lawpress. com. cn
投稿邮箱／info@ lawpress. com. cn　　　　销售热线／400 - 660 - 8393
举报维权邮箱／jbwq@ lawpress. com. cn　　　咨询电话／010 - 63939796

中国法律图书有限公司／北京市丰台区莲花池西里 7 号（100073）
全国各地中法图分、子公司销售电话：
统一销售客服／400 - 660 - 8393/6393
第一法律书店／010 - 83938432/8433　西安分公司／029 - 85330678　重庆分公司／023 - 67453036
上海分公司／021 - 62071639/1636　　深圳分公司／0755 - 83072995

书号:ISBN 978 - 7 - 5197 - 5601 - 7　　　　**定价:**89.00 元
（如有缺页或倒装,中国法律图书有限公司负责退换）